应用型高等院校校企合作创新示范教材

通信电子线路

主　编　周桃云　梁平元

副主编　朱高峰　王善伟　易松华

中国水利水电出版社
www.waterpub.com.cn
·北京·

内 容 提 要

本书阐述了通信电子线路的基本原理和分析方法，共包括 10 个项目，即绪论、高频放大器之小信号调谐放大器、高频放大器之高频调谐功率放大器、正弦波振荡器、信号调制之振幅调制与解调、信号调制之角度调制与解调、变频器、反馈控制电路、单片射频芯片原理及应用和虚拟仿真软件介绍及典型电路仿真分析。书后附有习题参考答案。

本书在保留通信电子线路基本内容、基本体系的基础上，采用项目式教学组织课程内容，在各个项目的编写过程中，采用问题导向、项目总结、典型例题分析等多种教学手段，可作为地方本科院校及高职院校信息工程、电子科学与技术、信号与信息处理等专业的教材使用，也可供从事电子、通信类专业的工程技术人员参考。

图书在版编目（CIP）数据

通信电子线路 / 周桃云，梁平元主编. -- 北京 :
中国水利水电出版社，2020.1
应用型高等院校校企合作创新示范教材
ISBN 978-7-5170-8342-9

Ⅰ. ①通… Ⅱ. ①周… ②梁… Ⅲ. ①通信系统－电子电路－高等学校－教材 Ⅳ. ①TN91

中国版本图书馆CIP数据核字(2019)第280636号

策划编辑：周益丹　　责任编辑：周益丹　　封面设计：梁　燕

书　名	应用型高等院校校企合作创新示范教材 **通信电子线路** TONGXIN DIANZI XIANLU
作　者	主　编　周桃云　梁平元 副主编　朱高峰　王善伟　易松华
出版发行	中国水利水电出版社 （北京市海淀区玉渊潭南路 1 号 D 座　100038） 网址：www.waterpub.com.cn E-mail：mchannel@263.net（万水） sales@waterpub.com.cn 电话：（010）68367658（营销中心）、82562819（万水）
经　售	全国各地新华书店和相关出版物销售网点
排　版	北京万水电子信息有限公司
印　刷	三河市鑫金马印装有限公司
规　格	184mm×260mm　16 开本　20 印张　493 千字
版　次	2020 年 1 月第 1 版　2020 年 1 月第 1 次印刷
印　数	0001—3000 册
定　价	46.00 元

前　　言

为适应我国地方本科院校职业化转型教育改革的形势和满足课程教学改革的实际需求，我们在深入研究了于洪珍主编的经典教材《通信电子电路》和其他大量参考文献的基础上，结合我校本科教学在职业化转型实践过程中的经验编写了本书。“通信电子线路”作为工科大学信息类专业的重要专业基础课程，涉及许多通信理论知识、通信电路中常用的基本功能部件以及实际电路，广泛应用于无线电技术的各个领域，在通信方面的应用尤为突出。通信的任务是通过非线性系统传送信息，这些信息包括语言、音乐、文字、图像、数据等各种信号。在多年的教学实践中，我们深深体会到教好这门课程的不容易，学生很难把握课程的重点难点，教学难以达到理想效果。所以，要上好这门课，一定要针对该课程的特点，遵循从特殊到一般的认知规律，密切联系实际发展状况，做到内容不断更新。为此，我们在编写本书的时候，以一个简单的通信系统为主线将课程的各部分内容贯穿其中，便于同学们从宏观上把握课程体系。

本书在保留通信电子线路基本内容、基本体系的基础上，采用项目式教学组织课程内容，在各个项目的编写过程中，我们采用问题导向、项目总结、典型例题分析等多种教学手段，对重点难点知识点进行标注，并通过对相关典型例题的深入分析，阐明通信系统中带有普遍性的思想方法和重要结论。另外，为突出应用能力培养，提高学生的实践创新能力，本书在最后编写了单片射频芯片原理及应用（项目九）和虚拟仿真软件介绍及典型电路仿真分析（项目十）。

项目一主要介绍了通信系统的基本概念，特别是调制的通信系统，还介绍了无线电波的传播特性及频段划分，最后结合具体的调制通信系统引出本书的主要内容。

项目二和项目三以选频网络为基础，以调谐放大器为中心，分别介绍了应用于通信系统接收机和发射机的小信号调谐放大器和调谐功率放大器。项目二首先分析了选频网络中的串、并联谐振电路特性和抽头电路的阻抗变换，该选频网络是所有后续内容的基本电路，其特性影响整个电路的工作状态；其次分析了高频小信号调谐放大器中单调谐回路放大器的主要质量指标，谐振放大器的稳定性与稳定措施，这两个方面的内容是设计基本放大器必须要考虑的几个重要指标，具有很强的实用性。项目三分析了高频调谐功率放大器的电路组成、工作原理、动态特性与负载特性及宽带高频功率放大器的工作原理与功率合成原理。

项目四分析了 *LC* 正弦波振荡器的工作原理、平衡与稳定条件，反馈型 *LC* 振荡器相位平衡条件的判断准则和石英晶体振荡器。

项目五和项目六针对调制的通信系统分别分析了振幅调制与解调和角度调制与解调。项目五分析了振幅波的基本性质与功率关系、调幅波产生电路工作原理及包络检波的工作原理。项目六分析了调角波的基本性质与功率关系，调频波产生电路工作原理，斜率鉴频器、相位鉴频器和比例鉴频器的工作原理与电路。

项目七介绍了变频器的工作原理，并对混频器干扰现象进行了分析。

项目八讨论了锁相环（PLL）和其他反馈控制电路，主要阐述锁相环的构成、基本原理、数学模型及其环路的锁定、捕捉、跟踪、同步带和捕捉带等概念，同时介绍了常用的集成锁相环芯片，如CC4046、L562等。

项目九和项目十分别介绍了单片射频芯片原理及应用和虚拟仿真软件介绍及典型电路仿真分析。

本书由湖南人文科技学院周桃云编写项目一、项目二、项目三和项目四，湖南人文科技学院梁平元编写项目五和项目六，湖南人文科技学院朱高峰（企业硬件工作经验）编写项目七和项目八，湖南农业大学王善伟（企业硬件工作经验）编写项目九和项目十。另外，在编写过程中，还参阅了于洪珍老师主编的《通信电子电路》和高吉祥老师主编的《高频电子线路》，在此表示衷心感谢！感谢深圳华清远见信息科技有限公司易松华工程师为本书提供的案例和技术指导！

由于编者水平有限，加上时间紧张，书中难免存在疏忽，诚挚希望广大读者批评指正并提出宝贵意见。

编 者

2019 年 7 月

目　　录

项目一　绪论——入门砖

教学目标

通信电子线路是通信系统的硬件基础，为了更好地学习通信电子线路，必须了解通信系统，掌握通信系统的组成及机理，熟悉通信系统的常见类型。

教学要求

1. 了解通信系统的基本概念。
2. 了解无线电波的传播特性。
3. 了解无线电波的频段划分。
4. 掌握调制的通信系统。

1.1　通信系统的概念

思考：什么是通信？

通信是为了实现信息的传输和交流，没有信息的传输就谈不上通信了。而信息传输就是把从甲方（信息发出者）发出的信息，通过传输通道（信道）传给乙方（信息接收者）。但是，在一般远距离通信的情况下，不像两个人面对面说话那么简单，为了有效地利用信道进行传输，在发送端需要将所传输的信息变换成适当形式的信号（电信号或光信号），在接收端再将这些信号变换成原来的信息，同时在传输过程中还免不了会有一些噪声干扰。

思考：一个完整的通信系统应包括哪几部分？

传输信息的系统称为“通信系统”，一个完整的通信系统用一个最简单的模型来概括，至少包含信源、发信装置、传输信道、噪声源、收信装置和信宿 6 个部分，如图 1.1 所示。

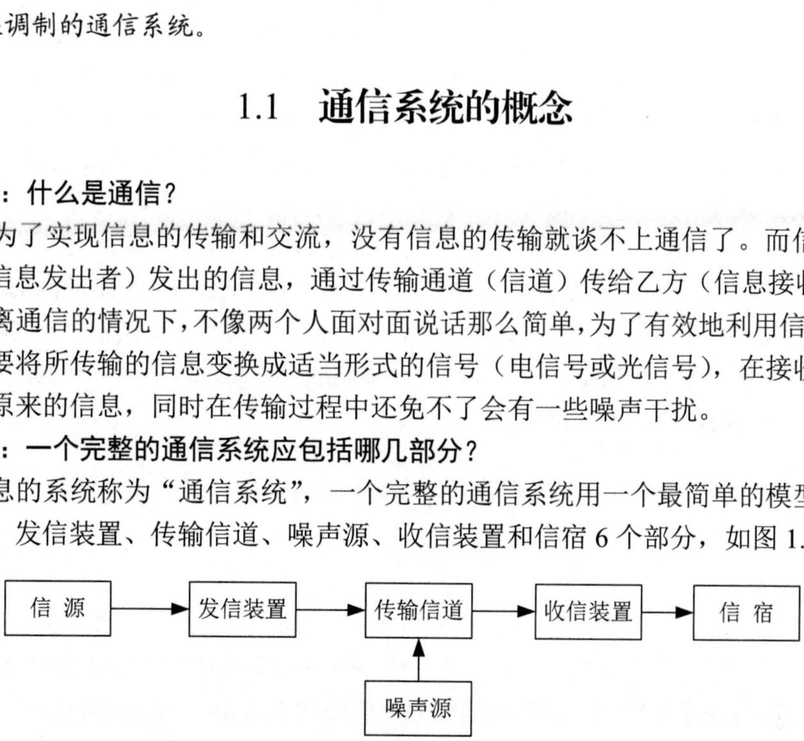

图 1.1　通信系统组成框图

信源：信息的发出者，是产生各种信息（文字、数据、语音、音乐、图像等）的源头，常见的信源可以是人（打电话），也可以是机器（如电报机、摄像机、电传机、计算机等），一般是非电量信号。对于非电量信号，需经输入变送器变换为电信号（如被传输的是声音信息就需先经声—电换能器—话筒，变换为相应信号的电信号）。如果输入信息本身就是电信号（如计算机输出的二进制信号），就可以直接将信号送到发送设备。

信宿：信息的接收者，将电信号还原成原来的信息，可以是人或机器。如通过扬声器（喇叭）或耳机将电信号还原成原来的声音信息（语言或音乐）。

发信装置：把信源发出的信息变换成适合在信道上传输的信号。如在模拟电话通信系统中，发信装置由送话器和载波机（包括放大器、滤波器和调制器等）等组成，其中，电话上的送话器将人发出的声音变换为电信号；载波机将送话器输出的电信号搬移到频率更高的载波频率上，以便在同一信道上可以同时传输多路通话（多路复用）。而对数字电话通信系统来说，发信装置则包括送话器和模/数变换器等。模/数变换器的作用是将送话器输出的模拟话音信号变换成适合于在数字信道中传输的数字信号。

收信装置：功能和收信装置相反，它是将信道传输接收到的信号恢复成与发送设备输入的信号相一致，即完成译码功能，使接收者可以接收。同时，要求收集装置能够从受干扰的信号中最大限度地提取信源输出的信息，并尽可能复现信源的输出。对于多路复用信号，还要解除多路复用，实现正确分路。

传输信道：通俗地讲就是信息传输的通道，信道有时也称为通信线路，可以由不同的传输媒介组成，概括起来有两种，即有线信道和无线信道。有线信道包括架空明线、电缆、光缆等，无线信道可以是传输无线电波的自由空间，如地球表面的大气层、水、地下及宇宙空间等。

噪声源：指信道中的噪声及分散在通信系统中其他各处噪声的集中表示。噪声源的存在并不是我们所希望的，但在实际通信系统中它总是客观存在，所以在一个通信系统中必须正视它的存在，想办法来抑制它的影响。噪声来自各个部分，从发出信息和接收信息的周围环境、各种设备的电子器件，到信道外部电磁场的干扰，都会对信号产生噪声影响。

如此看来，通信系统其实并不简单，中间要经过许多环节和设备。上述模型还只是一对一单向通信，即由甲方向乙方传送信息，如广播电视；而实际通信往往是双向的，即甲乙双方每一方既是信源同时又是信宿，如我们打电话，双方都可以讲话。不仅如此，实际通信多半还是多个用户（它们既是信源也是信宿）同时进行双向通信，此时为了有效地利用线路，需要在信道中加入交换设备，组成通信网络。

1.2 无线电传播

1. 传播特性

传播特性指无线电信号的传播方式、传播距离、传播特点等。不同频段的无线电信号，其传播特性不同。同一信道对不同频率的信号传播特性是不同的，如在自由空间媒介里，电磁能量是以电磁波的形式传播的，而不同频率的电磁波却有着不同的传播方式。

思考：什么是电磁波？

电磁波首先是一种波，是电磁场的一种运动形态，是在空间传播的周期性变化的电磁场。电磁波在自由空间的速度是光速 $c=3\times10^8\,\text{m/s}$，因此描述电磁波的基本特征用振幅、频率和相位 3 个量即可。

在低频的电磁振荡中，电磁之间的相互变化比较缓慢，其能量几乎全部返回原路没有辐射出去；在高频的电磁振荡中，电磁之间的相互变化很快，能量不可能全部返回原振荡电路，于是电能、磁能随着电场与磁场的周期变化会以电磁波的形式向空间传播出去，不需要介质也能向外传递能量，这就是一种辐射。电磁波是能量的一种，凡是高于绝对零度的物体，都会释放出电磁波，它无影无踪（除光波外）、无处不在。

电磁波——麻雀减少之谜

英国曾有2400万只“家养”麻雀，这些麻雀都在房屋阁楼处做窝，每天在各家花园内嬉戏，成为英国的一道风景线。然而，后来英国麻雀数量急剧减少。英国科学家对此百思不得其解，有人认为是猫吃了麻雀；有人认为是无铅汽油影响了虫子的生存，而麻雀就靠这种虫子来喂养小麻雀；还有人认为是建筑阁楼被封闭，使得麻雀无法做窝。最后，英国的科学家和动物学家指出，手机发出的电磁波是造成麻雀失踪的罪魁祸首。英国人从1994年开始大量使用手机，正是从这年开始，英国麻雀大量减少。研究表明，电磁波会影响动物的精子数量和排卵功能，还会影响麻雀的方向感，因为麻雀依靠地球磁场来辨别方向，故电磁波会干扰麻雀找路的能力。

2. 电磁波的传播方式

电磁波的传播方式主要有直射传播、绕射传播、折射和反射传播及散射传播等。决定传播方式和传播特点的关键因素是无线电信号的频率。为了有效地传输信号，不同波段的信号所采用的主要传播方式是不同的。电磁波的传播方式如图1.2所示。

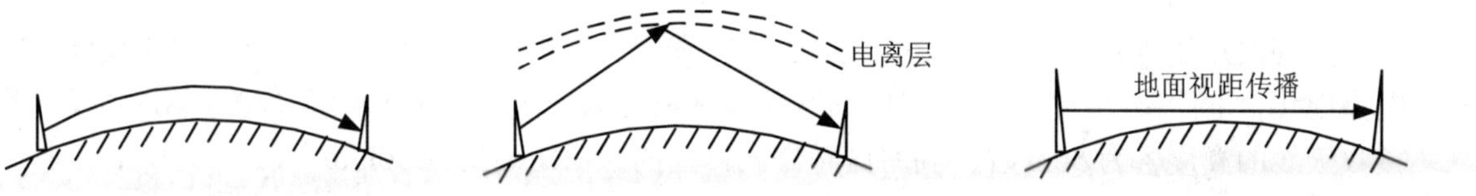

（a）电磁波沿地表绕射　（b）电磁波折射与反射　（c）电磁波的直射

图1.2　电磁波的传播方式

（1）电磁波沿地表绕射（地波）。绕射是电磁波沿着地球的弯曲表面传播，沿地球表面附近的空间传播的无线电波称为地表面波，简称地波，如图1.2（a）所示。地波传播时，无线电波可随地球表面的弯曲而改变传播方向，其传播途径主要取决于地面的电特性。

地面上有高低不平的山坡和房屋等障碍物，根据波的衍射特性，当波长大于或相当于障碍物的尺寸时，波才能明显地绕到障碍物的后面。地面上的障碍物一般不太大，长波可以很好地绕过它们；中波和中短波也能较好地绕过；短波和微波由于波长过短，绕过障碍物的本领就很差了。

地球是个良导体，地球表面会因地波的传播引起感应电流，因而地波在传播过程中有能量损失。频率越高，损失越严重，传播的距离就越短。所以，无论从衍射的角度看还是从能量损失的角度看，长波、中波和中短波沿地球表面可以传播较远的距离，而短波和微波则不能。例如，频率为1.5MHz以下的电磁波可以绕着地球的弯曲表面传播，另外，由于地面的电性能在较短的时间内变化不会很大，因此地波传播比较稳定，不受昼夜变化的影响。

应用：中波和中短波的传播距离一般在几百千米范围内，收音机在这两个波段一般只能收听到本地或邻近省市的电台，长波沿地面传播的距离要远得多，但发射长波的设备庞大，造价高，所以长波很少用于无线电广播，多用于超远程无线电通信和导航等。

（2）电离层的折射和反射（天波）。在地球表面存在着具有一定厚度的大气层，由于受到太阳的照射，大气层上部的气体将发生电离而产生自由电子和离子，被电离了的这一部分大气层叫作电离层。由于太阳辐射强度、大气密度及大气成分在空间分布是不均匀的，整个电离层形成层状结构。

电离层能发射电波，电磁波到达电离层后，一部分能量被吸收，一部分能量被反射和折射到地面，依靠电离层的反射来传播的无线电波称为天波，如图 1.2（b）所示。例如，对于频率为 1.5～30MHz 的电磁波，由于频率较高，地面吸收较强，用地波传播时衰减很快，它主要靠天波传播，短波是利用电离层反射的最佳波段。

思考：为何收音机在夜晚能够收听到许多远地的中波或中短波电台？

电离层是不稳定的，白天受阳光照射时电离程度高，夜晚电离程度低。因此夜间它对中波和中短波的吸收减弱，这时中波和中短波也能以天波的形式传播。

电离层对于不同频率的电磁波表现出不同的特性，频率越高，被吸收的能量越小，电磁波穿入电离层也越深，当频率超过一定值后，电磁波就会穿透电离层传播到宇宙空间，而不再返回地面，因此频率更高的电磁波不宜采用天波传播，而采用空间波传播。

（3）直射（空间波）。从发射天线直接辐射到接收天线，沿空间直线传播的电磁波称为空间波，如图 1.2（c）所示。例如，当电磁波的频率大于 30MHz 时，电磁波会穿过电离层传播到宇宙空间而不能反射回来，因此不能采用地波和天波传播。

空间波用于地面上的视距传播，由于地球表面是一个曲面，发射和接收天线的高度将影响直射传播的距离，天线越高，对应的通信距离就越远。理论计算和实践经验表明：当发射和接收天线的高度各为 50m 时，利用这种方式传播的通信距离约为 50km。

所以，在进行远距离通信时要设立中继站，由某地发射出去的微波，被中继站接收、放大后再传向下一站。这就像接力跑步一样，一站传一站，把电信号传到远方。

类比“打台球”

在台球这项运动中，很多规律和电磁波很像。当直接撞击球中心打出去的时候假设没有任何阻挡，球将沿直线运行（电磁波的直射）；如果打出去的球碰到台边，它就按照反射角等于入射角的规律运行（电磁波的反射）；假若母球和另一个球相切，根据力度和方向，它可以绕过视距范围内的球，很像绕射（电磁波沿地表绕射）；假设在一个范围内的很多球的彼此间距不超过一个球，当母球打到这些球中间，会激起很多球向不同方向运动，很像散射（电磁波的散射）。

总结：

长波信号以地波绕射为主；中波和短波信号可以以地波和天波两种方式传播，不过，前者以地波传播为主，后者以天波（反射和折射）传播为主；超短波以上频段的信号大多以直射方式传播，也可以采用对流层散射的方式传播。

3. 无线电波的频段划分

我们知道，频率从几十千赫至几万兆赫的电磁波都属于无线电波，所以它的频率范围是很宽的，为了便于分析和应用，习惯上将无线电波的频率范围划分为若干个区域，即对频率或波长进行分段，称为频段或波段。在各种无线电波系统中，信息是依靠高频无线电波来传递的，那么应该如何选择高频载波的频率呢？

无线电波在真空中传播的速度是 3×10^8m/s 在一个振荡周期 T 内的传播距离叫作波长，用符号 λ 表示。波长 λ、频率 f 和电磁波传播速度 c 的关系为

$$\lambda = cT = \frac{c}{f} \tag{1.1}$$

因为不同频段信号的产生、放大和接收的方法不同，传送的方式也不同，因而它们的应用范围也不同。表 1.1 列出了无线电波的频（波）段划分。

表 1.1　无线电波的频（波）段划分

频（波）段	频段范围	波长范围	传播方式	在通信领域的应用
甚低频（超长波）	3～30kHz	100～10km	波导	海岸－潜艇通信、海上导航等
低频（长波）	30～300kHz	10～1km	地波	大气层内中等距离通信、地下岩层通信、海上导航等
中频（中波）	0.3～3MHz	1000～100m	地波	广播、海上导航等
高频（短波）	3～30MHz	100～10m	天波	远距离短波通信、短波广播等
甚高频（超短波）	30～300MHz	10～1m	空间波	电离层散射通信（30～60MHz）、流星余迹通信（30～100MHz）、人造电离层通信（30～144MHz）、对大气层内及外空间飞行体（飞机、导弹、卫星）的通信、电视、雷达、导航、移动通信等
超高频（分米波）	0.3～3GHz	100～10cm	空间波	对流层散射通信（700～1000MHz）、小容量（8～12 路）微波接力通信（352～420MHz）、中容量（120 路）微波接力通信（1700～2400MHz）、移动通信等
特高频（厘米波）	3～30GHz	10～1cm	视距	大容量（2500 路、6000 路）微波接力通信（3600～4200MHz，5850～8500MHz）
极高频（毫米波）	30～300GHz	1～0.1cm	视距	大容量的卫星－地面通信或地面中继通信等

1.3　调制的通信系统

1．什么是调制？

在传送信号的一方（发送端），用我们所要传送的对象（如语音信号）去控制载波的幅度（或频率或相位），使载波的幅度（或频率或相位）随要传送的对象信号而变。

这里对象信号本身称为“调制信号”，调制后形成的信号称为“已调信号”。调制使幅度变化称“调幅”，使频率变化称“调频”，使相位变化称“调相”。实际上，在调制的通信系统中，载波只起一个装载和运送信号的作用，相当于“运载工具”，而调制信号才是真正需要传送的对象。

类比“货物运输”

将货物装载到飞机/轮船的某个仓位上：“货物”对应需要传输的低频调制信号；“飞机/轮船”对应高频载波；“仓位”对应载波的 3 个参数，振幅、频率和相位。

2. 为什么要进行调制？

先来看看如果不调制的话，直接传输信号会发生什么样的情况。

以广播中的语音信号为例，如果不将信号调制到高频直接传输模拟语音信号，则低频率的模拟语音信号无法传输很远的距离。中央人民广播电台的播音信号要是不调制，连市区都出不了就严重衰减，淹没在茫茫的天空中。

同等条件下，女生的声音往往比男生的声音传得更远，女生的尖叫比男生更加刺耳，更具有穿透力。这是为什么呢？因为女生的声音更尖，而声音尖在通信上就是声波的频率高，可见高频信号确实比低频信号传得更远些，故需要对信号进行调制。

调制的原因如下。

（1）根据天线理论，只有天线的实际长度与电信号的波长相比拟时，电信号才能以电磁波形式有效地辐射出去。若信号频率为 1kHz，其相应波长为 300km，若采用 1/4 波长的天线，则天线长度需要 75km，制造这样的天线是很困难的，所以，原始电信号必须有足够高的频率。

（2）将低频信号调制到高频可以抗干扰，实现频分复用。

3. 什么是解调？

解调就是在接收信号的一方（接收端），从收到的已调信号中把调制信号恢复出来。调幅波的解调叫“检波”，调频波的解调叫“鉴频”，解调是其统称。

类比“货物卸载”

到达目的地后，将装载在飞机/轮船某个仓位上的货物卸载。

4. 典型的调制通信系统

调制的通信系统应用广泛，下面以无线电广播发射和接收系统为例说明它的组成原理。一个典型的调制通信系统原理框图如图 1-3 所示，它主要由高频振荡器、低频模拟信号、调制解调器、调谐功率放大器、小信号选频放大器及收发天线组成。

收音机是一个模拟通信系统，它属于单工通信，收音机只是接收装置，发射装置是广播电视塔，收音机的调制方式一般是调频（FM）和调幅（AM）。

尽管目前有厂商推出了数字式收音机，但是模拟收音机还是主流，在收音机领域，数字化代替模拟化似乎没有别的领域那么快速。平常能见到的收音机大多是超外差式收音机，与超外差式收音机对应的还有一种直放式收音机，两者的区别是超外差收音机比直放式收音机多了一个中频滤波和中频放大器的功能。

5. 项目总结

本项目重点分析了通信、调制解调及无线电波传播的一些相关概念，在具体学习各部分基本原理之前先建立典型的调制系统模型，后面的项目二～项目七将围绕典型的调制通信系统，重点分析谐振回路、小信号调谐放大器、调谐功率放大器、正弦波振荡器、振幅调制与解调、角度调制与解调、锁相环等电路的原理，并通过典型案例分析强化对原理的理解及应用。

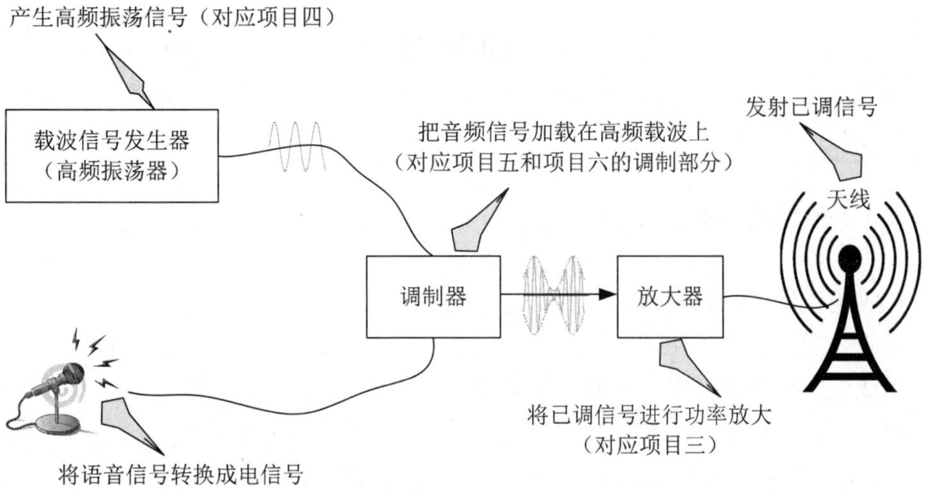

（a）无线电广播发射系统原理框图

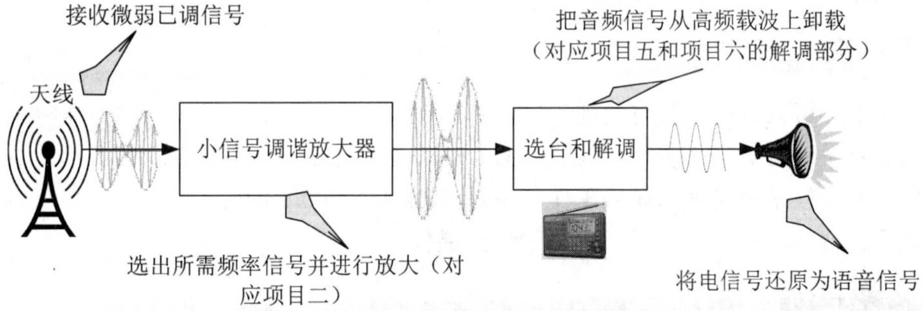

（b）无线电广播接收系统原理框图

图 1.3　无线电广播发射和接收系统的原理

1.4　设计任务

任务

设计并制作一个射频宽带放大器。

基本要求

（1）电压增益 $A_V \geqslant 20dB$，输入电压有效值 $U_i \leqslant 20mV$。A_V 在 0～20dB 范围内可调。

（2）最大输出正弦波电压有效值 $U_o \geqslant 200mV$，输出信号波形无明显失真。

（3）放大器 BW_{-3dB} 的下限频率 $f_L \geqslant 0.3MHz$，上限频率 $f_H \leqslant 20MHz$，并要求在 1～15MHz 频带内增益起伏≤1dB。

（4）放大的输入阻抗为50Ω，输出阻抗为50Ω。

练习题

一、填空题

1．一个完整的通信系统应包括________，________，________，________，________和________。

2．在收信装置中，检波器的作用是________。

3．调制是用音频信号控制载波的________，________，________。

4．无线电波传播速度固定不变，频率越高，波长________，频率________，波长越长。

5．短波的波长较短，地面绕射能力________，且地面吸收损耗________，不宜________传播，短波能被电离层反射到远处，主要以________方式传播。

6．波长比短波更短的无线电称为________，不能以________和________方式传播，只能以________方式传播。

二、判断题

1．低频信号可直接从天线有效地辐射。 （　）

2．为了有效地发射电磁波，天线尺寸必须与辐射信号的波长相比拟。 （　）

3．高频电子技术所研究的高频工作范围是300kHz～3000MHz。 （　）

4．电视、调频广播和移动通信均属于短波通信。 （　）

三、简答计算题

1．无线通信为什么要进行调制？

2．在收信装置中，混频器的作用是什么？混频器是怎么组成的？绘出混频前后的波形。

3．中波广播波段的波长范围为187～560m。为避免相邻电台的干扰，两个相邻电台的载频至少要相差10kHz，问在此波段中最多能容纳多少电台同时广播？

项目二　高频放大器之小信号调谐放大器

教学目标

通过对小信号调谐放大器相关知识的学习，能设计一个简单的小信号调谐放大器，进行仿真分析。

教学要求

1. 掌握 *LC* 谐振回路的基本特性。

2. 掌握小信号调谐放大器的基本原理、各项质量指标的定义、电压增益、功率增益、通频带、选择性、噪声系数等指标的计算和工作稳定性分析。

3. 掌握晶体管 Y 参数等效电路和混合 II 型等效电路的分析。

2.1　概述

在无线电技术中，经常会遇到这样的问题——所接受到的信号很弱，而这样的信号又往往与干扰信号同时进入接收机。我们希望将有用的信号放大，把其他无用的干扰信号抑制掉，为此我们需要首先解决以下几个问题。

（1）抑制干扰信号并放大有用信号。借助于选频放大器，便可达到此目的。小信号谐振放大器便是这样一种最常用的选频放大器，即有选择地对某一频率的信号进行放大的放大器。小信号谐振放大器是构成无线电通信设备的主要电路，其作用是放大信道中的高频小信号。

（2）放大小信号。所谓小信号，通常是指输入信号电压在微伏至毫伏数量级的信号，放大这种信号的放大器工作在线性范围。

（3）调谐。所谓调谐，主要是指放大器的集电极负载为谐振回路（如 *LC* 谐振回路）。这种放大器对谐振频率为 f_0 的信号具有放大作用，而对其他远离 f_0 的频率信号，放大作用小。

小信号调谐放大器由放大器和谐振回路两部分组成，它不仅有放大作用，而且有选频作用，一般在接收机中用于高频放大和中频放大，对其主要指标要求是：有足够的增益，满足通频带和选择性要求，工作稳定等。小信号调谐放大器的主要性能在很大程度上取决于谐振回路，下面先介绍 *LC* 谐振回路的主要特性。

2.2　*LC* 谐振回路

谐振回路的主要特点是具有选频作用，当输入信号含有多种频率成分时，经过谐振回路只选出某些频率成分，对其他频率成分产生不同程度的抑制。*LC* 谐振回路由电感和电容组成，按电感、电容与外接信号源连接方式的不同，可分为串联和并联谐振回路两种类型。这里重点分析并联谐振回路，串联谐振回路的特性自行推导。

2.2.1 *LC* 并联谐振回路

1. 谐振回路

LC 并联谐振回路由信号源、电感和电容三者并联构成，并联谐振回路的两种常用电路如图 2.1 所示。

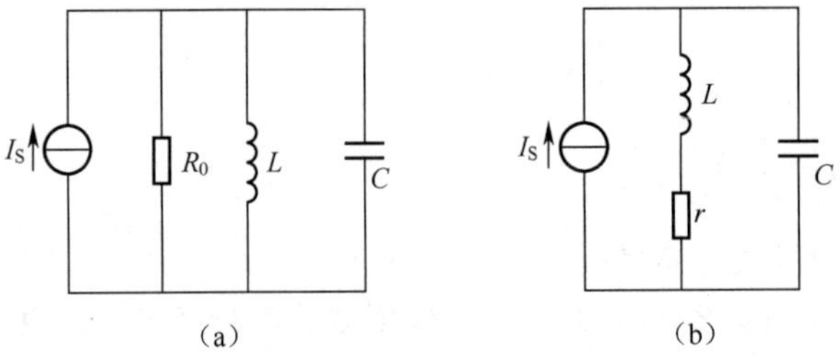

图 2.1 并联谐振回路

图 2.1（a）中 R_0 为电感线圈的并联损耗电阻，图 2.1（b）中 r 为电感线圈的串联损耗电阻，且满足 $R_0=\dfrac{L}{Cr}$。

2. 阻抗特性

分析并联谐振回路采用导纳比较方便。设外接信号源的角频率为ω，由电路理论得回路的等效导纳为

$$Y=G_0+\mathrm{j}\left(\omega C-\frac{1}{\omega L}\right) \tag{2.1}$$

式中，电导 $G_0=\dfrac{1}{R_0}$。

等效阻抗为

$$Z=\frac{1}{Y}=\frac{1}{G_0+\mathrm{j}\left(\omega C-\dfrac{1}{\omega L}\right)} \tag{2.2}$$

等效阻抗的模为

$$|Z|=\frac{1}{\sqrt{G_0^2+\left(\omega C-\dfrac{1}{\omega L}\right)^2}}\ \text{（单位为 S）} \tag{2.3}$$

导纳角为

$$\beta=\arctan\frac{\omega C-\dfrac{1}{\omega L}}{G_0}\ \text{（单位为 rad）} \tag{2.4}$$

并联谐振回路的阻抗特性曲线如图 2.2 所示。

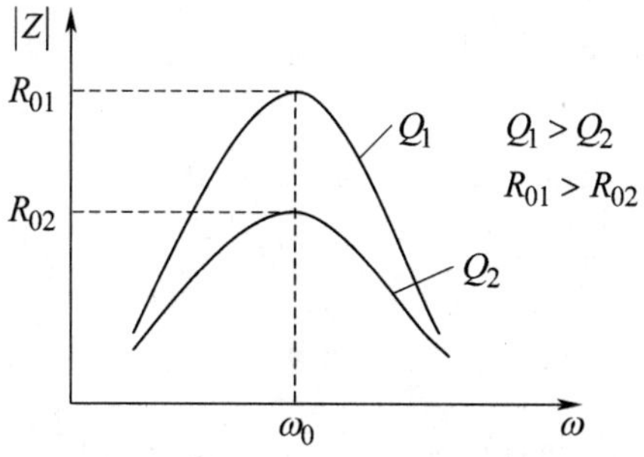

图 2.2 并联谐振回路的阻抗特性

由图 2.2 可得如下结论。

（1）当 $\omega C=\dfrac{1}{\omega L}$ 时，回路谐振，谐振频率为

$$\omega=\omega_0=\frac{1}{\sqrt{LC}} \tag{2.5}$$

（2）回路谐振时阻抗最大，回路呈现为纯电阻 R_0，所以 R_0 也称为谐振电阻。

（3）回路谐振时，满足

$$\omega_0 L=\frac{1}{\omega_0 C}=\frac{\sqrt{LC}}{C}=\sqrt{\frac{L}{C}} \tag{2.6}$$

称 $\sqrt{\dfrac{L}{C}}$ 为谐振回路的特性阻抗。

（4）定义谐振回路的品质因数为回路谐振电阻与特性阻抗的比值，即

$$Q=\frac{R_0}{\sqrt{\dfrac{L}{C}}}=\frac{R_0}{\omega_0 L}=R_0\omega_0 C \tag{2.7}$$

由式（2.7）可知，并联谐振回路中 Q 值包含了回路 3 个元件的参数 R_0、L、C，反映了 3 个参数对回路特性的影响，是描述回路特性的综合参数。回路的 R_0 越大，则 Q 值越大，阻抗特性曲线越尖锐；反之，R_0 越小，则 Q 值越小，阻抗特性曲线越平坦。

（5）引入品质因数后，回路阻抗的模可以表示为

$$|Z|=\frac{1}{|Y|}=\frac{R_0}{\sqrt{1+Q^2\left(\dfrac{f}{f_0}-\dfrac{f_0}{f}\right)^2}} \tag{2.8}$$

3. 选频特性

并联谐振回路的选频特性主要研究谐振频率 ω_0 附近的频率特性，即研究回路的电压特性曲线，亦叫电路谐振曲线。设信号源为恒流源 $\dot{I}_S$，响应为回路电压 $\dot{U}$，则

$$\dot{U}=\dot{I}_S Z \tag{2.9}$$

在谐振点附近，模可表示为

$$U = I_s|Z| = \frac{U_m}{\sqrt{1+Q^2\left(\frac{f}{f_0}-\frac{f_0}{f}\right)^2}} = \frac{U_m}{\sqrt{1+Q^2\left(\frac{f^2-f_0^2}{f_0 f}\right)^2}}$$

$$= \frac{U_m}{\sqrt{1+Q^2\left[\frac{(f+f_0)(f-f_0)}{f_0 f}\right]^2}} \approx \frac{U_m}{\sqrt{1+Q^2\left[\frac{2f\cdot\Delta f}{f_0 f}\right]^2}} = \frac{U_m}{\sqrt{1+\left(Q\frac{2\cdot\Delta f}{f_0}\right)^2}} \tag{2.10}$$

其中Δf为信号频率偏离谐振点的数量，相位φ满足

$$\varphi = -\arctan Q\left(\frac{f}{f_0}-\frac{f_0}{f}\right) = -\arctan\left(Q\frac{2\Delta f}{f_0}\right) \tag{2.11}$$

由式（2.10）和式（2.11）可得如下结论。

（1）当$\omega=\omega_0=\frac{1}{\sqrt{LC}}$（$\Delta\omega=0$）时，电压幅度最大，相移$\varphi=0$。

（2）当$\omega\neq\omega_0$时，电压幅度下降，相移增大，当$\omega>\omega_0$时，回路呈容性，相移$\varphi<0$，电压滞后电流一个小于$90°$的相角；当$\omega<\omega_0$时，回路呈感性，相移$\varphi>0$，电压超前电流一个小于$90°$的相角。

4. 谐振曲线分析

由式（2.10）可得

$$\frac{U}{U_m} = \frac{1}{\sqrt{1+\left(Q\frac{2\cdot\Delta f}{f_0}\right)^2}} \tag{2.12}$$

其中，$\frac{U}{U_m}$为谐振曲线的相对抑制比，它反映了回路对偏离谐振频率的抑制能力，对于同样的频率偏差（以下简称频偏）Δf，Q越大，则$\frac{U}{U_m}$值越小，谐振曲线越尖锐，如图2.3（b）所示。

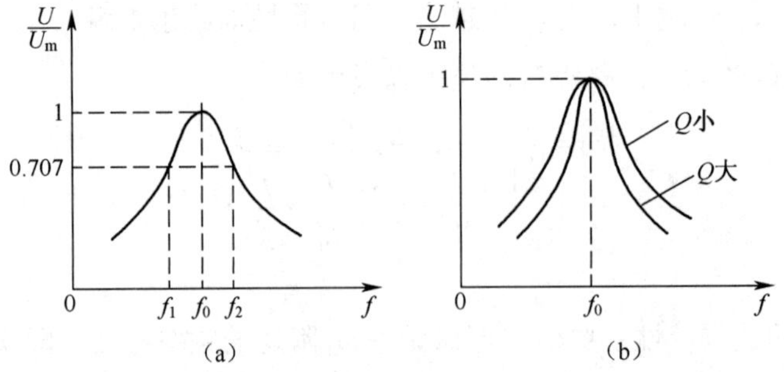

图2.3　Q对谐振曲线的影响及谐振回路通频带

由于谐振回路具有选频功能，在通信系统中，常用作带通滤波器，用来传输或选择经过调制的高频信号，那么谐振回路应该具备什么样的形状呢？这要看需要选取的信号，首先要建

立通频带的概念。一个无线电信号占用一定的频带宽度，无线电信号通过谐振回路不失真的条件是：谐振回路的幅频特性是一常数，相频特性正比于角频率。因此，研究谐振回路的幅频特性曲线在什么范围内能基本满足上述要求是十分重要的。

（1）通频带。在无线电技术中，常把相对抑制比$\frac{U}{U_m}$从 1 下降到$\frac{1}{\sqrt{2}}$（以 dB 表示，从 0 下降到–3dB）处的两个频率 f_1 和 f_2 的范围称为通频带，以符号 B 或 $2\Delta f_{0.7}$ 表示。如图 2.3（a）所示。

即回路的通频带为

$$B = f_2 - f_1 \tag{2.13}$$

将式（2.13）代入式（2.12）可得

$$B = \frac{f_0}{Q} \tag{2.14}$$

注：

1）只要谐振回路的通频带 B 大于或等于无线电信号的通频带，无线电信号通过谐振回路后的失真就是允许的。

2）为了滤除其他频率信号的干扰，在通频带外，$\frac{U}{U_m}$值越小越好。

（2）选择性。选择性是指回路选取有用信号、抑制干扰信号的能力。由于谐振回路具有谐振特性，所以它具有选择性，回路谐振曲线越尖锐，其选择性越好。通常对某一频率偏差 Δf 下的$\frac{U}{U_m}$值叫作回路对这一指定频偏下的选择性，记为 α，即

$$\alpha = \frac{U}{U_m} = \frac{1}{\sqrt{1+\left(Q\frac{2\Delta f}{f_0}\right)^2}} \tag{2.15}$$

显然，α 值越小，选择性越好，如图 2.4 所示。

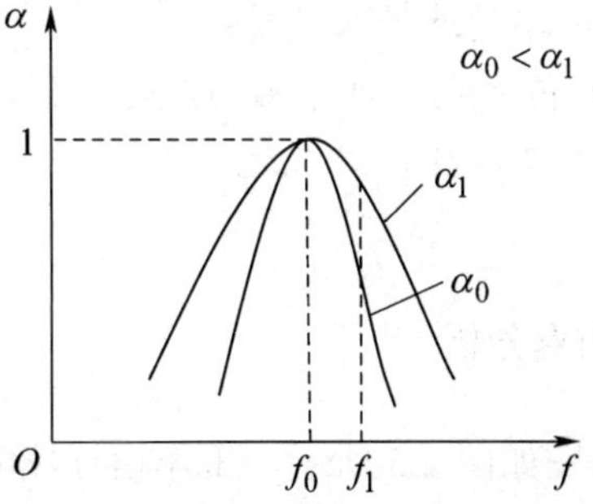

图 2.4　α 值对谐振曲线的影响

注：选择性表示回路对通频带以外干扰信号的抑制能力，α 值越小选择性越好。

从上面的分析发现，对同一回路，通频带和选择性是矛盾的，选择性越好则通频带越窄，如何来综合衡量选频性能的好坏呢？

一个理想的谐振回路，其幅频特性应是一个矩形，在通频带内信号可以无衰减地通过，在通频带以外信号衰减为无限大。实际谐振回路选频性能的好坏，应以其幅频特性接近矩形的程度来衡量。为了便于定量比较，引入矩形系数这一指标。

（3）矩形系数为谐振回路的 α 值下降到 0.1 时与 α 值下降到 0.7 时，频带宽度 $B_{0.1}$ 与频带宽度 $B_{0.7}$ 之比，用符号 $K_{0.1}$ 表示，即

$$K_{0.1}=\frac{B_{0.1}}{B_{0.7}} \tag{2.16}$$

由定义

$$\alpha=0.1=\frac{U}{U_{\mathrm{m}}}=\frac{1}{\sqrt{1+\left(Q\dfrac{2\Delta f}{f_0}\right)^2}} \tag{2.17}$$

即

$$Q\frac{2\Delta f}{f_0}\approx 10 \tag{2.18}$$

得

$$B_{0.1}=2\Delta f=10\frac{f_0}{Q} \tag{2.19}$$

又因为

$$B_{0.7}=\frac{f_0}{Q} \tag{2.20}$$

得

$$K_{0.1}=\frac{B_{0.1}}{B_{0.7}}=\frac{10\dfrac{f_0}{Q}}{\dfrac{f_0}{Q}}=10\gg 1 \tag{2.21}$$

注：

1）矩形系数越接近于 1，回路的选择性就越好。

2）在并联谐振回路中，Q 值越高，则谐振曲线越尖锐，通频带越窄，抑制通频带外信号能力就越强，但其矩形系数并不改变，并且远大于 1，这说明简单的并联谐振回路的选择性比较差。

2.2.2 *LC* 并联谐振回路仿真分析

LC 并联谐振回路仿真电路图如图 2.5 所示，工作运行环境如图 2.6 所示。

由图 2.7 可知，谐振时，回路呈现纯电导，且谐振导纳最小（或谐振阻抗最大）。

总结：

（1）*LC* 并联谐振回路幅频曲线所显示的选频特性在高频电路里有着非常重要的作用，其选频性能的好坏可由通频带和选择性（回路 Q 值）这两个相互矛盾的指标来衡量。矩形系数则是综合说明这两个指标的一个参数，可以衡量实际幅频特性接近理想幅频特性的程度。矩形

系数越小，则幅频特性越理想。

（2）*LC* 并联谐振回路阻抗的相频特性是一条具有负斜率的单调变化曲线，这一点在分析 *LC* 正弦波振荡电路的稳定性时有很大作用，而且可以利用曲线中的线性部分进行频率与相位的线性转换。

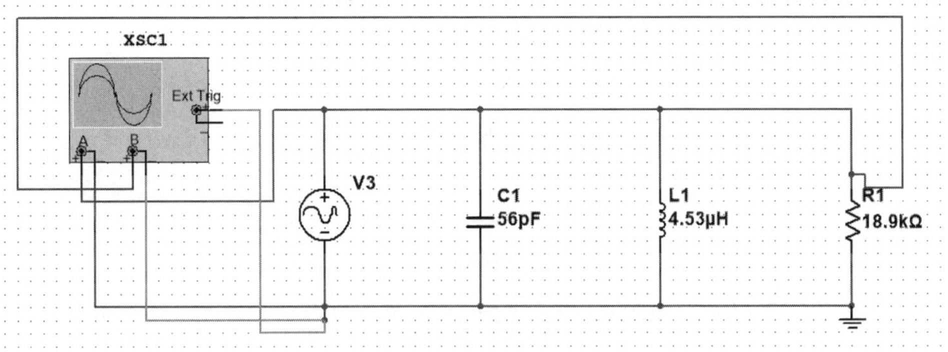

图 2.5　*LC* 并联谐振回路仿真电路

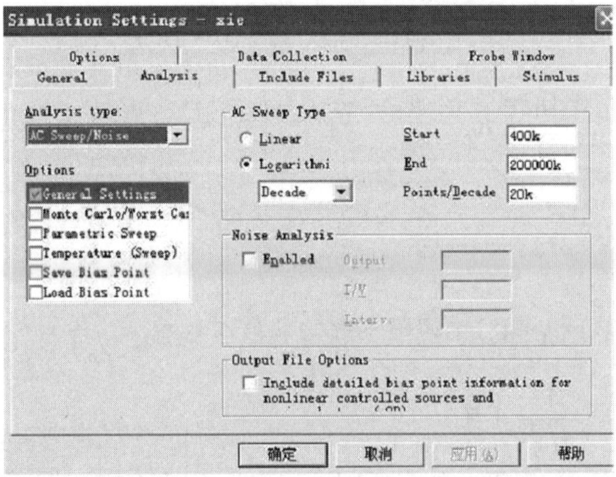

图 2.6　工作运行环境

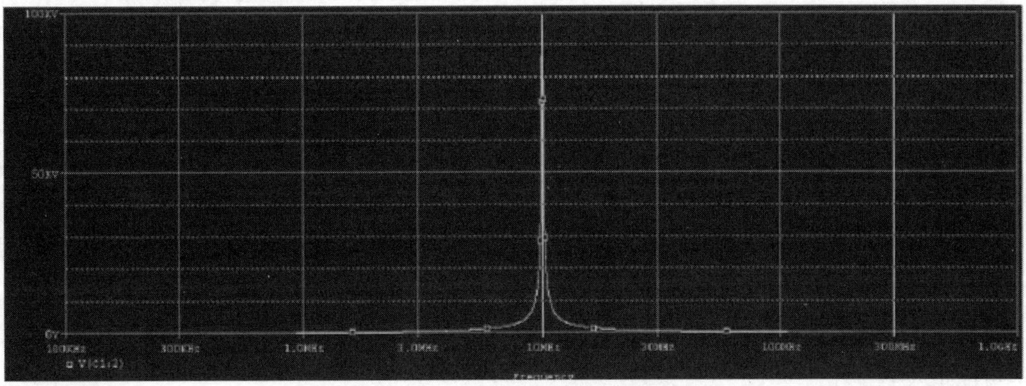

图 2.7　单位谐振曲线

2.2.3 信号源内阻及负载对谐振回路的影响

前面对谐振回路的讨论都没有考虑信号源和负载，在实际电路中，谐振回路前面会接有信号源，后面会接有负载，信号源的输出阻抗和负载阻抗均会对谐振回路产生影响。这里以并联谐振回路为例，分析信号源内阻及负载电阻对谐振回路的影响。仅考虑负载和信号源内阻为纯电阻的情况，并联谐振回路如图 2.8 所示。

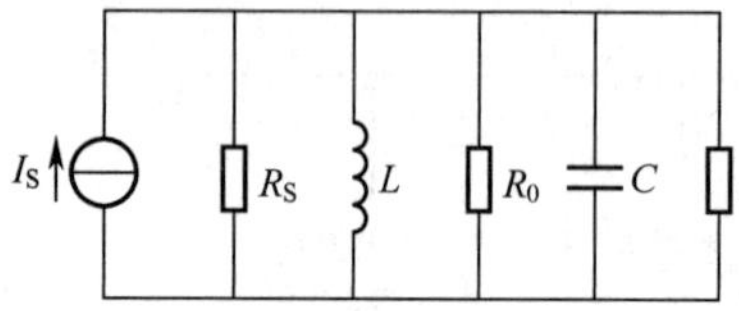

图 2.8 带信号源内阻和负载的并联谐振回路

由图 2.8 可知，当信号源内阻 R_S 和负载电阻 R_L 接入回路时，不影响回路的谐振频率，仍为 $\omega_0 = \dfrac{1}{\sqrt{LC}}$。而回路的品质因数为

$$Q_L = \frac{R_\Sigma}{\omega_0 L} = \frac{1}{\omega_0 L(G_0 + G_S + G_L)} \tag{2.22}$$

式中，$R_\Sigma = R_0 // R_S // R_L$；$G_0 = \dfrac{1}{R_0}$；$G_S = \dfrac{1}{R_S}$；$G_L = \dfrac{1}{R_L}$。

回路的总电导为

$$G_\Sigma = G_0 + G_S + G_L \tag{2.23}$$

总结：

（1）由于 $G_\Sigma > G_0$，Q_L 相对于回路本身的品质因数 $Q_0 = \dfrac{R_0}{\omega_0 L} = \dfrac{1}{\omega_0 L G_0}$ 减小了。

（2）谐振频率 $\omega_0 = \dfrac{1}{\sqrt{LC}}$ 不变。

Q_0 是在没接入负载、信号源时的品质因数，称为无载（或空载）品质因数，Q_L 为有载品质因数，$Q_L < Q_0$，所以，有载时，电路通频带变宽，选择性变坏。

$$\frac{Q_L}{Q_0} = \frac{G_0}{G_0 + G_S + G_L} = \frac{1}{1 + \dfrac{R_0}{R_S} + \dfrac{R_0}{R_L}} \tag{2.24}$$

$$Q_L = \frac{Q_0}{1 + \dfrac{R_0}{R_S} + \dfrac{R_0}{R_L}} \tag{2.25}$$

上述谐振回路中，信号源和负载都是直接并联在 L、C 元件上。因此存在以下 3 个问题：

（1）谐振回路 Q 值大大下降，一般不能满足实际要求。

（2）信号源和负载电阻常常是不相等的，即阻抗不匹配，当相差较多时，负载上得到的功率可能很小。

（3）信号源输出电容和负载电容影响回路的谐振频率，在实际问题中，R_S、R_L、C_L、C_S

给定后，不能任意改动。

解决这些问题的途径是采用“阻抗变换”的方法，使信号源或负载不直接并入回路的两端，而是经过一些简单的变换电路，把它们折算到回路两端。

2.3　阻抗变换电路

1. 变压器阻抗变换

变压器阻抗变换电路示意图如图 2.9 所示。变压器的原边线圈就是回路的电感线圈，副边线圈也称为二次线圈接负载 R_L。设原边线圈匝数为 N_1，副边线圈匝数为 N_2，且原、副边耦合（也称一次耦合、二次耦合）很紧，损耗很小。根据等效前后负载上得到功率相等的原则，可得等效后的负载阻抗 R'_L，即 $P_1=P_2$，则 $\frac{U_2^2}{R_L}=\frac{U_1^2}{R'_L}$，得 $R'_L=\left(\frac{U_1}{U_2}\right)^2 R_L=\left(\frac{N_1}{N_2}\right)^2 R_L$。

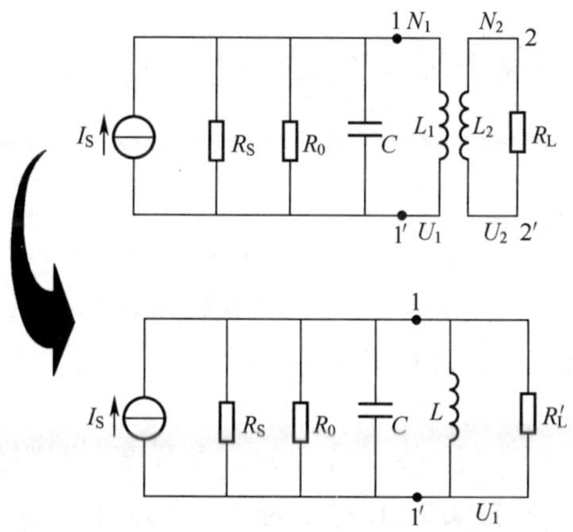

图 2.9　变压器阻抗变换电路示意图

注：

（1）若 $\frac{N_1}{N_2}>1$，则 $R'_L>R_L$，$R_\Sigma=R_S // R_0 // R'_L$ 变大，$Q_L=\frac{R_\Sigma}{\omega_0 L}$ 变大，即通过变压器阻抗变换可提高回路的 Q_L 值。

（2）电路等效后，谐振频率不变，即 $\omega_0=\frac{1}{\sqrt{LC}}$。

2. 自耦变压器阻抗变换（电感抽头阻抗变换）

自耦变压器阻抗变换电路示意图如图 2.10 所示。回路总电感为 L，电感抽头接负载 R_L。设电感线圈 1—1′ 端的匝数为 N_1，抽头 2—1′ 端的匝数为 N_2，对于自耦变压器来说，1—1′ 端的 R'_L 所得功率应与原回路 R_L 得到的功率相等，即 $P_2=P_1$，则 $\frac{U_2^2}{R_L}=\frac{U_1^2}{R'_L}$，得 $R'_L=\left(\frac{U_1}{U_2}\right)^2 R_L=\left(\frac{N_1}{N_2}\right)^2 R_L$。

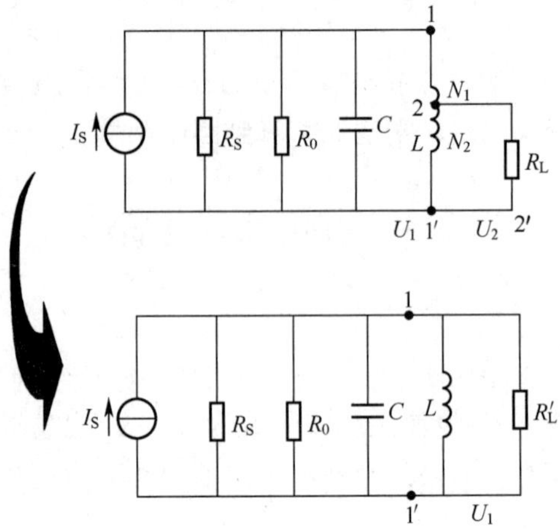

图 2.10 自耦变压器阻抗变换电路示意图

注：

（1）若$\dfrac{N_1}{N_2}>1$，则$R'_L>R_L$，$R_\Sigma=R_S//R_0//R'_L$变大，$Q_L=\dfrac{R_\Sigma}{\omega_0 L}$变大，即通过变压器阻抗变换可提高回路的$Q_L$值。

（2）电路等效后，谐振频率不变，即$\omega_0=\dfrac{1}{\sqrt{LC}}$。

注意：自耦变压器阻抗变换也起到了阻抗变换作用，其优点是绕制简单，缺点是回路与负载有直流通路，需要隔直流时，这种回路不能用。

3. 电容抽头阻抗变换

电容抽头阻抗变换电路示意图如图 2.11 所示。并联谐振回路总电感为L，电容由C_1、C_2串联组成，负载R_L接在电容器抽头2—1′端。为了计算这种回路，需要将负载R_L等效折算到1—1′端，变换为标准的并联谐振回路。

注意：

（1）在电容器串并联转换过程中，当电容器的品质因数$Q_C\gg 1$时，变换前后电容不变，并联电阻$R_L\approx r_{LS}Q_C^2$，$Q_{C串}=\dfrac{\frac{1}{\omega C}}{r_{LS}}=\dfrac{1}{r_{LS}\omega C}$，$Q_{C并}=\dfrac{R_L}{\frac{1}{\omega C}}=\omega CR_L$。

（2）电路等效后，谐振频率近似为$\omega_0\approx\dfrac{1}{\sqrt{LC}}$。

（3）由于$\dfrac{C_1+C_2}{C_1}>1$，则$R'_L=\left(\dfrac{C_1+C_2}{C_1}\right)^2R_L>R_L$，$Q_L$变大。

其中，$r_{LS}\approx\dfrac{R_L}{Q_{c并}^2}=\dfrac{R_L}{(\omega C_2R_L)^2}=\dfrac{1}{\omega^2C_2^2R_L}$，$C=\dfrac{C_1C_2}{C_1+C_2}$，$R'_L=Q_{C串}{}^2r_{LS}=\left(\dfrac{1}{r_{LS}\omega C}\right)^2r_{LS}=\left(\dfrac{C_1+C_2}{C_1}\right)^2R_L$。

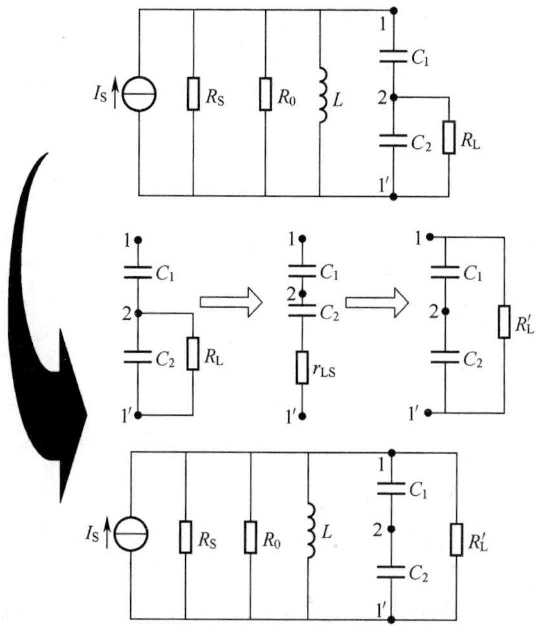

图 2.11　电容抽头阻抗变换电路示意图

总结：

（1）前面 3 种接入方式的一个共同点是负载不直接接入回路两端，只是与回路一部分相接，因此也称为部分接入形式，接入部分所占的比例称为接入系数，用 n 表示，调节 n 可改变折算电阻数值。

（2）对于变压器接入或电感抽头接入，$n=\dfrac{N_2}{N_1}$，对于电容抽头接入，$n=\dfrac{C_1}{C_1+C_2}$。

（3）电路由抽头接入转换为全部接入时，满足：$R_L'=\dfrac{1}{n^2}R_L$，$C_L'=n^2C_L$，$I_S'=nI_S$，$U_S'=\dfrac{1}{n}U_S$。

（4）当外接负载不是纯电阻，包含有电抗成分时，上述等效变换关系仍适用。

（5）采用任何接入方式，都可使回路的有载 Q_L 值提高，而谐振频率不变。同时，只要负载和信号源采用合适的接入系数，即可达到阻抗匹配，输出较大的功率。

例题 2-1　回路如图 2.12 所示，忽略 L_1、L_2 上的内阻，若使阻抗匹配，R_L 应该为多少？若想在保持谐振频率不变的前提下，使通频带扩大一倍，ab 两端还需要并联多大电阻？（提示：阻抗匹配时，R_S 与 R_L 在 ab 两端的等效电阻值相等）

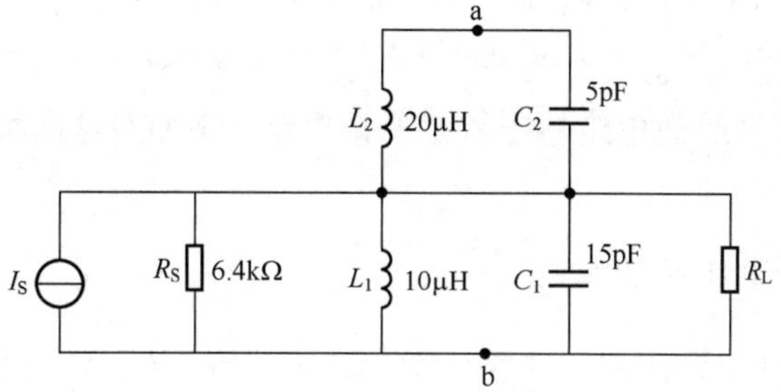

图 2.12　例题 2-1 图

解：记电感抽头接入系数为 p_1，电容抽头接入系数为 p_2，

则

$$p_1=\frac{L_1}{L_1+L_2}=\frac{10}{10+20}=\frac{1}{3},\quad p_2=\frac{C_2}{C_1+C_2}=\frac{5}{15+5}=\frac{1}{4}$$

R_S 在 ab 两端等效后的电阻为

$$R'_S=\frac{1}{p_1^{\ 2}}R_S=9\times 6.4=57.6\text{k}\Omega$$

R_L 在 ab 两端等效后的电阻为

$$R'_L=\frac{1}{p_2^2}R_L$$

根据阻抗匹配条件 $R'_S=R'_L$，即 $57.6\text{k}\Omega=\frac{1}{p_2^2}R_L$，故

$$R_L=p_2^2\times 57.6\text{k}\Omega=\frac{1}{16}\times 57.6\text{k}\Omega=3.6\text{k}\Omega$$

因为通频带 $B=\frac{f_0}{Q}$，而 f_0 不变，若想使通频带扩大一倍，则需 Q 缩小一半。

又因为 $Q_L=\frac{R'_p}{\omega_p L}$，则 R'_p 需要缩小一半。

原来的 $R'_p=\frac{1}{\frac{1}{R'_S}+\frac{1}{R'_L}}$，由于阻抗匹配，则 $R'_S=R'_L$。

于是 $R'_p=\frac{1}{\frac{2}{R'_S}}=\frac{R'_S}{2}=\frac{1}{2}\times 57.6=28.8\text{k}\Omega$，要想使之缩小一半，只需再并联一个 $28.8\text{k}\Omega$ 的电阻即可。

2.4 晶体管高频等效电路及频率参数

晶体管（半导体三极管）按照实际使用时工作频率的高低分为高频管和低频管。晶体管在低频工作时，常将晶体管的电流放大系数 (α,β) 看成与频率无关的常数。但晶体管在高频工作时，电流放大系数与频率则有明显的关系，频率越高，电流放大系数越小。这直接导致晶体管的放大能力下降，限制了晶体管在高频范围的应用。而限制晶体管在高频范围应用的主要因素为：晶体管的发射极电容 $C_{b'e}$，集电极电容 $C_{b'c}$，基极电阻 $r_{bb'}$。高频晶体管的分析常用到两种等效电路：混合 II 型等效电路与 Y 参数等效电路。下面对这两种等效电路分别加以简单分析和讨论。

2.4.1 晶体管混合 II 型等效电路

晶体管在高频工作时，常用混合 II 型等效电路来分析。该等效电路共有 8 个元件，图 2.13 给出了一个完整的晶体管共发射极混合 II 型等效电路。图中 b、c、e 3 点代表晶体管基极、集

电极和发射极 3 个电极的外部端子，b′ 代表设想的基极内部端子。

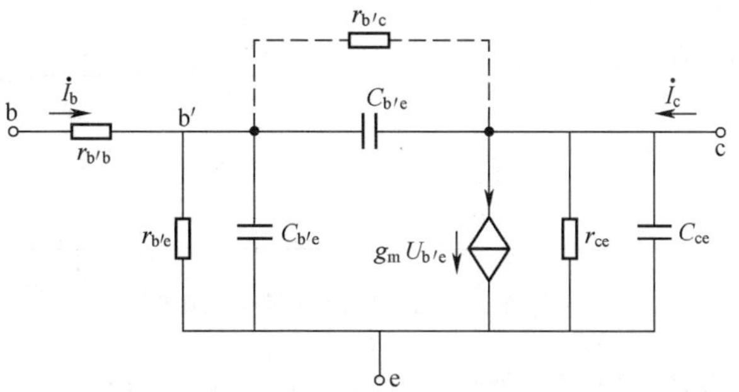

图 2.13　晶体管的高频混合 II 型等效电路

所谓混合 II 型，是因为晶体管的b′、c、e 3 个电极用一个 II 型电路等效，而由 b 至b′ 又串联一个基极体电阻 $r_{bb'}$，因而称为混合 II 型电路。

这个等效电路共有 8 个元件，比较复杂，下面分别介绍各元件参数。

（1）$r_{b'e}$ 是发射结电阻。晶体管作为放大器使用时，发射结总是处于正向偏置状态，所以 $r_{b'e}$ 的数值比较小，一般是几百欧，它的大小随工作点电流而变，可近似表示为

$$r_{b'e} = (1+\beta_0)\frac{26}{I_e} \tag{2.26}$$

式中，β_0 为晶体管的低频电流放大系数；电压为 26mV；I_e 为晶体管发射极电流，单位为 mA。

（2）$r_{b'c}$ 是集电结电阻。由于集电结总是处于反向偏置状态，所以 $r_{b'c}$ 较大，为10kΩ～10MΩ。

（3）$C_{b'e}$ 是发射结电容。$C_{b'e}$ 随工作点电流增大而增大，它的数值范围为20pF～0.01μF。

（4）$C_{b'c}$ 是集电结电容。$C_{b'c}$ 随 c、b 间反向电压的增大而减小，它的数值在 10pF 左右。

（5）$r_{bb'}$ 是基极体电阻。$r_{bb'}$ 是从基极引线端 b 到有效基极 b′ 的电阻。不同类型的晶体管 $r_{bb'}$ 的数值也不一样，低频小功率管可达几百欧，高频晶体管一般为15～50Ω。

（6）电流源 $g_m\dot{U}_{b'e}$ 代表晶体管的电流放大作用，它与加到发射结上的实际电压 $\dot{U}_{b'e}$ 成正比，比例系数 g_m 称为晶体管的跨导。g_m 是混合 II 型等效电路中最重要的参数，它的大小说明了发射结电压对集电结电流的控制能力，g_m 越大，控制能力越强。g_m 可以表示为

$$g_m = \frac{\beta_0}{r_{b'e}} = \frac{\beta_0}{(1+\beta_0)\frac{26}{I_e}} = \frac{\beta_0}{(1+\beta_0)}\frac{I_e}{26} \approx \frac{I_e}{26} \tag{2.27}$$

可见，跨导与工作点电流 I_e 成正比，而与 β_0 值无关。

（7）r_{ce} 是集－射极电阻。r_{ce} 表示集电极电压 $\dot{U}_{ce}$ 对电流 I_c 的影响。r_{ce} 的数值一般在几十千欧，典型值为30～50kΩ。

（8）C_{ce} 是集－射极电容。C_{ce} 通常很小，一般为2～10pF。

晶体管的混合 II 型等效电路分析法物理概念比较清楚，对晶体管放大作用的描述较全面，各个参数基本上与频率无关。因此，这种电路可以适用于相当宽的频率范围。但这个等效电路比较复杂，在实际应用中，可以根据具体情况，把某些次要因素忽略。例如，在高频时，$C_{b'c}$ 的容抗较小，和它并联的集电结电阻 $r_{b'c}$ 就可忽略；此外，集－射极电容 C_{ce} 可以合并到集电极回路中。考虑这些情况，则混合 II 型等效电路可简化成如图 2.14 所示的形式。这种简化的

等效电路，基本上能满足工程计算的要求。

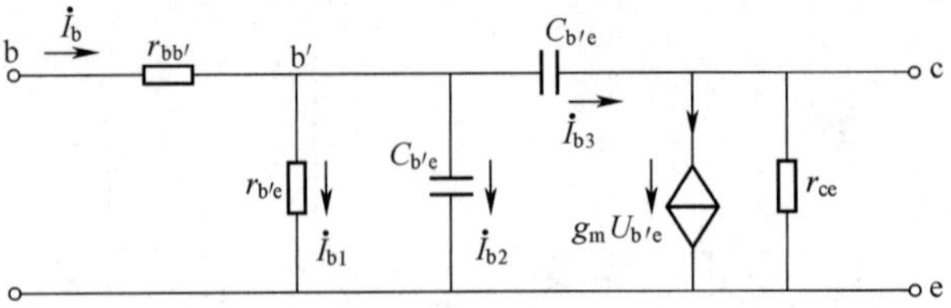

图 2.14　简化的混合 II 型等效电路

$r_{bb'}$、$C_{b'c}$ 和 β_0 的数值可以用仪器测量，电导 $g_{b'e}=\dfrac{1}{r_{b'e}}$ 可以计算。图 2.14 所示的电流比图 2.13 的简单些，但计算起来仍显烦琐，各元件的数值不易测量。高频放大器较常用的是下面要介绍的 Y 参数等效电路。

2.4.2　晶体管 Y 参数等效电路

Y 参数等效电路是撇开晶体管内部的电路结构，只从外部来研究它的作用，把晶体管看作一个有源线性四端网络，用一组网络参数来构成其等效电路。具体来说，只要能够确定晶体管的输入端和输出端的电流－电压关系，基本上就能解决问题。晶体管的 Y 参数等效电路如图 2.15 所示。

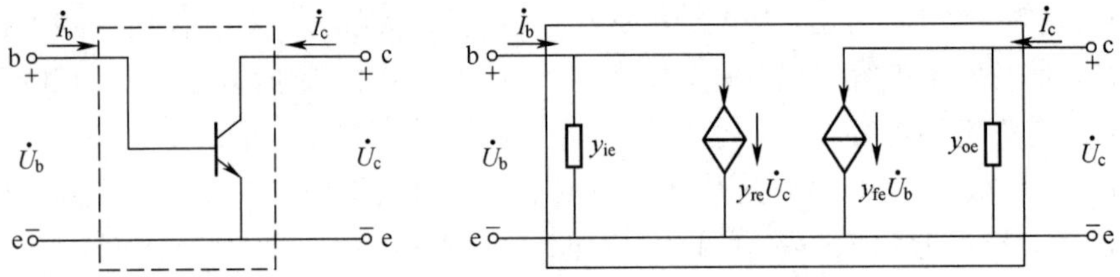

(a)　　　　(b)

图 2.15　晶体管 Y 参数电路模型

图 2.15（a）将共涉极接法的晶体管等效为有源线性四端网络。图中 $\dot{U}_b$、$\dot{U}_c$ 分别表示晶体管的输入和输出电压，$\dot{I}_b$ 和 $\dot{I}_c$ 为其对应电流。

（1）输入端和输出端的电流－电压关系为

$$\begin{cases}\dot{I}_b = y_{ie}\dot{U}_b + y_{re}\dot{U}_c \\ \dot{I}_c = y_{fe}\dot{U}_b + y_{oe}\dot{U}_c\end{cases} \tag{2.28}$$

式中，y_{ie}、y_{re}、y_{fe} 和 y_{oe} 是描述这些电流－电压关系的参数，这 4 个参数具有导纳的量纲，故称为四端网络的导纳参数，即 Y 参数。

（2）Y 参数的物理意义。

$y_{ie}=\left.\dfrac{\dot{I}_b}{\dot{U}_b}\right|_{\dot{U}_c=0}$ 为晶体管的输入导纳，是 $\dot{U}_c=0$（网络输出端交流短路）时输入电流与输入电压之比，它说明了输入电压对输入电流的控制作用。

$y_{fe}=\left.\dfrac{\dot{I}_c}{\dot{U}_b}\right|_{\dot{U}_c=0}$ 为正向传输导纳，是 $\dot{U}_c=0$（网络输出端交流短路）时输出电流与输入电压之比，它表示输入电压对输出电流的控制作用，决定晶体管的放大能力。$|y_{fe}|$ 值越大，晶体管的放大作用也越强。

$y_{re}=\left.\dfrac{\dot{I}_b}{\dot{U}_c}\right|_{\dot{U}_b=0}$ 为反向传输导纳，是 $\dot{U}_b=0$（网络输入端交流短路）时输入电流与输出电压之比，它代表晶体管输出电压对输入端的反作用。$|y_{re}|$ 值越大，晶体管内部反馈越强，减小 $|y_{re}|$ 有利于放大器的稳定工作。

$y_{oe}=\left.\dfrac{\dot{I}_c}{\dot{U}_c}\right|_{\dot{U}_b=0}$ 为晶体管的输出导纳，是 $\dot{U}_b=0$（网络输入端交流短路）时输出电流与输出电压之比，它说明输出电压对输出电流的控制作用。

根据式（2.27）可以得到如图 2.15（b）所示的 Y 参数等效电路。图中 $y_{fe}\dot{U}_b$ 和 $y_{re}\dot{U}_c$ 是受控电流源，正向传输导纳 y_{fe} 越大，晶体管的放大能力越强；反向传输导纳 y_{re} 越大，晶体管的内部反馈越强，减小有利于放大器的稳定工作。

Y 参数等效电路是从外部来研究晶体管的作用。而且在实际中，高频放大器的谐振回路、负载阻抗和晶体管大都是并联关系的。因此，在分析放大器时，用 Y 参数等效电路比较适合，因为这时各并联支路的导纳可以直接相加，运算方便，此外，晶体管的 Y 参数可以用仪器直接测量。

混合 II 型等效电路和 Y 参数等效电路是对同一对象（晶体管）两种不同的等效分析方法，各有特点，在实际中可根据具体情况选择采用哪一种方法。

2.4.3　晶体管的高频放大能力及其频率参数

晶体管在高频情况下的放大能力随频带的增大而下降。共发射极短路电流放大系数 β 是指简化的混合 II 型等效电路输出交流短路时（c、e 短路），集电极电流 $\dot{I}_c$ 对基极电流 $\dot{I}_b$ 的比值，即

$$\beta=\left.\frac{\dot{I}_c}{\dot{I}_b}\right|_{\dot{U}_{ce}=0} \tag{2.29}$$

从简化的混合 II 型等效电路（图 2.14）可以看出，输入电流 $\dot{I}_b$ 分成 3 部分，即 $\dot{I}_{b1}$、$\dot{I}_{b2}$、$\dot{I}_{b3}$。当 c、e 短路时，$C_{b'c}$ 与 $C_{b'e}$ 并联，因 $C_{b'c} \ll C_{b'e}$，故 $\dot{I}_{b3} \ll \dot{I}_{b2} \ll \dot{I}_{b1}$。在此情况下 $C_{b'c}$ 可以忽略不计，成为图 2.16 所示的形式。

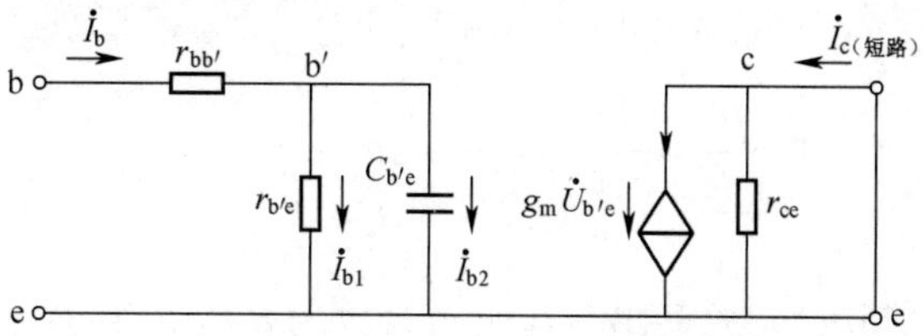

图 2.16　计算 β 的等效电路

此时有

$$\dot{I}_c = g_m \dot{U}_{b'e} = \beta_0 \frac{U_{b'e}}{r_{b'e}} = \beta_0 \dot{I}_{b1} \tag{2.30}$$

将式（2.30）代入式（2.29），则

$$\beta = \left.\frac{\dot{I}_c}{\dot{I}_b}\right|_{\dot{U}_{ce}=0} = \beta_0 \frac{\dot{I}_{b1}}{\dot{I}_b} \tag{2.31}$$

可见，在基极电流 $\dot{I}_b$ 中，只有流入发射结电阻 $r_{b'e}$ 的电流 $\dot{I}_{b1}$ 起放大作用。在低频情况下，$\dot{I}_{b2}$ 可忽略，$\dot{I}_{b1} = \dot{I}_b$，则 $\beta = \beta_0$。随着频率的升高，$C_{b'e}$ 的分流作用逐渐明显，当 $\dot{I}_{b2}$ 不可忽略时，$\dot{I}_{b1} < \dot{I}_b$，故 $\beta < \beta_0$，即高频的 β 值低于低频值 β_0。

晶体管的高频放大能力，可以用以下几种频率参数表示。

（1）β 截止频率 f_β。f_β 是 β 下降到 0.707 β_0 时的频率，由图 2.14，并根据并联支路的电流分配规则，有

$$\dot{I}_{b1} = \frac{\dot{I}_b}{1 + \mathrm{j}\omega C_{b'e} r_{b'e}} \tag{2.32}$$

代入式（2.31）得

$$\beta = \frac{\beta_0}{1 + \mathrm{j}\omega C_{b'e} r_{b'e}} = \frac{\beta_0}{1 + \mathrm{j}\dfrac{f}{f_\beta}} \tag{2.33}$$

式中，f_β 为 β 的截止频率，且有

$$f_\beta = \frac{1}{2\pi C_{b'e} r_{b'e}} \tag{2.34}$$

（2）特征频率 f_T。f_T 是 β 下降到 1 时的频率。式（2.33）表明，高频时，β 是一个复数，表明 $\dot{I}_c$ 与 $\dot{I}_b$ 之间有相移。其模为

$$|\beta| = \frac{\beta_0}{\sqrt{1 + \left(\dfrac{f}{f_\beta}\right)^2}} \tag{2.35}$$

$|\beta|$ 随 f 变化的特点如下：

1）当 $f \ll f_\beta$ 时（实际上 $f < \dfrac{f_\beta}{3}$ 即可），此时 $|\beta| = \beta_0$，这时 $|\beta|$ 不随 f 变化，相当于低频的情况。

2）在 $f \approx f_\beta$ 时，$|\beta|$ 开始随 f 增加而下降，当 $f = f_\beta$ 时，$|\beta|$ 降到 β_0 的 70.7%。

3）当 $f \gg f_\beta$ 时（实际上 $f > 3f_\beta$ 即可），有

$$|\beta| \approx \frac{\beta_0}{\dfrac{f}{f_\beta}} = \frac{\beta_0 f_\beta}{f} = \frac{f_T}{f} \quad 或 \quad f_T \approx f|\beta| \tag{2.36}$$

式中，$f_T = \beta_0 f_\beta$，此时 $|\beta|$ 与 f 成反比，其比例系数为 $\beta_0 f_\beta$，用 f_T 表示，称为晶体管的特征

频率。当 $f = f_T$ 时，$|\beta|=1$。f_T 与 f_β 均是由晶体管的结构及工作点决定的，所以，当测出 f_T 后，可借助于式（2.34）和式（2.36）估算出 $C_{b'e}$。

在实际工作中，为了不使 $|\beta|$ 过小，应选择 f_T 远大于工作频率 $f_{工作}$ 的晶体管，至少满足 $f_T=(3\sim5)f_{工作}$，此时相当于实际工作情况的 $|\beta|=3\sim5$。因此，f_β 和 f_T 是晶体管的重要频率参数，是选择高频晶体管的一个重要依据。

（3）α 截止频率 f_α。f_α 是 α 下降到 $0.707\alpha_0$ 时的频率。f_α、f_β 和 f_T 3 个参数是互相关联的，故在技术说明书上，通常根据测试的方便，只给出其中之一，可以借助以下关系式推算其余两个：

$$f_T=\beta_0 f_\beta=\gamma\alpha_0 f_\alpha \tag{2.37}$$

式中，γ 是折算系数，其值通常在 0.6～0.9 之间，随晶体管类型而异。可见，f_α、f_β 和 f_T 3 个频率的大小关系为

$$f_\beta<f_T<f_\alpha \tag{2.38}$$

f_α 最大，说明在高频情况下共基接法的频率响应优于共射接法。

在实际工作中，f_T 用得最多，因为 f_T 不仅表明 $|\beta|=1$ 时的频率，而且还可由 $f>>f_\beta$（实际上只要 $f>3f_\beta$ 即可）推出任何频率下的 β 值。

（4）最高振荡频率 f_{max}。f_{max} 是晶体管的共射极接法功率放大倍数 A_p（在阻抗匹配的条件下）下降到 1 时的频率。应当指出，当 $|\beta|=1$ 时，就电流而言，已无放大作用，当 f 进一步提高到 $A_p=1$ 时，晶体管已完全失去放大作用，此时如果作为振荡器，已不可能起振，故 f_{max} 称为最高振荡频率，它表示一个晶体管所能适用的最高极限频率。

f_{max} 与 $r_{bb'}$、$r_{b'e}$、$C_{b'e}$、$C_{b'c}$ 都有关系，可表示为

$$f_{max}=\frac{1}{4\pi}\sqrt{\frac{\beta_0}{r_{bb'}r_{b'e}C_{b'e}C_{b'c}}} \tag{2.39}$$

思考：说明 f_α、f_β、f_T 和最高振荡频率 f_{max} 的物理意义，它们相互间有什么关系？同一晶体管的 f_T 比 f_{max} 高，还是比 f_{max} 低？为什么？

例题 2-2　晶体管 3DG6C 的特征频率 $f_T=250\text{MHz}$，$\beta_0=50$，求该晶体管在 $f=1\text{MHz}$、20MHz、50MHz 时的 $|\beta|$ 值。

解： 由 $f_T=\beta_0 f_\beta$，可得 $f_\beta=f_T/\beta_0=5\text{MHz}$。

（1）当 $f=1\text{MHz}$ 时，满足 $f<<f_\beta$，此时 $|\beta|=\beta_0=50$，这时 β 不随 f 变化，即相当于低频的情况。

（2）当 $f=20\text{MHz}$、50MHz 时，满足 $f<<f_\beta$，所以，

$f=20\text{MHz}$ 时

$$|\beta|\approx\frac{f_T}{f}=\frac{250}{20}=12.5\text{MHz}$$

$f=50\text{MHz}$ 时

$$|\beta|\approx\frac{f_T}{f}=\frac{250}{50}=5\text{MHz}$$

2.5 高频小信号调谐放大器

高频小信号调谐放大器目前广泛用于无线电广播、电视、通信、雷达等接收设备中，其作用是放大微弱的有用信号并滤除无用的干扰和噪声信号。小信号调谐放大器的种类很多，按谐振回路区分，有单调谐放大器、双调谐放大器和参差调谐放大器；按晶体管连接方法区分，有共基极、共集电极、共发射极单调谐放大器等，这里重点分析共发射极单调谐放大器。共发射极单调谐放大器主要的性能指标是电压放大倍数、通频带、选择性和矩形系数，因为工作频率较高，所以放大性能分析采用 Y 参数高频等效电路。

2.5.1 共发射极单调谐放大器的电路组成

图 2.17 所示为某雷达接收机中频放大器的部分电路（共发射极接法），它由六级单调谐放大器组成（只画出三级），中心频率为 30MHz。下面先讨论单级单调谐放大器的电路和指标。

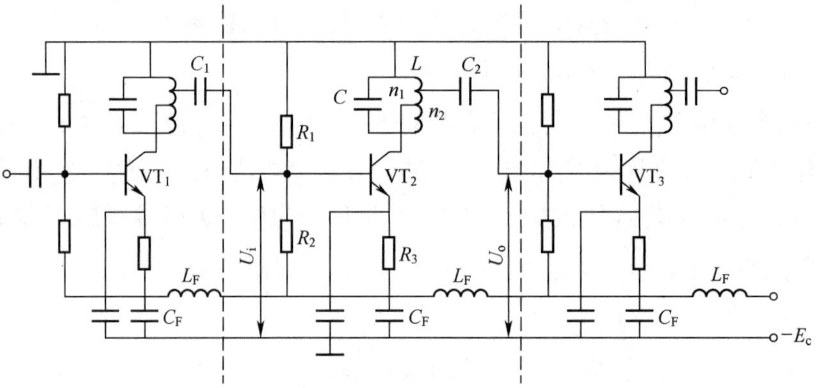

图 2.17 三级高频单调谐放大器

图 2.18 是一个典型的单级单调谐放大器，R_1、R_2、R_3 为偏置电阻，C_1 为耦合电容，C_2 为旁路电容。LC 谐振回路作为放大器的集电极负载起选频作用，它采用抽头接入法，以减轻晶体管输出电阻对谐振电路 Q 值的影响。R_L 是放大器的负载，它可能是下一级输入端的等效输入电阻。圆边线圈（AC 端）匝数为 n_1，抽头线圈（AB 端）匝数为 n_0，副边线圈匝数为 n_2。输入电压 U_i 形成晶体管输入电流 I_b，通过晶体管放大，集电极电流为 βI_b，它相当于一个恒流源，供给集电极回路的负载——并联谐振回路，如图 2.19（a）所示。

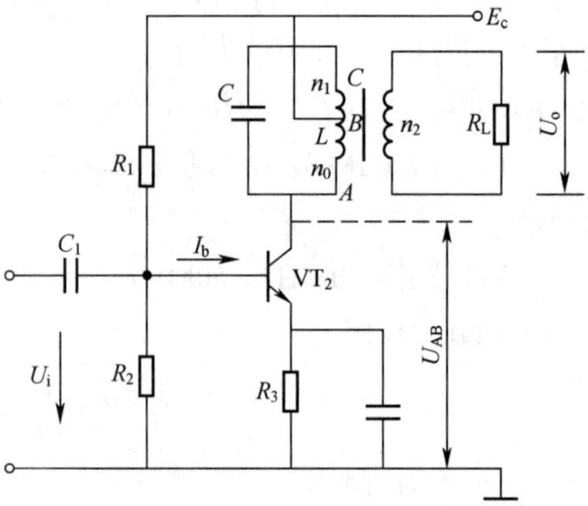

图 2.18 单调谐放大器电路原理

图中 r_{ce} 代表晶体管 ce 极间的电阻，称为晶体管的输出电阻。考虑 r_{ce} 和 R_L 的影响后，

LC 电路相当于一个等效的 RLC 并联电路，其并联阻抗为 Z_{AC}。实际的集电极负载则为变换到 AB 部分的阻抗 Z_{AB}。Z_{AB} 与 Z_{AC} 的关系为

$$Z_{AB} = Z_{AC}\left(\frac{n_0}{n_1}\right)^2 \tag{2.40}$$

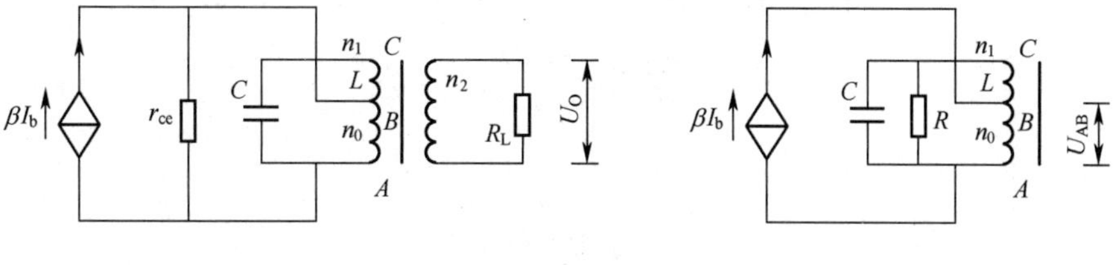

图 2.19　单调谐放大器集电极回路的等效电路

本节以晶体管 VT_2 这一级为例，并采用 Y 参数高频等效电路进行分析，从它的基极起（包括偏置电阻 R_1、R_2）至耦合电容 C_2 止（如图 2.17 中两虚线之间的线路）。前一级放大器是本级的信号源，其作用由电流源 $\dot{I}_S$ 和放大器输出导纳 Y_S 表示；后一级放大器的输入导纳是本级的负载阻抗。电源 E_C 是通过扼流圈 L_F 加到晶体管的，L_F 和电容 C_F 构成滤波电路，其作用是消除各级放大器相互之间的有害影响，在画放大器的高频等效电路时可以去掉。

为了分析高频单调谐放大器的电压放大能力，图 2.20 画出了其高频等效电路。晶体管部分采用了 Y 参数等效电路，忽略了反向传输导纳 y_{re} 的影响。另外，假定偏置电阻 R_1、R_2 的并联结果（导纳）远小于本级晶体管的输入导纳 y_{ie}，则可忽略偏置电阻的影响；同理，本级放大器的负载导纳也仅考虑下一级晶体管的输入导纳 y_{ie}。

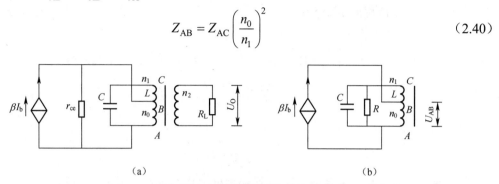

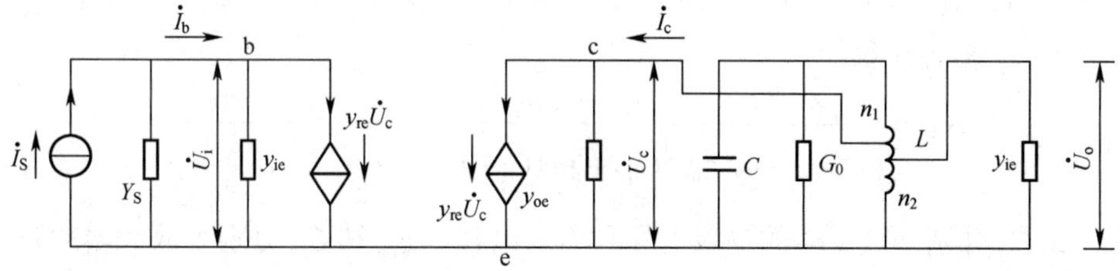

图 2.20　共发射极单调谐放大器 Y 参数等效电路

2.5.2　共发射极单调谐放大器的性能指标

（1）电压放大倍数 $\dot{K}_V$。假设放大器的输入电压为 $\dot{U}_i$，输出电压为 $\dot{U}_o$，则高频单调谐放大器的电压放大倍数为

$$\dot{K}_V = \frac{\dot{U}_o}{\dot{U}_i} \tag{2.41}$$

为求 $\dot{U}_o$，可先求晶体管的集电极电压 $\dot{U}_c$，设由集电极和发射极两端向右看的回路导纳（AB 间）为 Y_L'，则

$$Y_L' = \frac{1}{n_1^2}\left(G_0 + j\omega C + \frac{1}{j\omega L} + n_2^2 y_{ie}\right) \tag{2.42}$$

于是，通过集电极的电流 $\dot{I}_c$ 为

$$\dot{I}_c = -\dot{U}_c Y_L' \tag{2.43}$$

式中负号表示电压 $\dot{U}_c$ 与电流 $\dot{I}_c$ 相位相反。将式（2.43）代入式（2.28）得

$$\dot{U}_c = \frac{-y_{fe}\dot{U}_i}{y_{oe} + Y_L'} \tag{2.44}$$

而

$$\dot{U}_c = \frac{n_1}{n_2}\dot{U}_o \tag{2.45}$$

式中，n_1 是集电极 c 的接入系数；n_2 是负载导纳的接入系数。由式（2.44）和式（2.45）得高频单调谐放大器电压放大倍数的一般表达式为

$$\dot{K}_V = \frac{\dot{U}_o}{\dot{U}_i} = \frac{-n_2 y_{fe}}{n_1(y_{oe} + Y_L')} \tag{2.46}$$

或

$$\dot{K}_V = \frac{\dot{U}_o}{\dot{U}_i} = \frac{-n_1 n_2 y_{fe}}{n_1^2 y_{oe} + Y_L} \tag{2.47}$$

式中，$Y_L = n_1^2 Y_L'$，是负载回路两端（AC 间）的导纳，它包括回路本身的 L、C、G_0 和下一级的输入导纳 $y_{ie} = g_{ie} + j\omega C_{ie}$，即

$$Y_L = G_0 + j\omega C + \frac{1}{j\omega L} + n_2^2(g_{ie} + j\omega C_{ie}) \tag{2.48}$$

为了更清楚地表明放大器电路各元件和放大倍数的关系，进一步把 Y_L 和 $y_{oe} = g_{oe} + j\omega C_{oe}$ 代入式（2.47），整理后得

$$\dot{K}_V = \frac{-n_1 n_2 y_{fe}}{(n_1^2 g_{oe} + n_2^2 g_{ie} + G_0) + j\omega(C + n_1^2 C_{oe} + n_2^2 C_{ie}) + \dfrac{1}{j\omega L}} \tag{2.49}$$

式中，g_{ie} 和 C_{ie} 分别是放大器的输入电导和输入电容；g_{oe} 和 C_{oe} 分别是放大器的输出电导和输出电容。

令回路总电导 $g_\Sigma = n_1^2 g_{oe} + n_2^2 g_{ie} + G_0$，回路总电容 $C_\Sigma = C + n_1^2 C_{oe} + n_2^2 C_{ie}$。则式（2.49）可写为

$$\dot{K}_V = \frac{-n_1 n_2 y_{fe}}{g_\Sigma + j\omega C_\Sigma + \dfrac{1}{j\omega L}} \approx \frac{-n_1 n_2 y_{fe}}{g_\Sigma\left(1 + j\dfrac{2Q_L\Delta f}{f_0}\right)} \tag{2.50}$$

式中，$f_0 = \dfrac{1}{2\pi\sqrt{LC_\Sigma}}$ 为放大器调谐回路的谐振频率；$\Delta f = f - f_0$ 为工作频率 f 对谐振频率 f_0 的频偏；$Q_L = \dfrac{\omega_0 C_\Sigma}{g_\Sigma}$ 为回路有载品质因数。

谐振时回路呈纯电阻性，其谐振电压放大倍数 K_{V0} 为

$$K_{V0}=\frac{-n_1n_2y_{fe}}{g_\Sigma}=\frac{-n_1n_2y_{fe}}{n_1^{\ 2}g_{oe}+n_2^{\ 2}g_{ie}+G_0} \tag{2.51}$$

谐振电压放大倍数的模为

$$|K_{V0}|=\frac{n_1n_2|y_{fe}|}{g_\Sigma}=\frac{n_1n_2|y_{fe}|}{n_1^{\ 2}g_{oe}+n_2^{\ 2}g_{ie}+G_0} \tag{2.52}$$

由式（2.52）可知，高频单调谐放大器的谐振电压放大倍数的模 $|K_{V0}|$ 与晶体管参数、负载电导、回路谐振电导和接入系数都有关系。特别值得注意的是，$|K_{V0}|$ 与接入系数有关，但不是单调递增或单调递减的关系。因为 n_1 和 n_2 还会影响回路有载品质因数 Q_L，而 Q_L 又将影响通频带，所以 n_1 和 n_2 的选择应全面考虑，选取一个最佳值。在实际应用中，应保证在满足通频带和选择性的基础上，尽可能提高电压放大倍数。

总结：

1）小信号调谐放大器输出电压与输入电压的相位差为 180°。由于 y_{fe} 本身是一个复数，它也有一个相位角 φ_{fe}，实际上输出电压与输入电压之间的相位差为 $180°+\varphi_{fe}$。当工作频率较低时，$\varphi_{fe}\approx 0$，此时输出电压与输入电压的相位差才等于 180°。

2）当要求电压放大倍数增大时，应选择正向传输导纳较大的晶体管。

3）电压放大倍数 $\dot{K}_V$ 是频率的函数，当谐振时，电压放大倍数达到最大。

4）因为有载品质因数 $Q_L=\dfrac{\omega_0 C_\Sigma}{g_\Sigma}$，所以 Q_L 不能太低，否则电压放大倍数 $\dot{K}_v$ 会较低。

（2）放大器的通频带。由式（2.50）和式（2.51）可得

$$\left|\frac{K_V}{K_{V0}}\right|=\frac{1}{\sqrt{1+\left(\dfrac{2Q_L\Delta f}{f_0}\right)^2}}=\frac{1}{\sqrt{1+(\xi)^2}} \tag{2.53}$$

式中，$\xi=\dfrac{2Q_L\Delta f}{f_0}$，称为广义失谐量。

根据通频带定义，当 $\xi=1$ 时，

$$\left|\frac{K_V}{K_{V0}}\right|=\frac{1}{\sqrt{1+(\xi)^2}}=\frac{1}{\sqrt{2}} \tag{2.54}$$

得通频带为

$$B=2\Delta f_{0.7}=\frac{f_0}{Q_L} \tag{2.55}$$

由式（2.55）可知，通频带与工作频率成正比，与回路的有载品质因数成反比。

（3）放大器的选择性。由选择性的定义可知，式（2.53）就是在某一频偏 Δf 下的选择性 α。在实际中，为定量说明，常用矩形系数这个指标来表示。采用与求通频带类似的方法，可求得

$$\left|\frac{K_V}{K_{V0}}\right|=\frac{1}{\sqrt{1+(\xi)^2}}=0.1=\frac{1}{\sqrt{10^2}} \tag{2.56}$$

于是

$$\xi = \frac{2Q_L \Delta f_{0.1}}{f_0} \approx 10 \tag{2.57}$$

即得

$$2\Delta f_{0.1} = \frac{10 f_0}{Q_L} \tag{2.58}$$

所以高频单调谐放大器的矩形系数为

$$K_{0.1} = \frac{2\Delta f_{0.1}}{2\Delta f_{0.7}} = \frac{10\dfrac{f_0}{Q_L}}{\dfrac{f_0}{Q_L}} = 10 \tag{2.59}$$

注意：高频单调谐放大器的选频性能取决于单个 *LC* 并联谐振回路，其矩形系数与单个 *LC* 并联谐振回路相同，通频带则由于受晶体管输出阻抗和负载的影响，比单个 *LC* 并联谐振回路宽，因为 $Q_L < Q_0$。

思考：前面讲的信号源内阻如何反映在单调谐放大器中？

2.6 调谐放大器的级联

2.6.1 多级单调谐放大器

在接收设备中，往往需要把接收到的微弱信号放大到几百毫伏，再送入检波器进行解调，这样就要求放大器有很大的放大量。当单级放大器的选频性能和增益不能满足要求时，可采取多级放大器级联的方法，如图 2.21 所示。其中每一级都调谐在同一个频率上，故多级级联单调谐放大器也称为同步谐振放大器。

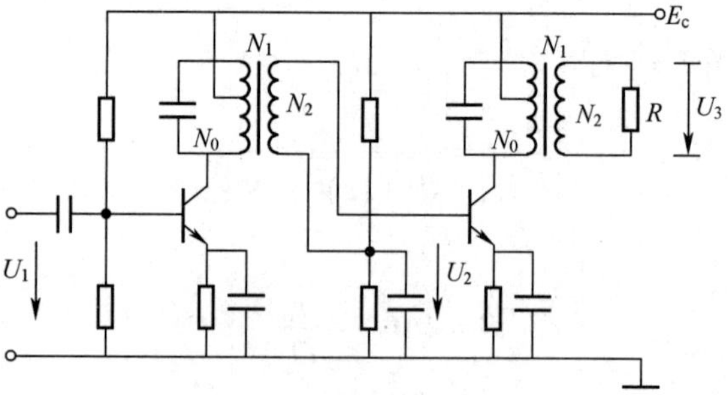

图 2.21 两级单调谐放大器

1. 电压放大倍数

设各级调谐放大器的电压放大倍数是 $K_1, K_2, \cdots, K_n$，谐振电压放大倍数为 $K_{01}, K_{02}, \cdots, K_{0n}$，则多级调谐放大器总的放大倍数 $K_{总}$ 等于各级调谐放大器放大倍数之积（或分贝数之和），即有

$$K_{总} = K_1 K_2 \cdots K_n \tag{2.60}$$

或

$$K_{总}(\mathrm{dB})=K_1(\mathrm{dB})+K_2(\mathrm{dB})+\cdots+K_n(\mathrm{dB}) \tag{2.61}$$

若 n 级单调谐放大器是由 n 个完全相同的单级单调谐放大器所组成，则

$$K_{总}=(K_1)^n=\frac{(n_1n_2)^n|y_{fe}|^n}{\left[g_\Sigma\sqrt{1+\left(2Q_L\frac{\Delta f}{f_0}\right)^2}\right]^n} \tag{2.62}$$

谐振时电压放大倍数为 $K_{0总}$，则

$$K_{0总}=\left(\frac{n_1n_2}{g_\Sigma}\right)^n|y_{fe}|^n \tag{2.63}$$

它的归一化谐振曲线表达式为

$$\frac{K_{总}}{K_{0总}}=\frac{1}{\left[1+\left(2Q_L\frac{\Delta f}{f_0}\right)^2\right]^{\frac{n}{2}}} \tag{2.64}$$

2. 通频带

调谐放大器级联后，选择性提高，但总的通频带变窄。这可用下面的简单例子进一步说明。设有一个单级谐振回路和一个两级谐振回路，它们的 Q_L 值相等，每一级的谐振曲线如图 2.22 所示。对应于每一个频率，两级谐振回路的选择性（分贝数）应为单级谐振回路的 2 倍。例如单级谐振回路的–1.5dB（点 a）和–3dB（点 b）分别对应于两级谐振回路的–3dB（点 a'）和–6dB（点 b'），从两条曲线可以看出，两级谐振回路的选择性提高而通频带变窄。

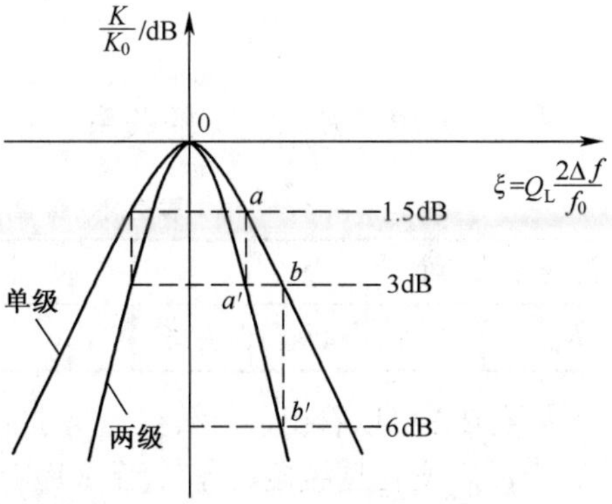

图 2.22　单级和两级谐振回路的频率特性

令 $\Delta f_{0.7(总)}$ 代表 $\frac{K_{总}}{K_{0总}}=0.707$ 时的频率偏移，

则

$$\frac{K_{总}}{K_{0总}}=\frac{1}{\left[1+\left(2Q_L\frac{\Delta f_{0.7(总)}}{f_0}\right)^2\right]^{\frac{n}{2}}}=\frac{1}{\sqrt{2}} \tag{2.65}$$

得

$$2\Delta f_{0.7(总)}=\sqrt{2^{\frac{1}{n}}-1}\cdot\frac{f_0}{Q_L}=\sqrt{2^{\frac{1}{n}}-1}\cdot 2\Delta f_{0.7(单)} \tag{2.66}$$

因为 n 是大于 1 的正整数，故 $\sqrt{2^{\frac{1}{n}}-1}$ 必小于 1。所以称 $\sqrt{2^{\frac{1}{n}}-1}$ 为缩小系数，其具体数值见表 2.1。

表 2.1　多级调谐放大器缩小系数与级数的关系

级数 n	1	2	3	4	5	6	7	8
$\sqrt{2^{\frac{1}{n}}-1}$	1.0	0.64	0.51	0.43	0.39	0.35	0.32	0.30

从上述分析可知，通频带越宽，每级的增益就越小，对于单级调谐放大器来说，增益和通频带的矛盾是一个严重问题，特别是对高增益宽频带的放大器来说，这个问题更为突出。

3. 矩形系数

根据矩形系数的定义，当 $\Delta f = \Delta f_{0.1}$ 时，$\dfrac{K_{总}}{K_{0总}} = 0.1$，可得

$$2\Delta f_{0.1} = \sqrt{100^{\frac{1}{n}}-1}\cdot\frac{f_0}{Q_L} \tag{2.67}$$

于是有

$$K_{r0.1} = \frac{2\Delta f_{0.1}}{2\Delta f_{0.7(总)}} = \frac{\sqrt{100^{\frac{1}{n}}-1}}{\sqrt{2^{\frac{1}{n}}-1}} \tag{2.68}$$

表 2.2 列出了 $K_{r0.1}$ 与 n 的关系。

表 2.2　单调谐放大器矩形系数与级数关系

级数 n	1	2	3	4	5	6	7	8	9	10	∞
$K_{r0.1}$	9.95	4.90	3.74	3.40	3.20	3.10	3.00	2.93	2.89	2.85	2.56

从表 2.2 可以看出，当级数 n 增加时，矩形系数有所改善，但这种改善是有限度的，级数越多，$K_{r0.1}$ 变化越缓慢。即使当 n 趋于无穷大时，$K_{r0.1}$ 也只有 2.56，和理想的矩形系数还有很大差距。

例题 2-3　设有一级共发射极单调谐放大器，谐振时，$|K_{V0}| = 20$，$B = 6\text{kHz}$，若再加一级相同的放大器，那么两级放大器总的谐振电压放大倍数和通频带各为多少？若总通频带保持为 6kHz 不变，问每级放大器应如何变动？变动后总放大倍数为多少？

解：两级放大器总的谐振电压放大倍数为

$$K_{0总} = K_{01}K_{02} = 400$$

或

$$K_{0总}(\text{dB}) = K_{01}(\text{dB}) + K_{02}(\text{dB}) = 2\times 20\lg 20 = 52\text{dB}$$

两级放大器总的通频带为

$$2\Delta f_{0.7(总)} = \sqrt{2^{\frac{1}{n}}-1}\cdot 2\Delta f_{0.7(单)} = \sqrt{\sqrt{2}-1}\times 6 = 3.86\text{kHz}$$

若总通频带保持为 6kHz 不变，则每级放大器的通频带应变宽，为

$$2\Delta f'_{0.7(单)} = \frac{2\Delta f'_{0.7(总)}}{\sqrt{2^{\frac{1}{n}} - 1}} = \frac{6}{\sqrt{\sqrt{2} - 1}} = 9.32\text{kHz}$$

变动前：

$$Q_L = \frac{f_0}{2\Delta f_{0.7(单)}} = \frac{f_0}{6}$$

变动后：

$$Q'_L = \frac{f_0}{2\Delta f'_{0.7(单)}} = \frac{f_0}{9.32}$$

因谐振电压放大器倍数为

$$|K_{V0}| = \frac{n_1 n_2 |y_{fe}|}{g_\Sigma} = \frac{n_1 n_2 |y_{fe}|}{n_1^2 g_{oe} + n_2^2 g_{ie} + G_0}, \quad Q_L = \frac{\omega_0 C_\Sigma}{g_\Sigma}$$

所以在其他参数不变的情况下：

$$\frac{|K'_{V0}|}{|K_{V0}|} = \frac{Q'_L}{Q_L} = \frac{6}{9.32} = 0.64$$

即变动后单级放大器的谐振电压放大倍数为

$$|K_{v0}| = 20 \times 0.64 = 12.87$$

变动后总放大倍数为

$$20\lg(12.87 \times 12.87) = 44.38\text{dB}$$

思考：如何进一步扩大通频带减小矩形系数？

2.6.2 参差调谐放大器

为了进一步减小矩形系数，可采用参差调谐放大器。参差调谐放大器在形式上和多级单调谐放大器没有什么不同，但在调谐回路的调谐频率上有区别。多级单调谐放大器的调谐回路是调谐于同一频率，而在参差调谐放大器中各级回路的谐振频率是参差错开的。

1. 双参差调谐放大器

所谓双参差调谐，是将两级单调谐放大器的谐振频率，分别调整到略高于和略低于信号的中心频率。

设信号的中心频率是 f_0，则将第一级调谐于 $f_0 + \Delta f_d$，第二级调谐于 $f_0 - \Delta f_d$（Δf_d 是单个谐振回路的谐振频率与信号频率之差）。两级回路的谐振频率参差错开，一高一低，因此称为双参差调谐放大器。

注意：对于单个谐振电路而言，它工作于失谐状态，参差失谐量分别是 $\pm\frac{\Delta f_d}{f_0}$，对应的 $\pm\xi_0 = \pm Q_L \frac{2\Delta f_d}{f_0}$ 为广义参差失谐量。

当双参差调谐放大器的两个回路的 Q_L 值相同时，可将两个相同的频率特性曲线向左右方向各移动 $\pm\xi_0$，根据放大器级联后的放大倍数公式可得到一对参差调谐回路的综合频率特性曲线，如图 2.23 所示。图中 K_1、K_2 分别是两个单级调谐放大器的增益曲线，$K_{总}$是两级调谐放大器的综合频率特性曲线。由于在 f_0 处两个回路处于失谐状态，谐振点附近的 $K_{总}$减小，这就使合成的频率曲线较为平坦，使总的通频带变宽。

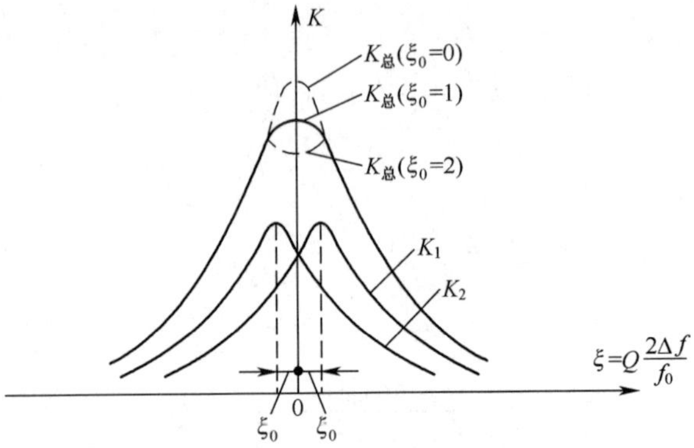

图 2.23　参差调谐放大器的频率特性

参差调谐放大器的综合频率特性曲线与广义参差失谐量 ξ_0 有关，ξ_0 越小则曲线越尖，越大则曲线越平。当 ξ_0 大到一定程度时，由于 f_0 处的失谐太严重，曲线会出现马鞍形双峰的形状。若 $\xi_0<1$，则曲线为单峰；若 $\xi_0>1$，则曲线为双峰；若 $\xi_0=1$，则曲线为两者的分界线，为单峰中最平坦的情况。ξ_0 越大，曲线的双峰距离越远，下凹越严重。

由于双参差调谐放大器在 f_0 处失谐，故其在 f_0 点的放大倍数要比调谐于同一频率的两级单调谐放大器的放大倍数小。即

$$\frac{K_{0总(参差失谐\xi_0)}}{K_{0总(调谐于同一f_0)}}=\frac{1}{1+\xi_0^2} \tag{2.69}$$

2. 三参差调谐放大器

在实际工作中，为了加宽通频带，又不造成谐振点输出显著下凹，通常工作于 $\xi_0=1$ 的情况。例如，对于三参差调谐回路，可使其中的两级工作于参差调谐的双峰状态，第三级调谐于信号的中心频率 f_0，它们合成的谐振曲线比较平坦，加宽了通频带。

三参差调谐放大器的谐振曲线如图 2.24 所示，由合成谐振曲线可见：利用三参差调谐电路，并适当地选择每个回路的有载品质因数 Q_L 和 ξ_0，就可以获得双参差调谐放大器所不能得到的通频带。

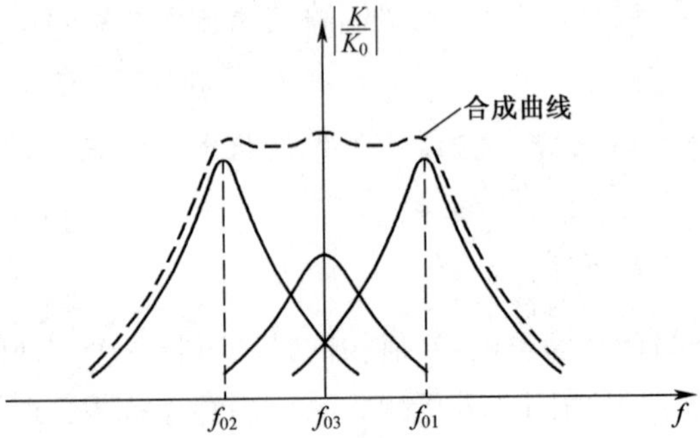

图 2.24　三参差调谐放大器的谐振曲线

2.6.3　双调谐回路放大器

双调谐回路放大器具有频带宽、选择性好的优点。图 2.25 是一种常用的双调谐回路放大器，集电极电路采用了互感耦合的双调谐回路，两个回路的参数相同，两回路之间靠互感 M 耦合，调谐于同一频率 f_0，其频率特性不同于两个单独的单调谐回路。

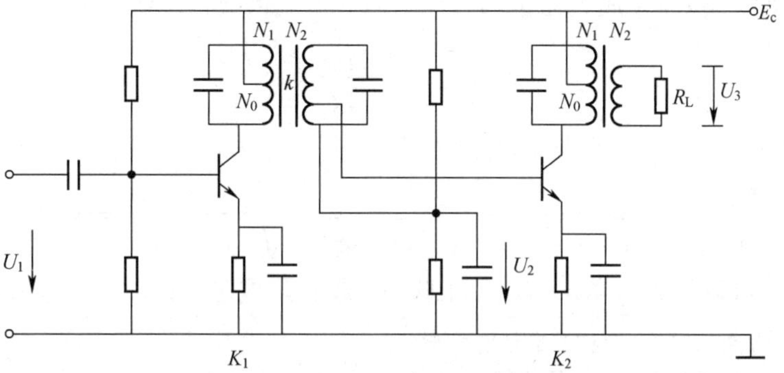

图 2.25　双调谐回路放大器

图 2.26（a）是双调谐放大器的高频等效电路，为讨论方便，把图 2.26（a）的电流源 $y_{fe}\dot{U}_i$ 及输出导纳以及负载导纳（即下一级的输入导纳 g_{ie}，C_{ie}）都折算到回路 LC 两端。变换后的元件参数都标在图 2.26（b）中。

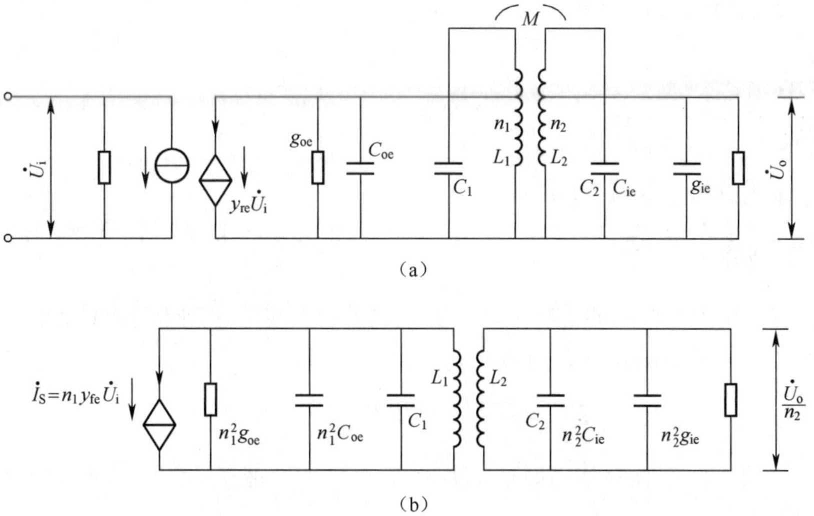

图 2.26　双调谐回路放大器的高频等效电路

在实际应用中，初、次级回路都调谐到同一中心频率 f_0。为了分析方便，假设两个回路的元件参数都相同。

根据耦合回路的特性和电压放大倍数的定义，可以推得

$$|K_V| = \left|\frac{U_o}{U_i}\right| = \frac{\eta}{\sqrt{(1+\eta^2)^2 + 2(1-\eta^2)\xi^2 + \xi^4}} \cdot \frac{n_1 n_2 |y_{fe}|}{g} \tag{2.70}$$

式中，$\xi = Q_{\rm L}\dfrac{2\Delta f}{f_0}$ 为广义失谐量；$\eta = kQ_{\rm L}$ 为耦合因素或称广义耦合系数，$k=\dfrac{M}{\sqrt{L_1L_2}}=\dfrac{M}{L}$。

当初、次级回路都调到谐振时，$\xi = 0$，这时，放大倍数为

$$|K_{\rm V0}| = \frac{\eta}{1+\eta^2}\cdot\frac{n_1n_2|y_{\rm fe}|}{g} \tag{2.71}$$

在临界耦合时，$\eta = 1$，放大器达到匹配状态。放大倍数为达到最大，为

$$|K_{\rm V0}|_{\max} = \frac{n_1n_2|y_{\rm fe}|}{2g} \tag{2.72}$$

由此可得双调谐放大器的谐振曲线表达式为

$$\frac{|K_{\rm V}|}{|K_{\rm V0}|_{\max}} = \frac{2\eta}{\sqrt{(1+\eta^2)^2+2(1-\eta^2)\xi^2+\xi^4}} = \frac{2\eta}{\sqrt{(1+\eta^2-\xi^2)^2+4\xi^2}} \tag{2.73}$$

由式（2.73）可以得到，当 $\eta = kQ_{\rm L} < 1$ 时为弱耦合，这时谐振曲线为单峰；当 $\eta = kQ_{\rm L} > 1$ 时为强耦合或过耦合，这时谐振曲线出现双峰；当 $\eta = kQ_{\rm L} = 1$ 时为临界耦合，谐振曲线仍为单峰，放大器达到匹配状态。图 2.27 给出了不同耦合程度时双调谐放大器的谐振曲线。

在双调谐放大器中，常用的是临界状态，这时谐振曲线的顶部较为平坦，下降部分也较陡，具有较好的选择性。在临界耦合时，$\eta = 1$，式（2.73）变为

$$\frac{|K_{\rm V}|}{|K_{\rm V0}|_{\max}} = \frac{2}{\sqrt{4+\xi^4}} \tag{2.74}$$

由此式可求出这时的通频带为

$$B = 2\Delta f_{0.7} = \sqrt{2}\frac{f_0}{Q_{\rm L}} \tag{2.75}$$

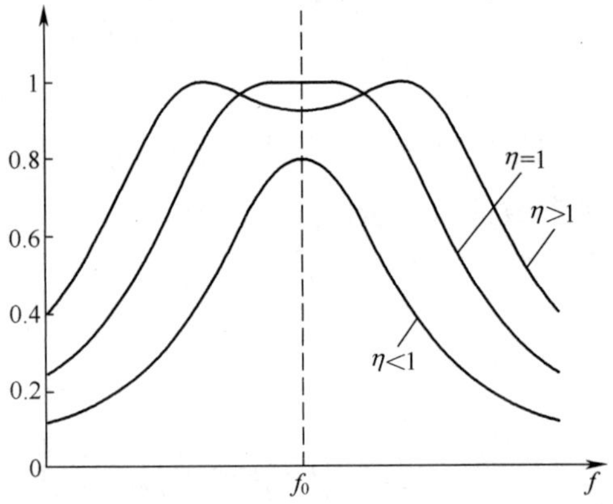

图 2.27　双调谐放大器不同耦合程度时的谐振曲线

在回路有载品质因数相同的情况下，临界双调谐放大器的通频带是单调谐放大器的 $\sqrt{2}$ 倍。同理，按照矩形系数的定义，可以求得

$$K_{0.1} = \frac{2\Delta f_{0.1}}{B} = \sqrt[4]{100-1} = 3.16 \tag{2.76}$$

可见双调谐放大器在临界状态时，其矩形系数较小，谐振曲线更接近于矩形，这是双调谐放大器的主要优点。

2.7　高频调谐放大器的稳定性

上面所讨论的放大器，都是假定工作于稳定状态的，即输出电路对输入端没有影响（$y_{\rm re} = 0$），或者说，晶体管是单向工作的，输入可以控制输出，而输出则不影响输入。但实际上，晶体管内部存在着反向输入导纳 $y_{\rm re}$，考虑 $y_{\rm re}$ 后，放大器输入导纳和输出导纳的数值会对放大器的调试及放大器的工作稳定性有很大影响。

1. 晶体管内部反馈的有害影响

由于 y_{re} 的存在，放大器的输入和输出导纳，分别与负载及信号源有关。这种关系给放大器的调试带来很多麻烦。图 2.28、图 2.29 分别为放大器的输入电路和输出电路。

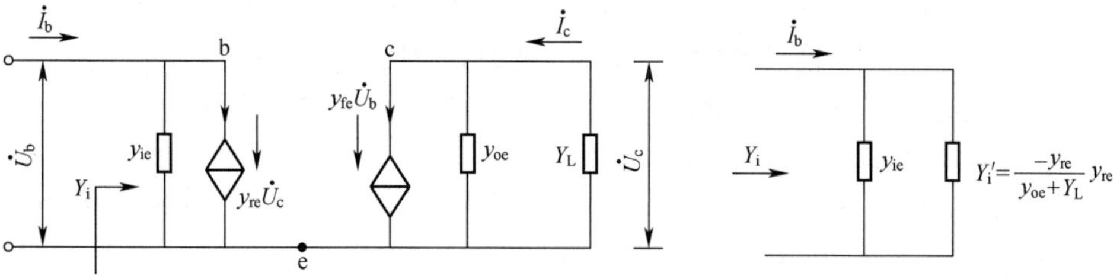

（a）计算放大器输入导纳的等效电路　　（b）放大器的输入等效电路

图 2.28　放大器的输入电路

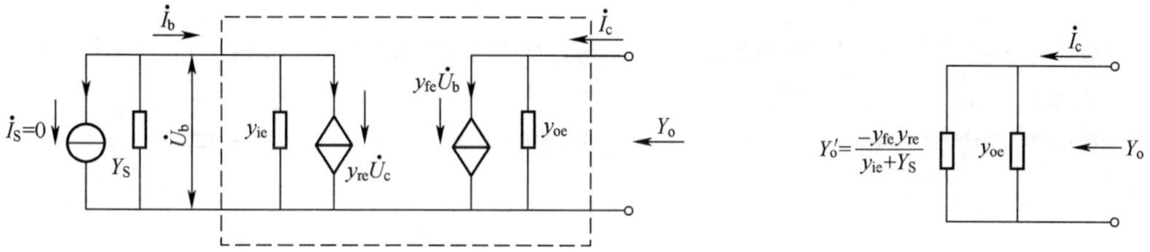

（a）计算放大器输出导纳的等效电路　　（b）放大器的输入等效电路

图 2.29　放大器的输出电路

通过计算得出放大器的输入导纳为

$$Y_i = \frac{I_b}{U_b} = y_{ie} - \frac{y_{fe}y_{re}}{y_{oe}+Y_L} \tag{2.77}$$

放大器的输出导纳为

$$Y_o = y_{oe} - \frac{y_{fe}y_{re}}{y_{ie}+Y_s} \tag{2.78}$$

式（2.77）表明，放大器的输入导纳 Y_i 包含有两部分：晶体管的输入导纳 y_{ie} 及输出电路通过反馈导纳 y_{re} 的作用在输入电路产生的等效导纳 $-\dfrac{y_{fe}y_{re}}{y_{oe}+Y_L}$。式（2.78）表明，放大器的输出导纳 Y_o 不等于晶体管的输出导纳，它和信号源内电导 Y_s 也有关系。

总结：

由于晶体管内部反馈的作用，放大器的输入和输出导纳分别与负载及信号源导纳有关。则在调整输出回路时（即改变 Y_L），放大器的输入端就受到影响；同样，调整输入回路时，Y_s 就会改变，放大器的输出导纳也随之改变，这对输出电路的调谐和匹配又发生了影响。因此调整工作需要反复进行多次。

2. 放大器工作不稳定

因为放大后的输出电压 U_o 通过反向传输导纳 y_{re}，把一部分信号反馈到输入端，由晶体管加以放大，再通过 y_{re} 反馈到输入端，如此循环不止。在条件合适时，放大器甚至不需要外加信号，也能够产生正弦或其他波形的振荡，使放大器工作不稳定。

由于晶体管内部反馈随频率而不同，它对于某些频率可能是正反馈，而对另一些频率则是负反馈，反馈的强弱也不完全相等，这样，某一频率的信号将得到加强，输出增大，而某些频率的信号可能受到削弱，输出减小，其结果是使放大器的频率特性受到影响、通频带和选择性有所改变，这是我们不希望看到的。

解决晶体管内部反馈的方法如下。

欲解决上述问题，有两个途径。一是从晶体管本身想办法，使反向传输导纳减小。因为 y_{re} 主要取决于集电极和基极间的电容 $C_{b'c}$，设计晶体管时应使 $C_{b'c}$ 尽量减小。由于晶体管制造工艺的进步，这个问题已得到较好的解决。另一种方法是在电路上想办法，把 y_{re} 的作用抵消或减小。也就是说，从电路上设法消除晶体管的反向作用，使它变为单向化。单向化的方法有两种，即中和法和失配法。

1. 中和法

在放大器的线路中插入一个外加的反馈电路来抵消内部反馈的影响，称为中和。这相当减小了晶体管的 y_{re}，使放大器可以稳定地工作。

中和的原理如图 2.30 所示。外加导纳 y_n 接在输出和输入之间，作为中和元件。完全中和时，等效反向传输导纳 $y_{ren}=\left.\dfrac{\dot{I}_1}{\dot{U}_o}\right|_{\dot{U}_o=0}$ 等于零。此外，由于晶体管集电极至基极的内部反馈电路并不是一个纯电容，而是具有一定的电阻分量，所以中和电路也应是电阻和电容构成的网络，这使得设计和调整都比较麻烦。目前，仅在收音机中采用这种办法，而一些要求较高的通信设备大多不再用中和法。

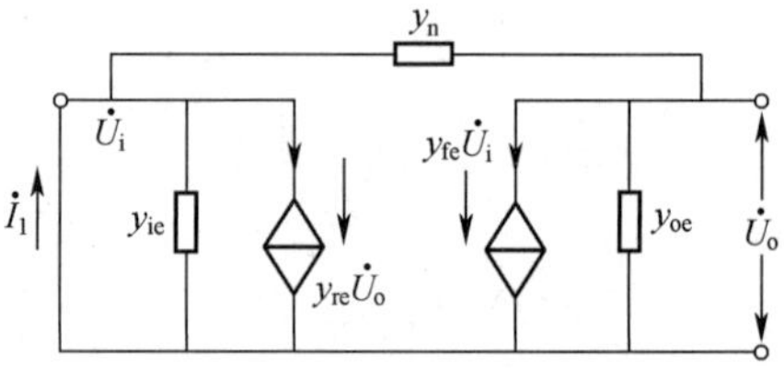

图 2.30 中和原理图

2. 失配法

失配是指信号源内阻不与晶体管输入阻抗匹配，晶体管输出端的负载阻抗不与本级晶体管的输出阻抗匹配。

从物理概念上讲，失配法是指当负载导纳 Y_L 很大时，输出电路严重失配，输出电压相应减小，反馈到输入端的信号就大大减弱，对输入电路的影响也随之减小。失真越严重，输出电路对输入电路的反作用就越小，放大器基本上可以看作单向化。所以失配法对增益有影响。

2.8 小信号调谐放大电路设计与仿真

为方便计算，提供了一些等效谐振回路的参数如下。

有载谐振电导为 $G_e=G_p+G_{oe}+G_L$，回路总电容为 $C_T=C+C_{oe}+C_L$；特性阻抗为 $\rho=\dfrac{\sqrt{L}}{c}=\omega_0 L=\dfrac{1}{\omega_0 C}$；有载品质因数为 $Q_e=\dfrac{1}{\rho G_e}=\dfrac{1}{LG_e\omega_o}$，$G_{oe}$ 和 C_{oe} 为晶体管的输出电导和输出电容。

2.8.1　电路设计

设计出的小信号调谐放大电路如图 2.31 所示。工作频率 $f_0 = 4\text{MHz}$， $A_{u0} \geqslant 40\text{dB}$，$BW_{0.7} \geqslant 3000\text{kHz}$。已知电感线圈 $L = 22\mu\text{H}$， $Q = 70$， 晶体管选用 9013（ $f_0 = 150\text{MHz}$，$\beta_0 = 100$）， C_6 和 L_1 构成了 LC 选频网络。求回路电容 C。

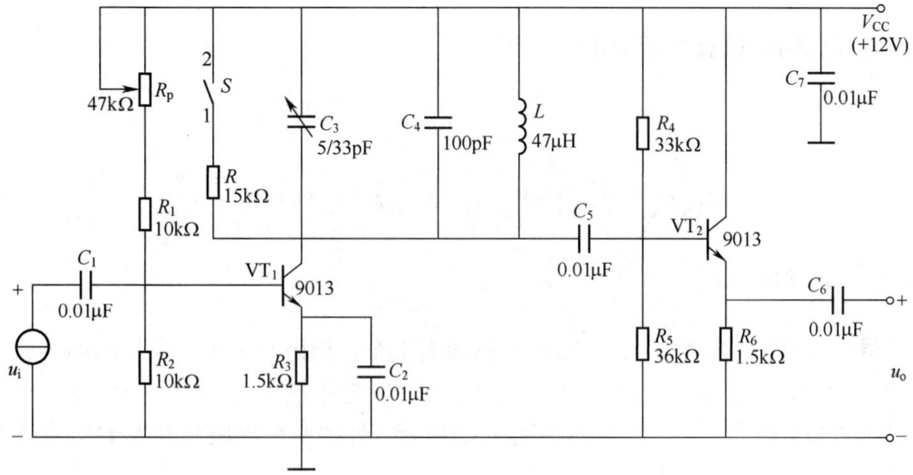

图 2.31　小信号调谐放大电路

由 $f_0 = \dfrac{1}{2\pi\sqrt{LC}}$ 可知：

$$C = \frac{1}{(2\pi f_0)^2 L} = \frac{1}{(2\pi \times 4 \times 10^6)^2 \times 22 \times 10^{-6}} = 72\text{pF}$$

考虑晶体管寄生电容的影响以及频率的调谐，回路电容取 51pF 标称电容与 5/33pF 瓷质可调电容并联使用。

LC 谐振回路的空载谐振电导为

$$G_p = \frac{1}{LQ\omega_0} = \frac{1}{22 \times 10^{-6} \times 70 \times 2\pi \times 4 \times 10^6} = 26\mu\text{S}$$

取负载电导为

$$G_L = \frac{1}{R_L} = \frac{1}{15 \times 10^3} = 67\mu\text{S}$$

取晶体管的输出电导 $G_{oe} = 50\mu\text{S}$，则回路的有载谐振电导为

$$G_e = G_p + G_{oe} + G_L = 26 + 67 + 50 = 143\mu\text{S}$$

则晶体管的跨导为

$$g_m \approx \frac{I_{EQ}}{26} = \frac{1.5}{26} = 0.0577\text{S}$$

所以，放大器的增益为

$$A_{u0} \approx \frac{g_m}{G_e} = 0.0577 \div (143 \times 10^{-6}) = 403 \text{（52dB 大于 40dB）}$$

回路的有载品质因数为

$$Q_e = \frac{1}{Lw_0G_e} = \frac{1}{22\times10^{-6}\times2\pi\times4\times10^{6}\times143\times10^{-6}} = 12.7$$

因此，放大器的通频带为

$$BW_{0.7} = \frac{f_0}{Q_e} = \frac{4\times10^{6}}{12.7} = 315\text{kHz}$$

若谐振回路并联 20kΩ 的阻尼电阻，则

$$G_e = 143\times10^{-6} + \frac{1}{20\times10^{3}} = 193\mu\text{S}$$

$$Q = \frac{1}{L\omega_0G_e} = \frac{1}{22\times10^{-6}\times2\pi\times4\times10^{6}\times133\times10^{-6}} = 9.4$$

2.8.2 仿真分析

实验材料：9013 晶体管 2 个；47μH 电感线圈 1 个；按键开关 1 个；焊制印刷版 1 个；电容器 100pF 1 个；0.01μF 5 个；微调电容 5/33pF 1 个；电阻器 36kΩ 1 个、10kΩ 2 个、1.5kΩ 2 个；电位器 47kΩ 1 个。仿真后的电路如图 2.32 所示，外加一个电压幅度为 1V、频率为 4MHz 的正弦波信号源。

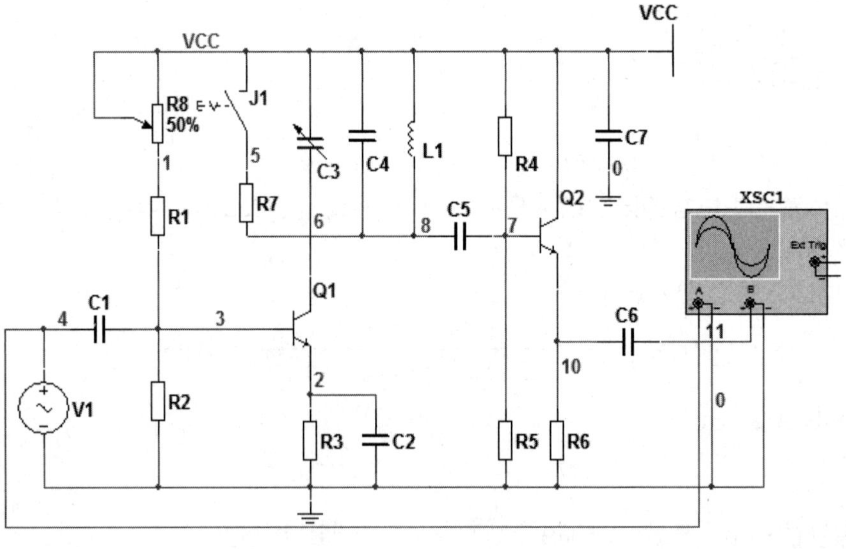

图 2.32 仿真电路

输出和输入波形如图 2.33 所示。

当信号源频率减小为 1kHz 时，很明显输出波形的幅度减小，波形发生了变化，如图 2.34 所示。

当信号源频率变为 8MHz 时，幅度和波形变化如图 2.35 所示，可见小信号频率特性曲线图是成立的。

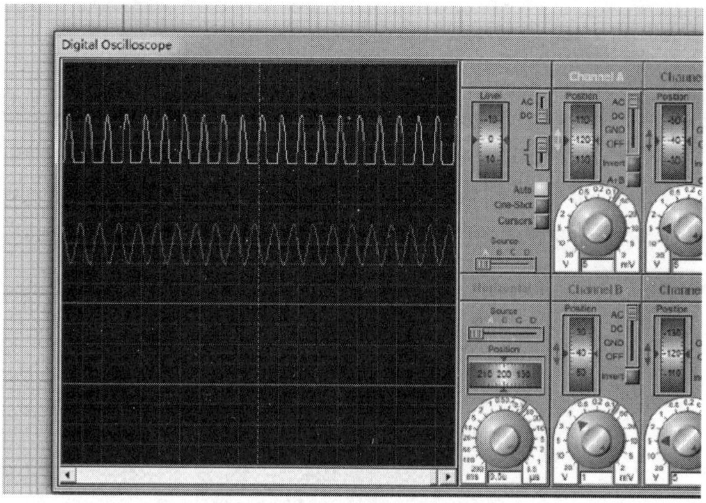

图 2.33　输出和输入波形

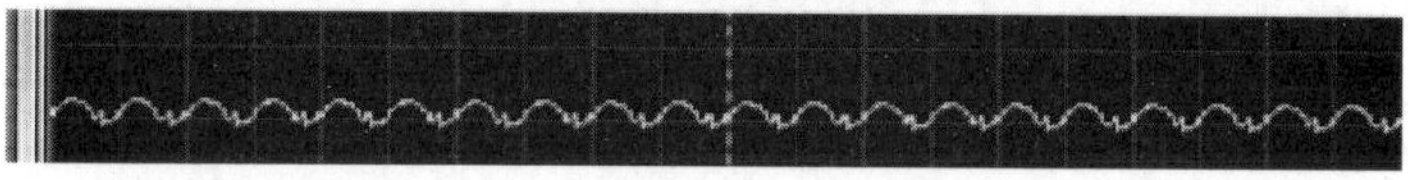

图 2.34　频率为 1kHz 时的输出波形

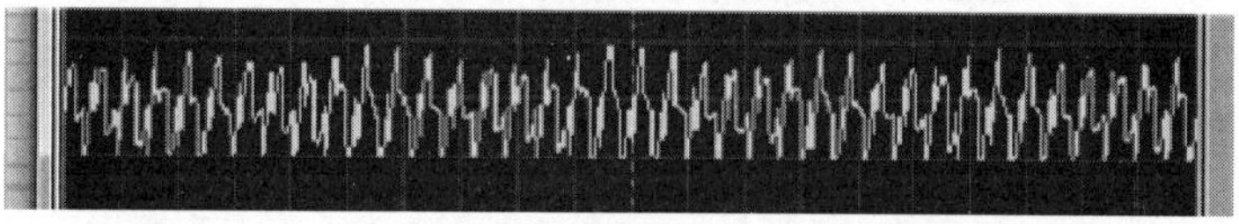

图 2.35　频率为 8MHz 时的输出波形

现在用仿真图表来看频率特性曲线（图 2.36）：到 4MHz 后频率特性曲线开始下降，各项参数降低，选频网络开始发挥作用，因为 Proteus 软件的可调电容不能进行仿真，故用 30pF 电容代替。

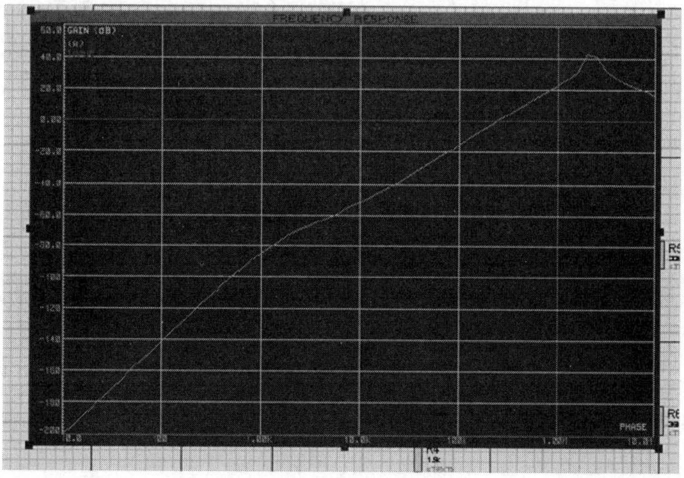

图 2.36　频率特性曲线

2.8.3 设计任务

一晶体管组成的单回路中频放大器如图 2.37 所示。已知 $f_0 = 465\text{kHz}$，晶体管经中和后的参数为：$g_{ie} = 0.4\text{mS}$，$C_{ie} = 142\text{pF}$，$g_{oe} = 55\mu\text{S}$，$C_{oe} = 18\text{pF}$，$y_{fe} = 36.8\text{mS}$，$y_{re} = 0$。回路等效电容 $C = 200\text{pF}$，中频变压器的接入系数 $p_1 = N_1 / N = 0.35$，$p_2 = N_2 / N = 0.035$，回路无载品质因数 $Q_0 = 80$，设下级也为同一晶体管，参数相同。试计算：

（1）回路有载品质因数 Q_L 和 3dB 带宽 $B_{0.7}$。

（2）放大器的电压增益。

（3）中和电容值（设 $C_{b'c} = 3\text{pF}$）。

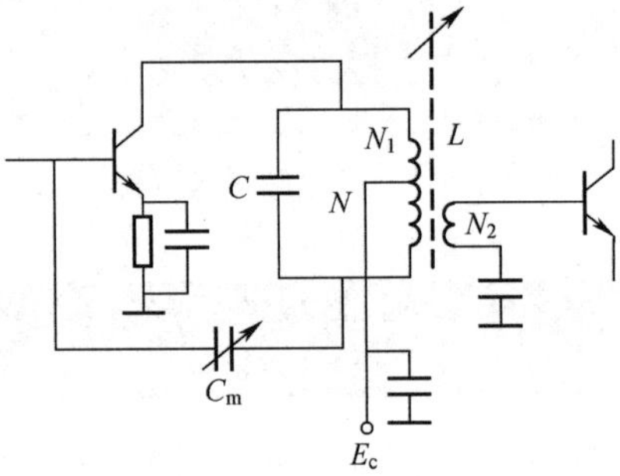

图 2.37　由晶体管组成的单回路中频放大器

练习题

一、选择题

1. 在相同条件下，双调谐回路放大器和单调谐回路放大器相比，下列表达正确的是（　　）。

A．双调谐回路放大器的选择性比单调谐回路放大器好，通频带也较窄

B．双调谐回路放大器的选择性比单调谐回路放大器好，通频带也较宽

C．双调谐回路放大器的选择性比单调谐回路放大器差，通频带也较窄

D．双调谐回路放大器的选择性比单调谐回路放大器差，通频带也较宽

2．调谐放大器不稳定的内部因素是由（　　）引起的。

A．$C_{b'e}$　　B．$C_{b'c}$　　C．$C_{b'e}$ 和 $C_{b'c}$　　D．都不是

3．耦合回路中，（　　）为临界耦合；（　　）为弱耦合；（　　）为强耦合。

A．$\eta > 1$　　B．$\eta < 1$　　C．$\eta = 1$　　D．$\eta \neq 1$

二、填空题

1．简单串联谐振回路又称为________谐振回路，若已知谐振回路空载品质因数为 Q_0，损耗电阻为 r，信号源电压振幅为 U_s，则谐振时回路中的电流 $I_0 =$________，回路元件上的电压 $U_{L0} =$________，$U_{C0} =$________。简单并联谐振回路又称为________谐振回路。

2．为了减小信号源内阻和负载对并联谐振回路的影响，一般采用________的方法。若接

入系数为 p，由抽头回到回路顶端，其等效电阻变化了________倍，若接入系数 p 增大，则谐振回路的 Q 值________。

3．并联 LC 谐振回路在高频电路中作为负载，具有________功能。

4．小信号调谐放大器的集电极负载为________。

5．小信号调谐放大器双调谐回路的带宽是单调谐回路带宽的________倍。

6．高频小信号调谐放大器的主要作用是________和________。

7．谐振回路的品质因数越大，通频带越________，选择性越________。

8．调谐放大器主要由放大器和谐振回路组成，其衡量指标为________和________。

9．双参差调谐是将两级单调谐回路放大器的谐振频率，分别调整到________和________信号的中心频率。

10．并联谐振回路品质因数 Q 的表达式为________。

11．简单并联谐振回路又称为________谐振回路，简单串联谐振回路又称为________谐振回路。

三、判断题

1．对于小信号调谐放大器，当 LC 谐振回路的电容增大时，谐振频率将增加。（　）

2．对于小信号调谐放大器，当 LC 谐振回路的电感增大时，谐振频率和回路的品质因数都减小。（　）

四、简答及计算题

1．丙类放大器为什么一定要用谐振回路作为集电极负载？回路为什么一定要调到谐振状态？回路失谐将产生什么结果？

2．为什么晶体管在高频工作时要考虑单向化和中和问题，而在低频工作时，则可以不必考虑？

3．影响调谐放大器稳定性的因素是什么？反馈导纳的物理意义是什么？

4．某单回路调谐放大器为四级级联，已知谐振时单级增益为40，通频带为60kHz，求四级总增益及带宽。若要求保持总的带宽不变，仍为60kHz，则单级放大器的增益和带宽应如何调整？

5．回路如图2.38所示，给定参数如下：$f_0 = 30\text{MHz}$，C=20pF，线圈 $Q_0 = 60$，外接阻尼电阻 R_1=10kΩ，R_3=2.5kΩ，$R_L = 830\Omega$，$C_s = 9\text{pF}$，$C_L = 12\text{pF}$，n_1=0.4，n_2=0.23。求 L、B；若把 R_1 去掉，但仍保持上边求得的 B，问匝比 n_1:n_2 应加大还是减小？电容 C 怎样修改？这样改与接入 R_1 怎样做更合适？

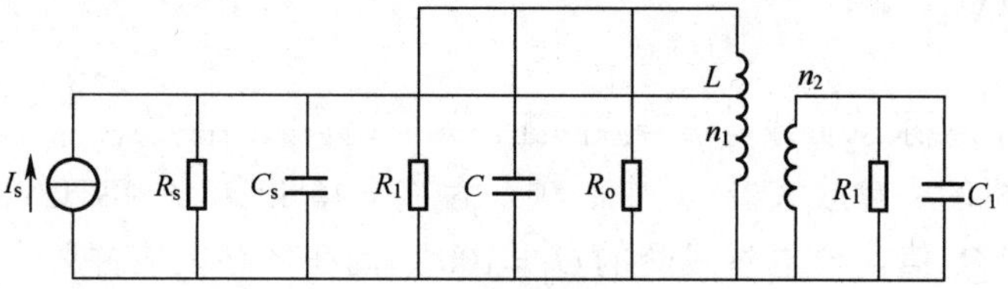

图2.37　并联谐振回路

6．给定串联谐振回路的 $f_0=1.5\text{MHz}$，C=100pF，谐振电阻 $R=5\Omega$，试求 Q_0 和 L_0。若信号源的电压幅值为 $U_s=1\text{mV}$，求谐振回路中的电流 I_0 以及回路元件上的电压 U_{L0} 和 U_{C0}。

7．串联谐振回路如图 2.39 所示，信号源频率 $f_0=1\text{MHz}$，电压幅值 $U_s=0.1\text{V}$，将1—1′端短接，电容调到 100pF 时谐振，此时，电容两端的电压为 10V。若将1—1′开路，再接一个阻抗 Z_x，(电阻和电容串联)，则回路失谐，将 C 调到 200pF 时重新谐振，电容两端电压变成 2.5V。试求线圈的电感 L、回路品质因数 Q_0 值以及未知阻抗 Z_x。

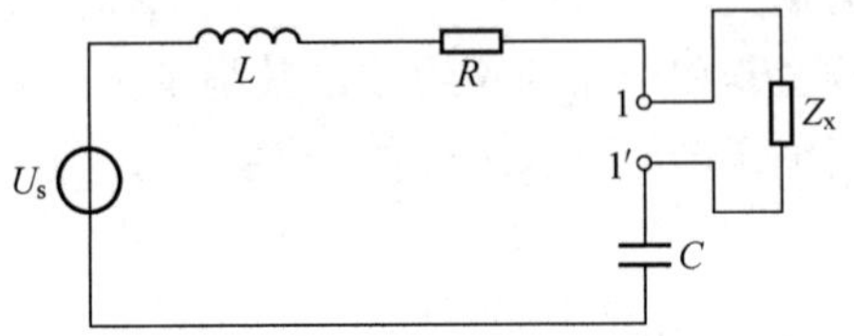

图 2.39　串联谐振回路

8．回路如图 2.40 所示。已知 $L=0.8\mu\text{H}$，$Q_0=100$，$C_1=C_2=20\text{pF}$，$C_s=10\text{pF}$，$C_L=20\text{pF}$，$R_L=5\text{k}\Omega$，试计算回路的谐振频率、谐振电阻（不计 R_L 与 R_s 时）、有载品质因数 Q_L 和通频带。

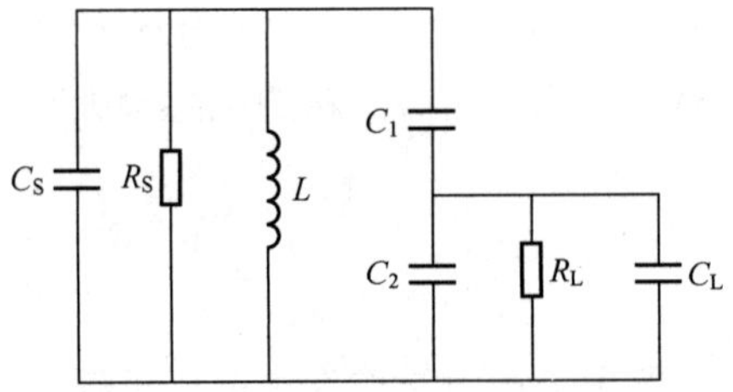

图 2.40　电容分压式并联谐振回路

9．回路如图 2.41 所示。已知回路谐振频率为 $f_0=465\text{kHz}$，Q_0=100，信号源内阻 $R_s=27\text{k}\Omega$，负载 $R_L=2\text{k}\Omega$，C=200pF，$n_1=0.31$，$n_2=0.22$。试求电感 L 及通频带 B。

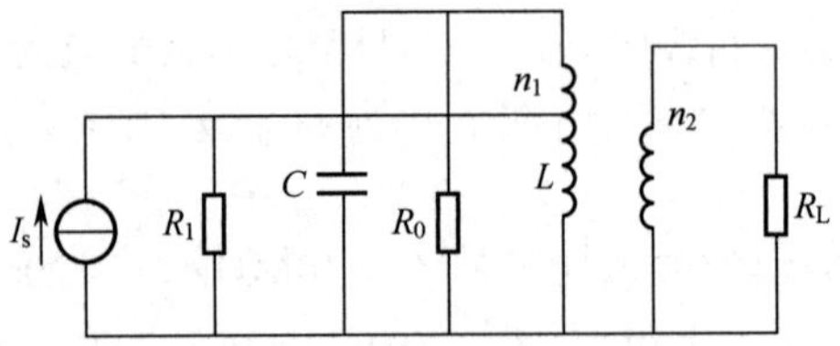

图 2.41　电感耦合型并联谐振回路

10．如图 2.42 所示的并联谐振回路，信号源与负载都是部分接入的。已知 R_s、R_L、L、C_1、C_2 和空载品质因数 Q_0，求：

（1）f_0 与 B；

（2）R_L 不变，要求总负载与信号源匹配，如何调整回路参数？

11．对于收音机的中频放大器，其中心频率为 $f_0=465\text{kHz}$，B=8kHz，回路电容 C=200pF，试计算回路电感和 Q_L 值。若电感线圈的 $Q_0=100$，问在回路上应并联多大的电阻才能满足要求？

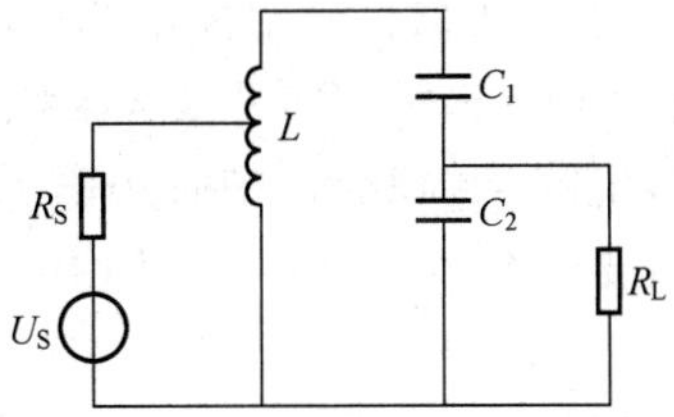

图 2.42　电容分压式并联谐振回路

12．在如图 2.43 所示的电容分压式并联谐振电路中，$R_g = 5\text{k}\Omega$，$r = 8\Omega$，$R_L = 100\text{k}\Omega$，$L = 200\mu\text{H}$，$C_1 = 140\text{pF}$，$C_2 = 1400\text{pF}$，求谐振频率 f_0 和通频带 $BW_{0.7}$。

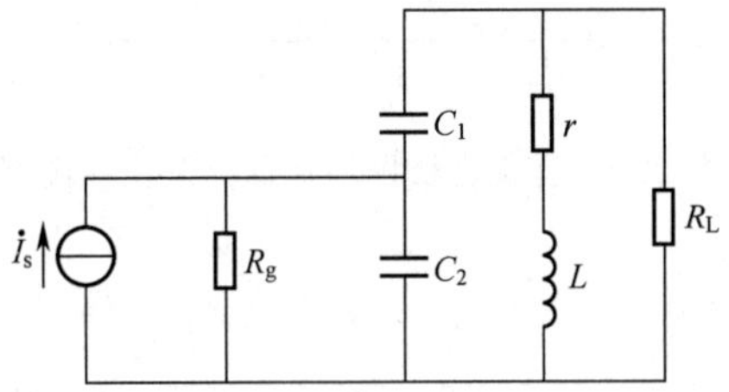

图 2.43　电容分压式并联谐振电路

13．如图 2.44 所示并联谐振回路中，信号源与负载都为部分接入，接入系数分别为 p_1、p_2。已知 R_g、R_L、L、C_1、C_2 和空载品质因数 Q_0，求 f_0 与 $B_{0.707}$。

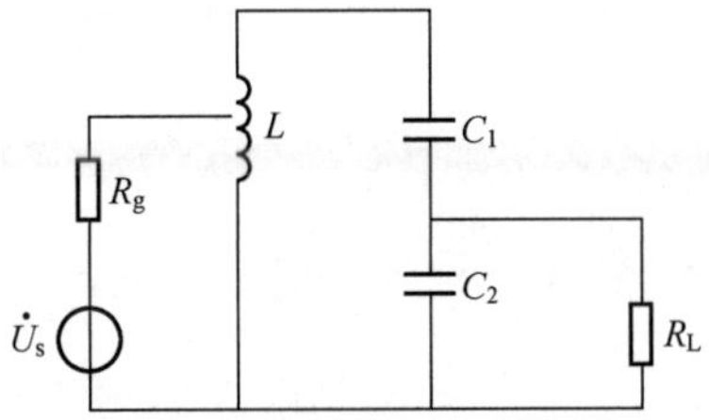

图 2.44　并联谐振回路

14．电视伴音中频并联谐振回路的 B=150kHz，$f_0 = 6.5\text{MHz}$，C=47pF，试求回路电感 L、品质因数 Q_0、信号频率为 6MHz 时的相对失谐。欲将带宽增大一倍，问回路需并联多大的电阻？

15．在图 2.45 中，已知用于 FM（调频）波段的中频调谐回路的谐振频率 $f_0 = 10.7\text{MHz}$，C_1=C_2=15pF，空载 Q 值为 100，$R = 100\text{k}\Omega$，$R_s = 30\text{k}\Omega$，试求回路电感 L、谐振阻抗、有载 Q 值和通频带。

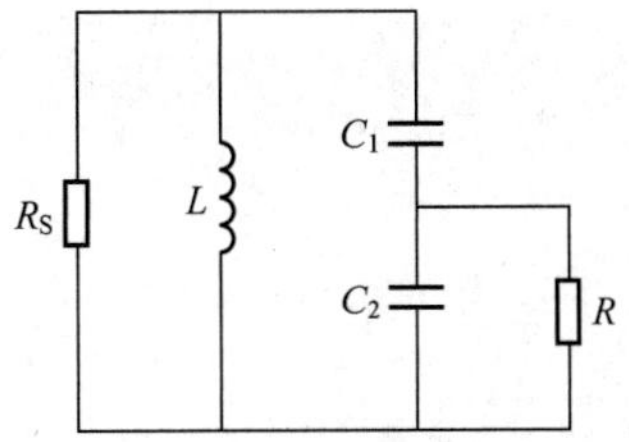

图 2.45　并联谐振回路

16．两级相同的单调谐回路谐振放大器，其交流电路如图 2.46 所示，测得晶体管的 Y 参数为 $Y_{ic}=(1.2+j4.3)mS$，$Y_{re}=(-0.15-j0.5)mS$，$Y_{fe}=(44-j22)mS$，$Y_{oe}=(0.4+j0.8)mS$，N_{12}=5，$N_{23}=2$，$N_{45}=3$，外接电容 C=18pF，中心频率 $f_0=34.75$ MHz，$Q_0=60$，若要使通频带宽度 $B\geqslant 6.5$MHz，试问需要外接多大的并联电阻并计算第一级的谐振电压增益 A_{uo}。

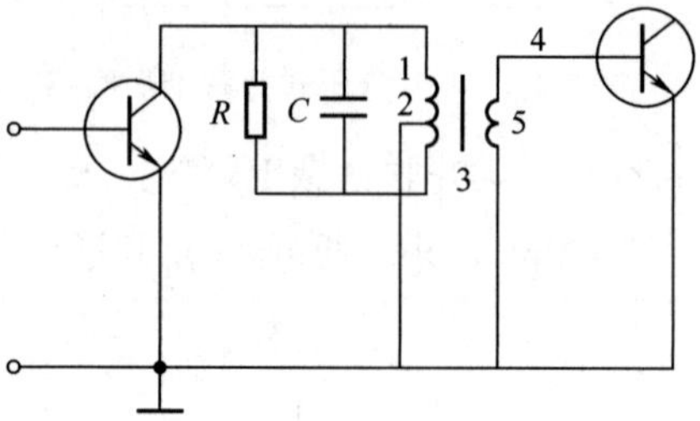

图 2.46　单调谐回路谐振放大器交流电路

项目三　高频放大器之调谐功率放大器

教学目标

通过对调谐功率放大器相关知识的学习，能分析、设计一个基本的高频调谐功率放大器，进行仿真分析。

教学要求

1. 掌握调谐功率放大器的工作原理，学会功率和效率的计算方法。
2. 学会分析调谐功率放大器的工作状态。
3. 理解调谐功率放大器的实用电路。
4. 了解功率晶体管的高频效应及倍频器的工作原理。

3.1　概述

思考：什么是高频调谐功率放大器？

高频调谐功率放大器是一种能量转换器件，它是将电源供给的直流能量转换为高频交流输出。高频调谐功率放大器是通信系统中发送装置的重要组件，它也是一种以谐振回路作负载的放大器。

通信中应用的高频功率放大器，按其工作频率的宽窄划分为窄带和宽带两种。窄带高频功率放大器通常以谐振回路作为输出电路，故又称为调谐功率放大器；宽带高频功率放大器的输出电路则是传输线变压器或其他宽带匹配电路，因此又称为非调谐功率放大器。本项目主要讨论调谐功率放大器。

思考：高频调谐功率放大器和小信号调谐放大器的主要区别是什么？

高频调谐功率放大器和小信号调谐放大器的主要区别是：小信号调谐放大器位于接收端前端，输入信号很小，在微伏到毫伏数量级，晶体管工作于线性区域，它的功率很小，但通过阻抗匹配，可以获得很大的功率增益（30～40dB），其一般工作在甲类状态，效率较低；而高频调谐功率放大器位于发射端末端，其输入信号要大得多，为几百毫伏到几伏，晶体管工作延伸到非线性区域——截止和饱和区，这种放大器的输出功率大，以满足天线发射或其他负载的要求，效率较高，一般工作在丙类状态，它的主要性能指标是输出功率、效率和谐波抑制度（输出中的谐波分量尽量小）等。

思考：如何分析高频调谐功率放大器的工作原理和工作状态？

高频调谐功率放大器因工作于非线性区域，用解析法分析较困难，故工程上普遍采用近似的分析方法——折线法，来分析其工作原理和工作状态。

通信中应用的高频调谐功率放大器，按其工作频率、输出功率、用途等的不同要求，可以采用晶体管或电子管作为功率调谐放大器的电子器件。晶体管有耗电少、体积小、质量轻、寿命长等优点，在许多场合都有应用。但是对于千万级以上的发射机大多数还是采用电子管调谐功率放大器。本项目主要讨论晶体管高频调谐功率放大器。

3.2 调谐功率放大器原理分析

3.2.1 电路组成

图 3.1 是晶体管调谐功率放大器的原理电路。输入信号经变压器 T_1 耦合到晶体管基－射极，这个信号也叫激励信号。VT 为高频大功率管，通常采用平面工艺制造的 NPN 高频大功率管，能承受高电压和大电流，有较高的特征频率 f_T 。晶体管的主要作用是在基极输入信号的控制下，将集电极电源 E_c 提供的直流能量转换为高频信号能量。E_b 是基极偏置电压，调整 E_b 可改变放大器工作的类型。E_c 是集电极电源电压，集电极外接 LC 并联谐振回路的作用是作为放大器负载，这个回路也称槽路，放大后的信号通过变压器 VT_2 耦合到负载 R_L 上。

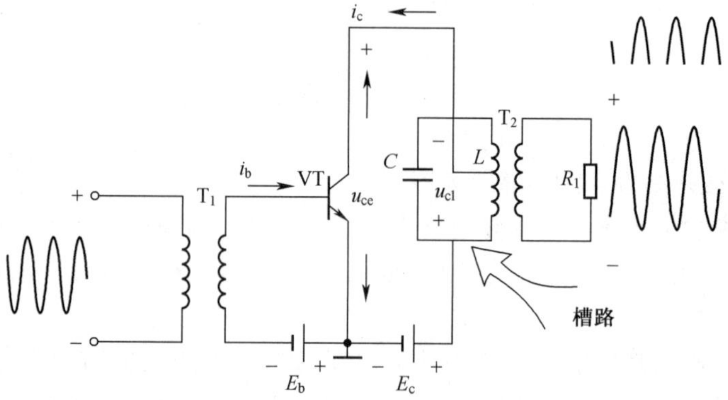

图 3.1 谐振功率放大器原理电路

放大器电路由集电极回路和基极回路两部分组成，集电极回路由晶体管的集电极、发射极、集电极直流电源及集电极负载组成。基极回路由晶体管的基极、发射极、偏置电源及外加激励组成。由基极偏置电压 E_b 和外加激励控制集电极电流的通断，由集电极回路通过晶体管完成直流能量转变为高频交流能量。高频调谐功率放大器主要研究集电极回路的能量转换关系。

思考：

（1）基极偏置电压 E_b 为什么要采用反偏电压？

（2）集电极回路为什么要采用 LC 并联谐振回路？

（3）集电极、负载与并联谐振回路为什么采用抽头接入方式？

3.2.2 工作原理

要了解高频调谐功率放大器的工作原理，首先必须了解晶体管的电流、电压波形及其对应关系。晶体管转移特性如图 3.2 中虚线所示。由于输入信号较大，可用折线近似表示转移特性，如图中实线所示。图中U_b'为晶体管导通电压，g_m为转移特性曲线的斜率。

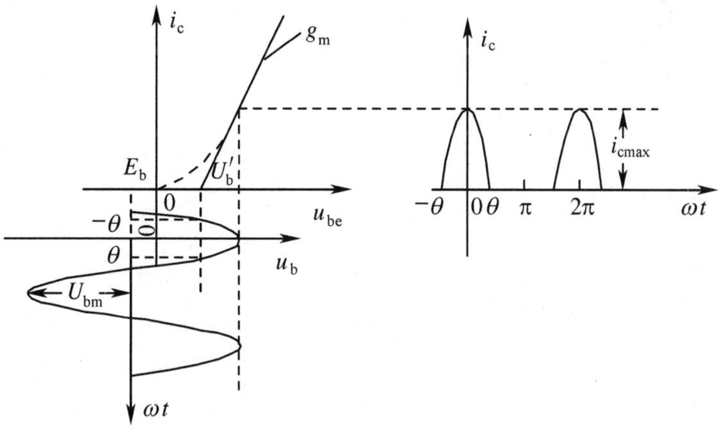

图 3.2　丙类工作情况的输入电压、集电极电流波形

由于调谐功率放大器基极回路采用的是反向偏置，在静态时，晶体管处于截止状态。设输入信号为余弦电压$u_b = U_{bm}\cos\omega t$，则晶体管基极、发射极间电压u_{be}为

$$u_{be} = E_b + u_b = E_b + U_{bm}\cos\omega t \qquad (3.1)$$

在丙类状态工作时，$E_b < U_b'$，在这种偏置条件下，集电极电流i_c为余弦脉冲，其最大值为i_{cmax}，电流流通的相角为2θ，通常称θ为集电极电流的导通角，在丙类状态工作时，$\theta < \frac{\pi}{2}$。把集电极电流脉冲用傅里叶级数展开，可分解为直流、基波和各次谐波，因此，集电极电流i_c可写为

$$\begin{aligned} i_c &= I_{c0} + i_{c1} + i_{c2} + \cdots \\ &= I_{c0} + I_{c1m}\cos\omega t + I_{c2m}\cos 2\omega t + \cdots \end{aligned} \qquad (3.2)$$

式中，I_{c0}为直流电流；I_{c1m}、I_{c2m}分别为基波、二次谐波电流幅度。

调谐功率放大器的集电极负载是一个Q值很高的LC并联谐振回路，如果选取谐振角频率ω_0等于输入信号u_b的角频率ω，那么，尽管在集电极电流脉冲中含有丰富的高次谐波分量，但由于并联谐振回路的选频滤波作用，谐振回路两端的电压可近似认为只有基波电压，即

$$u_c = U_{cm}\cos\omega t = I_{c1m}R_c\cos\omega t \qquad (3.3)$$

式中，U_{cm}为u_c的振幅；R_c为LC回路的谐振电阻。

晶体管集电极、发射极间电压u_{ce}为

$$u_{ce} = E_c - u_c = E_c - U_{cm}\cos\omega t \qquad (3.4)$$

u_b、i_c、i_{c1}、u_c、u_{ce}之间的时间关系波形如图 3.3 所示。

由图 3.3 可见，虽然集电极电流为脉冲，但由于LC并联谐振回路的选频滤波作用，集电极电压仍为余弦波形，且u_{ce}与u_{be}反相。

另外，已知集电极电流i_c中有很多谐波分量，如果将LC谐振回路调谐在信号的n次谐波上，即$\omega_0 = n\omega$，则在回路两端将得到$n\omega$的电压$u_c = I_{cnm}R_c\cos n\omega t$的输出信号，它的频率是激励信号频率的$n$倍，将这种调谐功率放大器称为丙类倍频器。单级丙类倍频器一般只作二倍

频器或三倍频器使用，若要提高倍频次数，可采用多级倍频器。

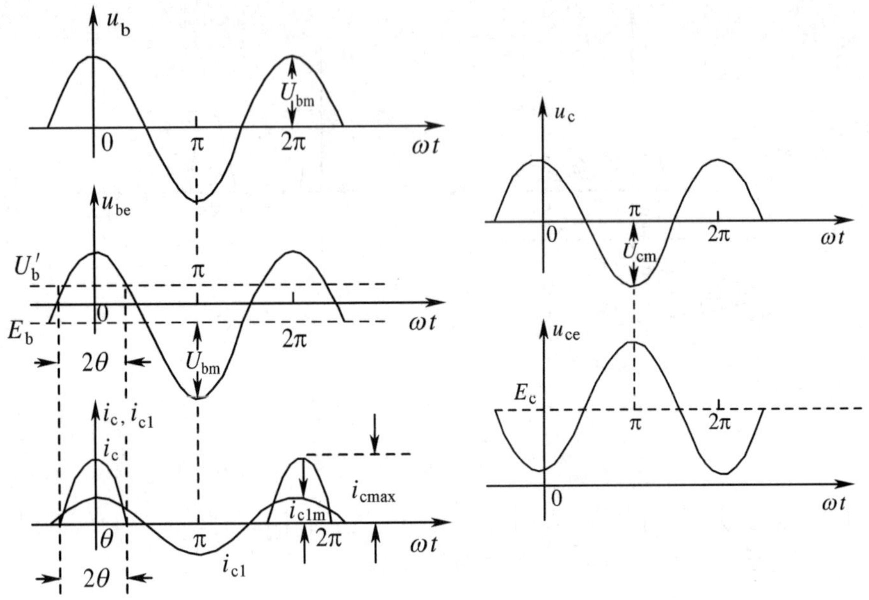

图 3.3　电流、电压波形

总结：

（1）基极回路电压 u_{be} 为 $u_{be}=E_b+u_b=E_b+U_{bm}\cos\omega t$，集电极回路电压 u_{ce} 为 $u_{ce}=E_c-u_c=E_c-U_{cm}\cos\omega t$，称为晶体管的外部特性。

（2）晶体管工作在丙类状态，集电极电流 i_c 为余弦脉冲，可分解为直流分量、基波分量和各次谐波分量。

（3）集电极负载采用 LC 并联谐振回路，由于谐振回路的选频作用，集电极输出电压为完整的正弦波。

（4）若将谐振回路的谐振频率调谐在 n 次谐波分量上，可构成倍频器（单级倍频次数为 2~3 倍）。

3.2.3　能量关系

从能量转换方面看，放大器是通过晶体管把直流功率转换成交流功率，通过槽路把脉冲功率转换为正弦功率，然后传输给负载。在能量的转换和传输过程中，不可避免地产生损耗，所以放大器的效率不能达到 100%。若调谐功率放大器功率大，相应地电源供给、晶体管发热问题等也大。为了尽量减小损耗，合理地利用晶体管和电源，必须分析调谐功率放大器的功率和效率问题。

调谐功率放大器有如下 5 种功率需要考虑：

（1）电源供给的直流输入功率 P_E。

（2）通过晶体管转换的交流功率，即晶体管集电极输出的交流功率 P_o。

（3）通过槽路送到各负载的交流功率，即 R_L 上得到的功率 P_L。

（4）晶体管在能量转换过程中的损耗功率，即晶体管损耗功率 P_c。

（5）槽路损耗功率 P_T。

以上 5 项功率的相互关系可用图 3.4 表示。电源供给的直流输入功率 P_E，一部分（P_c）损耗在晶体管上，使晶体管发热；另一部分（P_o）转换为交流功率，输出给槽路。通过槽路一部分（P_T）损耗在槽路线圈和电容中，另一部分（P_L）输出给负载 R_L。这里重点讨论集电极效率 η_c。

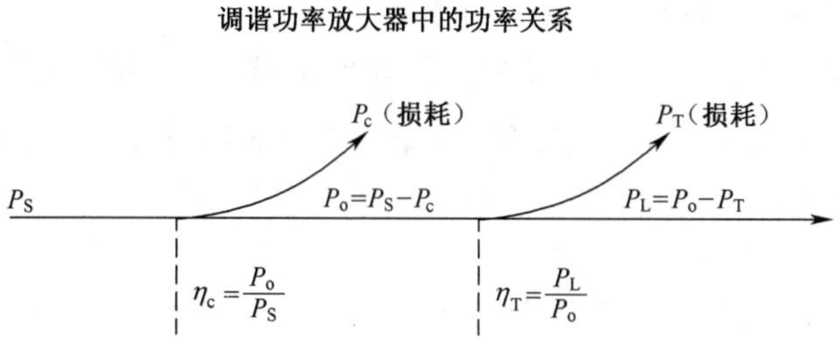

图 3.4　调谐功率放大器的能量关系

在集电极电路中，LC 谐振回路得到的交流功率为

$$P_o = \frac{1}{2}U_{cm}I_{c1m} = \frac{1}{2}R_c I_{c1m}^2 \tag{3.5}$$

集电极电源 E_c 供给的直流输入功率为

$$P_E = E_c I_{c0} \tag{3.6}$$

直流输入功率 P_E 与集电极输出交流功率 P_o 之差为损耗功率 P_c，即

$$P_c = P_E - P_o \tag{3.7}$$

它是耗散在晶体管集电极上的损耗功率。集电极效率 η_c 为输出交流功率 P_o 与直流输入功率，为

$$\eta_c = \frac{P_o}{P_E} = \frac{1}{2}\frac{I_{c1m}U_{cm}}{I_{c0}E_c} \tag{3.8}$$

它是表示集电极回路能量转换的重要参数。谐振功率放大器就是要获取尽量大的 P_o 和尽量高的 η_c。

由式（3.8）可见，集电极效率 η_c 取决于比值 $\frac{I_{c1m}}{I_{c0}}$ 与 $\frac{U_{cm}}{E_c}$ 的乘积，前者称为波形系数 γ，即

$$\gamma = \frac{I_{c1m}}{I_{c0}} \tag{3.9}$$

后者称为集电极电压利用系数 ξ（简称电压利用系数），即

$$\xi = \frac{U_{cm}}{E_c} \tag{3.10}$$

因此式（3.8）又可写为

$$\eta_c = \frac{P_o}{P_E} = \frac{1}{2}\frac{I_{c1m}U_{cm}}{I_{c0}E_c} = \frac{1}{2}\gamma\xi \tag{3.11}$$

丙类放大器效率高还可从集电极损耗功率来看，此时η_c为

$$\eta_c=\frac{P_o}{P_E}=\frac{P_o}{P_o+P_c}=\frac{1}{1+\frac{P_c}{P_o}} \tag{3.12}$$

由式（3.12）可知，当P_o一定时，减小P_c可提高η_c。P_c可表示为

$$P_c=\frac{1}{2\pi}\int_{-\theta}^{\theta}i_c u_{ce}\mathrm{d}\omega t \tag{3.13}$$

因此，减小$i_c u_{ce}$及通角θ可减小P_c，由图 3.2 可看出，i_c的最大值与u_{ce}的最小值对应，通角θ越小，i_c越集中在u_{cemin}附近，集电极损耗也就越小。在高频调谐功率放大器中，提高集电极效率的同时，还应尽量提高输出功率。根据式（3.7）和式（3.8），可得

$$P_o=\eta_c P_E=\eta_c(P_o+P_c)$$

即

$$(1-\eta_c)P_o=\eta_c P_c \tag{3.14}$$

得

$$P_o=\frac{\eta_c}{1-\eta_c}P_c=\frac{1}{\frac{1}{\eta_c}-1}P_c$$

可见，当晶体管允许损耗功率P_c一定时，η_c越大，输出功率P_o越大。

例题 3-1 某高频调谐功率放大器工作于临界状态，输出功率$P_o=6\mathrm{W}$，集电极电源$E_c=24\mathrm{V}$，集电极电流直流分量$I_{c0}=300\mathrm{mA}$，电压利用系数$\xi=0.95$。试计算：直流电源提供的功率P_E，功放管的集电极损耗功率P_c及效率η_c，临界负载电阻R_{Lcr}。

题意分析：本题直接采用功放的电流、电压、能量关系即可。已知电源电压E_c以及输出电流的直流分量I_{c0}，可以求出集电极电源供给的直流功率P_E，从而得到集电极损耗功率P_c及效率η_c，通过电压利用系数ξ，可以计算出波形系数γ，进而利用输出电流的直流分量I_{c0}求出输出电流里的基波分量I_{c1m}，再利用输出功率P_o可以得到临界负载阻抗R_{Lcr}。

解：

$$P_E=E_c I_{c0}=24\times0.3=7.2\mathrm{W}$$
$$P_c=P_E-P_o=7.2-6=1.2\mathrm{W}$$
$$\eta_c=\frac{P_o}{P_E}=\frac{6}{7.2}=83.3\%$$
$$\gamma=\frac{2\eta_c}{\xi}=\frac{2\times0.833}{0.95}=1.75$$
$$I_{c1m}=I_{c0}\gamma=300\times1.75=525\mathrm{mA}$$
$$R_{Lcr}=\frac{2P_o}{I_{c1m}^2}=\frac{2\times6}{0.525^2}=43.5\Omega$$

讨论：本题考察的是如何灵活应用功放的电流、电压、能量关系。本题的解题方法还有多种，如由电源电压E_c以及电压利用系数ξ，可以得到输出电压U_{cm}，再由输出功率P_o可以得到临界负载阻抗R_{Lcr}以及输出电流中的基波分量I_{c1m}。通过输出电流的直流分量I_{c0}，可以

计算出波形系数γ，利用电压利用系数ξ计算出效率η_c，从而得到集电极电源供给的直流功率P_E以及集电极损耗功率P_c。

总结：

（1）调谐功率放大器完成两次转换，首先通过晶体管把直流功率P_E转换成交流功率P_o，然后通过槽路把交流功率P_o转换为正弦功率P_L传输给负载。

（2）必须掌握的几个公式：直流功率$P_E = E_c I_{c0}$，集电极输出交流功率$P_o = \frac{1}{2}U_{cm}I_{c1m} = \frac{1}{2}R_c I_{c1m}^2$，集电极损耗功率$P_c = P_E - P_o$，集电极效率$\eta_c = \frac{P_o}{P_E} = \frac{1}{2}\frac{I_{c1m}U_{cm}}{I_{c0}E_c} = \frac{1}{2}g_1(\theta)\xi$。

（3）i_c的最大值与u_{ce}的最小值对应，通角θ越小，i_c越集中在u_{cemin}附近，集电极损耗也就越小。

3.3　调谐功率放大器工作状态分析

3.3.1　解析分析法

解析分析法首先要解决的问题是找到器件的数学模型。由于晶体管处于大信号非线性工作区，特性曲线可用折线近似表示，如晶体管转移特性可用图 3.5（a）表示，晶体管理想静态特性可表示为

$$i_c = \begin{cases} g_m(u_{be} - U_b') & u_{be} \geqslant U_b' \quad \text{放大区} \\ 0 & u_{be} < U_b' \quad \text{截止区} \end{cases} \tag{3.15}$$

晶体管的输出特性，在放大区忽略基调效应的情况下，可认为特性曲线是一组与横轴平行的水平线。在饱和区，用这些特性曲线从放大区进入饱和区的临界点相连起来的一条直线加以近似，这条直线叫临界线，其斜率用S_{cr}表示，如图 3.5（b）所示。这样，在饱和区晶体管特性的表示式可写为

$$i_c = S_{cr}u_{ce} \tag{3.16}$$

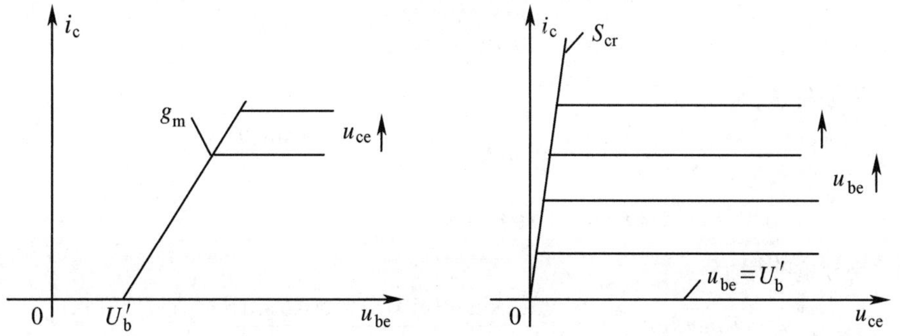

（a）转移特性　　（b）输出特性

图 3.5　折线化的转移特性和输出特性

晶体管外部电压为

$$\left.\begin{aligned}u_{\mathrm{be}} &= E_{\mathrm{b}} + U_{\mathrm{bm}}\cos\omega t \\ u_{\mathrm{ce}} &= E_{\mathrm{c}} - U_{\mathrm{cm}}\cos\omega t\end{aligned}\right\} \tag{3.17}$$

由式（3.15）可知，晶体管在放大区的集电极电流为

$$i_{\mathrm{c}} = g_{\mathrm{m}}(u_{\mathrm{be}} - U'_{\mathrm{b}}) = g_{\mathrm{m}}(E_{\mathrm{b}} + U_{\mathrm{bm}}\cos\omega t - U'_{\mathrm{b}}) \tag{3.18}$$

由图 3.2 可知，当 $\omega t = \theta$ 时，$i_{\mathrm{c}} = 0$，代入式（3.18）得

$$\cos\theta = \frac{U'_{\mathrm{b}} - E_{\mathrm{b}}}{U_{\mathrm{bm}}} \tag{3.19}$$

当 $E_{\mathrm{b}} = U'_{\mathrm{b}}$ 时，$\theta = 90°$；$E_{\mathrm{b}} < U'_{\mathrm{b}}$ 时，$\theta < 90°$；$E_{\mathrm{b}} > U'_{\mathrm{b}}$ 时，$\theta > 90°$。

当 $\omega t = 0$ 时，i_{c} 达到最大值 $I_{\mathrm{c\,max}}$，即有

$$i_{\mathrm{c}} = I_{\mathrm{c\,max}} = g_{\mathrm{m}}(E_{\mathrm{b}} + U_{\mathrm{bm}} - U'_{\mathrm{b}}) = g_{\mathrm{m}}U_{\mathrm{bm}}(1-\cos\theta) \tag{3.20}$$

由式（3.19）可得

$$U'_{\mathrm{b}} - E_{\mathrm{b}} = U_{\mathrm{bm}}\cos\theta \tag{3.21}$$

由式（3.20）可得

$$g_{\mathrm{m}}U_{\mathrm{bm}} = \frac{I_{\mathrm{c\,max}}}{1-\cos\theta} \tag{3.22}$$

此时，可得集电极余弦脉冲电流的解析表示式为

$$\begin{aligned}i_{\mathrm{c}} &= g_{\mathrm{m}}(U_{\mathrm{bm}}\cos\omega t + E_{\mathrm{b}} - U'_{\mathrm{b}}) \\ &= g_{\mathrm{m}}(U_{\mathrm{bm}}\cos\omega t + U_{\mathrm{bm}}\cos\theta) \\ &= g_{\mathrm{m}}U_{\mathrm{bm}}(\cos\omega t + \cos\theta) \\ &= I_{\mathrm{c\,max}}\frac{\cos\omega t - \cos\theta}{1-\cos\theta}\quad(-\theta \leqslant \omega t \leqslant \theta)\end{aligned} \tag{3.23}$$

根据傅里叶级数展开公式，i_{c} 中的直流分量为

$$\begin{aligned}I_{\mathrm{c0}} &= \frac{1}{2\pi}\int_{-\pi}^{\pi} i_{\mathrm{c}}\,\mathrm{d}\omega t \\ &= \frac{1}{2\pi}\int_{-\pi}^{\pi} I_{\mathrm{cmax}}\frac{\cos\omega t - \cos\theta}{1-\cos\theta}\,\mathrm{d}\omega t \\ &= I_{\mathrm{cmax}}\frac{\sin\theta - \theta\cos\theta}{\pi(1-\cos\theta)} \\ &= I_{\mathrm{cmax}}\cdot\alpha(\theta)\end{aligned} \tag{3.24}$$

基波分量的幅值为

$$\begin{aligned}I_{\mathrm{c1m}} &= \frac{1}{\pi}\int_{-\theta}^{\theta} i_{\mathrm{c}}\cos\omega t\,\mathrm{d}\omega t = I_{\mathrm{c\,max}}\frac{2\theta - \sin 2\theta}{\pi(1-\cos\theta)} \\ &= I_{\mathrm{c\,max}}\cdot\alpha_1(\theta)\end{aligned} \tag{3.25}$$

n 次谐波分量的幅值为

$$\begin{aligned}I_{\mathrm{cnm}} &= \frac{1}{\pi}\int_{-\theta}^{\theta} i_{\mathrm{c}}\cos n\omega t\,\mathrm{d}\omega t = I_{\mathrm{c\,max}}\cdot\frac{2}{\pi}\cdot\frac{\sin n\theta\cos\theta - n\cos\theta\sin\theta}{n(n^2-1)(1-\cos\theta)}\qquad n = 2,\ 3,\ \cdots \\ &= I_{\mathrm{c\,max}}\cdot\alpha_n(\theta)\end{aligned} \tag{3.26}$$

其中，$\alpha_0(\theta)$ 称为直流分量分解系数，$\alpha_1(\theta)$ 称为基波分解系数，$\alpha_n(\theta)$ 称为 n 次谐波分量分解系数。为了使用方便，将几个常用分解系数与 θ 的关系绘制在图 3.6 中。

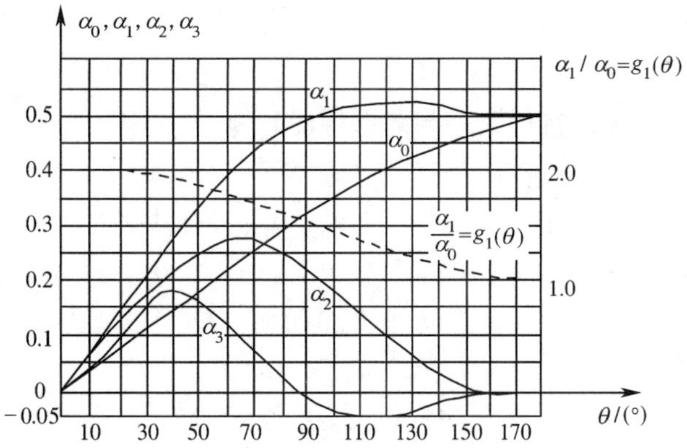

图 3.6　余弦脉冲分解系数与 θ 的关系曲线

总结：

（1）晶体管的内部特性（理想静态特性）可表示为

$$i_c = \begin{cases} g_m(u_{be} - U_b') & u_{be} \geqslant U_b' \quad \text{放大区} \\ 0 & u_{be} < U_b' \quad \text{截止区} \end{cases}$$

（2）晶体管的外部特性可表示为：

$$\left.\begin{aligned} u_{be} &= E_b + U_{bm}\cos\omega t \\ u_{ce} &= E_c - U_{cm}\cos\omega t \end{aligned}\right\}$$

（3）导通角 θ 的取值与晶体管截止电压 U_b'，基极偏置电压 E_b 和激励电压幅值 U_{bm} 有关，即 $\cos\theta = \dfrac{U_b' - E_b}{U_{bm}}$。

（4）i_c 中的直流分量为 $I_{c0} = I_{c\max} \cdot \alpha_0(\theta)$，基波分量的幅值可表示为 $I_{c1m} = I_{cmax} \cdot \alpha_1(\theta)$，$n$ 次谐波分量的幅值为 $I_{cnm} = I_{cmax} \cdot \alpha_n(\theta)$。

3.3.2　图解分析法——动态特性曲线

为讨论调谐放大器不同工作状态对电压、电流、功率和效率的影响，需要对调谐功率放大器的动态特性进行分析。动态特性曲线是在晶体管的特性曲线上画出的调谐功率放大器瞬时工作点的轨迹。

思考：调谐功率放大器瞬时工作点的轨迹与小信号电压放大器瞬时工作点的轨迹有什么区别？

小信号电压放大器的负载是纯电阻，晶体管仅仅工作在放大区，因此可近似等效为一个线性元件。小信号电压放大器瞬时工作点的轨迹就是负载线，是一条直线。调谐功率放大器工作在非线性区，各个区域的特性曲线方程不同，因此各个区域工作点的移动规律也不同，所以称其为动态特性曲线。

思考：调谐功率放大器的动态特性曲线如何表示？动态电阻与动态特性曲线及集电极负载电阻有什么关系？

调谐功率放大器的动态特性是晶体管内部特性和外部特性结合起来的特性（即实际放大器的工作特性）。晶体管内部特性是在无载情况下，晶体管的输出特性和转移特性（图 3.5）；

晶体管的外部特性是在有载情况下，晶体管输入、输出电压（u_{be},u_{ce}）同时变化时，$i_c \sim u_{be}$、$i_c \sim u_{ce}$的特性。

由上节知，晶体管的内部特性（理想静态特性）为

$$i_c = \begin{cases} g_m(u_{be} - U_b') & u_{be} \geqslant U_b' \quad 放大区 \\ 0 & u_{be} < U_b' \quad 截止区 \end{cases} \tag{3.27}$$

晶体管的外部特性可表示为

$$\left.\begin{aligned} u_{be} &= E_b + U_{bm}\cos\omega t \\ u_{ce} &= E_c - U_{cm}\cos\omega t \end{aligned}\right\} \tag{3.28}$$

将u_{be}代入式（3.27）得放大区集电极电流i_c的表示式为

$$i_c = g_m(E_b + U_{bm}\cos\omega t - U_b') \tag{3.29}$$

又根据式（3.28）有

$$\cos\omega t = \frac{E_c - u_{ce}}{U_{cm}} \tag{3.30}$$

将式（3.30）代入式（3.29）可得

$$i_c = g_m\left(E_b - U_b' + U_{bm}\cdot\frac{E_c - u_{ce}}{U_{cm}}\right) \tag{3.31}$$

由式（3.31）可知，在回路参数、偏置、激励、电源电压确定后，i_c与u_{ce}是直线关系，两点决定一条直线，因此只要在输出特性上求出谐振功率放大器的两个瞬时工作点，它们的连线就是晶体管放大区的动态特性曲线。只需找出两个特殊点就可把动态特性曲线绘出，如静态工作点B和起始导通点A。

对于静态工作点B，其特征是$u_{ce} = E_c$，代入式（3.31）得

$$i_c = g_m(E_b - U_b') \tag{3.32}$$

由于$E_b < U_b'$，所以i_c为负值，B点的坐标（图3.7）为$(E_c, g_mE_b - g_mU_b')$。B点位于横坐标的下方，即对应于静态工作点的电流为负，这实际上是不可能的，它说明B点是一个假想点，反映了丙类放大器处于截止状态，集电极无电流。

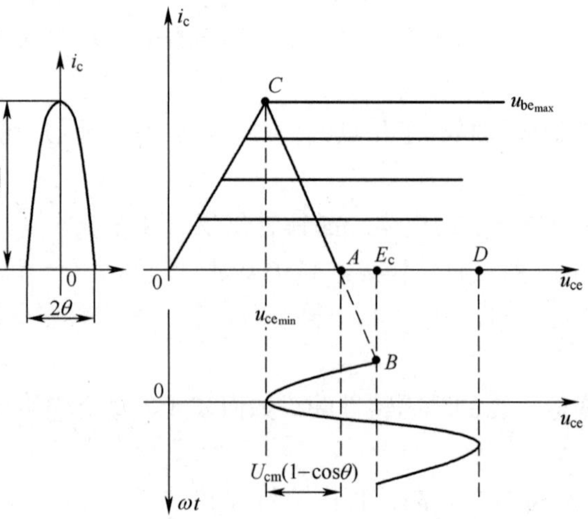

图3.7 调谐功率放大器的动特性曲线

对于起始导通点 A，其特征是 $i_{\mathrm{c}}=0$，代入式（3.31）得

$$0=g_{\mathrm{m}}\left(E_{\mathrm{b}}-U_{\mathrm{b}}'+U_{\mathrm{bm}}\cdot\frac{E_{\mathrm{c}}-u_{\mathrm{ce}}}{U_{\mathrm{cm}}}\right) \tag{3.33}$$

解方程得

$$u_{\mathrm{ce}}=E_{\mathrm{c}}-U_{\mathrm{cm}}\cdot\frac{U_{\mathrm{b}}'-E_{\mathrm{b}}}{U_{\mathrm{bm}}}=E_{\mathrm{c}}-U_{\mathrm{cm}}\cdot\cos\theta \tag{3.34}$$

式中，$\cos\theta=\dfrac{U_{\mathrm{b}}'-E_{\mathrm{b}}}{U_{\mathrm{bm}}}$。

此时，$\omega t=\theta$，$i_{\mathrm{c}}=0$，晶体管刚好处于截止到导通的转折点，A 点的坐标为 $(E_{\mathrm{c}}-U_{\mathrm{cm}}\cdot\cos\theta,0)$。

连接 B 点和 A 点的直线并向上延长与 $u_{\mathrm{bemax}}(u_{\mathrm{bemax}}=E_{\mathrm{b}}+U_{\mathrm{bm}})$ 相交于 C 点，此时 $\omega t=0$，根据式（3.28），则有

$$\left.\begin{aligned}u_{\mathrm{be}}&=u_{\mathrm{bemax}}=E_{\mathrm{b}}+U_{\mathrm{bm}}\\u_{\mathrm{ce}}&=u_{\mathrm{cemin}}=E_{\mathrm{c}}-U_{\mathrm{cm}}\end{aligned}\right\} \tag{3.35}$$

直线段 AC 段就是晶体管处于放大区的动态特性曲线，图中 AD 段是晶体管处于截止状态的动态特性曲线，此时 $i_{\mathrm{c}}=0$。当放大器工作在临界状态时，C 点刚好在饱和线与动态特性曲线的交点；当放大器工作在过压状态时，C 点沿着饱和线 CO 下滑，此时，i_{c} 只受 u_{ce} 控制，而不再随 u_{be} 变化，所以进入过压区的动态特性曲线是与输出特性曲线临界饱和线重合的一段线。

由图 3.7 可知，放大器的动态特性曲线是一条负斜率线段 AC，类似于低频放大器的负载线，但是与它有着严格的区别。丙类放大器的动态特性曲线不仅是负载的函数，而且还是导通角的函数。动态特性曲线斜率的倒数即为调谐功率放大器的动态电阻 R_{c}'。可由图 3.7 直接求出，它是晶体管导通时集电极电压脉冲波形的高度 $U_{\mathrm{cm}}(1-\cos\theta)$ 与集电极余弦脉冲电流的高度 i_{cmax} 之比，表示为

$$\begin{aligned}R_{\mathrm{c}}'&=\frac{U_{\mathrm{cm}}-[E_{\mathrm{c}}-(E_{\mathrm{c}}-U_{\mathrm{cm}}\cos\theta)]}{i_{\mathrm{cmax}}}=\frac{U_{\mathrm{cm}}(1-\cos\theta)}{i_{\mathrm{cmax}}}\\&=\frac{i_{\mathrm{c1m}}R_{\mathrm{c}}(1-\cos\theta)}{i_{\mathrm{cmax}}}=\alpha_1(\theta)(1-\cos\theta)R_{\mathrm{c}}\end{aligned} \tag{3.36}$$

总结：

（1）调谐功率放大器的动态特性是晶体管内部特性和外部特性结合起来的特性，并有 $i_{\mathrm{c}}=g_{\mathrm{m}}\left(E_{\mathrm{b}}-U_{\mathrm{b}}'+U_{\mathrm{bm}}\cdot\dfrac{E_{\mathrm{c}}-u_{\mathrm{ce}}}{U_{\mathrm{cm}}}\right)$，在回路参数、偏置电压、激励电压、电源电压确定后，i_{c} 与 u_{ce} 是直线关系，动态特性曲线是一条直线。

（2）动态电阻 R_{c}' 是动态特性曲线斜率的倒数，并且有 $R_{\mathrm{c}}'=\alpha_1(\theta)(1-\cos\theta)R_{\mathrm{c}}$，即 θ 一定时，集电极等效负载 R_{c} 的变化与动态电阻 R_{c}' 的变化成正比。

3.3.3　调谐功率放大器的工作状态

思考：调谐功率放大器有几种工作状态？如何判别工作状态？

1. 调谐功率放大器的3种工作状态

根据调谐功率放大器在工作时是否进入饱和区，可将放大器分为欠压、过压和临界 3 种工作状态。

（1）欠压：若整个周期内，晶体管工作不进入饱和区，也即在任何时刻都工作在放大状态，称放大器工作在欠压状态。

（2）临界：若晶体管工作时刚刚进入饱和区的边缘，称放大器工作在临界状态。

（3）过压：若晶体管工作时有部分时间进入饱和区，则放大器工作在过压状态。

2. 工作状态的判别方法

由图 3.7 及$u_{ce}=E_c-U_{cm}\cos\omega t$可知，晶体管集电极电压$u_{ce}$在$u_{ce}=E_c\pm U_{cm}$之间变化，当$u_{ce}$很低时，晶体管工作就进入饱和区（晶体管的饱和压降为U_{ces}）。所以根据u_{cemin}的大小，就可判断放大器处于什么工作状态。当$u_{cemin}>U_{ces}$时，晶体管处于欠压工作状态；当$u_{cemin}=U_{ces}$时，晶体管处于临界工作状态；当$u_{cemin}<U_{ces}$时，晶体管处于过压工作状态。

3.3.4 R_c、E_c、E_b、U_{bm}的变化对放大器工作状态的影响

由上文可知，放大器的工作状态可根据u_{cemin}的大小进行判别，而$u_{cemin}=E_c-U_{cm}=E_c-i_{c1m}R_c=E_c-\alpha_1(\theta)i_{cmax}R_c$，$\cos\theta=\dfrac{U_b'-E_b}{U_{bm}}$，即$u_{cemin}$与$E_c$、$R_c$和$\theta$有关，而$\theta$又与$E_b$和$U_{bm}$有关，归纳起来就是调谐功率放大器的工作状态由集电极电源电压E_c、基极偏置电压E_b、激励电压幅值U_{bm}及集电极等效负载电阻R_c 4 个参数决定，缺一不可，任何一个量的变化都会引起调谐功率放大器工作状态的变化。

1. R_c变化对放大器工作状态的影响——调谐功率放大器的负载特性

（1）负载特性。当调谐功率放大器的电源电压E_c、偏置电压E_b和激励电压幅值U_{bm}一定后，放大器的集电极电流、槽路电压、输出功率、效率随晶体管等效负载电阻R_c的变化特性被称作调谐功率放大器的负载特性。

图 3.8 表示在 3 种不同负载电阻R_c的情况下，作出的 3 条不同动态特性曲线BC、BC'、BFC''。其中BC对应欠压工作状态，BC'对应临界工作状态，BFC''对应过压工作状态。由前面动态特性曲线的分析可知，从BC到BC'到BFC''，R_c增大。

当BC对应R_c较小的情况，此时$U_{cm}=i_{c1m}R_c$也比较小，C点处在输出特性曲线的放大区，调谐功率放大器处于欠压工作状态，集电极电流为余弦脉冲，相应的动态特性曲线、集电极电流i_c波形如图 3.8 中①所示。

当R_c增大时，U_{cm}增大，$u_{cemin}=E_c-U_{cm}$减小，C点沿u_{bemax}的输出特性曲线左移。若放大器仍处于欠压工作状态，集电极电流波形不变。R_c继续增大，若C点正好移到输出特性曲线的临界点C'，放大器处于临界工作状态，集电极电流仍为余弦脉冲，相应的动态特性曲线、集电极电流i_c波形如图 3.8 中②所示。

继续增大R_c，则U_{cm}继续增加，$u_{cemin}=E_c-U_{cm}$继续减小，C点将移至u_{bemax}输出特性曲线的饱和区（图中以C''表示），这时调谐功率放大器处于过压工作状态。过压工作状态下的动态特性曲线可这样得出：将u_{bemax}输出特性曲线放大区扩展至纵轴，u_{cemin}与u_{bemax}交于E点，连接EB与临界饱和线交于F点，与横轴交于A''点，FA''是放大区的动态特性曲线，$C''F$则

为瞬时工作点落入饱和区后的动态特性曲线。工作点进入截止区后，动态特性曲线应以横轴代替。集电极电流 i_c 的波形为一凹陷脉冲，动特性曲线及 i_c 的波形如图 3.8 中③所示。

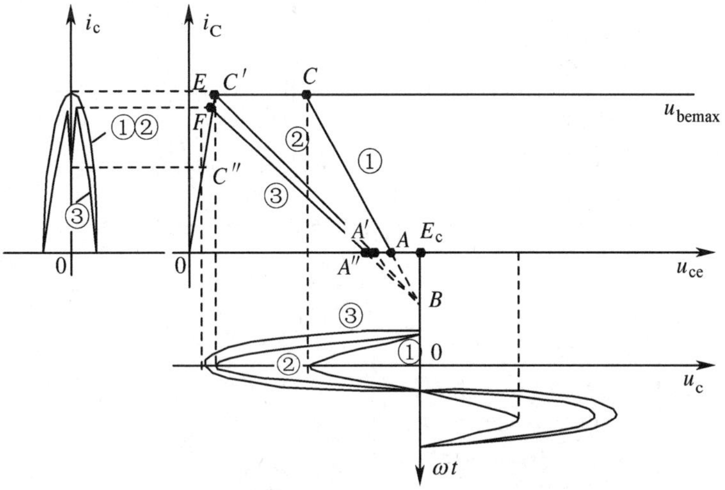

图 3.8　不同负载电阻时的动态特性

从上面动态特性曲线随 R_c 变化的分析可以看出，R_c 由小到大，工作状态由欠压变到临界再进入过压。相应的集电极电流由余弦脉冲变成凹陷脉冲，如图 3.9（a）所示。

（2）不同工作状态下，电流、电压、功率、效率与 R_c 的关系。

欠压工作状态：R_c 增大，电流 i_c 为余弦脉冲，i_{cmax}，θ 略有减小，相应地 I_{c0}、i_{c1m} 也随 R_c 增大而略有减小（基本不变，可看作恒流源）；电压 $U_{cm}=i_{c1m}R_c$ 几乎随 R_c 成正比增加；集电极输出功率 $P_o=\dfrac{1}{2}i_{c1m}^2R_c$ 随 R_c 增大而线性增加；由于电源电压 E_c 不变，直流功率 $P_E=I_{c0}E_c$ 的变化规律与 I_{c0} 一样，P_E 随 R_c 增大而略有减小（基本不变），集电极效率 $\eta_c=P_o/P_E$ 随增大而提高。

过压工作状态：R_c 继续增大，电流 i_c 的波形下凹，i_{cmax} 迅速减小，相应地 I_{c0}、i_{c1m} 也随 R_c 增大而迅速减小；电压 $U_{cm}=i_{c1m}R_c$ 随 R_c 的增大略有增加（基本不变，可看作恒压源）；集电极输出功率 $P_o=\dfrac{1}{2}\dfrac{U_{cm}^2}{R_c}$ 随 R_c 增大而减小；由于 P_E 和 P_o 均随 R_c 的增大而下降，但刚过临界点时，P_o 下降得比 P_E 下降慢，所以集电极效率 $\eta_c=P_o/P_E$ 会继续增加，随着 R_c 继续增大，P_o 下降得比 P_E 快，所以 η_c 也相应地有所下降。因此，在弱过压区 η_c 的值最大。

临界工作状态：电流 i_c 仍为余弦脉冲，集电极输出功率 P_o 最大，η_c 比较高，集电极损耗功率 $P_c=P_E-P_o$ 随负载 R_c 的变化如图 3.9（c）所示。3 种工作状态的比较见表 3.1。

总结：

（1）欠压状态，电流波形为余弦脉冲，放大器可视为恒流源，当 $R_c=0$，即负载短路时，集电极损耗功率 P_c 达到最大值，这时可能烧坏晶体管，在基极调幅电路中采用欠压工作状态。

（2）临界状态，放大器输入功率最大，效率也比较高，是最佳状态，一般发射机的末级功率放大器多采用临界工作状态。

（3）过压状态，电流波形下凹为马鞍状，放大器可视为恒压源，弱过压时集电极效率达到最大，一般在功率放大器的激励级和集电极调幅电路中采用该弱过压状态。

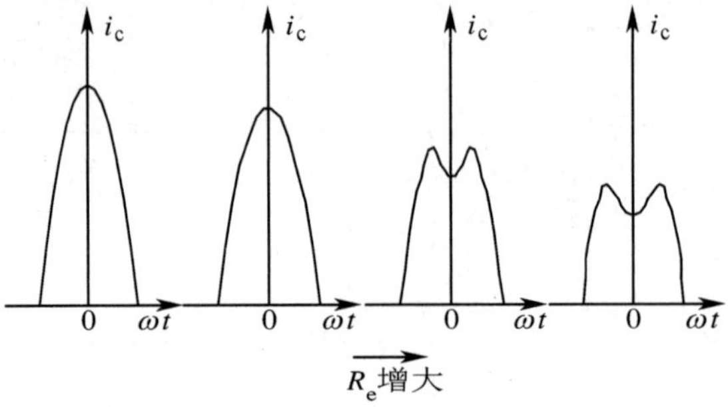

（a）电流波形

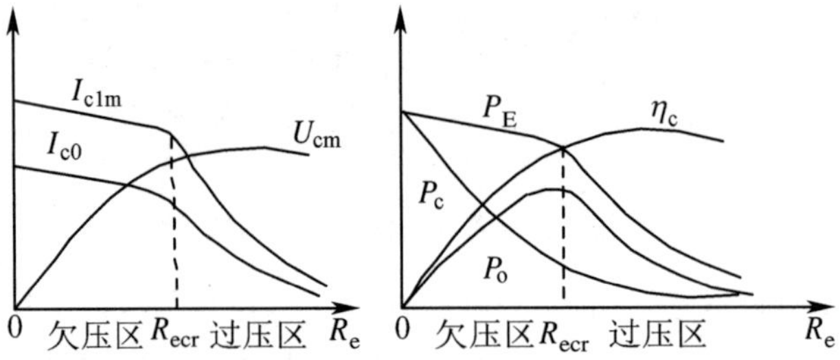

（b）负载特性曲线 （c）负载特性曲线

图 3.9 电流波形随 R_c 的变化及其负载特性

表 3.1 三种工作状态的比较

	欠压	临界	过压
1	$R_e<R_{ecr}$	$R_e=R_{ecr}$	$R_e>R_{ecr}$
2	i_c 为余弦脉冲	i_c 为余弦脉冲	i_c 为凹陷脉冲
3	恒流区		恒压区
4	P_o 小，η_c 低，P_c 大	P_o 最大，η_c 较高	P_o 小，P_c 小，η_c 高
5	若 $R_e=0$，$P_c=P_E$ 会烧坏功放管		若 R_e 过大，致使功放管进入深饱和状态，前级负载过重而引起过载烧毁
6	中间级、缓冲级或振荡器选此状态工作	末级或末前级功率放大器常选此状态工作	要求恒压输出的放大器可选此状态工作

2. E_c 变化对放大器工作状态的影响——集电极调制特性

集电极调制特性是指当偏置电压 E_b、激励电压幅值 U_{bm} 和负载电阻 R_c 一定时，放大器的集电极电流、槽路电压、输出功率、效率随集电极电源电压 E_c 的变化特性。

由于 $u_{be\max}=E_b+U_{bm}$ 不变，所以当 E_c 由小增大时，$u_{ce\min}=E_c-U_{cm}$ 也将由小增大，因而由 $u_{ce\min}$、$u_{be\max}$ 决定的瞬时工作点将沿 $u_{be\max}$ 这条输出特性曲线由饱和区向放大区移动，工作状态由过压变到临界再进入欠压，i_c 的波形由 $i_{c\max}$ 较小的凹陷脉冲变为 $i_{c\max}$ 较大的尖顶脉冲，如图 3.10（a）所示。

根据图 3.10（a）可定性画出 I_{c0}、i_{c1m}、U_{cm} 与 E_c 的关系曲线，如图 3.10（b）所示。根据图 3.10（b）可定性画出 P_E、P_o、η_c 与 E_c 的关系曲线，如图 3.10（c）所示。

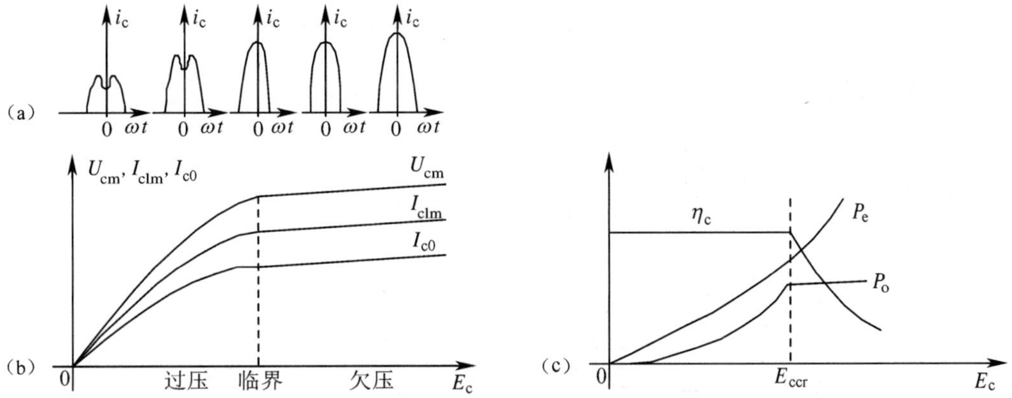

图 3.10　集电极调制特性曲线

（a）电流波形；（b）（c）集电极调幅特性曲线

由集电极调制特性可知，在过压区域，输出电压幅度 U_{cm} 与 E_c 成正比。利用这一特点，可以通过控制 E_c 的变化，实现电压、电流、功率的相应变化，这种功能称为集电极调幅，所以称这组特性曲线为集电极调制特性曲线。

由于 E_b、U_{bm} 不变，所以 $u_{bemax}=E_b+U_{bm}$ 不变。由于 R_c 不变，即动态负载曲线的斜率不变，所以 E_c 的变化只会引起动态负载曲线左右平移。假设放大器开始工作在临界状态，若增大 E_c，则动态负载曲线向右平移，与 u_{bemax} 的交点进入放大区，放大器进入欠压工作状态；若减小 E_c，则动态负载曲线向左平移，与 u_{bemax} 的交点进入饱和区，放大器进入过压工作状态。即随着 E_c 的增大，放大器将由过压状态进入临界状态再进入欠压状态。

3. E_b 变化对放大器工作状态的影响——基极调制特性

基极调制特性是指当集电极电源电压 E_c、激励电压幅值 U_{bm} 和负载电阻 R_c 一定时，放大器的集电极电流、槽路电压、输出功率、效率随基极偏置电压 E_b 的变化特性。

当 E_b 增大时，$-E_b$ 减小，由于 $\cos\theta=\dfrac{U_b'-E_b}{U_{bm}}$，则 $\cos\theta$ 减小，θ 增大，又 $I_{cmax}=g_mU_{bm}(1-\cos\theta)$，则 I_{cmax} 增大，从而引起 I_{c0}，i_{c1m}、U_{cm} 增大。由于 E_c 不变，$u_{cemin}=E_c-U_{cm}$ 则会减小，这样势必导致工作状态会由欠压状态变到临界状态再进入过压状态。进入过压状态后，集电极电流脉冲高度虽仍有增加，但凹陷也不断加深，i_c 的波形如图 3.11（a）所示。

根据图 3.11（a），可定性画出 I_{c0}、i_{c1m}、U_{cm} 随 E_b 的变化曲线，如图 3.11（b）所示。再根据图 3.11（b），可画出 P_E、P_o、η_c 随 E_b 变化的曲线，如图 3.11（c）所示。由图 3.11（b）可见，在欠压区域，集电极电压的幅度 U_{cm} 与 E_b 基本成正比，利用这一特点，可通过控制 E_b 实现对电流、电压、功率的控制，这种工作方式称为基极调制，所以称这组特性曲线为基极调制特性曲线。

由于 R_c 不变，即动态负载曲线的斜率不变，E_c 不变可认为动态负载曲线不变。E_b 的变化将引起$u_{bemax}=E_b+U_{bm}$上下平移。假设放大器开始工作在临界状态，若增大E_b，则u_{bemax}向上平移，动态负载曲线与u_{bemax}的交点将落入饱和区，放大器进入过压工作状态；若减小E_b，则u_{bemax}向下平移，动态负载曲线与u_{bemax}的交点将落入放大区，放大器进入欠压工作状态。即随着E_b的增大，放大器将由欠压状态进入临界状态再进入过压状态。

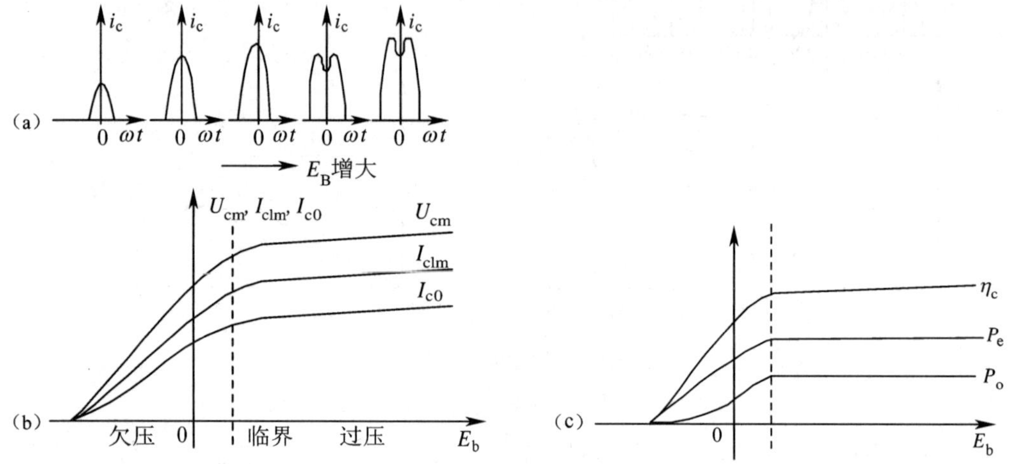

图 3.11 基极调制特性

4. U_{bm}变化对放大器工作状态的影响——振幅特性（放大特性）

振幅特性是指当集电极电源电压E_c、基极偏置电压E_b和负载电阻R_c一定时，放大器的集电极电流、槽路电压、输出功率、效率随激励电压幅值U_{bm}的变化特性。

U_{bm}变化对调谐功率放大器性能的影响与基极调制特性相似。i_c的波形及I_{c0}、i_{c1m}、U_{cm}、P_E、P_o、η_c随U_{bm}的变化曲线如图 3.12（a）、图 3.12（b）、图 3.12（c）所示。

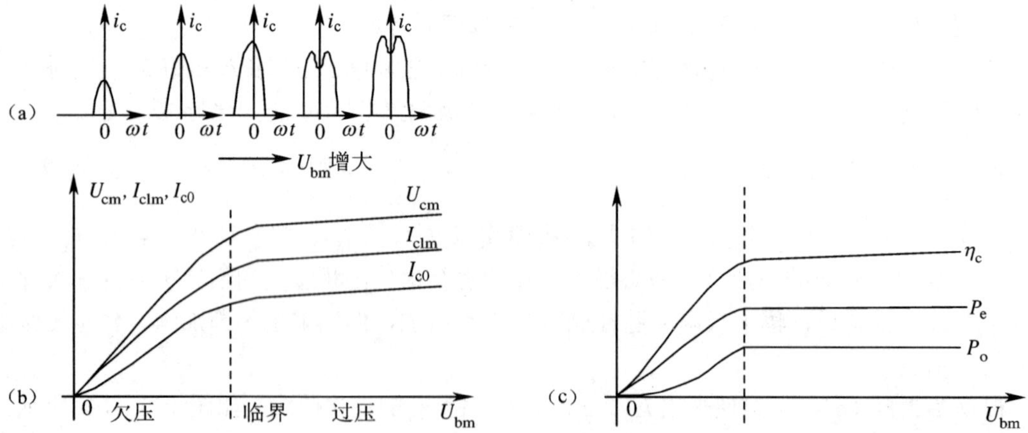

图 3.12 振幅特性（放大特性）

由图 3.12 可见，在欠压状态时，输出电压振幅与输入电压振幅基本成正比，即电压增益近似为常数。利用这一特点可将调谐功率放大器用作电压放大器，所以称这组曲线为放大特性曲线。

由于R_c不变，即动态负载曲线的斜率不变，E_c不变可认为动态负载曲线不变。U_{bm}的变化将引起$u_{bemax}=E_b+U_{bm}$上下平移。假设放大器开始工作在临界状态，若增大U_{bm}，则u_{bemax}向上平移，动态负载曲线与u_{bemax}的交点将落入饱和区，放大器进入过压工作状态；若减小U_{bm}，则u_{bemax}向下平移，动态负载曲线与u_{bemax}的交点将落入放大区，放大器进入欠压工作状态。即随着U_{bm}的增大，放大器将由欠压状态进入临界状态再进入过压状态。

例题 3-2　某高频调谐功率放大器工作于临界状态，输出功率P_o为 15W，且$E_c=24V$，导通角$\theta=70°$。功放管参数为$S_c=1.5A/V$，$I_{cm}=5A$。试问：

（1）直流电源提供的功率P_E，功放管的集电极损耗功率P_c及效率η_c，临界负载电阻R_{Lcr}为多少？［注：$\alpha_0(70°)=0.253$，$\alpha_1(70°)=0.436$］

（2）若输入信号振幅增加一倍，功放管的工作状态如何改变？此时的输出功率大约为多少？

（3）若负载电阻增加一倍，功放管的工作状态如何改变？

（4）若回路失谐，会有何危险？该用什么指示调谐？

题意分析：在已知输出功率P_o、电源电压E_c、临界饱和线斜率S_c及集电极电流导通角θ的情况下，只要计算出电压利用系数ξ，其他参数就很容易求出；输入信号振幅变化、负载电阻变化，将影响功放管的工作状态，利用功放管的振幅特性及负载特性判断即可；由于谐振时功放管工作在临界状态，此时利用输出电压指示调谐最合适。

解：（1）根据临界状态电压利用系数计算公式有

$$\xi=\frac{1}{2}+\sqrt{\frac{1}{4}-\frac{2P_o}{S_cE_c^2\alpha_1(\theta)}}=\frac{1}{2}+\sqrt{\frac{1}{4}-\frac{2\times15}{1.5\times24^2\times0.436}}\approx0.91$$

所以

$$U_{cm}=E_c\xi=24\times0.91\approx21.84V$$

$$I_{c1m}=\frac{2P_o}{U_{cm}}=\frac{2\times15}{21.84}\approx1.37A$$

$$I_{c0}=\frac{I_{c1m}}{\alpha_1(\theta)}\alpha_0(\theta)=\frac{1.37}{0.436}\times0.253\approx0.79A$$

$$P_E=E_cI_{c0}=24\times0.79=18.96W$$

$$P_c=P_E-P_o=18.96-15=3.96W$$

$$\eta_c=\frac{P_o}{P_E}=\frac{15}{18.96}\approx79\%$$

$$R_{Lcr}=\frac{U_{cm}}{I_{c1m}}=\frac{21.84}{1.37}\approx15.94\Omega$$

（2）若输入信号振幅增加一倍，根据功放管的振幅特性，放大器将工作在过压状态，此时输出功率基本不变。

（3）若负载电阻增加一倍，根据功放管的负载特性，放大器将工作在过压状态，此时输出功率约为原来一半。

（4）若回路失谐，功率放大器将工作在欠压状态，此时集电极损耗将增加，有可能烧坏晶体管。用U_c指示调谐最明显，U_c最大时即发生谐振。

讨论：将输出功率的表达式写成与I_{cmax}及电压利用系数的关系式，根据在临界状态时动态特性曲线的最高点正好在临界饱和线上的特点，画出临界状态的动态特性曲线，利用曲线写出I_{cmax}与U_{cemin}之间的关系，从而得到I_{cmax}与电压利用系数的关系，将该关系式代入到功率的表达式中，可以解出电压利用系数，由此可以计算出集电极回路其余的参数。若输入信号振幅增加，根据振幅特性，功放管将工作在过压状态，此时电压、电流几乎不变，故输出功率不变；若输入信号振幅减小，则电压、电流近似线性减小，输出功率按平方关系减小。负载电阻增加，根据负载特性知，电压几乎不变，输出功率与负载成反比规律下降；如果负载电阻减小，功放将工作在欠压状态，电流几乎不变，输出功率与负载成反比规律下降。谐振时功放将工作在临界状态，失谐后由于负载阻抗的模值下降，功放将工作在欠压状态，在变化的过程中根据负载特性可知电流几乎不变，而电压将减小，故只能用电压指示调谐，若输出最大，则说明发生了谐振。

3.4 调谐功率放大器的实用电路

前文对调谐功率放大器的原理电路进行了分析，但实际的调谐功率放大器电路往往要比原理电路复杂得多，它通常包括直流馈电（包括集电极馈电和基极馈电）和匹配网络（包括输入匹配网络和输出匹配网络）两个部分，现分别介绍如下。

3.4.1 直流馈电电路

1. 馈电原则

欲使调谐功率放大器正常工作，各电极必须接有相应的馈电电源。直流馈电必须遵循以下原则。

谐振功放的集电极馈电线路，应保证集电极电流i_c中的直流分量I_{c0}只流过集电极直流电源E_c（即对直流而言，E_c应直接加至晶体管c、e两端），以便直流电源提供的直流功率全部供给晶体管；还应保证谐振回路两端仅有基波分量压降（即对基波而言，回路应直接接到晶体c、e两端），以便把变换后的交流功率传送给回路负载；另外也应保证外电路对高次谐波分量i_{cn}呈现短路，以免产生附加损耗。对上述这些原则的电路示意说明如图3.13所示。

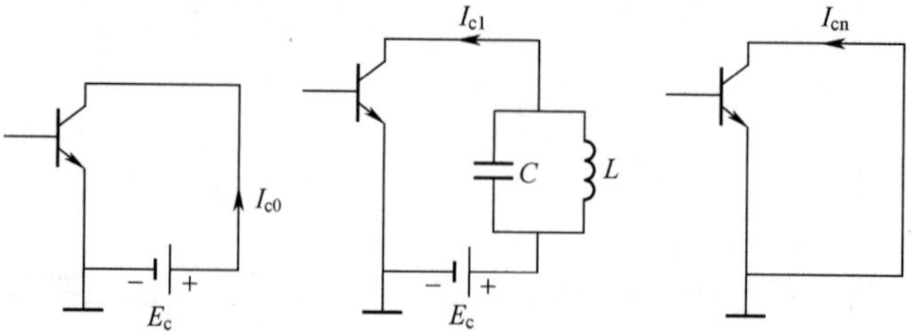

（a）直流通路　（b）基波通路　（c）高次谐波通路

图3.13 集电极馈电线路组成原则说明

谐振功放的基极馈电电路的组成原则与集电极馈电电路相仿。第一，基极电流中的直流分量I_{b0}只流过基极偏置电源（即E_b直接加到晶体管b、e两端）。第二，基极电流中的基波分量i_{b1}只流过输入端的激励信号源，以便使输入信号控制晶体管的工作，实现放大。这些原则的电路示意说明如图 3.14 所示。

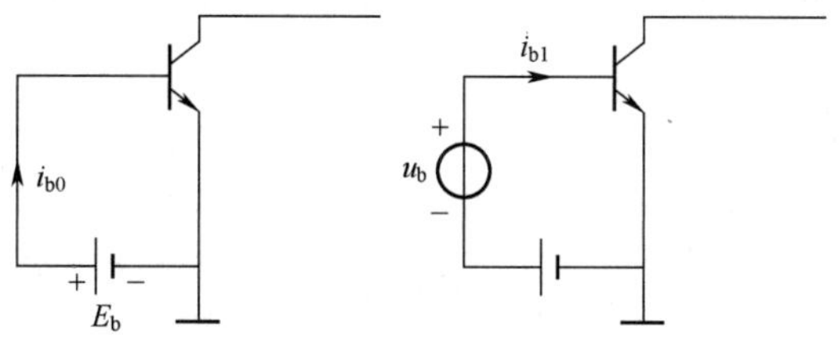

（a）直流通路　　（b）基波通路

图 3.14　基极馈电线路组成原则说明

2．集电极馈电电路

集电极馈电可分为两种形式，一种为串联馈电，另一种为并联馈电。

（1）串联馈电。集电极串联馈电是一种在电路形式上将直流电源E_c，集电极谐振回路负载和晶体管 c、e 两极串联起来的馈电方式，如图 3.15（a）所示。

（2）并联馈电。与串联馈电相对应，集电极并联馈电电路是指将直流电源E_c，集电极谐振回路负载和晶体管 c、e 两极并联起来的一种馈电方式，如图 3.15（b）所示。图中，C_{c2}为旁路电容，C_{c1}为隔直流电容，L_c为高频扼流圈。可以看出，由于L_c、C_{c1}、C_{c2}这些阻隔元件和旁路元件的存在，使得该电路同样符合集电极馈电电路的组成原则。

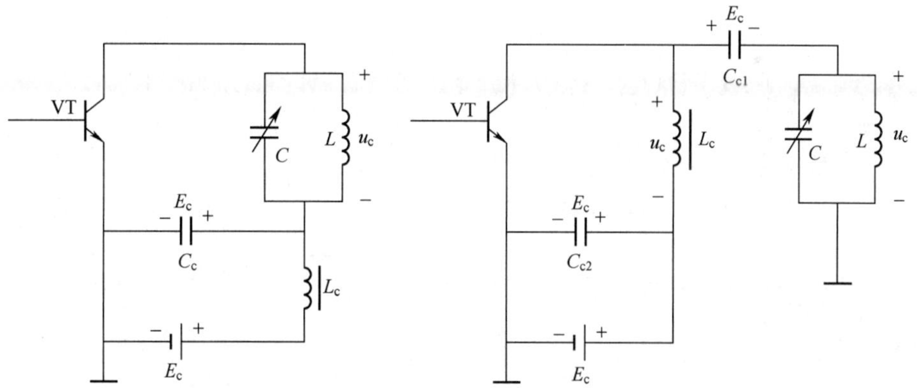

（a）串联馈电形式　　（b）并联馈电形式

图 3.15　集电极馈电线路

3．基极馈电电路

基极馈电电路原则上和集电极馈电电路相同，也有串联馈电与并联馈电之分。基极串联馈电是指将偏置电源E_b，激励信号源u_b及晶体管 b、e 两极串联起来的一种馈电方式，而并联起来的则称为并联馈电。

（1）串联馈电。基极串联馈电电路如图 3.16（a）所示。图中C_{b2}为滤波旁路电容。由图可见，E_b、u_b和晶体管 b、e 两极为串联连接，基极电流中的直流分量I_{b0}只流过偏置电源E_b，而基波分量i_{b1}只通过激励信号源u_b，符合馈电线路原则。

（2）并联馈电。基极并联馈电电路如图 3.16（b）所示。图中，L_b为高频扼流圈，C_{b1}、C_{b2}为耦合、旁路电容。由图可见，输入回路、E_b、晶体管输入端三者相并联；i_{b1}只通过激励信号源u_b；I_{b0}只通过偏置电源E_b。

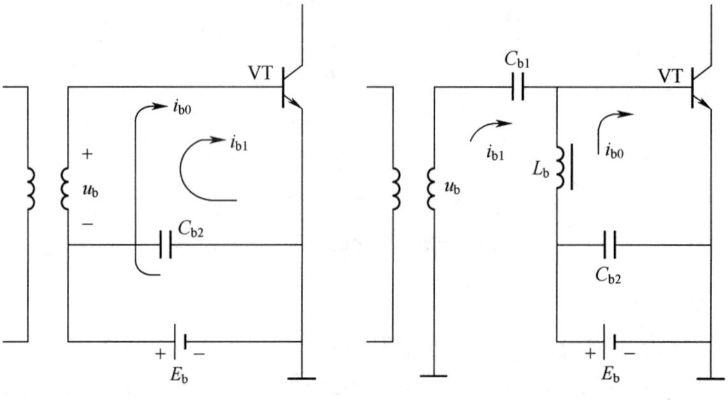

（a）串馈电路　　（b）并馈电路

图 3.16　基极馈电电路

（3）基极偏置电压E_b的获得。在丙类调谐功率放大器中，基极偏置电压E_b可为小的正偏置电压、负偏置电压及零偏置电压。正的E_b可用分压获得，如图 3.17（a）（b）所示。但应注意，分压电阻数值应适当选大些，以减小分压电路的功耗。

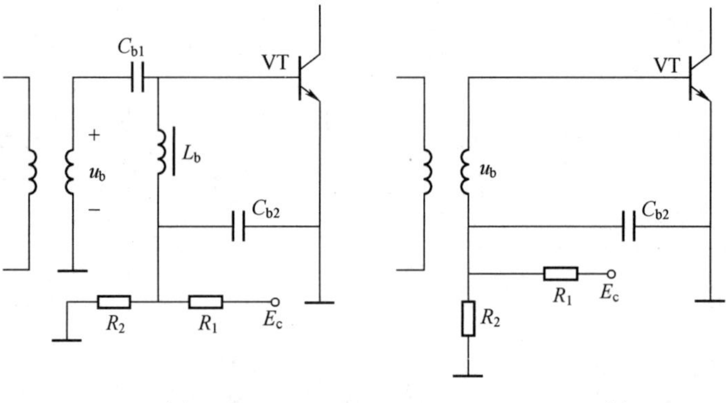

（a）　　（b）

图 3.17　分压偏置

在调谐功率放大器中，E_b一般采用负偏置电压。负偏置电压不给出能量，只消耗能量，所以可用自给偏置电路获得。自给偏置分为基极自给偏置及发射极自给偏置。基极自给偏置电路如图 3.18（a）（b）所示，其中图 3.18（b）为零偏压电路。基极直流成分I_{b0}通过电阻R_b形成的电压$I_{b0}R_b$对基极是一个反偏置电压，调整R_b可以改变偏置电压的大小。L_b为高频扼流圈，它的作用是将发射极偏压引向基极，同时为基极直流提供通路。

注意：基极偏置电压环节对I_{b0}有调节作用。当放大器由欠压状态转入过压状态时，基极电流上升，反偏置电压增大，相当于有效激励电压变小，从而自动地减轻其过压程度。这就使放大器输入阻抗的变化不致太激烈，对信号源有利。特别是当激励信号由振荡器直接供给时，对改善振荡器的稳定性有利。

故当调谐功率放大器设计在过压状态下工作时，采用基极偏置电压环节较好。

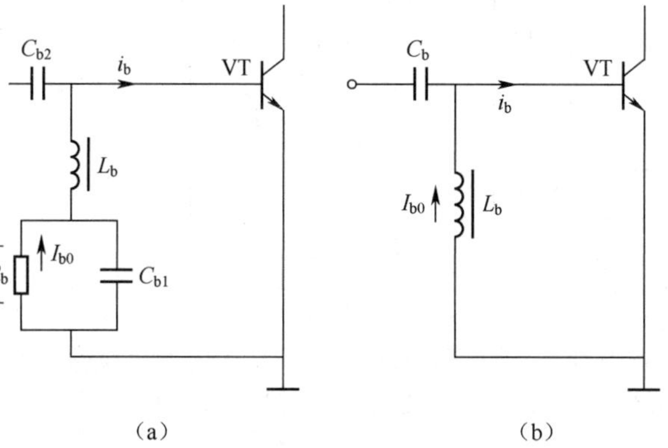

图 3.18　基极自给偏置电路

发射极电流自给偏置电路如图 3.19 所示。发射极电流的直流成分 I_{e0} 通过电阻 R_e 形成的电压 $I_{e0}R_e$，其极性对晶体管是一个反偏置电压，偏置电压的大小可通过调节 R_e 来改变。L_b 为高频扼流圈，它的作用是将发射极偏置电压引向基极，同时为基极直流提供通路。

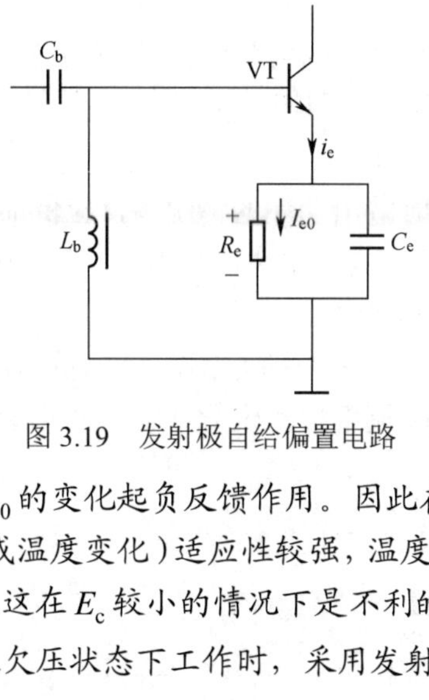

图 3.19　发射极自给偏置电路

注意：发射极偏压环节对 I_{e0} 的变化起负反馈作用。因此在欠压状态下对晶体管放大倍数的变化（如管子老化、更换管子或温度变化）适应性较强，温度稳定性好。但要消耗一定的 E_c，使晶体管的有效供电电压降低，这在 E_c 较小的情况下是不利的。

故当调谐功率放大器设计在欠压状态下工作时，采用发射极偏压环节较好。

3.4.2　输出匹配网络

高频调谐功率放大器中都要采用一定形式的回路，以使它的输出功率能有效地传输到负载（下级输入回路或者天线回路）。这种保证外负载与调谐功率放大器最佳工作要求相匹配的网络常称为匹配网络。如果调谐功率放大器的负载是下级放大器输入阻抗，应采用输入匹配网络或级间耦合网络；如果调谐功率放大器的负载是天线或其他终端负载，应采用输出匹配网络。对输入匹配网络与输出匹配网络的要求略有不同，但基本设计方法相同，这里主要讨论输出匹配网络。

输出匹配网络介于功放管和外接负载之间，如图 3.20 所示，对它的主要要求是如下。

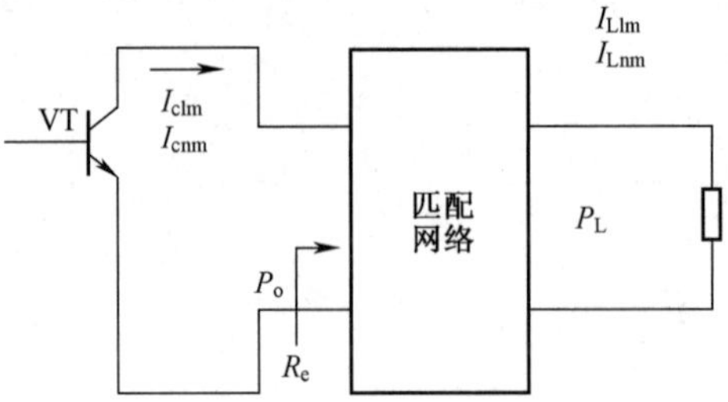

图 3.20　匹配网络

（1）匹配网络应有选频作用，充分滤除不需要的直流和谐波分量，以保证外接负载上仅输出高频基波功率。通常，滤波性能的好坏用滤波度 ϕ_n 表示，即

$$\phi_n = \frac{I_{cnm}/I_{c1m}}{I_{Lnm}/I_{L1m}} \tag{3.37}$$

式中，I_{c1m}、I_{cnm} 分别表示集电极电流脉冲中基波分量及 n 次谐波分量的幅度；I_{L1m}、I_{Lnm} 则表示外接负载中电流基波分量及 n 次谐波分量的幅度。ϕ_n 越大，滤波性能越好。

（2）匹配网络还应具有阻抗变换作用，即把实际负载 Z_L 的阻抗转变为纯阻性，且其数值应等于调谐功率放大器所要求的负载电阻值，以保证放大器工作在所设计的状态。若要求大功率、高效率输出，则应使放大器工作在临界状态，因而需将外接负载变换到临界负载电阻。

（3）匹配网络应能将功放管给出的信号功放高效率地传送到外接负载 R_L 上，即要求匹配网络的效率（称为回路效率 η_k）高。

（4）在有 n 个电子器件同时输出功率的情况下，应保证它们都能有效地传送功率给公共负载，同时又要尽可能地使这几个电子器件彼此隔离，互不影响。

1．并联谐振回路型输出匹配网络

并联谐振回路型输出匹配网络的一般形式如图 3.21 所示。可见，只要谐振回路的 Q 值足够大，它就具有很好的滤波作用；调整抽头位置或初、次级线圈的匝数比，即可完成阻抗变换。为便于理解，举例加以说明。

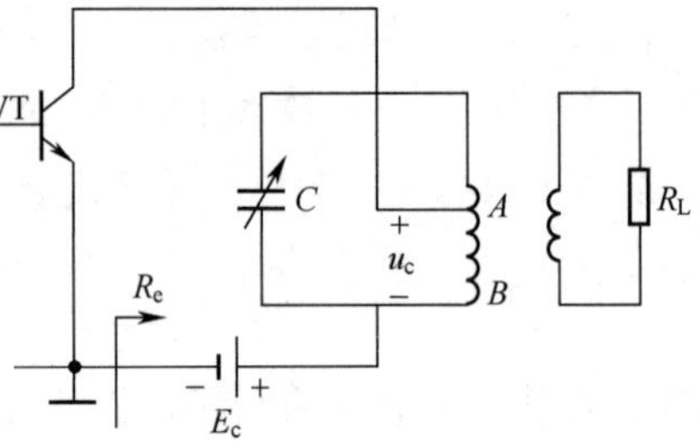

图 3.21　谐振回路型输出匹配电路

例题 3-3　谐振功放电路如图 3.22（a）所示。要求其工作状态如图 3.22（b）所示。已知 $R_L = 100\Omega$，$f_0 = 30\text{MHz}$，$B = 1.5\text{MHz}$，$C = 100\text{pF}$，$E_c = 12\text{V}$，$N_1 + N_2 = 60$。求：N_1、N_2、N_3。

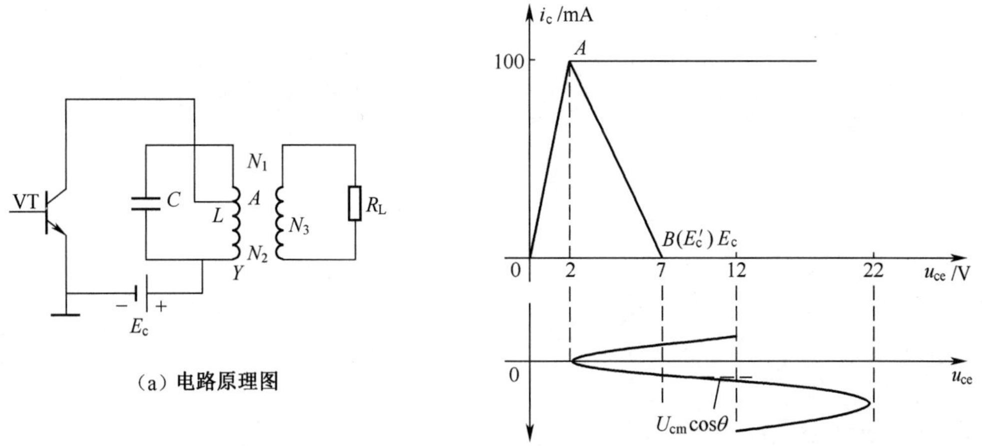

图 3.22　谐振功率放大器

解： 由动态特性可知，谐振功放工作在临界状态。变压器通过改变其线圈匝数比值实现阻抗变换。

由动态特性可知

$$U_{cm}=E_c-u_{ce\min}=12-2=10\text{V}$$

$$I_{c\max}=0.1\text{A}$$

$$\cos\theta=\frac{E_c-E_c'}{U_{cm}}=\frac{1}{2}，\quad \theta=60°$$

由于

$$U_{cm}=i_{c1m}\cdot R_c=I_{cmax}\cdot\alpha_1(\theta)\cdot R_c$$

所以

$$R_c=\frac{U_{cm}}{I_{cmax}\cdot\alpha_1(\theta)}$$

由图 3.6 可知 $\alpha_1(\theta)\approx 0.4$，因此

$$R_c=\frac{U_{cm}}{I_{cmax}\cdot\alpha_1(\theta)}\approx 250\Omega$$

可见，须将 $R_L=100\Omega$ 变换为 $R_c=250\Omega$，才能保证放大器在临界状态工作。与此同时，还应保证谐振回路的谐振频率 f_0 和带宽 B 符合要求。

由电路理论知

$$Q=\frac{f_0}{B}=\frac{30}{1.5}=20$$

特性阻抗 ρ 为

$$\rho=\frac{1}{\omega_0 C}=\frac{1}{2\pi\times 30\times 10^6\times 100\times 10^{-12}}\approx 50\Omega$$

因此，LC 回路两端的谐振阻抗 R_e' 为

$$R_e'=Q\cdot\rho=20\times 50=1000\Omega$$

而

$$R_e' = n^2 \cdot R_L = \left(\frac{N_1+N_2}{N_3}\right)^2 \cdot R_L = 1000\Omega$$

$$\left(\frac{N_1+N_2}{N_3}\right)^2 \cdot = \frac{1000}{R_L} = \frac{1000}{100} = 10$$

所以

$$N_3 = \frac{N_1+N_2}{\sqrt{10}} = \frac{60}{\sqrt{10}} \approx 19$$

$$R_e' = \frac{R_e}{p^2}, \quad p = \frac{N_2}{N_1+N_2}$$

$$\left(\frac{N_2}{N_1+N_2}\right)^2 = \frac{R_e'}{R_e} = \frac{1000}{250} = 4$$

$$N_1 = N_2 = 30$$

2．滤波器型匹配网络

用 LC 滤波器作匹配网络，有 L 型、Π 型、T 型等，各种匹配网络的阻抗变换特性，都是以串、并联阻抗转换为基础，下面对此作简单介绍。

（1）串、并联阻抗转换。若需将电阻、电抗串联电路（R_S、X_S 串联）与它们相并联的电路（R_P、X_P 并联）之间作恒等变换，如图 3.23 所示，则可根据端导纳相等的原则进行变换，即

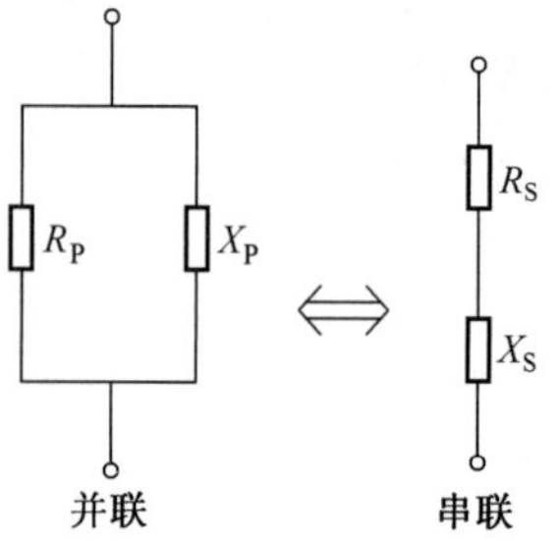

图 3.23 串并阻抗转换

$$\frac{1}{R_P} + \frac{1}{jX_P} = \frac{1}{R_S} + \frac{1}{jX_S} \tag{3.38}$$

就可得到所需的串、并联阻抗转换公式，即

$$R_P = R_S(1+Q_e^2) \tag{3.39}$$

$$X_P = X_e\left(1+\frac{1}{Q_e^2}\right) \tag{3.40}$$

式中，$Q_e = \frac{|X_S|}{R_S} = \frac{R_P}{|X_P|}$ 为品质因数，一般都大于 1。

由式（3.39）和式（3.40）可见，并联形式电阻 R_P 大于串联形式电阻 R_S；转换前后电抗性质不变，且电抗值相差很小。

（2）L 型匹配网络。若某一调谐功率放大器要求的临界电阻为 R_e，负载为天线，呈现纯电阻性，电阻为 r_A，且 $r_A < R_e$，应如何设计匹配网络？

首先，因为 $r_A < R_e$，故 r_A 应为串联型电阻，令一电抗与 r_A 相串联，则变为并联形式时，电阻可增大，若再进一步选取合适的 Q_e 值，使并联电阻 $R_P = R_e$，则天线电阻 r_A 就可变换为 R_e。但尚存有一电抗，只要另加一相反性质电抗与之并联，使之在信号频率上谐振，即可消除其影响。根据上述原则，就有如图 3.24（a）（b）所示两种 L 型匹配网络。

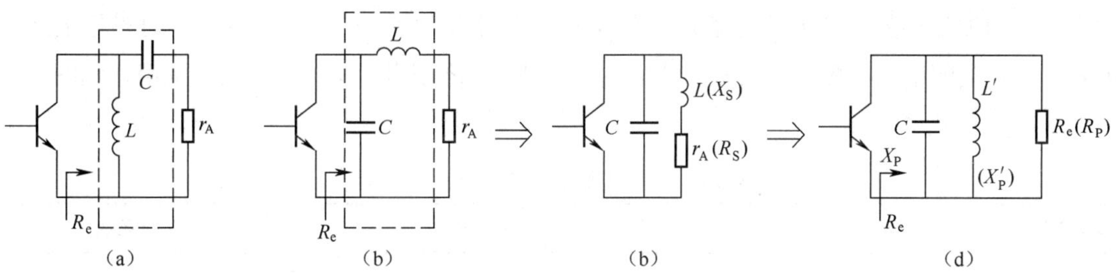

图 3.24　L 型匹配网络

进一步考察图 3.24（a）（b），显然图 3.24（a）为高通网络；而图 3.24（b）为低通网络，具有良好的滤波作用，应用更为广泛。图 3.24（c）（d）分别表示了图 3.24（b）L 型网络的串、并联阻抗等效变换。

思考：应如何设计 L 型匹配网络？

若给定功放管要求的 R_e，则由式（3.39）可得

$$Q_e=\sqrt{\frac{R_P}{R_S}-1}=\sqrt{\frac{R_e}{r_A}-1} \tag{3.41}$$

由式（3.41）可得

$$\left|X_e\right|=Q_e\cdot R_S=Q_e\cdot r_A=\sqrt{r_A(R_e-r_A)} \tag{3.42}$$

$$\left|X_P\right|=\frac{R_e}{Q_e}=R_e\sqrt{\frac{r_A}{R_e-r_A}} \tag{3.43}$$

（3）Π 型匹配网络和 T 型匹配网络。Π 型匹配网络的形式如图 3.25（a）所示，显然，它可以视作是两节 L 型匹配网络的级联，如图 3.25（b）所示。Π 型匹配网络的阻抗变换特点是高→低→高。

T 型匹配网络的形式如图 3.25（c）所示，它同样可视作是两节 L 型匹配网络的级联，如图 3.25（d）所示。与 Π 型匹配网络相反，T 型匹配网络的阻抗变换特点是低→高→低。

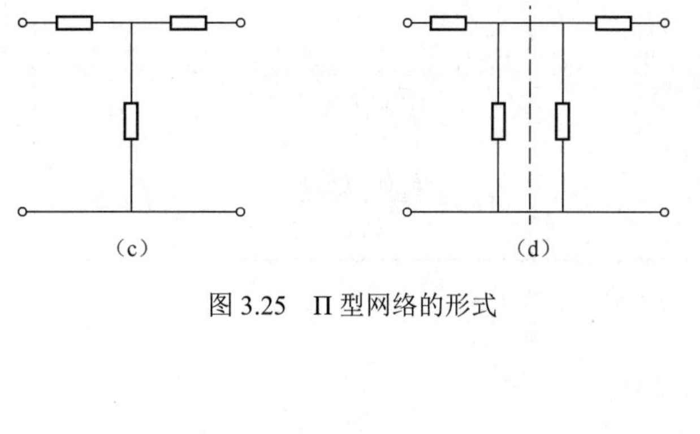

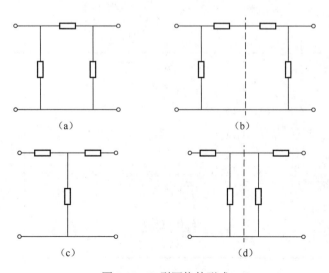

图 3.25　Π 型网络的形式

前面的讨论认为天线为纯电阻 r_A，但实际上天线常为阻容性负载。这时，可以把天线的电容归入匹配网络电抗中去，按前面纯电阻负载情况进行分析。表 3.2 列出了常用匹配网络及相应设计公式。

表 3.2 常用匹配网络及相应设计公式

名称	结构	计算公式	实现条件
L 型网络	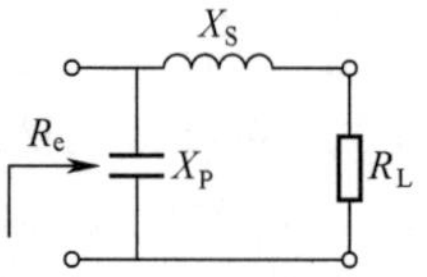	$Q_e=\sqrt{\frac{R_e}{R_L}-1}$ $\lvert X_S\rvert=\sqrt{R_L(R_e-R_L)}$ $\lvert X_P\rvert=R_e\sqrt{\frac{R_L}{R_e-R_L}}$	$R_e>R_L$
II 型网络	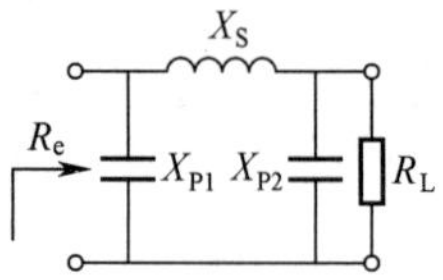	$\lvert X_{P1}\rvert=\frac{R_e}{Q_{e1}}$ $\lvert X_{P2}\rvert=\frac{R_L}{\sqrt{\frac{R_L}{R_e}(1+Q_{e1}^2)-1}}$ $\lvert X_S\rvert=R_e\frac{\left[Q_{e1}+\sqrt{\frac{R_L}{R_e}(1+Q_{e1}^2)-1}\right]}{1+Q_{e1}^2}$	$\frac{R_L}{R_e}\cdot(1+Q_{e1}^2)>1$
π 型网络	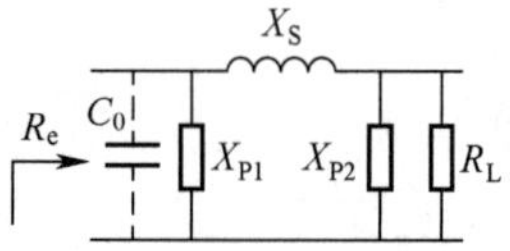	$\lvert X_{P1}\rvert=\frac{R_e}{Q_{e1}+\frac{R_e}{\lvert X_{C0}\rvert}}$ $\lvert X_{P2}\rvert=\frac{R_L}{\sqrt{\frac{R_L}{R_e}(1+Q_{e1}^2)-1}}$ $\lvert X_S\rvert=R_e\frac{Q_{e1}+\sqrt{\frac{R_L}{R_e}(1+Q_{e1}^2)-1}}{1+Q_{e1}^2}$	$\frac{R_L}{R_e}\cdot(1+Q_{e1}^2)>1$ X_{P1} 呈感性
T 型网络	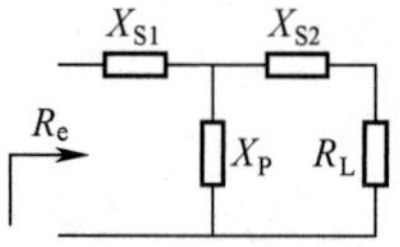	$\lvert X_{S1}\rvert=R_e\cdot\sqrt{\frac{R_L}{R_e}(1+Q_{e2}^2)-1}$ $\lvert X_{S2}\rvert=Q_{e2}\cdot R_L$ $\lvert X_P\rvert=\frac{X_{P1}\cdot X_{P2}}{X_{P1}+X_{P2}}$ $\lvert X_{P1}\rvert=\frac{R_L(1+Q_{e2}^2)}{\sqrt{\frac{R_L}{R_e}(1+Q_{e2}^2)-1}}$ $\lvert X_{P2}\rvert=\frac{R_L(1+Q_{e2}^2)}{Q_{e2}^2}$	$\frac{R_L}{R_e}\cdot(1+Q_{e2}^2)>1$

3.4.3　实际谐振功放电路

图 3.26 所示为一工作频率为 160MHz 的调谐功率放大器，它向 50Ω 的外接负载提供 13W 功率，功率增益为 9dB。由图可见，基极采用自给偏置电压，由高频扼流圈 L_b 中的直流电阻产生很小的负偏置电压 E_b。

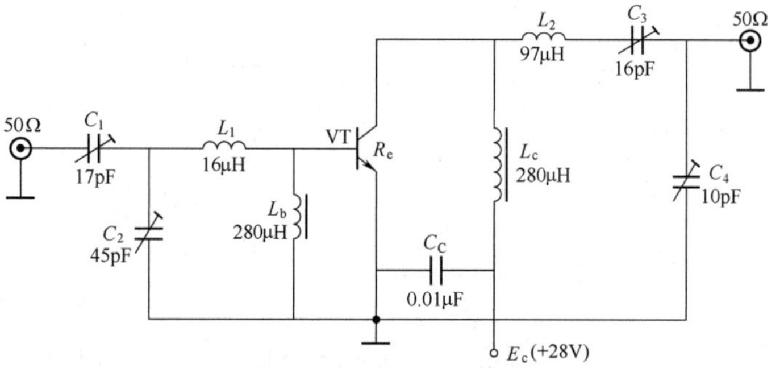

图 3.26　实际谐振功放电路

集电极采用并联馈电的方式，L_c 为高频扼流圈，C_c 为旁路电容。在放大器输入端采用 T 型匹配网络，调节 C_1、C_2 使得功放管的输入阻抗在工作频率上，变换为前级放大器所要求的 50Ω 匹配电阻。放大器的输出端采用 L 型匹配网络，调节 C_3、C_4，使得 50Ω 的外接负载电阻在工作频率上，变换为放大器所要求的匹配电阻。

3.5　案例分析

3.5.1　由 MC1590 构成选频放大器

器件 MC1590 具有工作频率高、不易自激的特点，并带有自动增益控制的功能，其内部结构为一个双端输入、双端输出的全差动式电路。

由 MC1590 构成的选频放大器如图 3.27 所示，器件的输入和输出各有一个单谐振回路。输入信号 V_i 通过隔直流电容 C_4 加到输入端的引脚 1，另一输入端的引脚 3 通过电容 C_3 交流接地，输出端之一的引脚 6 连接电源正极，并通过电容 C_5 交流接地，故电路是单端输入、单端输出。由 L_3 和 C_6 构成去耦滤波器，减小输出级信号通过供电电源对输入级的寄生反馈。

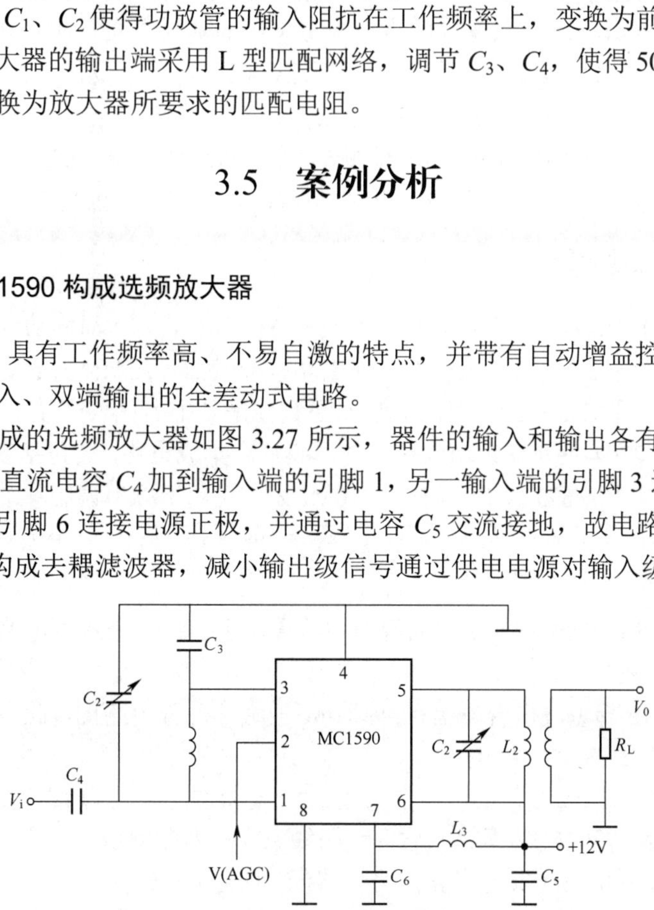

图 3.27　由 MC1590 构成的选频放大器

3.5.2 由 MC1110 制成 100MHz 调谐放大器

MC1110 集成块是一种适合于放大频率高达 100MHz 信号的射极耦合放大器，其内部电路及由它制成的 100MHz 调谐放大器的实用电路如图 3.28 所示。

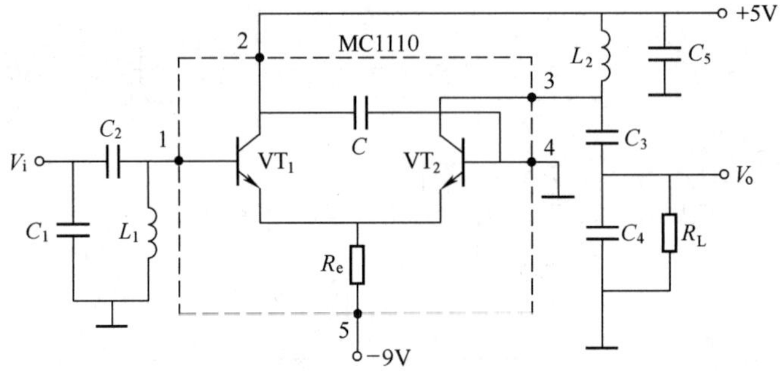

图 3.28 由 MC1110 构成的 100MHz 调谐放大器的实用电路

片内电路如虚线框内所示，两只晶体管 VT_1 和 VT_2 组成共集－共基组合放大电路，使电路的上限截止频率得以提高，且输入、输出阻抗均较高，故对外接调谐回路的影响减小。

片内电容 C 约 30pF，跨接在 VT_1 的集电极与 VT_2 的基极之间，对于 100MHz 以上的工作频率，C 的容抗较小，以构成这两极间的高频短路，使 VT_1 的集电极在管内经 C 至 VT_2 的基极，形成良好的高频接地，实现共集－共基（cc－cb）放大对。

由 C_1、C_2、L_1 构成的回路调谐于信号频率，为了减弱信号源对回路的影响，信号是部分接入的。L_1、C_3、C_4 组成并联谐振回路，R_L 是负载，阻值较小，也是部分接入回路的。

3.5.3 集成高频放大器

在 VHF 和 UHF 频段，已经出现了一些集成高频功率放大（简称功放）器件。这些高频功放器件体积小、可靠性高、外接元件少，输出功率一般在几瓦至十几瓦之间。日本三菱公司的 M57704 系列、美国 Motorola 公司的 MHW 系列便是其中的代表产品。

三菱公司的 M57704 系列高频功放是一种厚膜混合集成电路，它包括多个型号，频率范围为 335～512MHz（其中 M57704H 为 450～470MHz），可用于频率调制移动通信系统。它的电特性参数为：当 $E_c = 12.5V$ 、$P_{in} = 0.2W$ 、$Z_L = 50\Omega$ 时，输出功率 $P_o = 13W$ ，功率增益 $A_p = 18.1dB$ ，效率为 35%～40%。

图 3.29 所示是 M57704 系列功放的等效电路图，它包括三级放大电路，匹配网络由微带线和 LC 元件混合组成。

图 3.30 是 TW-42 超短波电台发信机高频功率放大器部分电路图。此电路采用了日本三菱公司的高频集成功放电路 M57704H。

TW-42 电台采用频率调制，工作频率为 457.7～458MHz，发射功率为 5W。由图可见，输入等幅调频信号经 M57704H 功率放大后，一路经微带线匹配滤波后，再经过 VD_{115} 送至多节 LC 的 II 型网络，然后由天线发射出去；另一路经 VD_{113} 、VD_{114} 检波，VT_{104} 、VT_{105} 直流放大后，送给 VT_{103} 调整管，然后作为控制电压从 M57704H 的第②脚（图 3.29）输入，调节第一级功放的集电极电源，可以稳定整个集成功放的输出功率。第二、三级功放的集电极电源是固定的 13.8V。

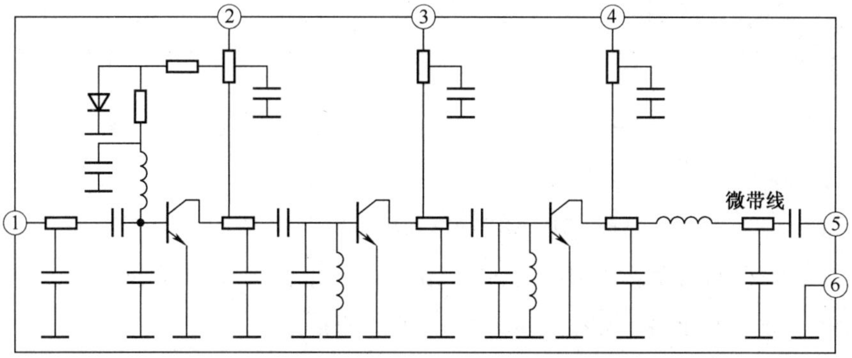

图 3.29　M57704 系列功放的等效电路

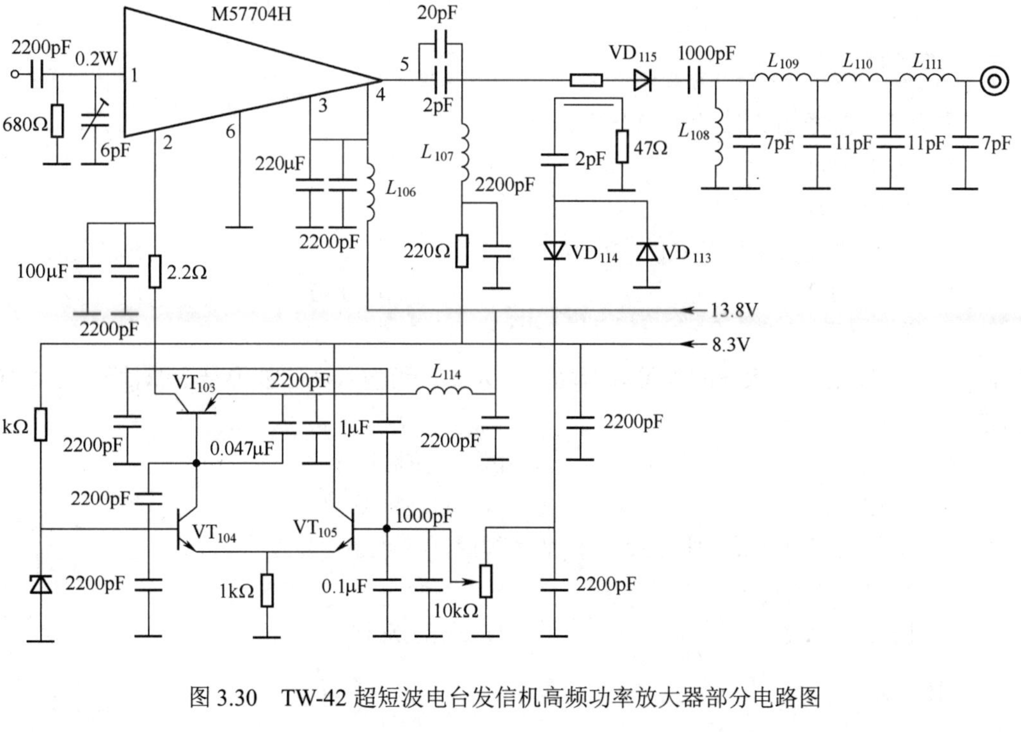

图 3.30　TW-42 超短波电台发信机高频功率放大器部分电路图

MHW 系列中有些型号是专为便携式射频应用而设计的，可用于移动通信系统中的功率放大，也可用于工商业便携式射频仪器，使用前需调整控制电压，使输出功率达到规定值；在使用时，需在外电路中加入功率自动控制电路，使输出功率保持恒定，同时也可保证集成电路安全工作，避免损坏。控制电压与效率、工作频率也有一定的关系。

MHW 系列中现已有 MHW914 模块，它由五级放大器组成，其外形图和框图分别如图 3.31（a）（b）所示，其中引脚 1 为输入端；引脚 6 为输出端；引脚 2、4 接 8V 电源；引脚 3、5 接 12.5V 电源。

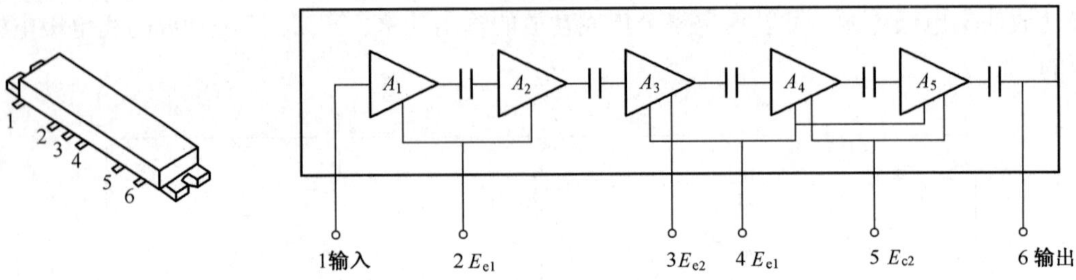

（a）　　（b）

图 3.31　MHW914 模块外形图和框图

MHW914 的电特性参数：当 $E_c = 12.5\text{V}$、最小功率增益 $A_p = 41.5\text{dB}$、$Z_L = 50\Omega$ 时，输出功率 $P_o = 14\text{W}$，效率为 40%，频率范围为 890～915MHz。

练习题

一、选择题

1．丙类调谐功率放大器的半导通角（　　）。

A．等于 180°　　B．大于 90°

C．小于 90°　　D．等于 90°

2．常用集电极电流导通角 θ 的大小来划分功放的工作类别，丙类调谐功率放大器（　　）。

A．$\theta = 180°$　　B．$90° < \theta < 180°$

C．$\theta = 90°$　　D．$\theta < 90°$

3．工作在过压工作状态的丙类调谐功率放大器，当输入电压波形是余弦信号时，集电极输出电流波形是（　　）。

A．正弦波　　B．余弦波

C．尖顶余弦脉冲　　D．凹顶余弦脉冲

4．FM 信号可以通过倍频扩大频偏，N 倍频后，其频率稳定度（　　）。

A．提高了 N 倍　　B．不变

C．降低了 N 倍　　D．无法确定

二、填空题

1．调谐功率放大器的 3 种工作状态为________、________、________，兼顾输出的功率和效率一般应工作在________工作状态，集电极调幅时应工作在________工作状态。

2．由于某种原因，高频功率放大器的工作状态由临界状态变到欠压状态，可以通过________负载电阻使其回到临界状态。

3．高频功率放大器在放大调频信号时，一般选________工作状态；高频功率放大器在放大 AM 信号时，一般选________工作状态。

4．已知功率放大器原工作在临界状态，当改变电源电压时，晶体管发热严重，说明晶体管进入了________状态。

5．高频功率放大器在输入为 AM 信号时，应选择在________状态工作；若输入为 FM 信号时，应选择在________状态工作。

6．高频功率放大器的调整是指保证放大器工作在________状态，获得所需要的________和________。

7．丙类高频功率放大器，要实现集电极调幅，放大器应工作于________状态；若要实现基极调幅，放大器应工作于________状态。

8．当信号为单频时，丙类高频功率放大器原工作于临界状态，当电源电压增大时，工作于________状态。

9．晶体管在高频工作时，放大能力________，f_α、f_β、f_T 相互间的大小关系是________。

三、判断题

1．丙类高频功率放大器原工作在临界状态，当其负载断开时，其电流 I_{c0}、I_{c1m} 增加，功率 P_0 增加。（　）

2．丙类高频功率放大器输出功率为 6W，当集电极效率为 60%时，晶体管集电极损耗为 2.4W。（　）

3．丙类高频功率放大器电压利用系数为集电极电压与基极电压之比。（　）

4．高频功率放大器功率增益是指集电极输出功率与基极激励功率之比。（　）

5．大信号基极调幅应使放大器工作在过压状态，大信号集电极调幅应使放大器工作在欠压状态。（　）

四、简答及计算题

1．为什么低频功率放大器不能工作在丙类工作状态？而高频功率放大器则可以工作在丙类工作状态？

2．当调谐功率放大器的激励信号为正弦波时，集电极电流通常为余弦脉冲，而为什么能得到正弦电压输出？

3．什么叫丙类放大器的最佳负载？怎样确定最佳负载？

4．实际信道输入阻抗是变化的，在设计调谐功率放大器时，应怎样考虑负载值？

5．已知某一调谐功率放大器工作在临界状态，其外接负载为天线，等效阻抗近似为电阻。若天线突然短路，试分析电路工作状态如何变化？晶体管工作是否安全？

6．一调谐功率放大器，原来工作在临界状态，后来发现该功放的输出功率下降，效率反而提高，但电源电压 E_c、输出电压振幅 U_c 及 U_{bemax} 不变，问这是什么原因造成的，此时功率放大器工作在什么状态？

7．某一晶体管调谐功率放大器，设已知 $E_c = 24V$，$I_{c0} = 250mA$，$P_o = 5W$，电压利用系数等于 1。求 I_{c1m}，η_c，P_c，R_c。

8．已知晶体管输出特性曲线中饱和临界线跨导 $g_{cr} = 0.8A/V$，用此晶体管做成的调谐功率放大器的 $E_c = 24V$，$\theta = 70°$，$I_{cmax} = 2.2A$，$\alpha_0(70°) = 0.253$，$\alpha_1(70°) = 0.436$，并工作在

临界状态。试计算P_o，P_E，η_c和R_{cp}。

9．若设计一个调谐功率放大器，已知$E_c = 12V$，$U_{ces} = 1V$，$Q_0 = 20$，$Q_L = 4$，$\alpha_0(60°) = 0.21$，$\alpha_1(60°) = 0.39$，要求负载上所消耗的交流功率$P_L = 200mW$，工作频率$f_0 = 2MHz$，如何选择晶体管？

10．调谐功率放大器的电源电压E_c、集电极电压U_{cm}和负载电阻R_L保持不变，当集电极电流的导通角由100°减少为60°时，效率η_c提高了多少？相应地集电极电流脉冲幅值变化了多少？

11．某调谐功率放大器工作于临界工作状态，它的中介回路与天线回路均已调好，转移特性如图3.32所示，已知$|V_{BB}| = 1.5V$，$U_{on} = 0.6V$，$\theta_c = 70°$，$V_{cc} = 24V$，$\zeta = 0.9$，中介回路$\cos 70° = 0.34$，$\alpha_1(70°) = 0.436$，$\alpha_0(70°) = 0.253$，试计算：

（1）集电极的输出功率P_o；

（2）若负载电阻增加，功率放大器的工作状态如何改变？

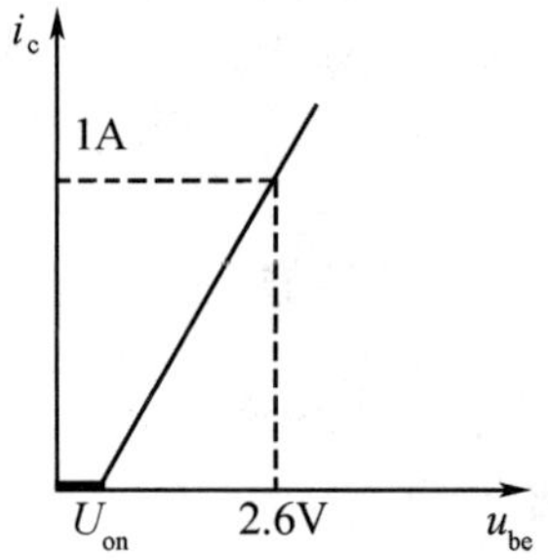

图3.32　晶体管的转移特性图

12．某调谐功率放大器工作于临界工作状态，已知晶体管的转移特性的斜率$g_c = 0.85A/V$，$|V_{BB}| = 1V$，$U_{on} = 0.6V$，$V_{cc} = 24V$，$\theta_c = 70°$，$\zeta = 0.9$，$\cos 70° = 0.34$，$\alpha_1(70°) = 0.436$，$\alpha_0(70°) = 0.253$，求：

（1）集电极输出功率P_o；

（2）若负载电阻增加，功率放大器的工作状态如何改变？

13．某调谐功率放大器的动特性如图3.33中的ABC所示。试回答并计算以下各项：

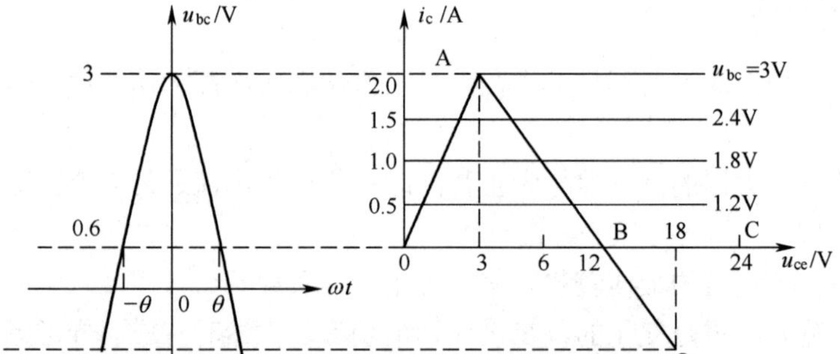

图3.33　调谐功率放大器的动态特性曲线

（1）此时功率放大器工作于何种状态？

（2）计算θ、P_E、P_c和R_{Lcr}。[注：$\alpha_0(\theta) = 0.259, \alpha_1(\theta) = 0.444$]

（3）若要求提高功率放大器的效率，应如何调整？

14．某高频调谐功率放大器工作于临界状态，输出功率为15W，且E_c=24V，导通角$\theta = 70°$。功放管参数为：临界线斜率$S_c = 1.5A/V$，$I_{cm} = 5A$。试问：

（1）直流电源提供的功率P_E，功放管的集电极损耗功率P_c及效率η_c，临界负载电阻R_{Lcr}为多少？[注：$\alpha_0(70°) = 0.253$，$\alpha_1(70°) = 0.436$]。

（2）若输入信号振幅增加一倍，功率放大器的工作状态如何改变？此时的输出功率大约为多少？

（3）若负载电阻增加一倍，功率放大器的工作状态如何改变？

（4）若回路失谐，会有何危险？如何指示调谐？

15．某高频调谐功率放大器工作于临界状态，输出功率 $P_o = 6W$，集电极电源 E_c=24V，集电极电流直流分量 $I_{c0} = 300mA$，电压利用系数 $\xi = 0.95$。试计算：直流电源提供的功率 P_E，功放管的集电极损耗功率 P_c 及效率 η_c，临界负载电阻 R_{Lcr}。

16．设某调谐功率放大器工作在临界状态，已知电源电压 $E_c = 36V$，集电极电流导通角 $\theta = 70°$，集电极电流中的直流分量为 100mA，谐振回路的谐振电阻 $R_L = 200\Omega$，求放大器的输出功率 P_o 和效率 η_c。已知 $\alpha_0(70°) = 0.253$，$\alpha_1(70°) = 0.436$。

项目四　正弦波振荡器

教学目标

通过对本章的学习，理解正弦波振荡器在通信系统中的地位，并设计一个简单的振荡电路。

教学要求

1. 了解振荡器的种类及应用。
2. 掌握基本三点式振荡器和两种常见的改进型电容三点式振荡器的原理及存在的问题。
3. 了解振荡器的频率稳定问题。
4. 掌握石英晶体的压电效应、石英晶体振荡器的基本原理及石英晶体振荡电路。

4.1　概述

正弦波振荡器在测量、自动控制、无线电通信及遥控等许多领域有着广泛的应用。例如调整放大器时，可利用一个"正弦波信号发生器"生成一个频率和振幅均可以调整的正弦信号，作为放大器的输入电压，以便观察放大器输出电压的波形有没有失真，并且测量放大器的电压放大倍数和频率特性。这种正弦信号发生器就是一个正弦波振荡器。在无线电的发射机和接收机中，经常用高频正弦信号作为音频信号的"载波"，对信号进行"调制"变换，以便进行远距离传输。那么一个正弦波振荡器为什么能够自己产生一个正弦波的振荡呢？它产生的正弦振荡又怎么满足一定频率和振幅的要求呢？这个正弦振荡在外界干扰之下又怎么维持其确定的振荡频率和振幅呢？这些就是本项目所要讨论的基本问题。

思考：什么是振荡器？

振荡器是指在没有外加信号作用下的一种自动将直流电源的能量变换为一定波形的交变振荡能量的装置（与调谐功率放大器的定义有何区别？）。

思考：正弦波振荡器如何分类？

从所采用的分析方法和振荡器的特性来看，正弦波振荡器可分为"反馈型振荡器"和"负阻型振荡器"两大类，我们只讨论反馈型振荡器；按选频网络（元件组成）来看，反馈型振荡器可分为RC振荡器与*LC*振荡器；按振荡器所产生的波形来看，可分为正弦波振荡器与非正弦波振荡器。

本项目只讨论*LC*正弦波振荡器，主要讨论正弦波振荡器的基本原理，分析各种正弦波振荡器的振荡与稳频原理，并对几种典型振荡电路进行分析。

4.2　反馈型正弦波自激振荡器的基本原理

本节以互感反馈振荡器为例，分析反馈型正弦波自激振荡器的基本原理和振荡产生的条件、建立及稳定过程。

4.2.1　从调谐放大到自激振荡

思考：在学习调谐功率放大器工作原理的基础上，如何将调谐功率放大器过渡到正弦波振荡器？

放大器与振荡器本质上都是将直流电能转化为交流电能，不同之处在于放大器需要外加控制信号而振荡器不需要。因此，如果将放大器的输出正反馈到输入端，以提供控制能量转换的信号，就可能形成振荡器。

图 4.1 为调谐放大器电路，输入信号 u_i 经互感器 T_1 耦合，加到晶体管基极和发射极之间，以表示 u_{be} 。谐振回路两端得到已经放大的信号 u_{ce} ，再经过互感器 T_2 从次级线圈得到输出信号 u_o 。如果把 u_o 再送回到输入端，若 u_o 的相位和大小同原来的输入信号 u_i 一样，就成为自激振荡器了。

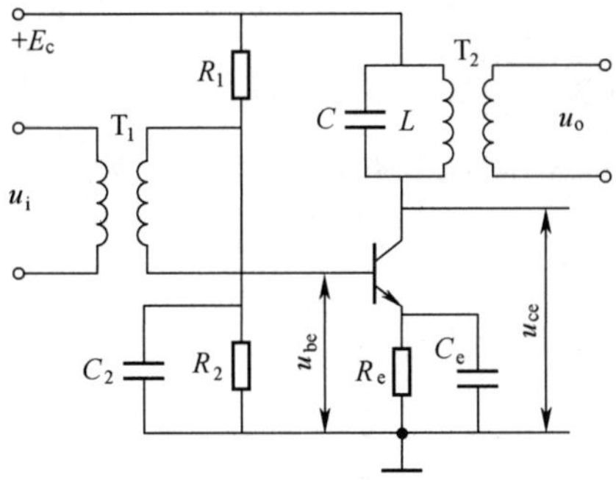

图 4.1　调谐放大器

4.2.2　自激振荡的平衡

图 4.2（a）就是按照上文的思路构成的互感反馈自激振荡器的原理电路。对应图 4.1 中的输出端，u_o 可以直接送回到晶体管的基极和发射极之间，只用一个互感器 T 就可以了。图 4.2（b）是互感反馈自激振荡器的交流等效电路。产生自激振荡必须具备以下两个条件。

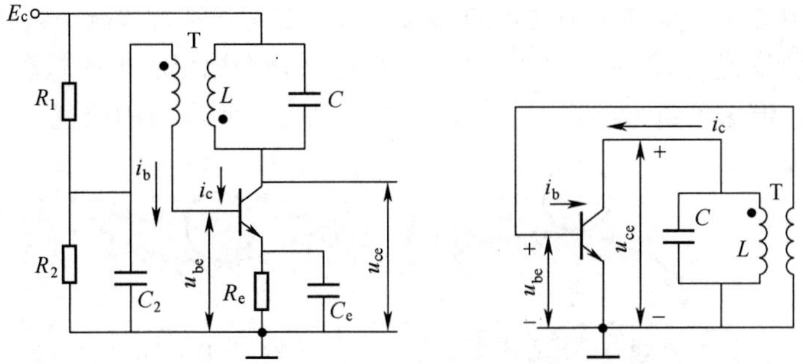

（a）原理电路　　　　（b）交流等效电路

图 4.2　互感反馈振荡器

（1）反馈必须是正反馈（相位条件），即反馈到输入端的反馈电压（电流）必须与输入电压（电流）同相。在图 4.2 中，标明了 T 的同名端，在谐振频率点，回路呈纯阻性，放大器倒相 180°，即 u_{be} 经放大器后的相移 $\varphi_K = 180°$，按照图中所注极性，经互感器送回输入端的信号相移 $\varphi_F = 180°$，总相移为 360°，这就保证了反馈信号与输入信号所需相位的一致，形成正反馈。对于其他频率，回路失谐，产生附加相移，总相移不是 360°，就不能振荡。因此，满足振荡的相位平衡条件为

$$\sum\varphi = \varphi_K + \varphi_F = n \times 360° \tag{4.1}$$

式中，$\sum\varphi$ 为总相移；n 为整数。

（2）反馈必须足够大（振幅条件）。如果从输出端送回到输入端的信号太弱，就不会产生振荡了，在图 4.2 电路中，可以通过调整互感器的互感系数 M 和 L 的数值以及放大量来实现这一要求。一般情况下，放大器的放大倍数 $K > 1$，反馈电路的反馈系数 $F < 1$。为了使反馈信号足够大，放大器的放大位数必须补足反馈系数的衰减。例如，假定输入信号振幅为 10mV，$K = 100$，则输出信号幅度为 1V。为使送回到输入端的电压仍为 10mV，必须使 $F = \frac{1}{100}$。因此，满足振荡的振幅平衡条件为

$$KF = 1 \tag{4.2}$$

总结：

$$\text{自激振荡平衡条件}\begin{cases}\text{相位条件：正反馈}\\ \text{振幅条件：}KF = 1\end{cases}$$

4.2.3 自激振荡的稳定

振荡器的平衡条件说明：当 $KF = 1$ 和 $\varphi_K + \varphi_F = n \times 360°$ 时，能够维持等幅振荡，但没有说明这个平衡条件是否稳定。实际上，由于振荡电路中存在各种干扰，如温度变化、电压波动、噪声、外界干扰等，这些干扰会破坏振荡的平衡条件，因此，为使振荡器的平衡状态能够存在，必须使它成为稳定的平衡——具有返回原先平衡状态能力的平衡。鉴于此，除了平衡条件外还必须有稳定条件。

为了说明稳定平衡和不稳定平衡的概念，先来看两个简单的物理现象。图 4.3（a）（b）分别画出了将一个小球置于凸面上的平衡位置 B，而将另一个小球置于凹面上的平衡位置 Q。显然，图 4.3（a）中的小球是处于不稳定的平衡状态，因为在这种情况下，稍有“风吹草动”，小球将离开原来的位置而落下；图 4.3（b）中的小球则处于稳定的平衡状态，因为在此情况下，尽管有外力扰动，但由于重力的作用，它仍然会自动地回到原来的位置。

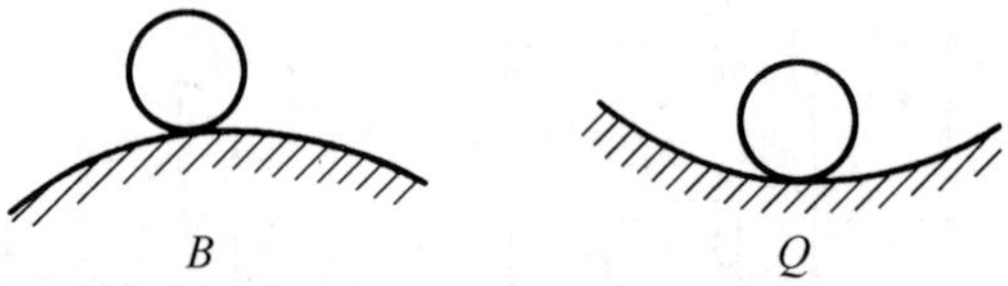

（a）不稳定平衡　（b）稳定平衡

图 4.3 两种平衡状态的示意图

由此可见，所谓振荡器的稳定平衡，就是说在某种因素的作用下，振荡器的平衡条件遭

到破坏时，它能在原平衡点附近重建新的平衡状态，一旦外因消除后，它能自动地恢复到原来的平衡状态。

振荡器的稳定条件包括两方面的内容：振幅稳定条件和相位稳定条件。

（1）振幅稳定条件。在图 4.4 中，横坐标是振荡电压u_{be}，纵坐标分别是放大倍数K和反馈系数的倒数$\frac{1}{F}$，其中F为常数。如图 4.4（a）所示，说明起始时K较大，随着u_{be}的增长K逐渐下降，$\frac{1}{F}$是一条水平线，不随u_{be}变化。当u_{be}较小时，$K>\frac{1}{F}$，随着u_{be}的增长，K减小，在A点，$K=\frac{1}{F}$，即$KF=1$，所以A点是平衡点。但要分辨这是不是稳定的平衡点，还要看此点附近振幅发生变化时，是否能恢复原状。假定由于某种原因，使u_{be}略有增长，这时$K<\frac{1}{F}$，出现$KF<1$的情况，于是振幅就自动衰减回到A点；反之，若u_{be}稍有减小，则$K>\frac{1}{F}$，出现$KF>1$的情况，于是振幅就自动增强，而又回到A点，所以A点是稳定的平衡点。

结论：

在平衡点，若K曲线的斜率为负，即$\left.\frac{\mathrm{d}K}{\mathrm{d}u}\right|_{K=\frac{1}{F}}<0$，则满足稳定条件；若$K$曲线的斜率为正，则不满足稳定条件。

要使振幅稳定，在稳定平衡点上，放大器的放大倍数应随输入电压的增大而减小。当输出电压u_o增加时，反馈电压u_f增加，由于$u_f=u_i$，则u_i增加，K减小，从而使u_o减小，恢复为正常值，达到稳定振幅。要使放大器的放大倍数K随u_i变化，放大器一定要工作在非线性状态。所以说振幅稳定是由放大器的非线性工作保证的，振荡器必然是非线性电子线路，称这种振幅稳定方式为内稳幅方式。

若晶体管的静态工作点取得太低，甚至为反向偏置，而且反馈系数F又选得较小时，可能出现如图 4.4（b）所示的另一种形式。这时$K=f(u_{be})$的变化曲线不是单调的下降，会出现两个平衡点，但是根据K曲线的斜率是否为负，极易判定A点是稳定的平衡点，而B点是不稳定的平衡点。

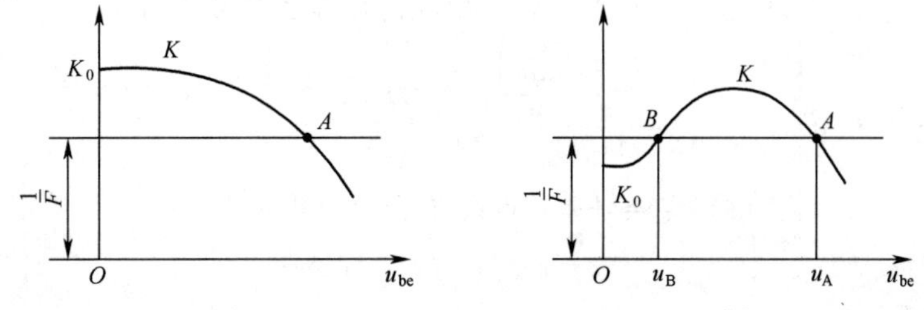

（a）　　（b）

图 4.4　K曲线与$\frac{1}{F}$曲线相交

（2）相位稳定条件。相位稳定条件就是研究由于电路中的扰动暂时破坏了相位条件使振荡频率发生变化，当扰动消失后，振荡能否自动稳定在原有频率上。

必须指出：相位稳定条件和频率稳定条件实质上是一回事，因为振荡的角频率就是相位的变化率($\omega = \mathrm{d}\varphi/\mathrm{d}t$)，所以当振荡频率的相位发生变化时，频率也发生了变化。

思考：假设由于某种干扰引入了相移$\Delta\varphi$，这个$\Delta\varphi$将对频率有什么影响？

此$\Delta\varphi$意味着在环绕线路正反馈一周以后，反馈电压的相位超前了原有电压相位$\Delta\varphi$。相位超前就意味着周期缩短，如果振荡电压不断地放大、反馈、再放大，如此循环下去，反馈到基极上电压的相位将一次比一次超前，周期不断地缩短，相当于每秒钟内循环的次数在增加，也即振荡频率不断地提高。反之，若$\Delta\varphi$是一个减量，那么循环一周的相位落后，这表示频率要降低。

思考：事实上，振荡器的频率并不会因为$\Delta\varphi$的出现而不断地升高或降低，这是什么原因？

这就需要分析谐振回路本身对相位增量$\Delta\varphi$的反应了。为了说明这个问题，可参看图 4.5。设平衡状态时的振荡频率f等于LC谐振回路的谐振频率f_0，LC回路是一个纯电阻，相位为零。当外界干扰引入相移为$+\Delta\varphi$时，工作频率从f_0增到f_0'，则LC谐振回路失谐，呈容性阻抗，这时回路引入相移为$-\Delta\varphi_0$，LC谐振回路相位的减少补偿了原来相位的增加，振荡速度就慢下来，工作频率的变动被控制；反之也是如此。所以，LC谐振回路有补偿相位变化的作用。

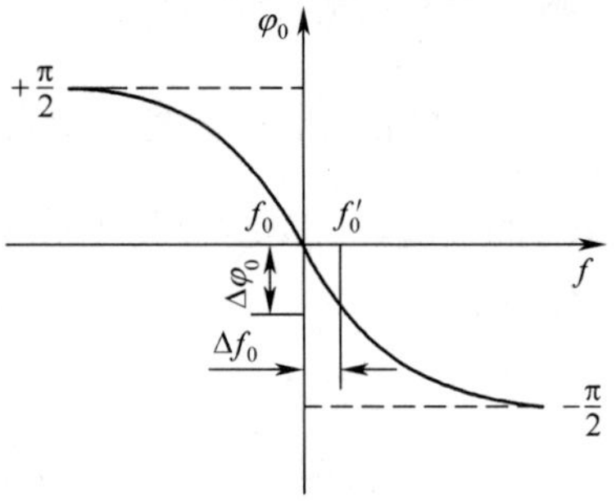

图 4.5 谐振回路的相位稳定作用

对比上述两种变动规律可总结为：外界干扰$\Delta\varphi$与引起的频率变动Δf_0是同号的，即$\frac{\Delta\varphi}{\Delta f_0} > 0$，而谐振回路的频率变动$\Delta f_0$与引起的相位变化$\Delta\varphi_0$是异号的，即$\frac{\Delta\varphi_0}{\Delta f_0} < 0$。所以可以保持平衡。

所以振荡器的相位稳定条件是：相位特性曲线在工作频率附近的斜率为负，即

$$\left.\frac{\mathrm{d}\varphi}{\mathrm{d}f}\right|_{f=f_0} < 0 \tag{4.3}$$

总结：

自激振荡稳定条件
- 相位稳定条件：相位特性曲线在工作频率附近具有负斜率，即 $\left.\frac{\mathrm{d}\varphi}{\mathrm{d}f}\right|_{f=f_0} < 0$
- 振幅稳定条件：K曲线在平衡点具有负斜率，即$\left.\frac{\mathrm{d}K}{\mathrm{d}u}\right|_{K=\frac{1}{F}} < 0$

类比“荡秋千”

振荡器必须满足两个条件才能产生等幅振荡，一是要满足相位平衡条件，类比荡秋千过程中的“顺势”；二是要满足振幅平衡条件，类比荡秋千过程中用力要足够，每次用力后都会使秋千的高度稍有增加，如果忽略空气阻力等环境因素的影响，只要顺势足够用力，秋千就能维持在一个等高平衡状态。所以说，振荡器只要同时满足相位和振幅平衡条件，就能建立等幅

振荡。就像荡秋千一样，它的高度不能无止境地增加，振荡器的振幅达到一定值后将维持平衡。

4.2.4　自激振荡的建立

思考：上文分析的是振荡建立后的平衡，那么最初的振荡如何产生呢？也就是说如何获得最初的输入信号 u_i？

振荡器闭合电源后，各种电的扰动，如晶体管电流的突然增长、电路的热噪声，是振荡器起振的初始激励。突变的电流包含着许多谐波成分，扰动噪声也包含各种频率分量，它们通过 LC 谐振回路，在它两端产生电压，应用谐振回路的选频作用，只有接近于 LC 回路谐振频率的电压分量才能被选出来，但是电压的振幅很微小，不过由于电路中正反馈的存在，经过反馈和放大的循环过程，振幅逐渐增长，振荡就这样建立起来了。

必须指出，在振荡建立的过程中，放大倍数 K 与反馈系数 F 的乘积不是等于 1，而是大于 1。也就是说，每一次反馈必须保证输出信号的振幅大于输入信号的振幅，振荡电压幅度慢慢增长起来。

思考：振荡建立起来后，振荡电压的振幅会增长起来，那么电压幅度会不会无止境地增长下去呢？

答案是否定的。因为随着振幅的增长，晶体管将要出现饱和、截止现象，也就是说 u_{be} 增加到一定程度后，i_c 的波形会出现切顶现象，虽然 i_c 不是正弦波，但是由于谐振回路的选频性，选出它的基频分量，u_{ce} 仍是正弦波。这时 u_{ce} 的振幅基本上不再增长，振荡建立过程结束，波形稳定下来。

起振条件是指为产生自激振荡所需 K、F 的乘积最小值。显然，起振条件为

$$KF > 1 \tag{4.4}$$

只有满足式（4.4）的条件才有可能使振荡电压逐渐增长，建立振荡。一般情况下，放大器具有非线性特性，反馈电路是线性电路。在振荡建立过程中，随着振幅的增长，放大器由甲类工作情况进入乙类（甚至丙类）工作情况。晶体管非线性作用使 u_{ce} 不断增长，K 值逐渐下降，最后平衡，稳定在 $KF=1$ 点。

总结：

自激振荡起振条件 $\begin{cases}\text{相位条件：正反馈}\\ \text{振幅条件：}KF>1\end{cases}$，其中相位条件是先决条件，只有满足相位条件，才有可能振荡。

4.3　三点式 LC 振荡器

思考：何谓 LC 振荡器？何谓三点式？

凡采用 LC 谐振回路作为选频网络的反馈型振荡器称为 LC 正弦波振荡器。晶体管有 3 个电极 c、b、e，由 3 个电抗元件 x_1、x_2、x_3 构成的选频网络也有 3 个引出端，把它们对应连接起来构成反馈型正弦波振荡器电路，如图 4.6（a）所示。这种振荡器称为三点式振荡器，它可分为电容三点式和电感三点式两种基本类型，分别如图 4.6（b）（c）所示。

思考：三点式 LC 振荡器的相位平衡条件是什么？x_1、x_2、x_3 3 个电抗元件应如何选

取才能满足相位平衡条件？

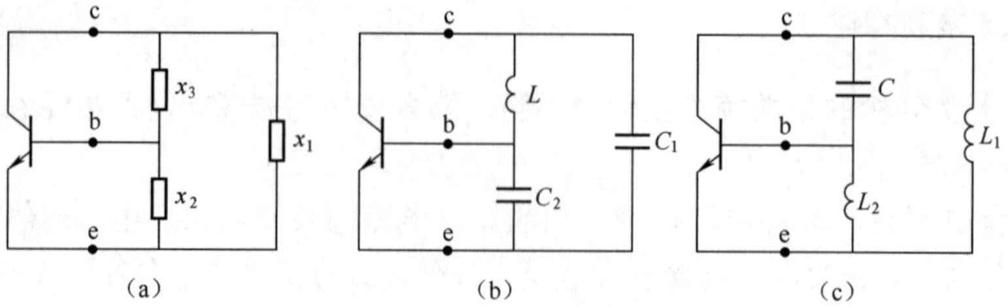

图 4.6 三点式振荡器电路

为了说明此问题，把两种基本型电路概括为图 4.7(c)。由于晶体管的倒相作用使$\dot{U}_{ce}$和$\dot{U}_{be}$的相位差为π。为了保证正反馈，谐振回路的电抗性质必须使$\dot{U}_{be}$和$\dot{U}_{ce}$的相位差也是π，由图 4.7（c）可看出，回路电流$\dot{I}$流过电抗X_{ce}即得$\dot{U}_{ce}$，而$\dot{I}$流过电抗X_{be}即得$\dot{U}_{eb}$（而$\dot{U}_{eb}=-\dot{U}_{be}$）。只要$X_{ce}$与$X_{be}$是同极性的，$\dot{U}_{be}$和$\dot{U}_{ce}$的相位差就是π，即$\varphi_F=\pi$。

已知相位平衡的条件为

$$\varphi_K+\varphi_F=2\pi \tag{4.5}$$

若$\varphi_F=\pi$，则放大器增益的相角φ_K一定是π，即要求放大器的负载是纯电阻，这发生在LC回路谐振时，即

$$X_{cb}=-(X_{be}+X_{ce}) \tag{4.6}$$

也就是说，X_{cb}应与X_{be}和X_{ce}性质相反。例如，若X_{be}和X_{ce}为电容，则X_{cb}就是电感，此时的振荡器称为电容三点式振荡器，如图 4.7（a）所示；X_{be}和X_{ce}为电感，则X_{cb}就是电容，此时的振荡器称为电感三点式振荡器，如图 4.7（b）所示。

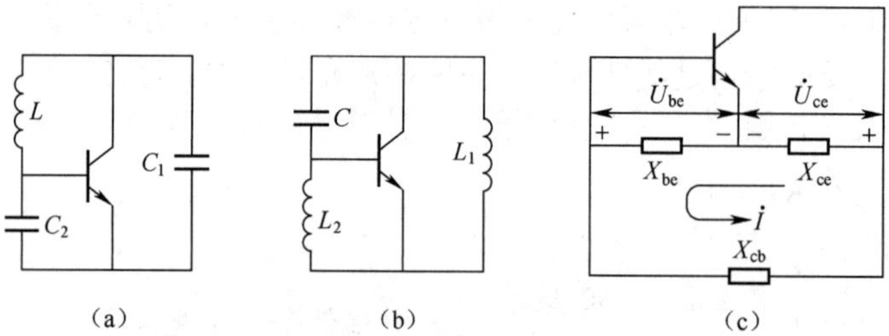

图 4.7 三点式振荡器相位平衡条件的判别

总结：

三点式振荡器的相位平衡条件的判断准则：

（1）X_{be}和X_{ce}性质相同，即与发射极相连的两个电抗性质相同。

（2）X_{cb}与X_{be}和X_{ce}性质相反，即与基极、集电极相连的电抗性质和与发射极相连的电抗性质相反。

（3）根据（1）（2）将相位平衡条件总结为四个字“射同它异”，振荡器的类型取决于与发射极相连的两个性质相同的电抗元件，若X_{be}和X_{ce}为电容，则为电容三点式；若X_{be}和X_{ce}为电感，则为电感三点式。

（4）对于场效应管振荡器，将发射极改为源极即可。

例题 4-1 图 4.8 是一个三回路振荡器的等效电路，设有下列 4 种情况：

（1）$L_1C_1 > L_2C_2 > L_3C_3$；

（2）$L_1C_1 < L_2C_2 < L_3C_3$；

（3）$L_1C_1 = L_2C_2 > L_3C_3$；

（4）$L_1C_1 < L_2C_2 = L_3C_3$；

试分析上述 4 种情况是否都能振荡，振荡频率 f_1 与回路谐振频率有何关系？属于何种类型的振荡器？

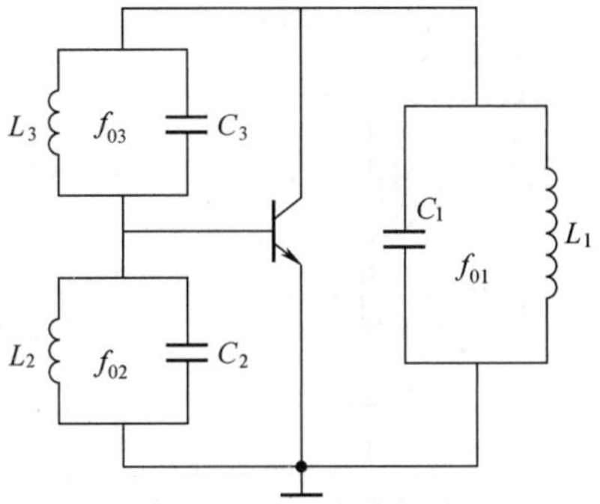

图 4.8 三回路振荡器的等效电路

题意分析：该电路属于三端式振荡器，是否能振荡就要看是否满足"射同它异"的原则，即要让 L_1、C_1 回路与 L_2、C_2 回路在振荡时呈现的电抗性质相同，L_3、C_3 回路与它们的电抗性质不同。图中 3 个回路均为并联谐振回路，根据并联谐振回路的相频特性可知，当工作频率大于回路的谐振频率时，回路呈容性；当工作频率小于回路的谐振频率时，回路呈感性。

解：要使得电路可能振荡，根据三端式振荡器的组成原则有 L_1、C_1 回路与 L_2、C_2 回路在振荡时呈现的电抗性质相同，L_3、C_3 回路与它们的电抗性质不同。又由于 3 个回路都是并联谐振回路，根据并联谐振回路的相频特性，要使该电路能够振荡，3 个回路的谐振频率必须满足 $f_{03} > \max(f_{01}, f_{02})$ 或 $f_{03} < \min(f_{01}, f_{02})$，所以：

（1）当 $f_{01} < f_{02} < f_{03}$ 时，电路可能振荡，可能振荡的频率 f_1 为 $f_{02} < f_1 < f_{03}$，属于电容反馈的振荡器。

（2）当 $f_{01} > f_{02} > f_{03}$ 时，电路可能振荡，可能振荡的频率 f_1 为 $f_{02} > f_1 > f_{03}$，属于电感反馈的振荡器。

（3）当 $f_{01} = f_{02} < f_{03}$ 时，电路可能振荡，可能振荡的频率 f_1 为 $f_{01} = f_{02} < f_1 < f_{03}$，属于电容反馈的振荡器。

（4）当 $f_{01} > f_{02} = f_{03}$ 时，电路不可能振荡。

讨论：本题用 3 个并联谐振回路代替了基本电路中的 3 个电抗元件，判断时同样应满足"射同它异"的原则，这就要通过对回路的相频特性去判断。图中回路全是并联回路，若全换为串联或部分改为串联又如何分析呢，请读者根据该题的分析方法自行练习。

例题 4-2 检查图 4.9 所示的振荡器线路有哪些错误？并加以改正。

题意分析：检查振荡器线路是否正确的一般步骤如下。

（1）检查交流通路是否正确及是否存在正反馈，正反馈的判断对互感耦合电路来说应检查同名端，对三端式电路来说应检查是否满足“射同它异”的组成原则。

（2）检查直流通路是否正确，需要进一步注意的是，为了满足起振的振幅条件，起振时应使放大器工作在线性放大区，即对于晶体管电路，直流通路应使得 e 结正偏、c 结反偏；对于场效应管电路，如果是结型场效应管或耗尽型场效应管，应使U_{GS}在 0 至U_P之间，如果是增强型场效应管，则应使U_{GS}大于门限电压，而选择U_{DS}时 N 沟道的场效应管应大于 0，P 沟道的场效应管应小于 0。

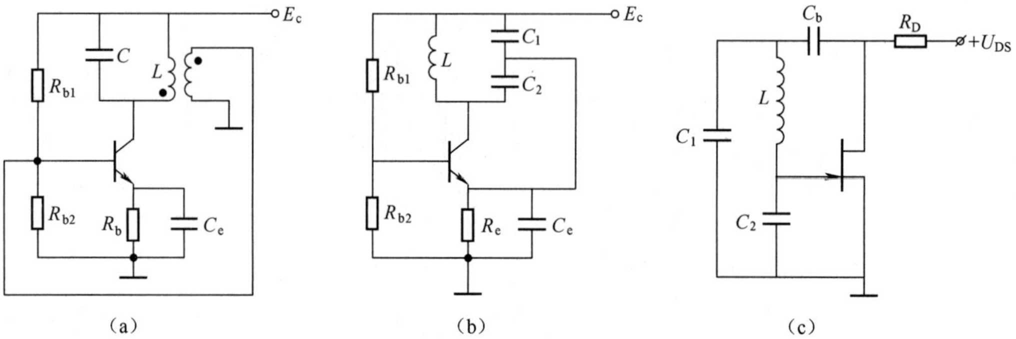

图 4.9 振荡器

解：图 4.9（a）为互感耦合的振荡器，交流通路正确，但反馈为负反馈，故应改变同名端；检查直流通路发现，基极直流电位被短路接地，故应加隔直电容。改正后的电路如图 4.10（a）所示。

图 4.9（b）为三端式的振荡器，检查交流通路时发现基极悬空，而发射极由于旁路电容C_e存在，使其短路接地，回路电容C_1被短路，故去掉旁路电容C_e、基极增加一旁路电容，这样才满足三端式组成原则；直流通路正确。改正后的电路如图 4.10（b）所示。

图 4.9（c）为场效应管三端式电路，交流通路正确；检查直流通路发现，栅极无直流偏置，故应加直流偏置电路，所加的直流偏置电路应保证起振时工作在线性放大状态。改正后的电路如图 4.10（c）所示。

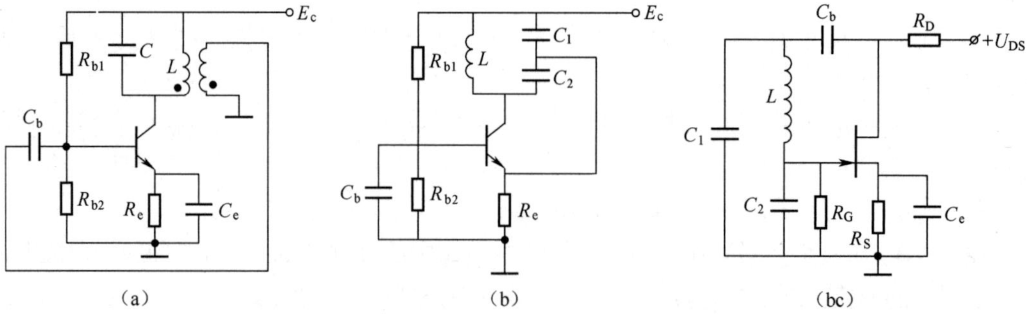

图 4.10 图 4.9 的正确线路图

讨论：在高频电子线路中，直流要有直流通路，交流要有交流通路，必须要遵守这一原则。分析时，一般先检查交流通路是否正确，是否满足正反馈的要求，再检查直流通路是否正确，这样不易出错。上述步骤全部完成后，再复查一下，以免顾此失彼。

4.3.1　电容三点式振荡器（考毕兹振荡器）

图 4.11（a）所示为电容三点式振荡器。下面从 4 个方面对该振荡器的性能加以分析。

1．画出该振荡器的交流等效电路，判断其电路类型

图 4.11（a）中，L，C_1 和 C_2 组成振荡器回路，作为晶体管放大器的负载阻抗，R_{b1}、R_{b2}、R_e 为直流偏置电阻。C_4 是基极偏置的滤波电容，C_3 是集电极耦合电容，C_e 是发射极旁路电容，它们对交流应当等效为短路。直流电源 E_c 对于交流等效为短路接地。扼流圈 L_c 的作用是避免高频信号被旁路，而且为晶体管集电极构成直流通路。也可用 R_c 代替 L_c，但 R_c 将引入损耗，使回路有载 Q 值下降，所以 R_c 值不能过小。R_{b1}、R_{b2} 被交流短路，由此可画出该电路的交流等效电路，如图 4.11（b）所示。根据三点式相位平衡判断准则可知，与晶体管发射极相连的是两个极性相同的电容，所以该振荡器为电容三点式振荡器。

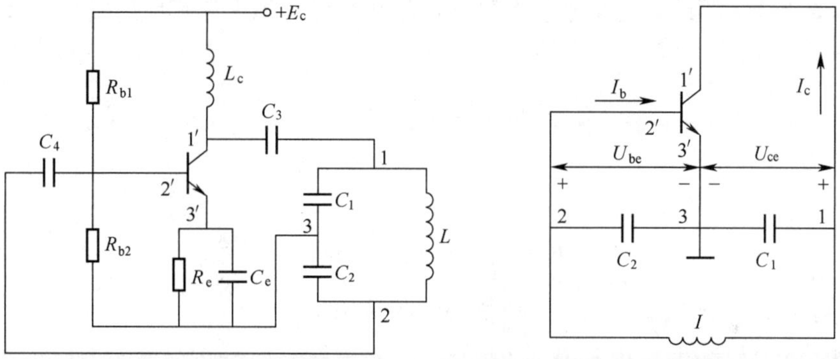

图 4.11　电容三点式振荡电路

2．反馈系数

为了分析方便，把图 4.11（b）改画成图 4.12（a）所示的等效电路。

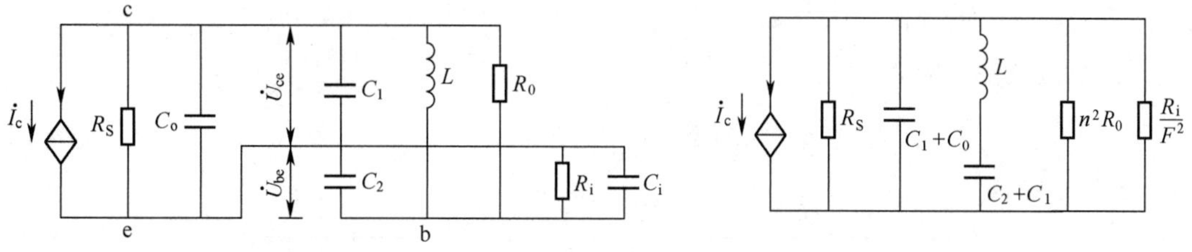

（a）　　　　　　　　　　（b）

图 4.12　考毕兹电路的交流等效电路

图中，R_S 为晶体管输出电阻；C_o 为晶体管输出电容；R_i 为晶体管输入电阻；C_i 为晶体管输入电容；R_0 为回路谐振电阻。

由于反馈系数 F 等于 U_{be} 与 U_{ce} 之比，忽略电阻对电容的旁路作用，可得的 F 大小为（U_{be} 与 U_{ce} 极性相反）

$$F=\frac{U_{\rm be}}{U_{\rm ce}}=\frac{\dot I\cdot\dfrac{1}{{\rm j}\omega(C_{\rm i}+C_2)}}{\dot I\cdot\dfrac{1}{{\rm j}\omega(C_{\rm o}+C_1)}}=\frac{C_{\rm o}+C_1}{C_{\rm i}+C_2} \tag{4.7}$$

令 $C_1'=C_{\rm o}+C$，$C_2'=C_{\rm i}+C_2$，则

$$F=\frac{C_1'}{C_2'} \tag{4.8}$$

3. 起振条件分析

要分析起振条件，关键是求出放大倍数 K 和反馈系数 F，再判断乘积 KF 是否大于 1。

把 4.12（a）中各元件折算到 c-e 端，得图 4.12（b）。

（1）R_0 接在谐振回路两端，可理解为全部接入，C_1 与回路采用部分接入，接入系数为 $n=\dfrac{C_2'}{C_1'+C_2'}$，将 R_0 折算到 c-e 端（全部接入转换为部分接入，电阻减小）后的电阻 $R_0'=n^2R_0$。

（2）设接在 b-e 端的 $R_{\rm i}$ 折算到 c-e 端后的电阻为 $R_{\rm i}'$，根据变化前后电阻上消耗的功率不变有

$$\frac{1}{2}\frac{U_{\rm be}^2}{R_{\rm i}}=\frac{1}{2}\frac{U_{\rm ce}^2}{R_{\rm i}'}$$

即

$$R_{\rm i}'=\left(\frac{U_{\rm be}}{U_{\rm ce}}\right)^2R_{\rm i}=\frac{1}{F^2}R_{\rm i} \tag{4.9}$$

此时，c-e 端的总电阻 R_Σ 由 $R_{\rm S}$、R_0' 和 $R_{\rm i}'$ 三部分组成。

$$\frac{1}{R_\Sigma}=\frac{1}{R_0'}+\frac{1}{R_{\rm i}'}+\frac{1}{R_{\rm S}}=\frac{1}{n^2R_0}+\frac{F^2}{R_{\rm i}}+\frac{1}{R_{\rm S}} \tag{4.10}$$

放大倍数 K 大小为

$$K=\frac{u_{\rm o}}{u_{\rm i}}=\frac{I_{\rm c}R_\Sigma}{I_{\rm b}R_{\rm i}}=\frac{\beta I_{\rm b}R_\Sigma}{I_{\rm b}R_{\rm i}}=\frac{\beta R_\Sigma}{R_{\rm i}} \tag{4.11}$$

式中，β 是晶体管的电流放大系数。

根据起振条件，应有

$$KF=\frac{\beta R_\Sigma}{R_{\rm i}}\cdot F>1 \tag{4.12}$$

$$\beta>\frac{R_i}{F}\cdot\frac{1}{R_\Sigma}=\frac{R_{\rm i}}{F}\cdot\left(\frac{1}{n^2R_0}+\frac{F^2}{R_{\rm i}}+\frac{1}{R_{\rm S}}\right)=\frac{R_{\rm i}}{F}\cdot\left(\frac{1}{n^2R_0}+\frac{1}{R_{\rm S}}\right)+F \tag{4.13}$$

如果 $n^2R_0>>R_{\rm S}$，则回路损耗可以忽略，得起振条件的表达式为

$$\beta>\frac{R_{\rm i}}{R_{\rm S}}\cdot\frac{1}{F}+F \tag{4.14}$$

思考：当 $R_{\rm i}/R_{\rm S}$ 为定值时，如何合理地选择 F 的值？

从式（4.14）右端第一项可看出 F 越大，保证起振的 β 值越低；从第二项可看出 F 越大，保证起振的 β 值越高。这是因为反馈电路不仅把输出电压的一部分送回输入端产生振荡，而

且把晶体管的输入电阻也反应到 LC 回路两端，F 大，使等效负载电阻 R_Σ 减小，放大倍数下降，不易起振。另外，F 的大小还影响波形的好坏，F 过大会使振荡波形的非线性失真变得严重。因此通常 F 都选得较小，在 0.01～0.5 之间。在 F 较小时，式（4.14）可近似写为

$$\beta > \frac{R_\mathrm{i}}{R_\mathrm{S}} \cdot \frac{1}{F} \tag{4.15}$$

将 F 用电容比代入，得到起振条件的表达式是

$$\beta > \frac{R_\mathrm{i}}{R_\mathrm{S}} \cdot \frac{C_2'}{C_1'} \tag{4.16}$$

4. 振荡频率

为保证相位平衡条件，振荡器的振荡频率 f_0 基本上等于谐振回路的谐振频率，即

$$f_0 \approx \frac{1}{2\pi\sqrt{L\dfrac{C_1'C_2'}{C_1'+C_2'}}} = \frac{1}{2\pi\sqrt{LC}} \tag{4.17}$$

其中 $C = \dfrac{C_1'C_2'}{C_1'+C_2'}$。

f_0 的精确表达式为

$$f_0 = \frac{1}{2\pi}\sqrt{\frac{1}{LC} + \frac{1}{C_1'C_2'R_\mathrm{i}R_\mathrm{S}}} \tag{4.18}$$

由式（4.18）可知，考毕兹振荡器的振荡频率要比 $\dfrac{1}{2\pi\sqrt{LC}}$ 稍高一点，R_i、R_S 越小，振荡频率越高。

总结：

对于电容三点式振荡器，有如下几点内容。

（1）反馈系数：$F = \dfrac{U_\mathrm{be}}{U_\mathrm{ce}} = \dfrac{C_\mathrm{o}+C_1}{C_\mathrm{i}+C_2} = \dfrac{C_1'}{C_2'}$。

（2）起振条件：只要满足三点式振荡器的构成法则（即“射同它异”），则满足相位条件，振幅条件是 $\beta > \dfrac{R_\mathrm{i}}{R_\mathrm{S}} \cdot \dfrac{1}{F} + F$，$F$ 取值较小，在 0.01～0.5 之间。

（3）振荡器的振荡频率取谐振频率 $\dfrac{1}{2\pi\sqrt{LC}}$，比振荡器的实际振荡频率要稍低一点。

4.3.2 电感三点式振荡器（哈特莱振荡器）

1. 哈特莱振荡器振荡原理

图 4.13 为电感三点式振荡器，图中，C、L_1 和 L_2 组成振荡器回路，作为晶体管放大器的负载阻抗，R_b1、R_b2、R_e 为直流偏置电阻。C_1 是基极偏置的滤波电容，C_e 是发射极旁路电容，它们对交流应当等效短路。直流电源 E_C 对于交流等效短路接地。扼流圈 L_c 的作用是为了避免高频信号被旁路，而且为晶体管集电极构成直流通路。R_b1、R_b2 被交流短路，由此可画出该电路的交流等效电路，如图 4.13（b）所示。根据三点式相位平衡判断准则可知，与晶体

管发射极相连的是两个极性相同的电感，所以为电感三点式振荡器。

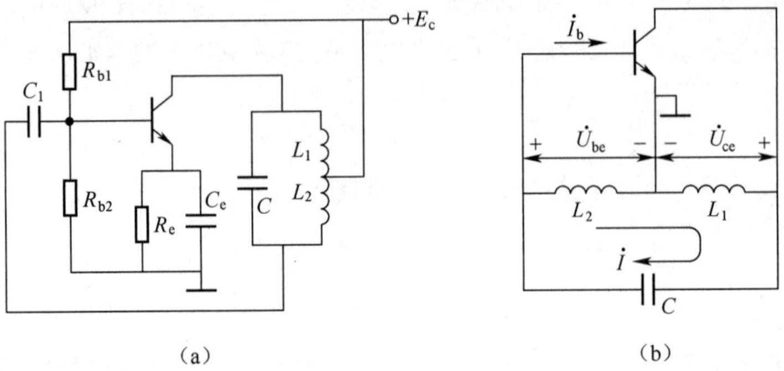

图 4.13　电感三点式振荡器

采用与电容三点式振荡器相同的分析方法，可求得

（1）起振条件的公式为

$$\beta > \frac{R_i}{F} \cdot \left(\frac{1}{n^2 R_0} + \frac{1}{R_S} \right) + F \tag{4.19}$$

其中$n = \dfrac{L_1}{L_1 + L_2}$。

（2）当L_1与L_2相互屏蔽没有耦合时，反馈系数F满足的公式为

$$F = \frac{L_2}{L_1} \tag{4.20}$$

（3）振荡器的振荡频率f_0基本上等于谐振回路的谐振频率，即

$$f_0 \approx \frac{1}{2\pi\sqrt{(L_1 + L_2 + 2M)C}} = \frac{1}{2\pi\sqrt{LC}} \tag{4.21}$$

其中$L = L_1 + L_2 + 2M$。比振荡器的实际振荡频率$f_0 = \dfrac{1}{2\pi} \dfrac{1}{\sqrt{LC + \dfrac{L_1 L_2 - M^2}{R_S R_i}}}$稍微高一点。

2. 电感三点式和电容三点式的比较

电容三点式与电感三点式振荡器各有特点。

（1）电容三点式振荡器由于输出端和反馈支路都是电容，对于高次谐波来说容抗小，所以滤除高次谐波的能力强；并且高次谐波的反馈电压小，故振荡器的波形质量好。另外，晶体管的输入、输出电容与回路电容并联，为了减小它们对谐振回路的影响，可以适当增加回路的电容值，以提高频率的稳定度。在振荡频率较高时，有时可以不用回路电容，直接利用晶体管的输入输出电容构成振荡电容，因此它的振荡频率较高，一般可达几百兆赫，在超高频晶体管振荡器中常采用在这种电路，它的缺点是由于用了两个电容（C_1和C_2），若要利用可变电容调频率就不方便了。

（2）电感三点式振荡器由于放大器的输出和反馈电压都取自于电感，故电感对高次谐波呈现的阻抗大，所以高次谐波的反馈电压大，波形失真也大，振荡频率不是很高，一般只达几十兆赫，它的优点是只用一只可变电容就可以容易地调节频率。在一些仪器中，如高频信号发

生器，常用此电路制作频率可调节的振荡器。

4.3.3　改进型电容三点式振荡器

前面讨论的 LC 振荡器的振荡频率不仅与谐振回路 LC 元件的值有关，而且还与晶体管的输入电容以及输出电容有关。当工作环境改变或更换晶体管时，振荡频率及其稳定性就要受到影响。

例如，对于电容三点式振荡器，晶体管的电容 C_i、C_o 分别同回路电容 C_1、C_2 并联，如图 4.14 所示，其振荡频率可以近似写为

$$f_0 \approx \frac{1}{2\pi\sqrt{L\dfrac{(C_1+C_o)(C_2+C_i)}{C_1+C_2+C_o+C_i}}} \tag{4.22}$$

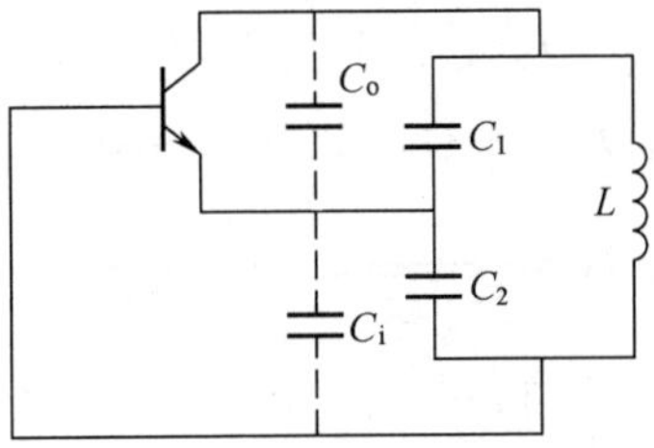

图 4.14　计入 C_i 及 C_o 的电容三点式振荡器的等效电路

思考：由式（4.22）可看出，晶体管的输入输出电容 C_i 及 C_o 影响着振荡器的振荡频率，如何减小 C_i、C_o 的影响，以提高频率稳定度呢？

表面看来，加大回路电容 C_1、C_2 的电容量，可以减弱由于 C_o、C_i 的变化对振荡频率的影响。但是这只适用于频率不太高、C_1 和 C_2 较大的情况，当频率较高时，过分地增加 C_1 和 C_2，必然减小 L 值（维持振荡频率不变）。实际制作电感线圈时，电感量过小，线圈的品质因数就不易做高，这就导致回路的 Q 值下降，振荡幅度下降，甚至会使振荡器停振。也就是说，通过增加 C_1 和 C_2 以提高频率稳定度的方法是不可取的。

改进思路：从谐振回路入手，想办法让振荡频率 f_0 与 C_i 和 C_o 无关。常用的有两种方法：串联改进型（在电感支路串联一个小的可变电容）和并联改进型（在电感支路并联一个小的可变电容）。

接下来分别对这两种电路进行详细分析。

1．串联改进型电容三点式振荡器（克拉泼振荡器）

在基本型的电容三点式电感支路串联一个小的可变电容 C，且满足 $C_1 >> C$，$C_2 >> C$，将该电路称为串联改进型电容三点式振荡器，又叫“克拉泼”电路。克拉泼电路如图 4.15（a）所示，其交流等效电路如图 4.15（b）所示。

为了方便分析，令 $C_1' = C_1 + C_o$，$C_2' = C_2 + C_i$。此时，再计算振荡器的振荡频率。电路中的电容 C_Σ 包含了三部分：C_1'、C_2' 和 C，且 3 个电容为串联关系（思考：如何快速准确地判断这 3 个电容的连接方式）。

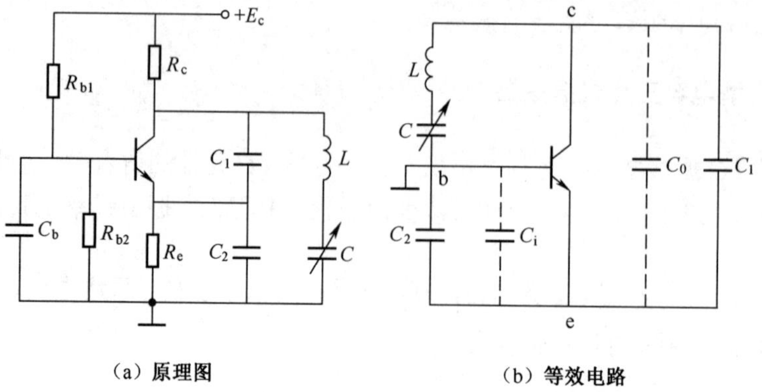

图 4.15 克拉泼电路

所以有

$$\frac{1}{C_\Sigma}=\frac{1}{C}+\frac{1}{C_1'}+\frac{1}{C_2'} \tag{4.23}$$

由于$C_1 >> C$，$C_2 >> C$，所以$C_\Sigma \approx C$，此时振荡频率f_0可表示为

$$f_0 \approx \frac{1}{2\pi\sqrt{LC_\Sigma}} \approx \frac{1}{2\pi\sqrt{LC}} \tag{4.24}$$

从式（4.24）可知，对于克拉泼电路来讲，振荡频率主要由C决定，基本上与C_i和C_o无关，它们的变动对振荡频率的稳定性没有什么影响，故提高了频率稳定度。

体会：对于谐振回路中各电容元件连接方式的判别可采用这样的方法：从电感的一端出发，回到另外一端，看中间是否有分支，有分支的为并联，没有分支的为串联。

思考：使式（4.24）成立的前提是C_1和C_2要选得比较大，那么是不是C_1、C_2越大越好呢？

回答是否定的，接下来具体分析这个问题。

为了说明这个问题，从分析回路谐振电阻R入手，R为电感L的损耗电阻，如图 4.16 所示。

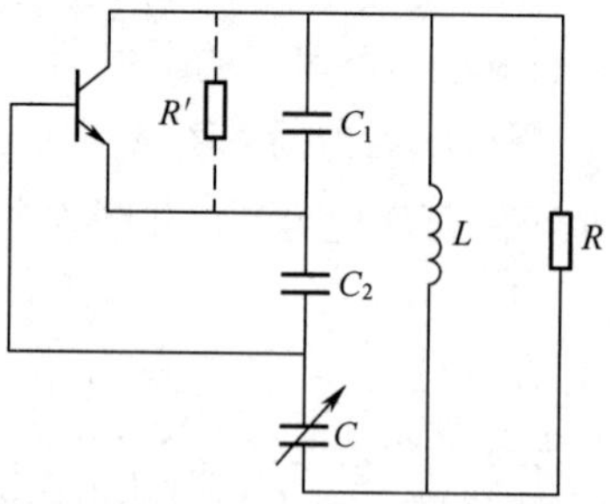

图 4.16 谐振电阻 R 折合到晶体管输出端

设R折算到 c-e 两端后的等效阻值为R'。这是一个把电阻从全部接入转换为部分接入的问题，其接入系数n为

$$n=\frac{C_2C}{C_2+C}\Big/\left(C_1+\frac{C_2C}{C_2+C}\right) \tag{4.25}$$

由于$C_2 >> C$、$C_1 >> C$故

$$n \approx \frac{C}{C_1} = \frac{1}{\omega_0^2 LC_1} \tag{4.26}$$

式中，$\omega_0 = \frac{1}{\sqrt{LC}}$。又

$$R = Q\omega_0 L \tag{4.27}$$

所以

$$R' = n^2 R \approx \left(\frac{1}{\omega_0^2 LC_1}\right)^2 Q\omega_0 L = \frac{\omega_0 LQ}{\omega_0^4 L^2 C_1^2} = \frac{1}{\omega_0^3} \cdot \frac{Q}{LC_1^2} \tag{4.28}$$

由式（4.28）看出，C_1、C_2过大时，R'变的很小，放大器电压增益降低，振幅下降；还可以看出，R'与振荡器ω_0的三次方成反比，当减小C以提高频率ω_0时，R'的值急剧下降，振荡幅度显著下降，甚至会停振。另外，R'与Q成正比，提高Q有利于起振和提高振荡幅度。

克拉泼振荡器虽然可以提高频率稳定度，但存在以下缺点：

（1）C_1、C_2如过大，则振荡幅度就太低。

（2）当减小C来提高ω_0时，振荡幅度显著下降；当C减到一定程度时，可能停振。

（3）用作频率可调的振荡器时，振荡幅度随频率增加而下降，在波段范围内幅度不平稳，因此，频率覆盖系数（在频率可调的振荡器中，高端频率和低端频率之比称为频率覆盖系数）不大，为1.2～1.3。

2. 并联改进型电容三点式振荡器（西勒振荡器）

克拉泼振荡器虽然提高了频率的稳定性，但当C变化时会引起接入系数n的变化，而n的变化又将引起R'的变化，最终会影响振荡幅度。

改进思路：在继承克拉泼振荡器稳定度高的优点时，使接入系数为常数，不受可变电容的影响，这可通过在电感支路再并联一个小的可变电容来实现。

由于在电感支路并联了一个小电容C，并满足$C_1 >> C_3$、$C_2 >> C_3$，所以称该电路为并联改进型电容三点式振荡器，又称西勒振荡器。振荡器的电路和等效电路如图4.17所示。

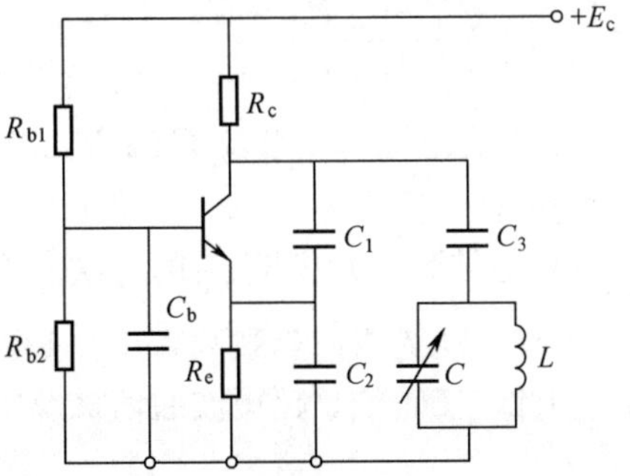

（a）原理图

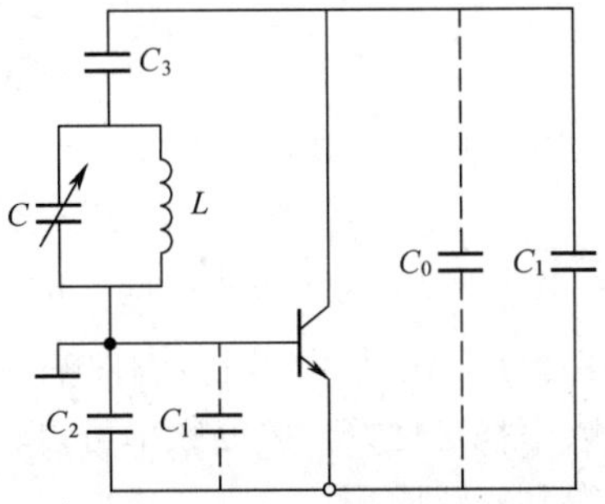

（b）等效电路

图4.17　并联改进型电容反馈三点式电路

为了方便分析，同样令$C_1' = C_1 + C_o$、$C_2' = C_2 + C_i$，再计算振荡器的振荡频率。此时，电路中的总电容C_Σ包含了四部分：C_1'、C_2'、C_3和C，根据前面所述的判别方法可知，从电感

一端（上端）出发，首先分两个支路，第一个支路流经电容C到电感的另一端（下端），第二个支路流经C_3、C_1'和C_2'，回到电感下端。也就是说C_3、C_1'和C_2'串联后再与C并联。

所以回路总电容为

$$C_\Sigma = C + \frac{1}{\frac{1}{C_1'} + \frac{1}{C_2'} + \frac{1}{C_3}} \tag{4.29}$$

由于$C_1 >> C_3$，$C_2 >> C_3$，所以$C_\Sigma \approx C + C_3$，此时振荡频率f_0可表示为

$$f_0 \approx \frac{1}{2\pi\sqrt{LC_\Sigma}} \approx \frac{1}{2\pi\sqrt{L(C+C_3)}} \tag{4.30}$$

从式（4.30）可知，对于西勒振荡器来讲，振荡频率主要由C和C_3决定，基本上与C_i和C_o无关，也即西勒振荡器继承了克拉泼振荡器的优点，提高了频率稳定度。那么西勒振荡器又是如何克服克拉泼振荡器缺点的呢？

接下来还是从分析谐振电阻R入手，电路如图 4.18 所示。

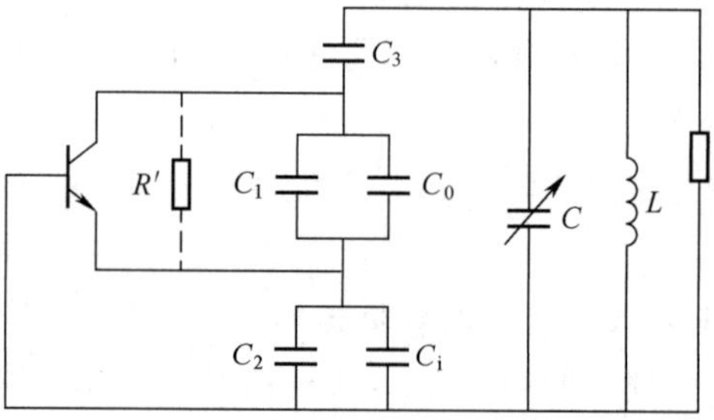

图 4.18　谐振电阻折算到晶体管的输出端

设R折算到 c-e 两端后的等效阻值为R'。这也是一个把电阻从全部接入转换为部分接入的问题，其接入系数n为

$$n = \frac{\frac{C_3C_2'}{C_3+C_2'}}{C_1' + \frac{C_3C_2'}{C_3+C_2'}} = \frac{1}{1+\frac{C_1(C_3+C_2')}{C_3C_2'}} = \frac{1}{1+\frac{(C_1+C_o)(C_3+C_2+C_i)}{C_3(C_2+C_i)}} \tag{4.31}$$

从式（4.31）可知，接入系数n是一个与C无关的常数，不会随C的变化而变化，所以

$$R' = n^2R = n^2Q\omega_0L \tag{4.32}$$

由式（4.32）可知，当改变C时，n、L、Q都是常数，则仅随ω_0的一次方增长，易于起振，振荡幅度增加，使其在波段范围内幅度比较平稳，频率覆盖系数较大，为 1.6～1.8。另外，西勒振荡器频率稳定性好，振荡频率可以较高。因此，在短波、超短波通信机及电视接收机等高频设备中得到广泛应用。

在本电路中，C_3的大小对电路的性能有很大的影响，因此频率是靠调节C来改变的，所以C_3不能选择太大，否则振荡频率主要由C_3和L决定，将限制频率调节的范围。此外，C_3过大也不利于消除C_i和C_o对频率稳定的影响。反之，若C_3选择过小，接入系数n降低，振荡幅度就比较小了。在一些短波通信中，常选可变电容C为20～360pF，而C_3在一二百皮法的数量级。

例题 4-3　电路如图 4.19 所示，C_1=51pF，C_2=3300pF，C_3=12～250pF，L=0.5μH，R_L=5kΩ，$g_m = 50\text{mS}$，回路 $Q_0 = 80$，试计算振荡器的振荡频率范围。

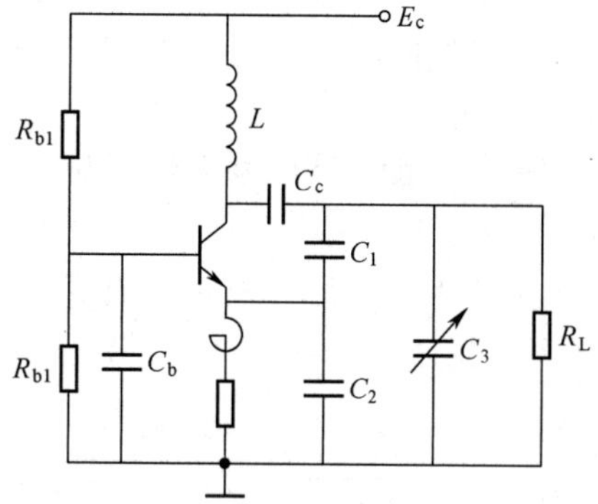

图 4.19　振荡电路

题意分析：根据回路可以计算出振荡器的振荡频率范围，但是题目中告诉了跨导 g_m 的大小，要求计算出频率范围后检查一下是否在整个频率范围内都能满足起振的振幅条件，不能满足时，其频率范围由起振条件决定。

解：一般情况下，振荡器的振荡频率由谐振回路决定，谐振回路的谐振频率 f_0 为

$$f_0 = \frac{1}{2\pi\sqrt{LC}} = \frac{1}{2\times 3.14\times\sqrt{0.5\times 10^{-6}\times C}} = \frac{225.2}{\sqrt{C}}$$

由图有

$$C = C_3 + 1\bigg/\left(\frac{1}{C_1}+\frac{1}{C_2}\right) = \begin{cases} 62\text{pF} & (C_3 = 12\text{pF}) \\ 300\text{pF} & (C_3 = 250\text{pF}) \end{cases}$$

则

$$f_0 = \begin{cases} 28.6\text{MHz} & (C_3 = 12\text{pF}) \\ 13.0\text{MHz} & (C_3 = 250\text{pF}) \end{cases}$$

反馈系数 F 的大小为

$$F = \frac{C_1}{C_2} = \frac{51}{3300} = 0.015$$

现在应判断在谐振频率范围是否都能满足起振条件，即

$$g_m R_L' F > 1$$

其中

$$R_L' = p^2(R_L /\!/ R_0) = \left(\frac{C_2}{C_1+C_2}\right)^2 \times (R_L /\!/ Q_0\omega_0 L) = \begin{cases} 2.86\text{k}\Omega & (f_0 = 28.6\text{MHz}) \\ 1.93\text{k}\Omega & (f_0 = 13.0\text{MHz}) \end{cases}$$

所以

$$g_m R_L' F = \begin{cases} 2.15 & (f_0 = 28.6\text{MHz}) \\ 1.45 & (f_0 = 13.0\text{MHz}) \end{cases}$$

由此可见，在谐振频率范围内都能满足起振条件，故谐振频率范围即为振荡器的工作频率范围。所以振荡器的工作频率范围为 13.0～28.6MHz。

讨论：由回路的参数可以求得振荡器的可能振荡范围，是否一定能够振荡还要看是否在所有的频率范围内均能满足起振的振幅条件。根据起振的振幅条件，也可以计算出该电路的振荡频率范围，取两个范围的交集即可。如果将题中的 g_m 改为 $g_m = 30\text{mS}$，则在频率的低端不能振荡，频率的低端应由起振的振幅条件决定，读者可以自行分析。

4.4 振荡器的频率稳定度

振荡器的频率稳定是一个十分重要的问题。例如，通信系统的频率不稳，就会漏失信号而联系不上；测量仪器的频率不稳，就会引起较大的测量误差；在载波电话中，载波频率不稳，将会引起话音失真。

4.4.1 振荡器的频率稳定度

绝对静止的、固定的事物在宇宙中是不存在的。一个频率为 1kHz、振幅为 5V 的正弦波振荡电压 $u = 5\sin 2\pi \times 10^3 t$ 在实际生活中是不存在的。实际生活中存在的是 $u = [U_m + \xi(t)]\sin[\omega_0 t + \varphi(t)]$，式中，$U_m$ 是电压振幅的数学期望值，即统计平均值，$\xi(t)$ 是振幅抖动值，ω_0 是角频率的统计平均值，$\varphi(t)$ 是相位抖动值。

振荡器的频率稳定度指标是用频率稳定度来衡量的，频率稳定度有以下两种表示方法。

1. 绝对频率稳定度

绝对频率稳定度是指在一定条件下实际振荡频率 f 与标准频率 f_0 的偏差，即

$$\Delta f = f - f_0 \tag{4.33}$$

2. 相对频率稳定度

相对频率稳定度是指在一定条件下，绝对频率稳定度 Δf 与标准频率 f_0 之间的比值，即

$$\frac{\Delta f}{f_0} = \frac{f - f_0}{f_0} \tag{4.34}$$

常用的是相对频率稳定度，简称频率稳定度。例如，一个振荡频率为 1MHz 的振荡器，实际工作在 0.99999MHz，它的相对频率稳定度 $\left|\frac{\Delta f}{f_0}\right| = \frac{10\text{Hz}}{1\text{MHz}} = \frac{10}{10^6} = 1\times10^{-5}$。$\frac{\Delta f}{f_0}$ 越小，频率稳定度越高。

注：“一定条件”可以指一定的时间范围或一定的温度或电压变化范围。

例如，在一定时间范围内的频率稳定度可以分为以下几种情况。

（1）短期稳定度——一小时内的相对频率稳定度，一般用来评价测量仪器和通信设备中主振器的频率稳定指标。

（2）中期稳定度——一天内的相对频率稳定度。

（3）长期稳定度——数月或一年内的相对频率稳定度。

频率稳定度用 10 的指数形式表示，频率稳定度的绝对值越小，稳定度越高。中波广播电台发射机的中期稳定度是 2×10^{-5}/d；电视发射台是 5×10^{-7}/d；一般 LC 振荡器是 10^{-3}～10^{-4}/d；克拉泼和西勒振荡器是 10^{-4}～10^{-5}/d。

4.4.2 造成频率不稳定的因素

各种振荡器都具有其共性，但每种振荡器又有其个性，个性是共性的具体体现。对振荡器频率稳定度的研究也是如此，首先以 LC 正弦振荡器为例。

振荡器的频率主要取决于回路的参数，也与晶体管的参数有关，这些参数不可能固定不变，所以振荡频率也不能绝对稳定。

1. LC 回路参数的不稳定

温度变化是使 LC 回路参数不稳定的主要因素。温度改变会使电感线圈和回路电容几何尺寸变形，因而改变电感 L 和电容 C 的数值。一般 L 具有正温度系数，即 L 随温度的升高而增大。而电容由于介电材料和结构的不同，电容器的温度系数可正可负。另外机械振动可使电感和电容产生形变，L 和 C 的数值变化，因而引起振荡频率的改变。

2. 晶体管参数的不稳定

当温度变化或电源变化时，必定引起静态工作点和晶体管结电容的改变，从而使振荡频率不稳定。

4.4.3 稳频措施

1. 减小温度的影响

为了减少温度变化对振荡频率的影响，最根本的办法是将整个振荡器或振荡回路置于恒温槽内，以保持温度的恒定。这种方法适用于技术指标要求较高的设备中。

一般来说，为了减小温度的影响，应该采用温度系数较小的电感、电容。例如，电感线圈可用高频磁骨架，它的温度系数和损耗都较小。对空气可变电容来说，用铜作支架比用铝材料要好，因为铜的热膨胀系数较小。固定电容中比较好的是云母电容，它的温度系数小，性能稳定可靠。

2. 稳定电源电压

电源电压的波动会使晶体管的工作点电压、电流发生变化，从而改变晶体管的参数，降低频率稳定度。为了减小这个影响，应该采用良好的稳压电源以及稳定工作点的电路。

3. 减小负载的影响

振荡器输出信号需要加到负载上，负载的变动必然引起振荡频率不稳定。为了减小这一影响，可在振荡器及其负载之间加一缓冲级，它由输入电阻很大的射极输出器组成，因而减弱了负载对振荡回路的影响。

4. 晶体管与回路之间的连接采用松耦合

例如，克拉泼和西勒振荡器，它们就是把决定振荡器频率的主要元件 L、C 与晶体管的输入、输出阻抗参数隔开，主要是与电容 C_i 、C_o 隔开，使晶体管与谐振回路之间耦合很弱，可以提高频率稳定度。

5. 提高回路的品质因数 Q

在理想情况下，振荡器的频率等于 LC 回路的谐振频率，这时放大器的相移 φ_K 和反馈系数的相移 φ_F 分别等于 π，相位平衡条件是 $\varphi_K + \varphi_F = 2\pi$。但是晶体管输出电压对输入电压降有一附加相移 φ_T，晶体管总是工作在回路的失谐状态，也引起了附加相移 φ_0，于是，相位平衡

条件是

$$\varphi_K + \varphi_F = \varphi_T + \varphi_0 + \pi + \varphi_F = 2\pi \tag{4.35}$$

当 φ_T 和 φ_F 由于某种原因发生了变化时，为了维持振荡，φ_0 必然产生相反的变化，使相位平衡条件成立，而 φ_0 是 LC 回路的相移，它的变化必然引起频率的变化。因此，当不稳定因素改变了相位 φ_T 和 φ_F 时，φ_0 必然自动调节，使得在新频率下，重新满足相位平衡条件。

LC 回路的相移 φ_0 同 Q 之间的关系为

$$\varphi_0 = -\arctan 2Q\left(\frac{\omega}{\omega_0} - 1\right) \tag{4.36}$$

φ_0 对 ω 的变化率是

$$\frac{\partial \varphi_0}{\partial \omega} = -\frac{1}{1+\left[2Q\left(\dfrac{\omega}{\omega_0}-1\right)\right]^2} \times \frac{2Q}{\omega_0} = -\frac{2Q}{\omega_0}\cos^2 \varphi_0 \tag{4.37}$$

由式（4.37）可知，当 Q 增加时，ω_0 附近相频特性曲线斜率的绝对值 $\left|\frac{\partial \varphi_0}{\partial \omega}\right|$ 增大。设有 Q 值不同的两个 LC 回路，其相频特性曲线如图 4.20 所示。在 ω_0 附近，高 Q 的相频特性曲线变化快，低 Q 的相频特性曲线变化慢。设回路原来的相移为 φ_{01}，外界不稳定因素引起的相移变化为 $\Delta\varphi_0$。Q 高的，曲线斜率大，频率变化 $\Delta\omega_1$ 小；Q 低的曲线频率变化 $\Delta\omega_2$ 大。所以谐振回路的 Q 值越高，越有利于频率稳定。

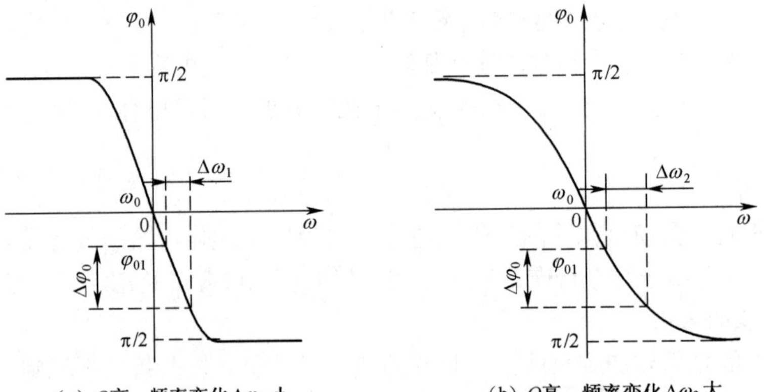

（a）Q高，频率变化 $\Delta\omega_1$ 小　　（b）Q高，频率变化 $\Delta\omega_2$ 大

图 4.20　相频特性曲线

6. 使振荡频率接近于回路的谐振频率

由式（4.37）可知，若 Q 不变，当 $\varphi_0 = 0$ 时，相频特性曲线的绝对值 $\left|\frac{\partial \varphi_0}{\partial \omega}\right|$ 最大，此时有

$$\left|\frac{\partial \varphi_0}{\partial \omega}\right| = \frac{2Q}{\omega_0} \tag{4.38}$$

这说明振荡器频率 ω 越接近于谐振频率，越可以提高频率稳定度。反之，失谐越大，则 $|\varphi_0|$ 越大，$\left|\frac{\partial \varphi_0}{\partial \omega}\right|$ 越小，频率稳定度越低。

为使 φ_0 更接近于 0，可以在电路中串入一个附加的电抗元件，这称为相位补偿法。

7. 屏蔽、远离热源

将 LC 回路屏蔽可以减少周围电磁场的干扰。将振荡电路离热源（如电源变压器、大功率晶体管等）远一些，可以减小温度变化对振荡器的影响。

4.5　石英晶体振荡器

以上讨论的 LC 振荡器，它们的日频率稳定度为 10^{-2}～10^{-3} 的数量级。即使采用了一系列稳频措施，一般也难以获得比 10^{-4} 更高的频率稳定度。但是，实际情况往往需要更高的频率稳定度。例如，广播发射机的日频率稳定度一般要求优于 1.5×10^{-5}；单边带发射机的频率稳定度一般要求优于 10^{-6}；作为频率标准的振荡器，频率稳定度要求高达 10^{-8}～10^{-9}。显然，普通的 LC 振荡器是不可能满足上述要求的。本节将利用石英晶体作为振荡回路元件，构成石英晶体振荡器（以下简称石英振荡器），可获得很高的频率稳定度。

思考：为什么用石英晶体作为振荡回路元件，就能使振荡器的频率稳定度大大提高呢？

4.5.1　石英振荡器的特性

1. 石英振荡器的物理特性

石英晶体是硅石的一种，它的化学成分是二氧化硅（SiO_2）。在石英晶体上按一定方位角切下薄片，然后在晶体片的两个对应表面上用喷涂金属的方法装上一对金属极板，就构成石英晶体振荡元件，其结构示意图如图 4.21 所示。

石英晶体片之所以能做成振荡器，是因为它具有压电效应。依靠这种效应，可以将机械能转变为电能；反之，也可以将电能转变为机械能。

什么是压电效应呢？当晶体受到机械力时，它的表面上就产生了电荷。如果机械力由压力变为张力，则晶体表面的电荷极性就反过来，这种效应称为正压电效应。反之，如果在晶体表面加入一定的电压，则晶体就会产生弹性变形。如果外加电压作交流变化，晶体就产生机械振动，振动的大小基本上正比于外加电压振幅，这种效应称为反压电效应。

石英晶体和其他弹性体一样，也具有惯性和弹性，因而存在固有振动频率。当外加电源频率与晶体的固有振动频率相等时，晶体片就产生谐振。这时，机械振动的幅度最大，相应的晶体表面产生的电荷量亦最大，因而外电路中的电流也最大。因此石英晶体片本身具有谐振回路的特性，它的等效电路如 4.21（b）所示。图中 C_0 代表石英晶体支架静电容量（即使石英晶片不振动，C_0 仍存在），一般为几至几十皮法（pF）；L_q、C_q、r_q 代表晶体本身的特性：L_q 相当于晶体的质量（惯性），C_q 相当于晶体的等效弹性模数，r_q 相当于摩擦损耗。晶体的 LCR 参量是很特异的，L_q 很大，一般以几亨（H）至十分之几亨计；C_q 很小，一般以百分之几皮法计；r_q 一般以几至几百欧（Ω）计。石英振荡器的符号用图 4.21（c）来表示。

石英振荡器的最大特点是：它的等效电感 L_q 非常大，而 C_q 和 r_q 非常小，所以石英振荡器的 Q 值非常高（$Q=\frac{1}{r_q}\sqrt{\frac{L_q}{C_q}}$），可以为几万到几百万，所以石英晶体振荡器的振荡频率稳定度非常高。

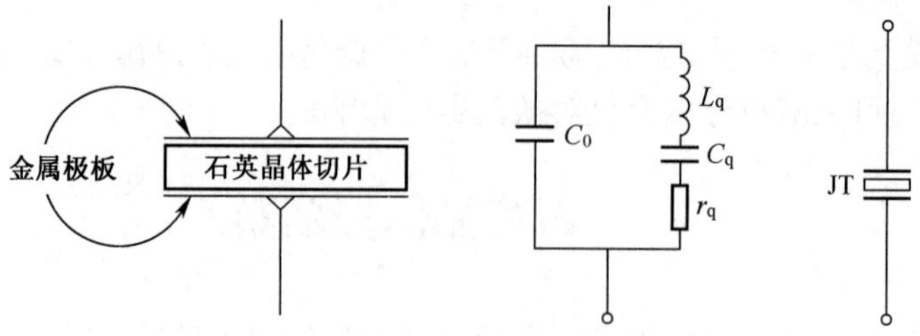

（a）结构示意图　（b）等效电路　（c）符号

图 4.21　石英谐振器的的结构示意图、等效电路和符号

2. 石英振荡器的频率

从图 4.21（b）的等效电路可看出，石英振荡器有两个谐振频率，串联谐振频率 f_s 和并联谐振频率 f_p，L_q、C_q 组成串联谐振回路，串联谐振频率 f_s 为

$$f_s = \frac{1}{2\pi\sqrt{L_q C_q}} \tag{4.39}$$

如果将 C_0 也考虑进去，L_q、C_q 与 C_0 组成并联谐振回路，并联谐振频率 f_p 为

$$f_p = \frac{1}{2\pi\sqrt{L_p \frac{C_0 C_q}{C_0 + C_q}}} \tag{4.40}$$

由于 $C_0 >> C_q$，所以 f_p 和 f_s 相差很小，由式（4.40）有

$$f_p = \frac{1}{2\pi\sqrt{L_q C_q}} \cdot \sqrt{\frac{C_0}{C_0 + C_q}} = f_s\sqrt{1 + \frac{C_q}{C_0}} \tag{4.41}$$

当 $\frac{C_q}{C_0} << 1$ 时，可利用级数展开的近似式 $\sqrt{1+x} \approx 1 + \frac{x}{2}$（当 $x << 1$ 时），所以

$$f_p \approx f_s\left(1 + \frac{C_q}{2C_0}\right) \tag{4.42}$$

3. 石英振荡器的电抗—频率曲线

为了方便分析，忽略 r_q 的影响，即认为 $r_q = 0$。此时，回路的等效阻抗 Z 为

$$Z = \frac{\mathrm{j}(\omega L_q - 1/\omega C_q)(-\mathrm{j}/\omega C_0)}{\mathrm{j}(\omega L_q - 1/\omega C_q - 1/\omega C_0)} = -\mathrm{j}\frac{1}{\omega C_0} \cdot \frac{\omega L_q (1 - 1/\omega^2 L_q C_q)}{\omega L_q\left(1 - 1/\omega^2 L_q \frac{C_q C_0}{C_q + C_0}\right)}$$
$$= -\mathrm{j}\frac{1}{\omega C_0} \cdot \left(1 - \frac{\omega_s^2}{\omega^2}\right) \Big/ \left(1 - \frac{\omega_p^2}{\omega^2}\right) \tag{4.43}$$

由式（4.43）看出，当 $\omega = \omega_s$ 时，L_q、C_q 支路产生串联谐振，$Z = 0$；当 $\omega = \omega_p$ 时，产生并联谐振，$Z \to \infty$；当 $\omega < \omega_s$ 或 $\omega > \omega_p$ 时，$Z = -\mathrm{j}x$，电抗呈容性；当 $\omega_s < \omega < \omega_p$ 时，$Z = +\mathrm{j}x$，

电抗呈感性。

由于两谐振频率 ω_s 与 ω_p 之差很小，所以呈感性的阻抗曲线非常陡峭，如图 4.22 所示。在实际应用中，石英振荡器工作在频率范围窄的电感区（可以把它看成一个电感），只是在电感区电抗曲线才有非常大的斜率（这对稳定频率很有用），在电容区不宜使用。

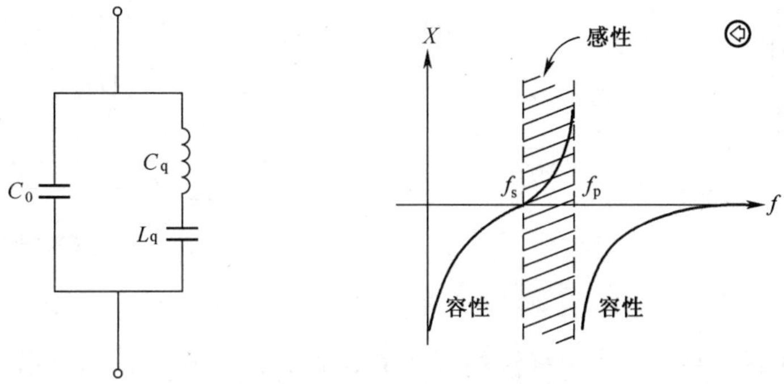

图 4.22　石英谐振器的电抗特性

总结：

石英振荡器频率稳定度高是因为

（1）它的频率温度系数小，用恒温设备后，更可保证频率稳定。

（2）石英振荡器的 Q 值非常高，在谐振频率 f_p 或 f_s 附近，相位特性变化率很高（相频特性曲线的斜率很大），这有利于稳频。

（3）石英振荡器的 $C_q << C_0$，使振荡频率基本上由 C_q 和 L_q 决定，外电路对振荡频率的影响很小。

4.5.2　石英晶体振荡器电路

石英晶体振荡器就是以石英晶体振荡器取代 LC 振荡器中构成谐振回路的电感、电容元件所组成的正弦波振荡器，它的频率稳定度可达 10^{-10}～10^{-11} 数量级，所以得到极为广泛的应用。石英晶体振荡器之所以具有极高的频率稳定度，其关键是采用了石英晶体这种具有高 Q 值的谐振元件。

由石英晶体振荡器（石英晶体振子）构成的振荡电路通常叫“晶振电路”。晶振电路的种类很多，但从晶体在电路中的作用来看分两类：并联型石英晶体振荡器和串联型石英晶体振荡器。

在并联晶振电路中，振荡器工作在晶体并联谐振频率附近，晶体等效为电感；在串联晶振电路中，振荡器工作在晶体串联谐振频率附近，晶体近似于短路。

1. 并联型石英晶体振荡器

并联型石英晶体振荡器是把石英晶体当作电感元件使用，振荡器的工作频率 f 与晶体的串、并联谐振角频率 f_s、f_p 之间满足一定的关系，如图 4.23 所示。

根据三点式电路“射同它异”的构成原则，石英振荡器应呈现感性。石英振荡器和电容 C_1、C_2 组成选频网络，当石英振荡器呈现的感抗 ω_L 等于 C_1、C_2 串联的容抗时，可确定振荡器的工作频率 f。若 C_1、C_2 变化，工作频率 f 就会发生微小的变化，但始终满足 $f_s < f < f_p$。

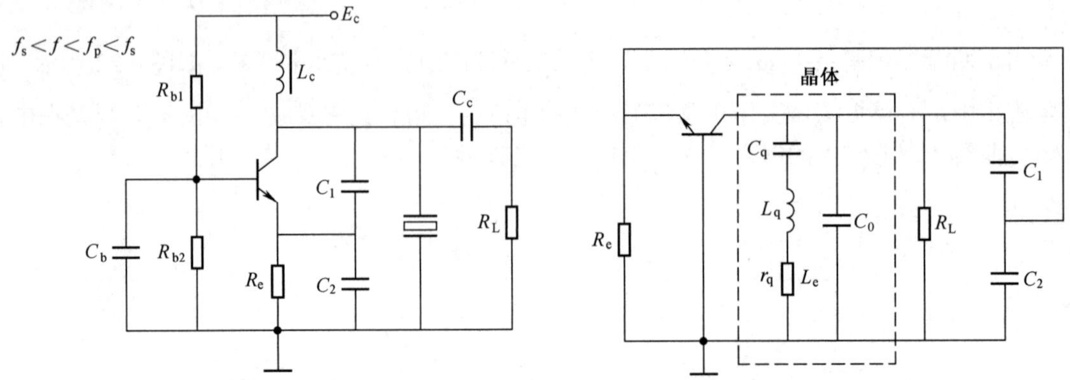

（a）原理电路　　（b）交流等效电路

图 4.23　并联型石英晶体振荡器

市场上出售的石英晶体盒子上标注的频率值既非 f_s，也非 f_p，而是指石英谐振器与规定的电容 C_L 相并联的谐振频率值。此电容 C_L 叫负载电容，厂家在产品说明书中都会给出。因此要使振荡器的工作频率 f 严格等于铭牌上标注的频率值，必须使 $\dfrac{C_1C_2}{C_1+C_2}=C_L$，否则就会有微小的偏差。

2. 串联型石英晶体振荡器

串联型石英晶体振荡器是把石英振荡器当作一根短路线用。当振荡器的工作频率 f 等于晶体的串联谐振频率 f_s 时，则石英振荡器的阻抗近似为 0；当频率偏离 f_s 时，晶体的阻抗骤然增加，近乎开路。所以把晶体接在振荡器的反馈支路中，只有当工作频率等于串联谐振频率 f_s 时才有反馈，从而只能形成 $f=f_s$ 的振荡，如图 4.24（a）所示。图 4.24（b）是串联型石英晶体振荡器的交流等效电路。

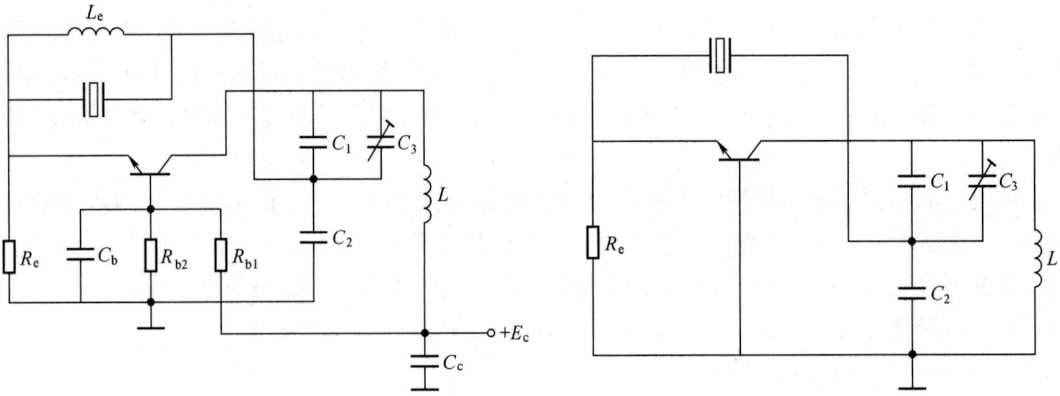

（a）原理电路　　（b）交流电路

图 4.24　串联型晶体振荡器及交流等效电路

例题 4-4　一石英晶体振荡器电路如图 4.25（a）所示，（1）画出交流等效电路，指出其是何种类型的石英晶体振荡器。（2）该电路的振荡频率是多少？（3）晶体在电路中的作用是什么？（4）该石英晶体振荡器有何特点？

题意分析：画出交流等效电路后，看晶体是回路的一部分，还是反馈网络的一部分。当晶体是回路的一部分时，则该石英晶体振荡器称为并联型石英晶体振荡器，晶体起等效电感的作用；当晶体是反馈网络的一部分时，该石英晶体振荡器称为串联型石英晶体振荡器，晶体起选频短路线的作用。对于石英晶体振荡器电路，其工作频率可以认为就是晶体的标称频率。

解：交流等效电路如图 4.25（b）所示，由图可知，该电路是串联型石英晶体振荡器。该电路的振荡频率为晶体的标称频率，即 5MHz。在电路中，晶体起选频短路线的作用。该石英晶体振荡器的特点是频率稳定度很高。

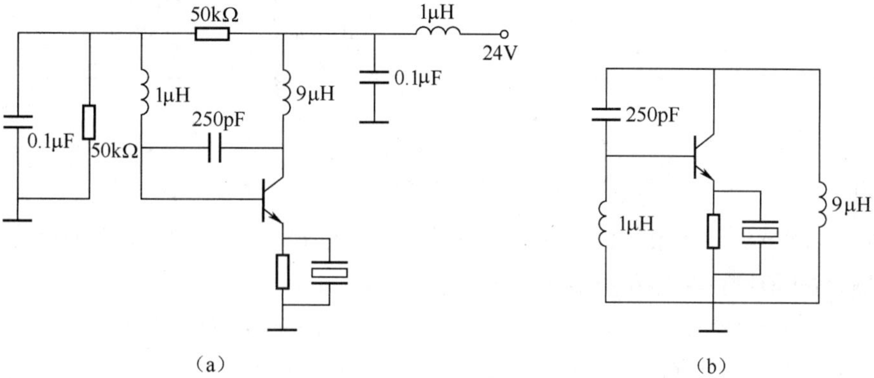

图 4.25　石英晶体振荡器电路

讨论：在串联型石英晶体振荡器中，只有振荡器的工作频率为晶体的标称频率时，晶体才相当于一短路线，此时电路的反馈最强，满足振幅条件，电路能正常工作；如果工作频率偏离标称频率，晶体呈现的阻抗将增大，反馈将减弱，影响振幅条件，导致电路不能正常工作，故在串联型石英晶体振荡器中晶体起选频短路线的作用。另外，晶振电路的工作频率为晶体的标称频率，从上面的说明中也可以知道。本题已知晶体的标称频率，如果没有直接给出标称频率，而只给出晶体的参数，即 C_0、C_q、L_q、r_q，那么计算出晶体的串联谐振频率，用串联谐振频率代替即可。

例题 4-5　一石英晶体振荡器交流等效电路如图 4.26 所示，（1）该电路属于何种类型的石英晶体振荡器，晶体在电路中的作用是什么？（2）画出该电路的实际线路；（3）若将标称频率为 5MHz 的晶体换成 2MHz 的晶体，该电路是否能正常工作，为什么？

题意分析：该电路中晶体是回路的一部分，因此为并联型石英晶体振荡器，但振荡器要能正常工作，必须使 4.7μH 的电感 L 与 330pF 的电容 C_1 构成的回路呈现容性，显然这是一个泛音晶体振荡器。4.7μH 的电感 L 所起的作用就是抑制基频及低的泛音。设计实际线路时应注意振幅起振条件，为此起振时放大器应工作在线性放大状态，即初始时要保证晶体管的 e 结正偏、c 结反偏，故基极一般采用组合偏置电路。

解：由电感 L 与电容 C_1 构成的回路，其谐振频率为

$$f_{01}=\frac{1}{2\pi\sqrt{LC_1}}=\frac{1}{2\times 3.14\times\sqrt{4.7\times 10^{-6}\times 330\times 10^{-12}}}\approx 4\text{MHz}$$

而晶体的标称频率为 5MHz，故电感 L 与电容 C_1 构成的回路在 5MHz 时呈现容性，振荡器可以正常工作。由此可见，这是一个并联型泛音晶体振荡器，晶体起等效电感的作用。该电路的实际线路如图 4.26（b）所示。

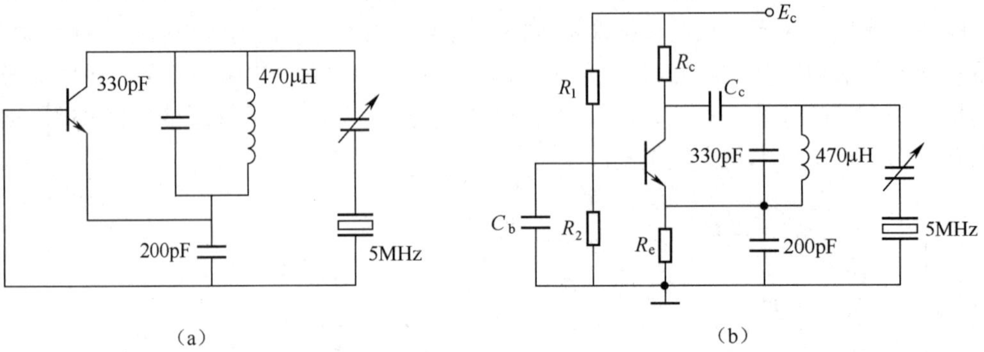

图 4.26 石英晶体振荡器的交流等效电路

如果换成标称频率为 2MHz 的晶体，则电感 L 与电容 C_1 构成的回路呈现感性，不满足三端式振荡器的组成原则，故电路不能正常工作。

讨论：在工作频率较高时，晶体振荡器一般使用泛音晶振，为了工作在泛音情况下，应如图 4.26 中所示加一抑制基频（工作在 3 次泛音下）或低次泛音（工作在较高的泛音下）的谐振回路。在画实际线路时，除考虑初始时放大器工作在线性放大区外，还应注意满足交流有交流通路、直流有直流通路的原则，为了使得振荡器工作稳定，一般应有自偏压措施。

4.6 单片集成 *LC* 振荡器

单片集成 LC 振荡器 E1648 内部电路如图 4.27（a）所示，振荡电路部分如图 4.27（b）所示，器件外部连接电路如图 4.27（c）所示。集成电路具有外接元件少、稳定性高、可靠性好、调整使用方便等优点。由于目前集成技术的限制，集成电路的最高工作频率还低于分立元件电路，电压和功率也难以做到分立元件的水平。但是，尽管这样，集成电路依然是微电子技术的发展方向，其性能将会不断得到提高。E1648 内部电路由三个部分组成，第一部分是电源部分，由晶体管 VT_{10}～VT_{14} 组成直流电源反馈电路；第二部分是差分振荡器部分，由晶体管 VT_7、VT_8、VT_9 和 12、10 脚外接的 LC 并联回路构成，VT_9 是恒流源电路；第三部分是输出部分，由晶体管 VT_4、VT_5 构成共射－共基组态放大器，对 VT_8 集电极输出电压进行放大，再经 VT_3、VT_2 组成的差分放大器放大，最后经射随器 VT_1 隔离，由③脚输出。

图中 VT_6 构成直流负反馈电路，⑤脚外接滤波电容 C_b；当 VT_8 输出电压增加时，VT_5 发射极电压增加，VT_6 集电极直流电压减小，从而使差分振荡器恒流源 I_o 减小，跨导 g_m 减小，限制了 VT_8 输出电压的增加，提高了振幅的稳定性。该电路的工作频率为

$$f_0 \approx \frac{1}{2\pi\sqrt{LC + C_i}} \tag{4.44}$$

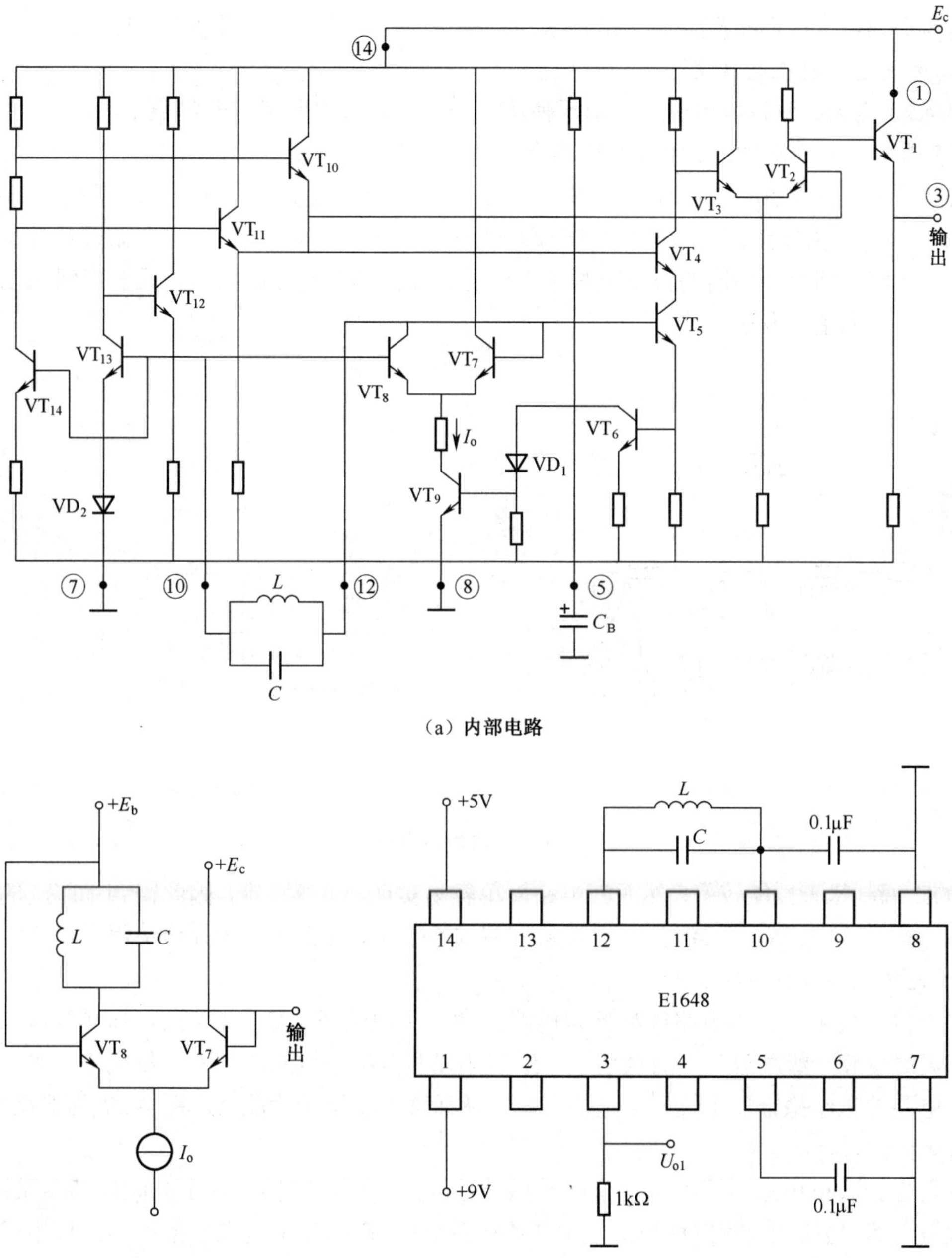

（a）内部电路

（b）振荡电路部分

（c）外接电路

图 4.27　E1648 单片集成振荡器

4.7　案例分析：超再生无线电遥控电路的设计

超再生无线电遥控电路由发射机和接收机两部分组成。早期的发射机较多使用LC振荡器，频率漂移较为严重。声表器件的出现解决了这一问题，其频率稳定性与石英晶体振荡器大体相同，而其基频可达几百兆甚至上千兆赫兹，无需倍频，与石英晶体振荡器相比电路极其简单。

1. 无线电发射机电路设计

图 4.28 为无线电发射机电路，由于使用了声表器件，电路工作非常稳定，即使用手抓天线、声表或电路其他部位，发射频率均不会漂移。无线电发射机电路由一个能产生等幅振荡的高频振荡器（一般用 30～450MHz）[图 4.28（a）] 和一个产生低频调制信号的低频振荡器 [图 4.28（b）] 组成。由低频振荡器产生的低频调制波，一般为宽度一定的方波。如果是多路控制，则可以采用每一路宽度不同的方波或频率不同的方波去调制高频载波，组成一组组的已调波，作为控制信号向空中发射。

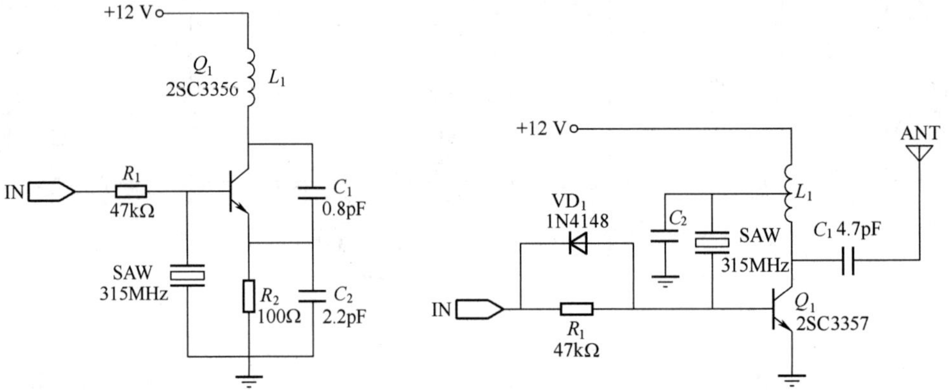

（a）高频振荡器　　　　（b）低频振荡器

图 4.28　发射机电路

OOK 调制尽管性能较差，然而其电路简单容易实现，工作稳定，因此得到了广泛的应用，在汽车、摩托车报警器，仓库大门，以及家庭保安系统中，几乎无一例外地使用了这样的电路。

2. 无线电接收机电路设计

接收机可使用超再生电路或超外差电路，超再生电路成本低，功耗小，调整良好的超再生电路灵敏度和一级高放、一级振荡、一级混频以及两级中放的超外差接收机差不多。然而，超再生电路的工作稳定性比较差，选择性差，从而降低了抗干扰能力。图 4.29 为典型的超再生接收机电路。

超再生接收机电路实际上是一个间歇振荡控制的高频振荡器，这个高频振荡器采用电容三点式振荡器，振荡频率和发射机的发射频率一致。而间歇振荡又是在高频振荡过程中产生的，反过来又控制着高频振荡器的振荡和间歇。间歇振荡的频率是由电路的参数决定的（一般为一百～几百千赫），这个频率选低了，电路的抗干扰性能较好，但接收灵敏度较低；反之，频率选高了，接收灵敏度较高，但抗干扰性能变差，应根据实际情况二者兼顾。

超再生接收机电路有很高的增益，在未收到控制信号时，由于受外界杂散信号的干扰和电路自身的热骚动，产生一种特有的噪声，叫超噪声，这个噪声的频率范围为 0.3～5kHz，听起来像流水似的“沙沙”声。在无信号时，超噪声电平很高，经滤波放大后输出噪声电压，该电压作为电路一种状态的控制信号，使继电器吸合或断开（由设计的状态而定）。当有控制信号到来时，电路谐振，超噪声被抑制，高频振荡器开始产生振荡。而振荡过程建立的快慢和间歇时间的长短，受接收信号的振幅控制。接收信号振幅大时，起始电平高，振荡过程建立快，每次振荡间歇时间也短，得到的控制电压也高；反之，当接收到的信号振幅小时，得到的控制电压也低。这样，在电路的负载上便得到了与控制信号一致的低频电压，这个电压是电路状态的另一种控制电压。如果是多通道遥控电路，经超再生检波和低频放大后的信号还需经选频回路选频，分别去控制相应的控制回路。

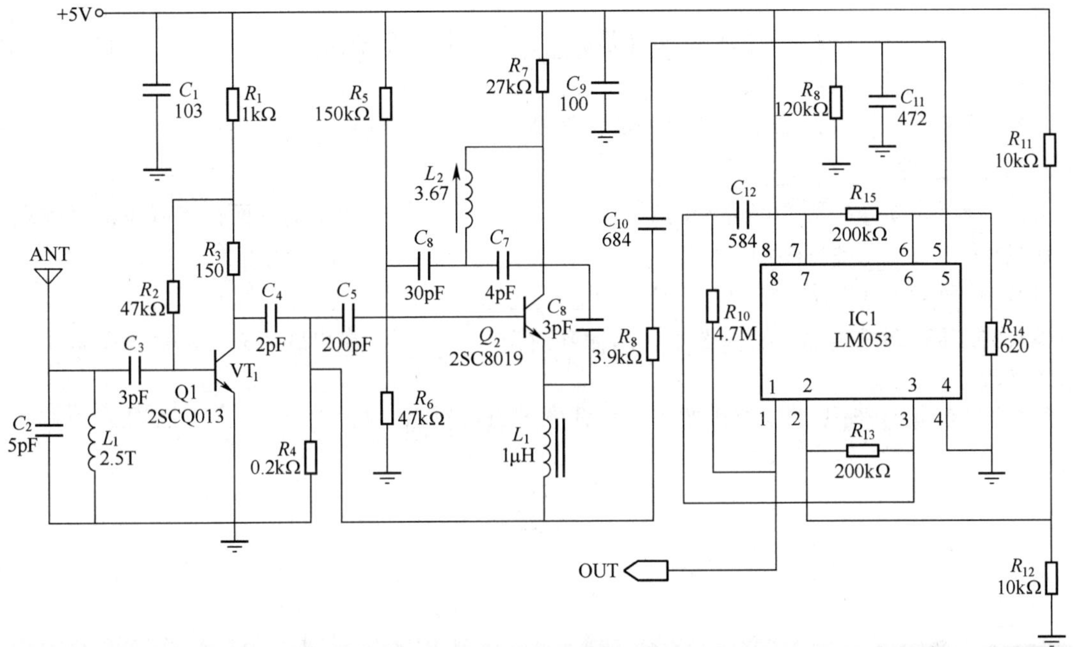

图 4.29　超再生接收电路

练习题

一、选择题

1．串联型石英晶体振荡器中的晶体在电路中作（　　）。

A．电感元件　　B．电容元件

C．电阻元件　　D．短路元件

2．并联型石英晶体振荡器中的晶体在电路中作（　　）。

A．电感元件　　B．电容元件

C．电阻元件　　D．短路元件

3．电容三点式与电感三点式振荡器相比，其主要优点是（　　）。

A．电路简单且易起振　　B．输出波形好

C．改变频率不影响反馈系数　　D．工作频率比较低

4．为使振荡器输出稳幅正弦信号，环路增益 $T(\mathrm{j}\omega)$应为（　　）。

A．$T(\mathrm{j}\omega)=1$　　B．$T(\mathrm{j}\omega)>1$　　C．$T(\mathrm{j}\omega)<1$　　D．$T(\mathrm{j}\omega)=0$

5．石英晶体振荡器的频率稳定度很高是因为组成振荡器的石英晶体具有（　　）。

A．低的 Q 值　　B．高的 Q 值

C．很大的接入系数　　D．很大的电阻

二、填空题

1．LC 反馈振荡器的振幅平衡条件是________，相位平衡条件是________。LC 三端式振荡器相位平衡条件的判断准则是________。

2．反馈型正弦波振荡器起振的振幅条件是________，振幅平衡的条件是________，振幅平衡的稳定条件是________。

3．石英晶体在并联型晶体振荡器是当作________元件来使用的，而在串联型晶体振荡器中是当作________元件来使用的。

4．电路如图 4.30 所示，$Q_0=100$，$\omega_0=$________，$R_i=$________，$B_{0.707}=$________。

5．在并联型石英晶体振荡器中，晶体等效为________；在串联型石英晶体振荡器中，晶体等效为________。

6．在图 4.31 所示振荡器电路中，振荡输入电压 U_o 的频率为________，晶体在电路中的主要作用是________。

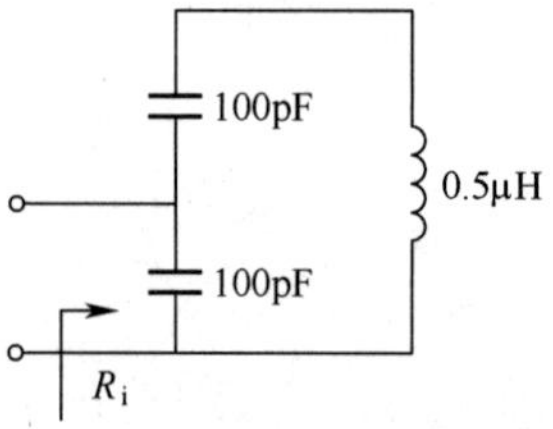

图 4.30　谐振电路

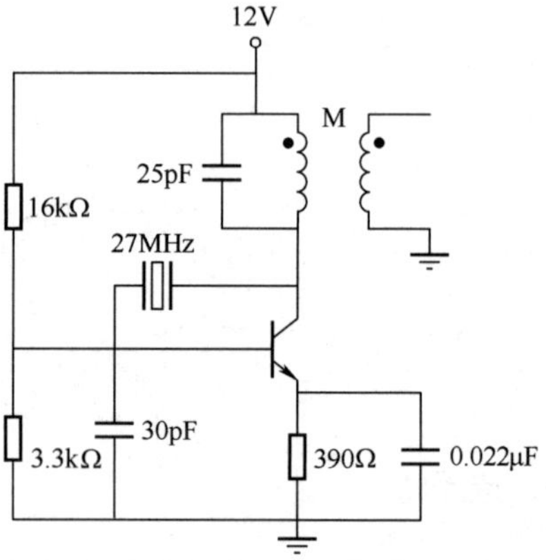

图 4.31　晶体振荡电路

7．石英晶体具有很高的频率稳定度的原因是________。

8．根据石英晶体的电抗特性，当 $f=f_s$ 时，石英晶体呈________性；当 $f_s<f<f_p$ 时，石英晶体呈________性；当 $f<f_s$ 或 $f>f_p$ 时，石英晶体呈________性。

9．在并联型晶体振荡器中，晶体工作在________频率附近，此时晶体等效为________元件。

三、判断题

1．电容三点式振荡器用于工作频率高的电路，但输出谐波成分将比电感三点式振荡器大。（　　）

2．克拉泼振荡器比考毕兹振荡器的频率稳定度高，是因为克拉泼振荡器的振荡回路中接入一个小电容 C_3，从而能减小晶体管输入、输出电容对振荡回路的影响。（　）

3．某一电子设备中，要求振荡电路的频率为 20MHz，且频率稳定度高达 10^{-8}，应采用 LC 振荡器。（　）

4．设计一个稳定度高的频率可调振荡器通常采用晶体振荡器。（　）

四、简答及计算题

1．考毕兹振荡器如图 4.32 所示，给定回路参数 C_1=36pF，C_2=680pF，L=2.5pH，Q=100，晶体管参数 $R_s=10\text{k}\Omega$，$R_i=2\text{k}\Omega$，C_o=4.3pF，C_1=36pF。

求：振荡频率 f_0、反馈系数 F 以及为满足起振所需的最小 β 值。

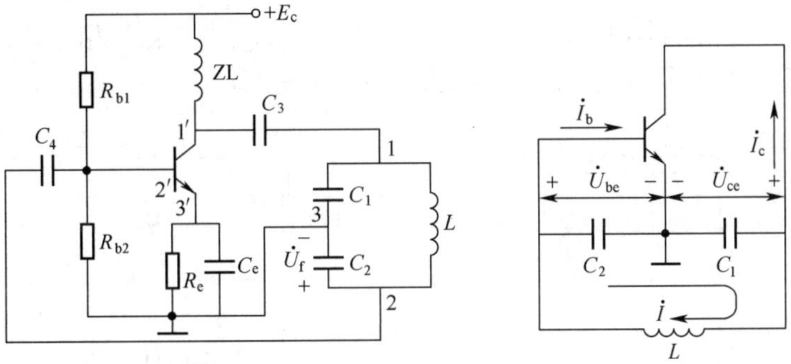

（a）原理电路　（b）交流等效电路

图 4.32　电容三点式振荡器

2．利用相位平衡条件的判断准则，判断图 4.33 中所示的三点式振荡器交流等效电路，哪个是错误（不可能振荡）的？哪个是正确（有可能振荡）的？属于哪种类型的振荡电路？有些电路应说明在什么条件下才能振荡。

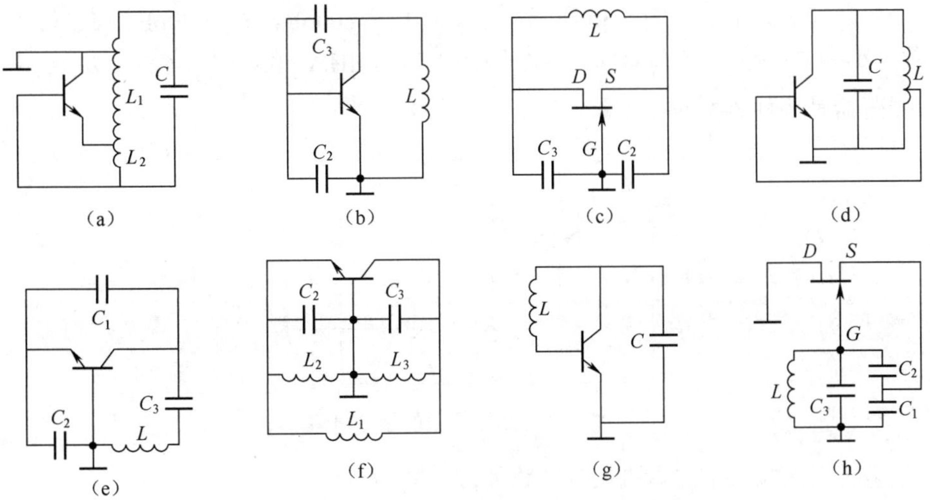

图 4.33　三点式振荡器交流等效电路

3. 图 4.34 表示三回路振荡器的交流等效电路，假定有以下 6 种情况：

（1）$L_1C_1 > L_2C_2 > L_3C_3$；

（2）$L_1C_1 < L_2C_2 < L_3C_3$；

（3）$L_1C_1 = L_2C_2 = L_3C_3$

（4）$L_1C_1 = L_2C_2 > L_3C_3$；

（5）$L_1C_1 < L_2C_2 = L_3C_3$；

（6）$L_2C_2 < L_3C_3 < L_1C_1$

试问哪几种情况可能振荡？等效为哪种类型的振荡电路？其振荡频率与各回路的固有谐振频率之间有什么关系？

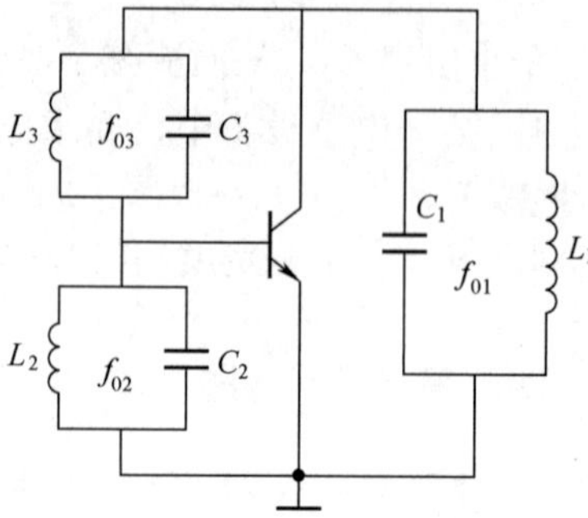

图 4.34 三回路振荡器交流等效电路

4. 试画出图 4.35 所示实际电路的交流等效电路，并用振荡器的相位条件，判断哪些可能产生正弦波振荡，哪些不能产生正弦波振荡，并说明理由。

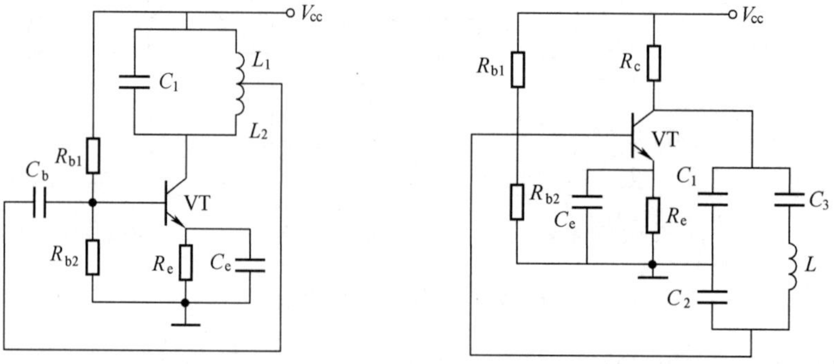

图 4.35 某实际电路的交流等效电路

5. 以克拉泼振荡器为例说明改进型电容三点式振荡器为什么可以提高频率稳定度？

6. 一振荡器等效电路如图 4.36 所示。已知：$C_1 = 600\text{pF}$，$C_3 = 20\text{pF}$，$C_5 = 12$～250pF，反馈系数大小为 $F = 0.4$，振荡器的频率范围为 1.2～3MHz，求：（1）C_2；（2）C_4；（3）L；（4）该振荡器是哪种类型的振荡器。

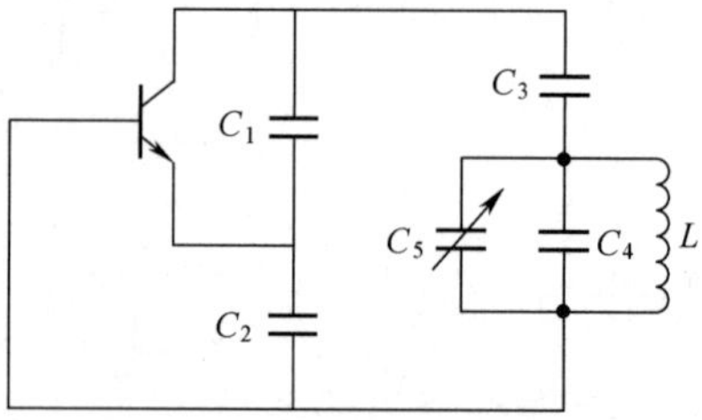

图 4.36 某振荡器的等效电路

7. 某电视机高频头中的本机振荡电路如图 4.37 所示。

（1）画出其交流等效电路，并说明其属于什么类型的振荡电路。

（2）当工作频率为 48.5MHz 时试求回路电感 L 的值。

（3）计算反馈系数 F。

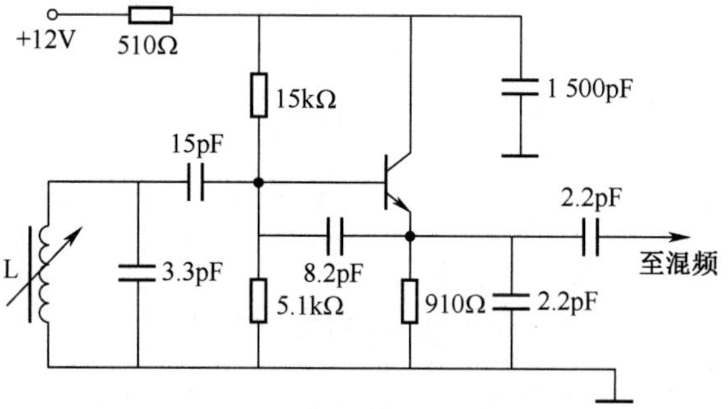

图 4.37　某电视机高频头中的本机振荡电路

8．已知石英晶体振荡器如图 4.38 所示，试求：

（1）画出振荡器的高频等效电路，并指出电路的振荡形式；

（2）若把晶体换为标称频率为 1MHz 的晶体，该电路能否起振，为什么？

（3）求振荡器的振荡频率。

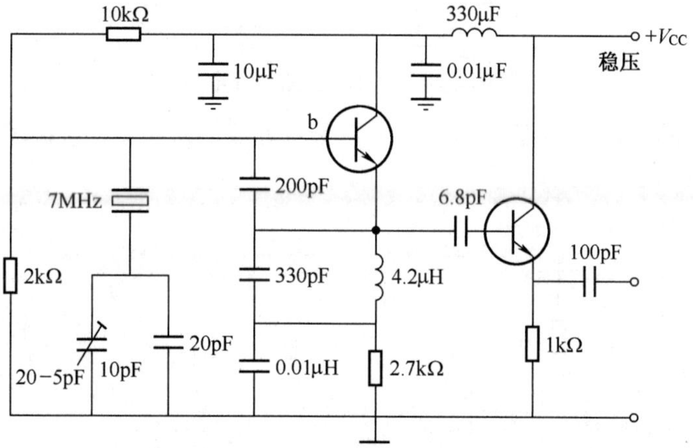

图 4.38　石英晶体振荡电路

9．一晶体振荡器电路如图 4.39 所示：

（1）画出其交流等效电路，指出其是何种类型的晶体振荡器。

（2）该电路的振荡频率是多少？

（3）说明晶体在电路中的作用。

（4）该晶体振荡器有何特点？

10．一晶体振荡器的实际电路如图 4.40 所示：

（1）该振荡器属于何种类型的晶体振荡器，晶体在电路中的作用是什么？

（2）画出该电路的交流等效电路。

（3）若将标称频率为 5MHz 的晶体换成 2MHz 的晶体，该电路是否能正常工作，为什么？

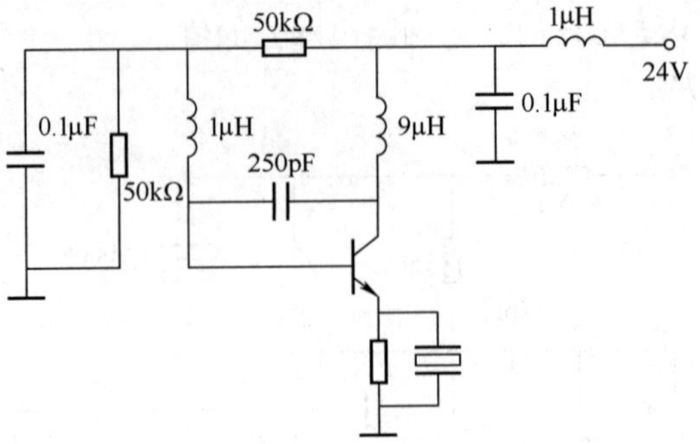

图 4.39　晶体振荡器电路

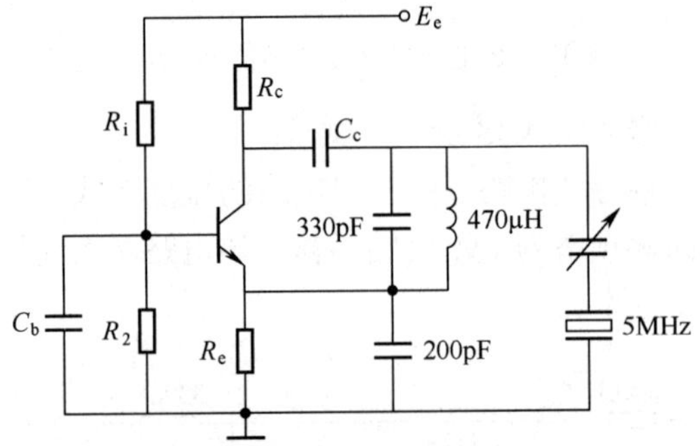

图 4.40　晶体振荡器实际电路

11．图 4.41 所示为一振荡器，（1）画出其交流等效电路；（2）求振荡器的振荡频率 f_0 和反馈系数 F。

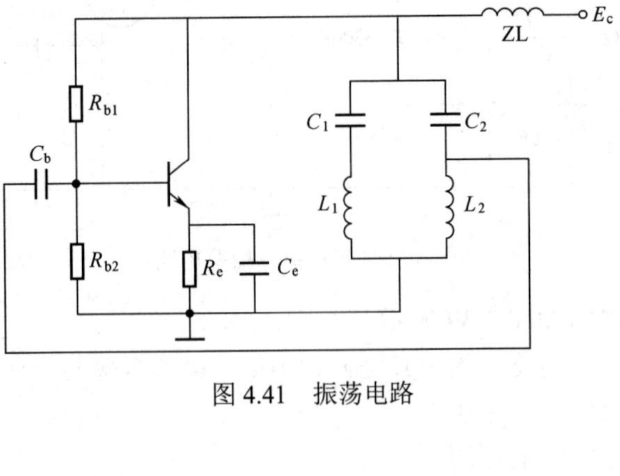

图 4.41　振荡电路

项目五　信号调制之振幅调制与解调

教学目标

通过对本项目的学习，熟练掌握调幅波的性质，正确理解实现调幅的基本原理。

教学要求

1. 掌握普通调幅波产生原理的理论分析、普通调幅波的产生电路和解调电路。
2. 了解抑制载波调幅波的产生电路和解调电路。

5.1　概述

通信的任务就是传送各种信息，根据信息传送方式的不同，通信可以分为两大类：无线通信和有线通信。如果电信号是依靠电磁波传送的，则称为无线通信；如果电信号是依靠导线（架空明线、电缆、光缆等）传送的，则称为有线通信。

思考：通信过程中为什么不能直接把信号发射出去？为什么要进行频谱搬移？

（1）对于无线通信，根据电磁波理论可知，只有天线实际长度与电信号的波长可比拟时，电信号才能以电磁波形式有效地辐射，这就要求原始电信号必须有足够高的频率。但是人的讲话声音变换为相应电信号的频率较低，最高也只有几千赫。为了使这种电信号能有效地辐射，就必须制造与该信号波长相比拟的天线。若信号频率为 1kHz，根据波长λ、频率f和电磁波传播速度c的关系$c=\lambda f$可知，其相应波长λ为 300km，若采用 1/4 波长的天线，就需要 75km，制造这样的天线是很困难的。

（2）为了使发射与接收效率提高，在发射机与接收机方面都必须采用天线和谐振回路。但语音、音乐、图像信号等的频率变化范围很大，因此天线和谐振回路的参数应该在很宽的范围内变化。显然，这又是难以做到的。

（3）如果直接发射音频信号，则发射机将工作于同一频率范围。这样，接收机将同时收到许多不同电台的节目，无法加以选择。

为了克服以上的困难，必须利用高频振荡将低频信号“附加”在高频振荡上进行频率搬移。这样，就使天线的辐射效率提高，尺寸缩小；同时，每个电台都工作于不同的载波频率，接收机可以调谐选择不同的电台。

思考：如何实现频谱搬移？

频谱搬移可通过调制、解调过程完成。调制、解调过程就是将低频信号搬移到高频段或将高频信号搬移到低频段的过程。

调制过程是用被传送的低频信号控制高频振荡器，使高频振荡器输出信号的参数相应于低频信号的变化而变化，从而实现低频信号搬移到高频段，被高频信号携带传播的目的。完成调制过程的装置叫调制器，调制的方式可分为连续波调制与脉冲调制两大类。连续波调制是用信号来控制载波的振幅、频率或相位，因而分为调幅、调频和调相三种方法；脉冲波调制是先用信号来控制脉冲波的振幅、宽度、相位等，然后再用这个已调脉冲对载波进行调制。脉冲调制（数字调制）有脉冲振幅、脉冲宽度、脉冲相位、脉冲编码调制等多种形式。此项目重点分析连续波调制。

实现调幅的方法大约有以下几种。

（1）低电平调幅。低电平调幅的调制过程是在低电平级进行的，因而需要的调制功率小，属于这种类型的调幅方法有：

1）平方律调幅，利用电子器件的伏安特性曲线平方律部分的非线性作用进行调幅。

2）斩波调幅，将所要传送的音频信号按照载波频率来斩波，然后通过中心频率等于载波频率的带通滤波器滤波，取出调幅成分。

（2）高电平调幅。高电平调幅的调制过程在高电平级进行，通常是在丙类放大器中进行调制，属于这一类型的调幅方法有：

1）集电极（阳极）调幅。

2）基极（控制栅极）调幅。

普通调幅过程如图 5.1 所示。

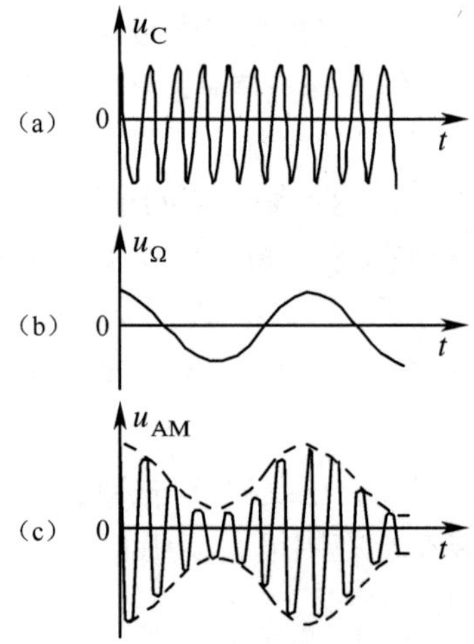

图 5.1　载波、调制信号和已调波的波形

（a）载波；（b）调制信号；（c）已调波

检波过程是振幅调制的反过程，即把低频信号从高频载波上搬移下来的过程，由于还原所得的信号与高频调幅信号的包络变化规律一致，故又称包络检波器。解调过程在收信端，实现解调的装置叫解调器。检波器输入信号和输出信号的波形如图 5.2 所示。

假如输入信号为高频等幅波，则输出就是直流电压，如图 5.2（a）所示，这是检波器的一种特殊情况，在测量仪器中应用较多。例如，某些高频伏特计的探头就采用这种检波原理。

若输入信号是调幅波，则输出就是原调制信号，如图 5.2（b）所示。这种情况应用最广泛，如各种连续波工作的调幅接收机的检波器即属此类。

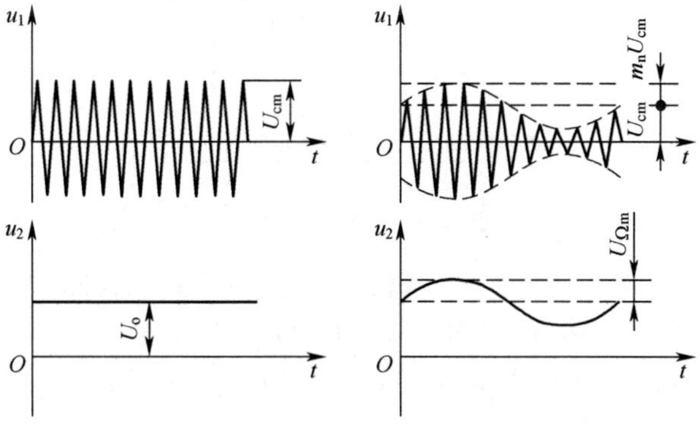

图 5.2　检波器与输入、输出波形

1 个检波器需由 3 个重要部分组成：

（1）高频信号输入电路。

（2）非线性器件，通常用工作于非线性状态的二极管或晶体管。

（3）低通滤波器，通常用 RC 电路，取出原调制频率分量，滤除高频分量。

调制器和解调器必须由非线性元器件构成，它们可以是二极管或工作在非线性区域的晶体管。近年来集成电路在模拟通信中得到了广泛应用，调制器、解调器都可用模拟乘法器来实现。

5.2　调幅信号的分析

振幅调制就是用低频调制信号去控制高频载波信号的振幅，使载波的振幅随调制信号成正比例地变化。经过振幅调制的高频载波称为振幅调制波（以下简称调幅波）。调幅波有普通调幅波（AM）、抑制载波双边带调幅波（DSB/SC-AM）和抑制载波单边带调幅波（SSB/SC-AM）三种，下面逐个讨论。

5.2.1　普通调幅波

1. 调幅波的表达式、波形

为了便于分析，首先假设调制信号是一个单一频率的余弦信号 $u_\Omega(t)=U_{\Omega m}\cos\Omega t=U_{\Omega m}\cos 2\pi ft$，载波信号 $u_c(t)=U_{cm}\cos\omega_c t=U_{cm}\cos 2\pi f_c t$，载波的角频率 $\omega_c >> \Omega$。普通调幅波的表示式为：

$$u_{AM}(t)=U_{AM}(t)\cos\omega_c t=U_{cm}(1+m_a\cos\Omega t)\cos\omega_c t \tag{5.1}$$

其中，$m_a=k_a\dfrac{U_{\Omega m}}{U_{cm}}$ 为调幅系数或调幅度，它通常以百分数来表示，表示载波振幅受调制信号控制的程度，若 m_a 变大，则调幅波幅度变大。k_a 为比例常数，普通调幅波的时域波形如图 5.3 所示。

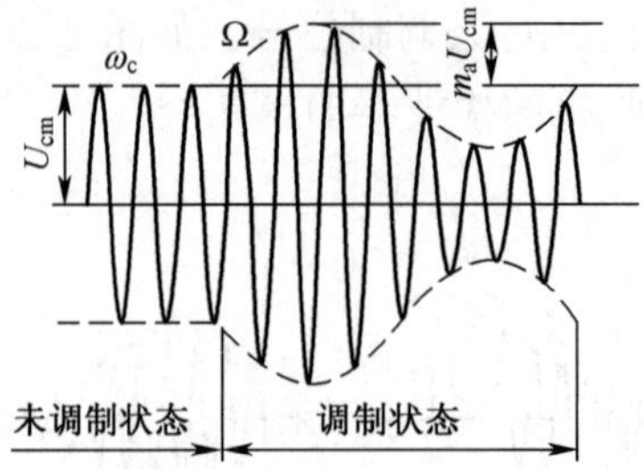

图 5.3　调幅波的波形

由图可见，已调波振幅变化的包络与调制信号的变化规律相同，这就说明调制信号已被寄载在已调波的幅度上了。调幅度 m_a 通常都小于 1，最大等于 1。若 m_a 大于 1，则已调波振幅变化的包络就不同于调制信号，这种情况称为过调幅，是不允许的。根据式（5.1）可以画出形成普通调幅波的过程，如图 5.4 所示。

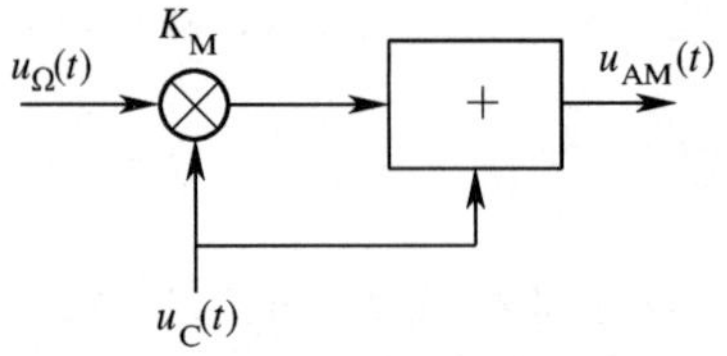

图 5.4　普通调幅波的形成过程

2. 调幅波的频谱

把普通调幅波的表达式展开，可以得到普通调幅波的各个频谱分量。式（5.1）的展开式为

$$u_{AM}=U_{cm}\cos\omega_c t+\frac{1}{2}m_aU_{cm}\cos(\omega_c+\Omega)t+\frac{1}{2}m_aU_{cm}\cos(\omega_c-\Omega)t \tag{5.2}$$

上式中包含有三个频率成分：载波频率 ω_c、载波与调制信号的和频 $\omega_c+\Omega$（又称上边频分量）、差频 $\omega_c-\Omega$（又称下边频分量）。载波频率分量的振幅仍为 U_{cm}，而两个边频分量的振幅为 $\frac{1}{2}m_aU_{cm}$。因 m_a 的最大值只能等于 1，故边频振幅的最大值不能超过 $\frac{1}{2}U_{cm}$，将这三个频率分量用图画出便可得到图 5.5 所示的频谱图。

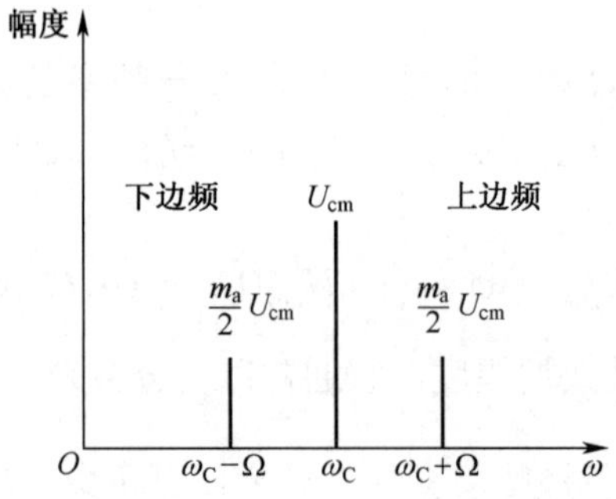

图 5.5　普通调幅波的频谱图

在这个图上，调幅波的每一个正弦分量用一个线段表示，线段的长度代表其振幅，线段在横轴上的位置代表其频率。调幅的过程就是在频谱上将低频调制信号搬移到高频载波分量两侧的过程。

显然，在调幅波中，载波并不含有任何有用信息，要传送的信息只包含于边频分量中，边频的振幅反映了调制信号幅值的大小，边频的频谱虽属于高频范畴，但也反映了调制信号频率的高低。

由图 5.5 可见，在单频调制时，其调幅波的频带宽度为调制信号频谱的两倍，即 $B=2F$。

3. 调幅波的功率

普通调幅波中各个频率成分所占有的能量大小可根据帕塞瓦尔公式求得。已调波 U_{AM} 在单位电阻上消耗的平均功率 P 应当等于各个频率成分所消耗的平均功率之和。

载波功率为

$$P_c = \frac{1}{2}\frac{U_{cm}^2}{R_L} \tag{5.3}$$

上边频分量功率为

$$P_1 = \frac{1}{2}\left(\frac{m_a}{2}U_{cm}\right)^2\frac{1}{R_L} = \frac{1}{8}\frac{m_a^2U_{cm}^2}{R_L} = \frac{1}{4}m_a^2P_c \tag{5.4}$$

下边频分量功率为

$$P_2 = \frac{1}{2}\left(\frac{m_a}{2}U_{cm}\right)^2\frac{1}{R_L} = \frac{1}{8}\frac{m_a^2U_{cm}^2}{R_L} = \frac{1}{4}m_a^2P_c \tag{5.5}$$

因此，调幅波在调制信号的一个周期内给出的平均功率为

$$P = P_c + P_1 + P_2 = \left(1+\frac{{m_a}^2}{2}\right)P_c \tag{5.6}$$

平均功率随 m_a 的增大而增加，当 $m_a=1$ 时，平均功率最大，即 $P=\frac{3}{2}P_c$，这时上、下边频功率之和只有载波功率的一半，也就是说，用这种调制方式，发送端发送的功率被不携带信息的载波占去了很大的比例，显然，这是很不经济的。但由于这种调制设备简单，特别是解调更简单，便于接收，所以它仍在某些领域广泛应用。

上面分析的调制信号 $u_\Omega(t)$ 是单一频率的信号，实际上调制信号都是由多频率成分组成的。如语音信号的频率主要集中在 300～3400Hz 范围，所以广播电台播送这样的语音信号，已调波的带宽等于 6800Hz，相邻两个电台载波频率的间隔必须大于 6800Hz，通常取为 10kHz。多频调制情况下，如由若干频率分量 $\Omega_1,\Omega_2,\cdots,\Omega_k$ 的信号所调制，其调幅波表示式为

$$u = U_{cm}(1+m_{a1}\cos\Omega_1 t + m_{a2}\cos\Omega_2 t + \cdots + m_{ak}\cos\Omega_k t)\cos\omega_c t \tag{5.7}$$

相应的已调波 u_{AM} 时域波形如图 5.6 所示，其频谱如图 5.7 所示。由于调制信号占有一定的频带，所以载波频率两边的频谱分别叫做上边带和下边带。已调波的带宽 $B_{AM}=2\Omega_{max}$，上、下边带包含的信息是相同的，从信息传送的角度出发，只传送一个边带信息就可以了。这个结论很重要，因为在接收和发送调幅波的通信设备中，所有选频网络应当不但能通过载频，而且还要能通过边频成分，如果选频网络的通频带太窄，将导致调幅波失真。

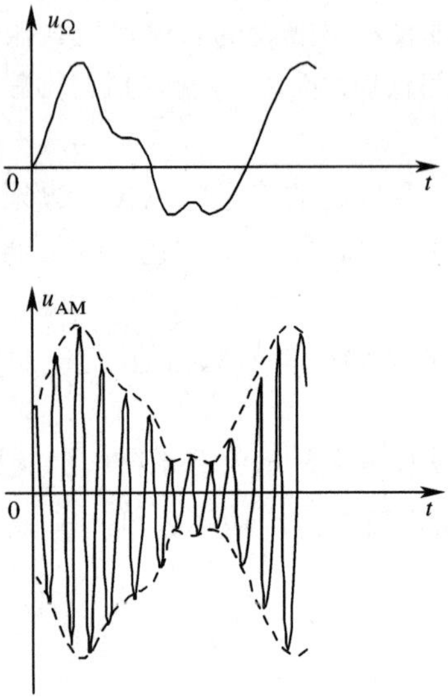

图 5.6　多频调制的 AM 调幅波

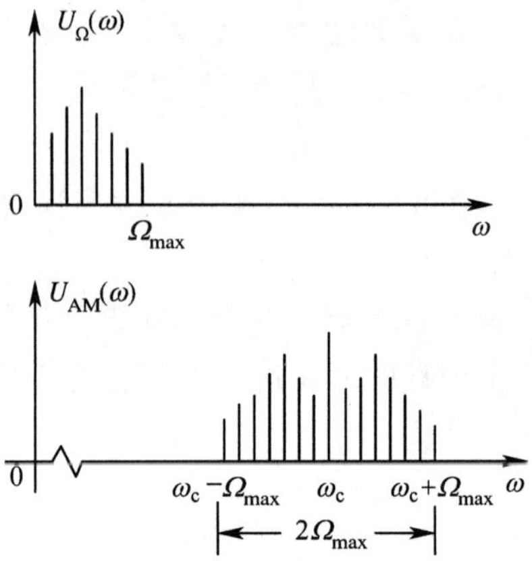

图 5.7　多频调制 AM 信号频谱

总结：

调制后调制信号的频谱被线性地搬移到载频的两边，成为调幅波的上、下边带。调幅的过程实质上是一种频谱搬移的过程。

5.2.2　抑制载波双边带调幅（DSB/SC-AM）

由于载波不携带信息，因此，为了节省发射功率，可以只发射含有信息的上、下两个边带而不发射载波，这种调制方式称为抑制载波的双边带调幅，简称双边带调幅，用 DSB 表示。双边带信号可以直接通过调制信号 $u_\Omega(t)$ 与载波信号 $u_c(t)$ 相乘的方法得到，如图 5.8 所示。

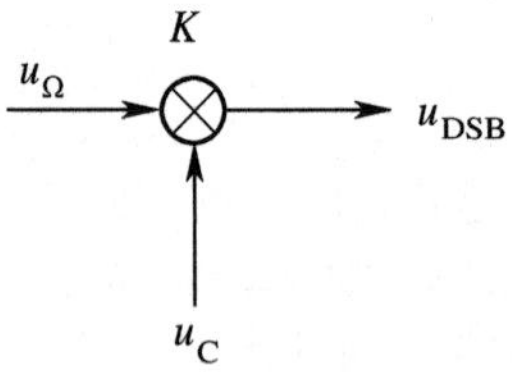

图 5.8　DSB 信号的形成

双边带信号的表示式为

$$\begin{aligned} u_{DSB} &= Au_\Omega u_c = AU_{\Omega m}\cos\Omega t U_{cm}\cos\omega_c t \\ &= \frac{1}{2}AU_{\Omega m}U_{cm}[\cos(\omega_c+\Omega)t+\cos(\omega_c-\Omega)t] \end{aligned} \tag{5.8}$$

式中，A 为由调幅电路决定的系数；$AU_{\Omega m}U_{cm}\cos\Omega t$ 是双边带高频信号的振幅，与调制信号成正比。高频信号的振幅按调制信号的规律变化，不是在 U_{cm} 的基础上，而是在零值的基础上变化，可正可负。因此，当调制信号从正半周进入负半周的瞬间（即调幅包络线过零点时），相应高频振荡的相位发生 180°突变。u_{DSB} 的时域波形如图 5.9 所示，频谱如图 5.10 所示。由此两图可见，双边带信号时域波形的包络不同于调制信号的变化规律。

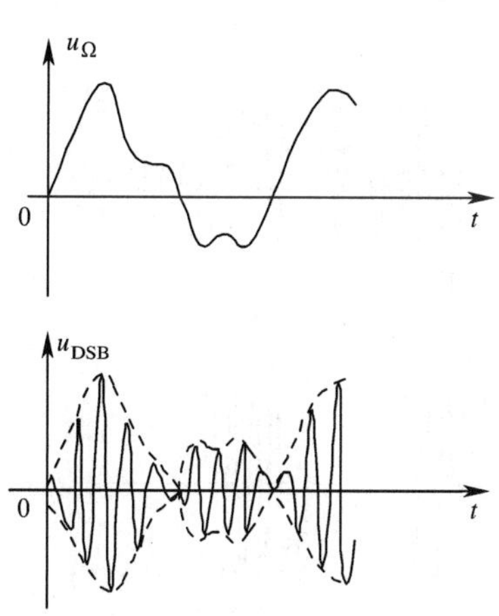

图 5.9　DSB 调制信号波形图

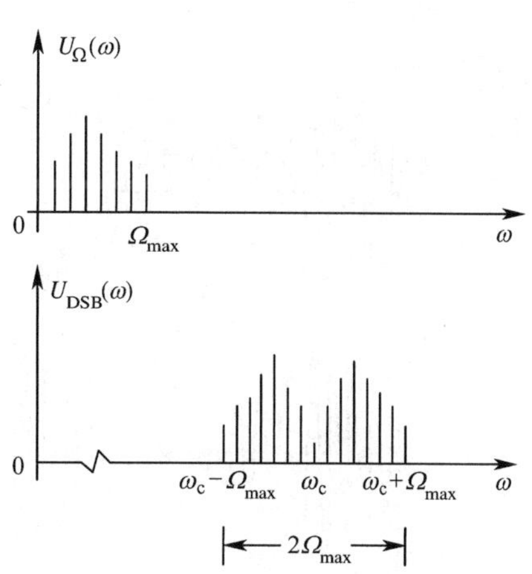

图 5.10　DSB 调制信号的频谱

总结：

DSB/SC-AM 的特点为

（1）DSB/SC-AM 信号的幅值仍随调制信号而变化，但与普通调幅波不同，DSB/SC-AM 的包络不再反映调制信号的形状，仍保持调幅波频谱搬移的特征。

（2）在调制信号的正负半周，载波的相位反相，即高频振荡的相位在 $f(t)$=0 瞬间有 180° 的突变。

（3）信号仍集中在载频 ω_c 附近，所占频带为 $B_{DSB}=2\Omega_{max}$。

例题 5-1　已知载波电压为 $u_c(t)=U_{cm}\cos\omega_c t$，调制信号如图 5.11 所示，$f_c >> \frac{1}{T_\Omega}$。分别画出 m=0.5 及 m=1 两种情况下的 AM 波形以及 DSB 波形。

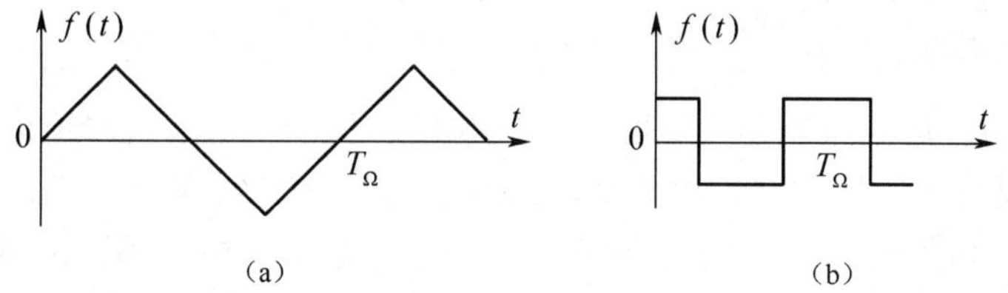

图 5.11　调制信号波形

题意分析： AM 信号是其振幅随调制信号变化的一种振幅调制信号，确切地讲，其振幅与调制信号 u_Ω 成线性关系。调幅信号的表达式为

$$u_{AM}(t)=U_{cm}[1+m_a f(t)]\cos\omega_c t$$

式中 $f(t)$ 为调制信号的归一化信号，即 $|f(t)|_{max}=1$。由 AM 信号的表达式可以看出，调幅信号的振幅，是在原载波振幅的基础上，将 $f(t)$ 信号乘以 $m_a U_{cm}$ 后，叠加到载波振幅 U_{cm} 之上，再与 $\cos\omega_c t$ 相乘后，就可得到 AM 信号的波形。对双边带信号，直接将调制信号 u_Ω 与载波 $u_c(t)$ 相乘，就可得到 DSB 信号的波形。应注意的是，DSB 信号在调制信号 u_Ω 的过零点处，载波相位有 180°的突变。

解： 图 5.12 为 AM 波在 m=0.5 和 m=1 时的波形和 DSB 信号的波形。

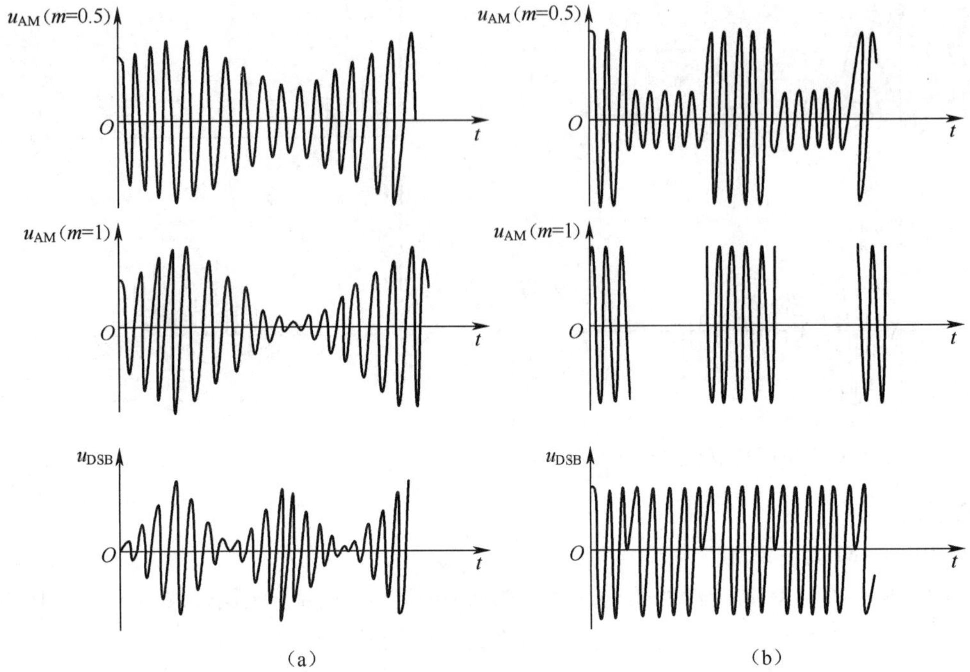

图 5.12 AM 波在 m=0.5 和 m=1 的波形和 DSB 信号的波形

讨论：对于 AM 信号，当 m=0.5 时，其振幅可以看成是将调制信号叠加到载波振幅 U_c上，其振幅的最大值（对应调制信号的最大值）为$U_c(1+0.5)$，最小值（对应调制信号的最小值）为$U_c(1-0.5)$，包络的峰峰值为U_c；当 m=1 时，其振幅可以看成是将调制信号叠加到载波振幅U_c上，其最大值与最小值分别为$2U_c$和 0，峰峰值为$2U_c$。由此可见，m 越大，振幅的起伏变化越大，有用的边带功率越大，功率的利用率越高。对于 DSB 信号，是在 AM 信号的基础上将载波抑制而得到的，反映在波形上，是将包络中的U_c分量去掉，将u_Ω与$u_c(t)$直接相乘就可得到 DSB 信号。应注意的是，DSB 信号的包络与调制信号的绝对值成正比，在调制信号的过零点处载波要反相。特别要指出的是，DSB 信号是在 AM 信号的基础上将载波抑制后得到的，但不可用滤波的方法将载波分量滤出，而是采用如平衡电路等方法将载波分量抵消，从而得到 DSB 信号的。在画波形时，包络不能用实线，只能用虚线，因为它只是反映了包络的变化趋势，而不是信号的瞬时值。

双边带调幅波的包络已不再反映调制信号的变化规律，由于调制抑制了载波，输出功率是有用信号，故它比普通调幅经济，但在频带利用率上没有什么改进。为进一步节省发射功率，减小频带宽度，提高频带利用率，下面介绍单边带传输方式。

5.2.3 抑制载波单边带调幅（SSB/SC-AM）

进一步观察双边带调幅波的频谱结构发现，上边带和下边带都反映了调制信号的频谱结构，因而它们都含有调制信号的全部信息。从传输信息的观点看，可以进一步把其中的一个边带抑制掉，只保留一个边带（上边带或下边带）。毫无疑问，这不仅可以进一步节省发射功率，而且频带的宽度也缩小了一半，这对于波道特别拥挤的短波通信是很有利的。这种既抑制载波又只传送一个边带的调制方式，称为单边带调幅，用 SSB 表示。

只传送上边带信号叫上边带调制，只传送下边带信号叫下边带调制。若调制信号为单一频率信号时，上边带调制信号表达式为

$$u_{\mathrm{SSBH}}=\frac{1}{2}AU_{\Omega\mathrm{m}}U_{\mathrm{cm}}\cos(\omega_{\mathrm{c}}+\Omega)t=U_{\mathrm{m0}}\cos(\omega_{\mathrm{c}}+\Omega)t \tag{5.9}$$

下边带调制信号表达式为

$$u_{\mathrm{SSBL}}=\frac{1}{2}AU_{\Omega\mathrm{m}}U_{\mathrm{cm}}\cos(\omega_{\mathrm{c}}-\Omega)t=U_{\mathrm{m0}}\cos(\omega_{\mathrm{c}}-\Omega)t \tag{5.10}$$

从式（5.9）和式（5.10）可以看出，SSB 信号的振幅与调制信号振幅 $U_{\Omega\mathrm{m}}$ 成正比，它的频率随调制信号频率的不同而不同。SSB 时域波形和频域的频谱分别如图 5.13 和图 5.14 所示。从图中可看出，单边带信号的包络不再反映调制信号的变化规律，但与调制信号幅度的包络形状相同。单边带信号的频率随调制信号频率的不同而不同，也就是说，调制信号频率信息已寄载到已调波的频率之中了。因此可以说单边带调制是振幅和频率都随调制信号改变的调制方式，所以它的抗干扰性能优于 AM 调制。

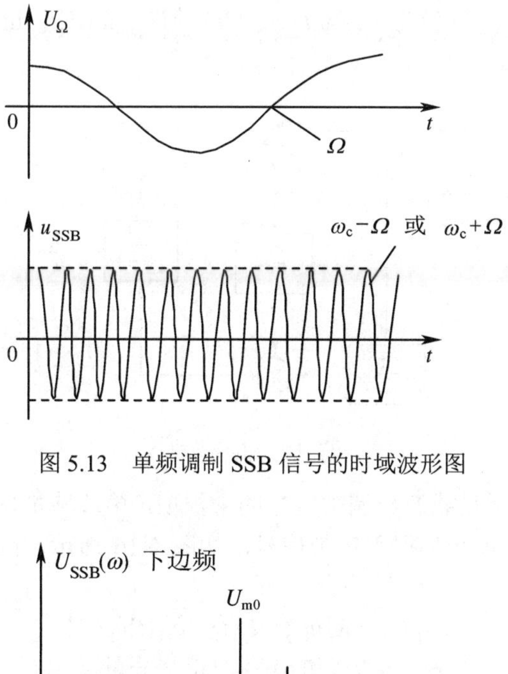

图 5.13　单频调制 SSB 信号的时域波形图

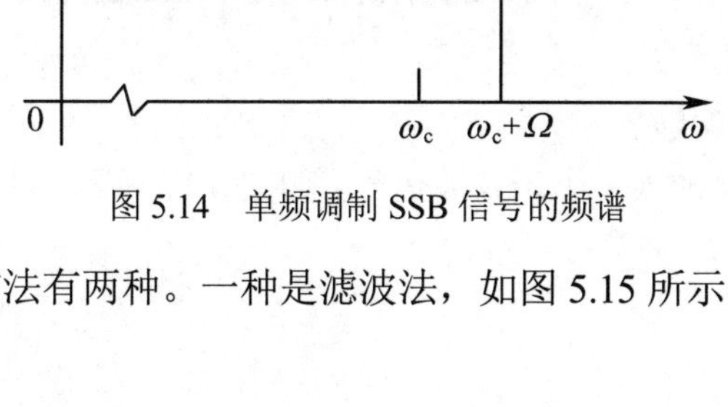

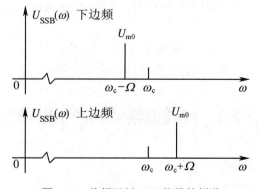

图 5.14　单频调制 SSB 信号的频谱

单边带信号的产生方法有两种。一种是滤波法，如图 5.15 所示。

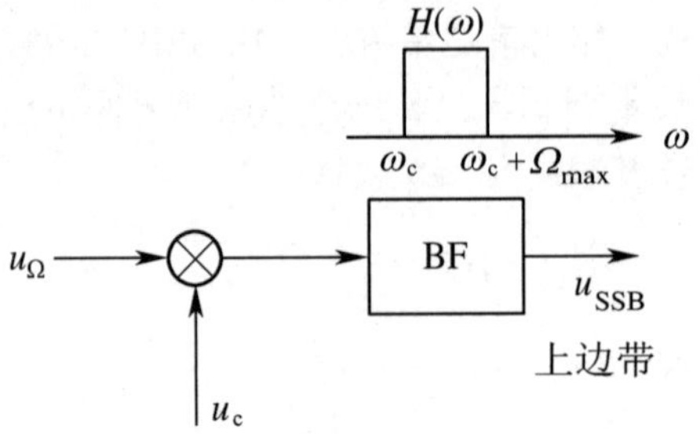

图 5.15 滤波法框图

滤波法首先是将载波信号与调制信号相乘，之后用带通滤波器取出一个边带，抑制掉另一个边带。这种方法要求滤波器的过渡带很陡，当调制信号中的低频分量越丰富时，滤波器的过渡带要求越窄，实现起来就越困难。因此往往要在载频比较低的情况下经过几次滤波取出单边带信号，之后再将载波频率提高到要求的数值。

另一种方法叫相移法，如图 5.16 所示。这种方法可以直接由单边带信号的表示式得到，如单一频率调制的下边带信号的展开式为

$$u_{\mathrm{SSBL}}(t)=\frac{1}{2}U_{\mathrm{m}0}\cos\omega_{\mathrm{c}}t\cdot\cos\Omega t+\frac{1}{2}U_{\mathrm{m}0}\sin\omega_{\mathrm{c}}t\cdot\sin\Omega t \tag{5.11}$$

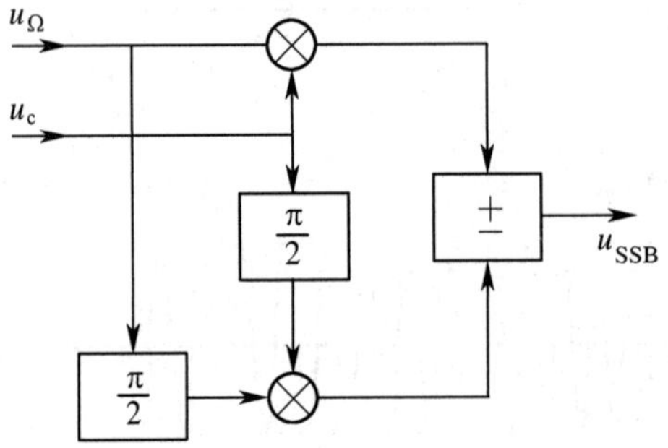

图 5.16 相移法框图

式（5.11）右边第一项是载波与调制信号的乘积项，第二项是调制信号的正交信号与载波的正交信号的乘积项，两项相加得下边带信号，如图 5.16 所示。因此单边带信号的表示式可以写为

$$u_{\mathrm{SSB}}(t)=K[u_{\Omega}(t)u_{\mathrm{c}}(t)\pm\hat{u}_{\Omega}(t)\hat{u}_{\mathrm{c}}(t)] \tag{5.12}$$

其中，$\hat{u}_{\Omega}(t)$ 和 $\hat{u}_{\mathrm{c}}(t)$ 分别表示 $u_{\Omega}(t)$ 和 $u_{\mathrm{c}}(t)$ 的正交分量。

5.3 普通调幅波的产生电路

思考：叠加波=调幅波？

（1）若在电阻 R 两端加入一个正弦波信号，如图 5.17 所示，此时在示波器观察 R 两端的波形应该是一个什么波形？

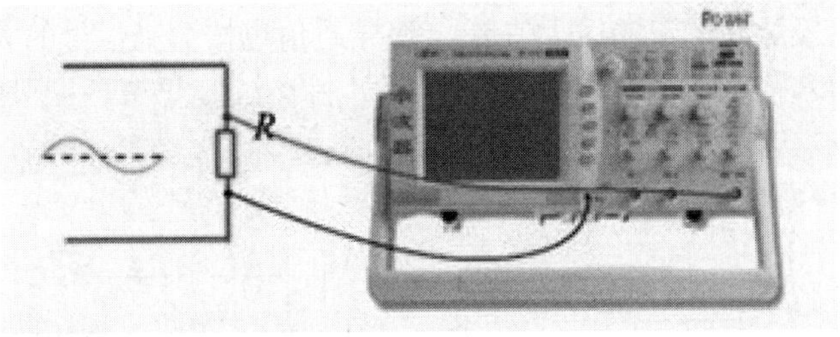

图 5.17　电阻 R 两端加入正弦波信号时示波器显示的波形

（2）若在电阻 R 两端加入一个调制信号和一个载波电压，如图 5.18 所示，此时在示波器观察两端的波形是什么波形呢？

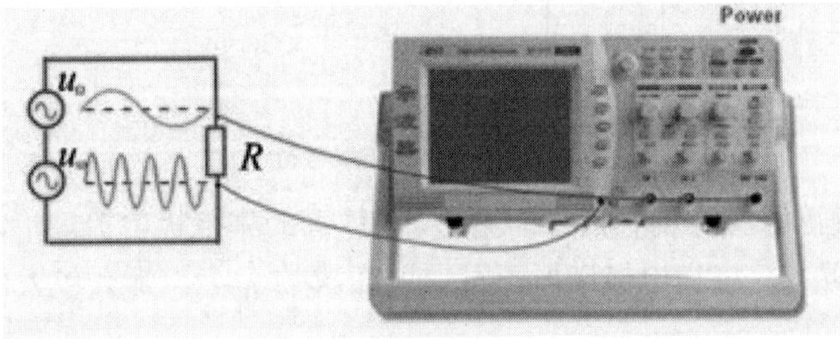

图 5.18　电阻 R 两端加入调制信号和载波电压时示波器显示的波形

从图 5.18 可看出，若在电阻 R 两端加入一个调制信号和一个载波电压，此时示波器显示的是一个叠加波。叠加波≠调幅波，要得到调幅波，u_Ω、u_c 必须通过非线性器件。

在无线电发射机中，振幅调制的方法按功率电平的高低分为高电平调幅电路和低电平调幅电路两大类。前者是在发射机的最后一级直接产生达到输出功率要求的已调波；后者是在发射机的前级产生小功率的已调波，再经过线性功率放大器放大，达到所需的发射功率电平。普通调幅波的产生多用高电平调幅电路，它的优点是不需要采用效率低的线性放大器，有利于提高整机效率，但它必须兼顾输出功率、效率和调制线性的要求。

高电平调幅就是在功率电平高的级中完成调幅过程，这个过程通常都是在丙类放大器中进行的。丙类放大器是以调谐功率放大器为基础构成的，实际上它就是一个输出电压振幅受调制信号控制的调谐功率放大器。根据调制信号注入调幅器方式的不同，高电平调幅分为基极调幅、发射极调幅和集电极调幅三种，下面介绍基极调幅和集电极调幅。

5.3.1　基极调幅

1. 基本工作原理

所谓基极（栅极）调幅，就是用调制信号电压来改变高频功率放大器的基极（栅极）偏压，以实现调幅。基极调幅的基本电路如图 5.19 所示，由图可见，高频载波信号 u_ω 通过高频变压器 VT_1 加到晶体管基极回路，低频调制信号 u_Ω 通过低频变压器 VT_2 加到晶体管基极回路，放大器的有效偏压等于这两个电压之和，它随调制信号波形而变化。C_b 为高频旁路电容，用来为载波信号提供通路。

在调制过程中，基极电压随调制信号的变化而变化，（调制信号相当于一个缓慢变化的偏压）使放大器的集电极脉冲电流的最大值 i_{cmax} 和导通角也按调制信号的大小而变化。

当偏压往正向增大时，i_{cmax} 和 θ 增大，于是 $I_{c1m}=\alpha_1 I_{cmax}$ 也增大，则 $U_{cm}=I_{c1m}R_c$ 也增大；当偏压往反向增大时，i_{cmax} 和 θ 减少，于是 I_{c1m} 减小，U_{cm} 也减小。

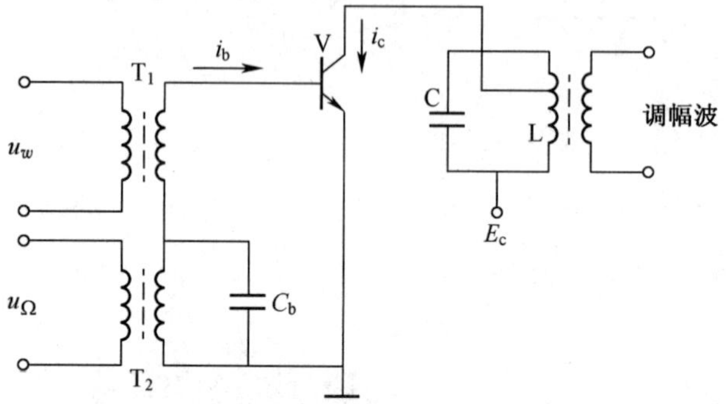

图 5.19　基极调幅电路

故输出电压幅值正好反映调制信号的波形。晶体管的集电极电流波形 i_c 和调谐回路输出的电压波形如图 5.20 所示，将集电极谐振回路调谐在载频 f_c 上，那么放大器的输出端便获得调幅波。

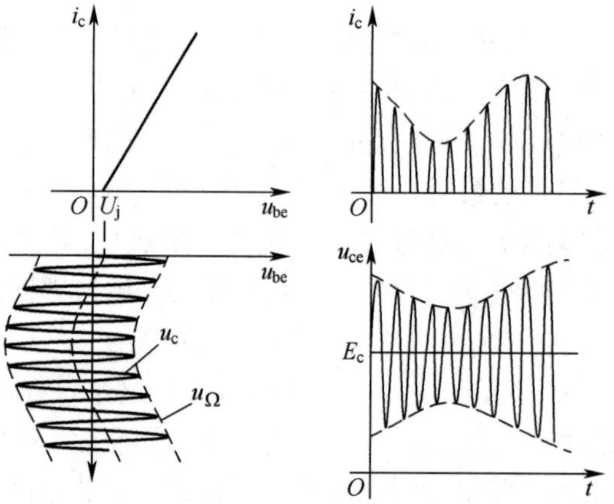

图 5.20　基极调幅波形图

2. 基极调幅调制特性和测量电路

基极调幅测量电路和调制特性如图 5.21 所示。由图 5.21（b）所示静态基极调制特性曲线可以看出：调制特性曲线只有中间一段接近线性，而上部和下部都有较大的弯曲。上部弯曲是由于放大器进入过压状态，下部弯曲则是由于晶体管输入特性曲线起始部分弯曲引起的。为了减少调制失真，应将载波工作点选择在调制特性曲线直线部分的中心，使被调放大器在调制信号电压变化范围内始终工作在欠压状态。这时可以得到较大的调幅度和较好的线性调幅。为了充分利用线性区，载波状态应选在欠压区特性曲线的中点，但由于调制特性上部及下部呈现弯曲，为得到好的线性调制，只有减少调制电压幅度 $U_{\Omega m}$，即 m_a 小于 1，在 m_a 很小时可得到较好的线性调制。

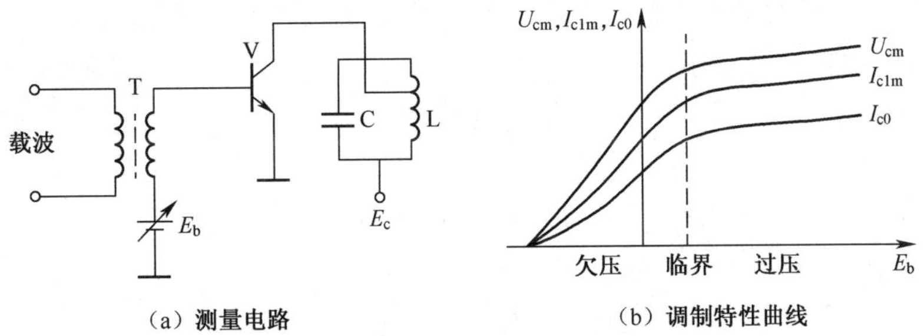

图 5.21　基极调幅调制特性测试和调制特性曲线

3．设计要求

（1）放大器的工作状态。放大器应工作于欠压状态，为保证放大器工作在欠压状态，设计时应使放大器最大工作点（调幅波幅值最大处叫最大工作点或调幅波波峰；反之，调幅波幅值最小处叫最小工作点或调幅波波谷）刚刚处于临界状态。

设调幅系数 $m_a=1$，则最大工作点的电压幅值为

$$(U_{cm})_{max}=E_c-U_{ces} \tag{5.13}$$

载波状态电压幅值为

$$(U_{cm})_c=(U_{cm})_{max}=\frac{1}{2}(E_c-U_{ces}) \tag{5.14}$$

（2）放大器的最佳集电极负载电阻 R_{cp}。设计通常是从所需的负载载波功率出发，可求得集电极输出功率为

$$(P_o)_c=\frac{(P_L)_c}{\eta_T} \tag{5.15}$$

集电极基波电流为

$$(I_{c1m})_c=\frac{2(P_o)_c}{(U_{cm})_c} \tag{5.16}$$

最后得到

$$R_{cp}=\frac{1}{8}\frac{(E_c-U_{ces})^2}{(P_o)_c} \tag{5.17}$$

（3）晶体管的选择。放大器的工作情况在调制过程中是变化的，应根据最不利情况选择晶体管。

电流脉冲和槽路电压都是在最大工作点处最大，故

$$\begin{cases}I_{cm}\geqslant(I_{c\max})_{max}\\ BV_{ceo}\geqslant 2E_c\\ P_{cm}\geqslant(P_c)_c\end{cases} \tag{5.18}$$

式中，BV_{ceo} 为基极开路时，集电极、发射极间反向击穿电压；I_{cm} 为集电极最大允许电流；P_{CM} 为集电极最大允许功率损耗。在载波状态下，放大器工作于欠压状态，其电压利用系数和集电极效率低，管耗很大，所以晶体管的功率容量应按载波状态选取。

思考：为什么需要满足 $P_{cm}\geqslant(P_c)_c$？

证明：设调制信号为单频正弦信号，由于I_{co}随E_b线性变化，所以调制一周的平均值就是载波状态的数值，即

$$(I_{co})_{av}=(I_{co})_c$$

因E_c不变，所以

$$(P_E)_{av}=E_c(I_{co})_{av}=E_c(I_{co})_c=(P_E)_c$$

由$P_c=P_E-P_o$可得

$$(P_c)_{av}=(P_E)_{av}-(P_o)_{av}$$
$$(P_c)_c=(P_E)_c-(P_o)_c$$

而$(P_o)_{av}=(P_o)_c\left(1+\dfrac{m_a^2}{2}\right)$，可知$(P_c)_c>(P_c)_{av}$，所以$P_{cm}\geqslant(P_c)_c$。

其中，$(P_o)_{av}$为调制状态下的输出功率；$(P_E)_{av}$为调制状态下电源供给的直流功率；$(P_c)_{av}$为调制状态下的集电极的平均损耗功率；$(P_o)_c$为载波状态下的输出功率；$(P_E)_c$为载波状态下电源供给的直流功率；$(P_c)_c$为载波状态下的损耗功率。

（4）对激励的要求。一般激励电压幅值是不变的，但由于基流脉冲大小是随调制信号改变的，所以所需功率也在变。激励电压可按调谐功率放大器的方法进行初步估算，但在调整时，应以达到在载波状态下的槽路电压为准。

关于激励功率，因为最大工作点处的基流脉冲最大，所以应根据该处的基流幅值$(I_{b1m})_{max}$确定激励功率，即

$$P_\omega=\frac{1}{2}U_{\omega m}(I_{b1m})_{max} \tag{5.19}$$

式中，P_ω为激励功率；$U_{\omega m}$为激励电压幅值；$(I_{b1m})_{max}$可按$(I_{b1m})_c$的两倍估算。

（5）对调幅放大器的要求。对调幅放大器的要求，主要是确定调制电压$U_{\Omega m}$和调制功率P_Ω的大小，以及变压器T_2的等效负载电阻R_Ω，以满足匹配之需要。

调制电压$U_{\Omega m}$大，则调制度加深，但过大则出现过调失真。在正常情况下，为不造成过调失真，让$U_{\Omega m}$与$U_{\omega m}$大小大致相近（假若基极回路接有自给偏压环节的电容，则此电容不仅对载频，而且对调制信号的容抗也应相当小，否则调制信号相当一部分将降落在电容上，这时实际需要的调制电压应相应地增加）。在调制电压较大的情况下，应检查晶体管的基-射极耐压能力，需满足

$$BV_{ebo}>E_b+U_{\Omega m}+U_{\omega m} \tag{5.20}$$

式中，放大器工作在丙类时，E_b是反偏压；BV_{ebo}是指集电极开路时，发射极-基极间的反向击穿电压。

为了确定调制功率，应先确定基极回路的调制电流，它是由基极脉冲电流的直流分量I_{b0}在调制过程中变化而形成的。在$m_a=1$的情况下，调制电流的幅值近似等于载波状态的直流分量，即

$$I_{\Omega m}\approx(I_{b0})_c \tag{5.21}$$

由此即可确定调制功率P_Ω及等效负载电阻R_Ω，即

$$P_\Omega=\frac{1}{2}U_{\Omega m}I_{\Omega m} \tag{5.22}$$

$$R_{\Omega}=\frac{U_{\Omega m}}{I_{\Omega m}} \tag{5.23}$$

（6）基极调幅波的失真波形。由于多种原因，基极调幅波会出现一定的失真，失真现象大致有两种：一种是波谷变平，如图 5.22 所示；一种是波腹变平，如图 5.23 所示。

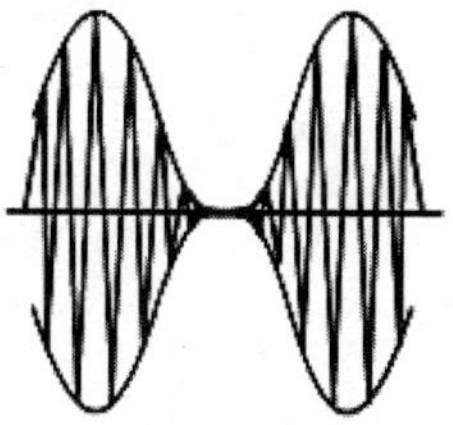

图 5.22　波谷变平

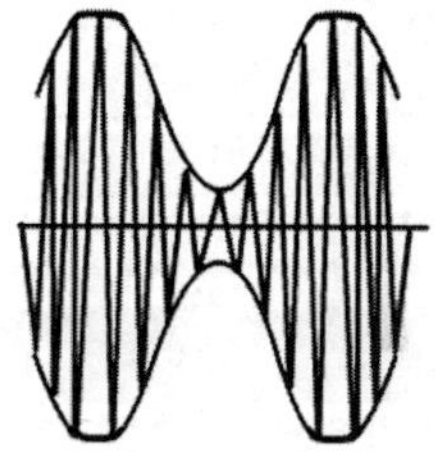

图 5.23　波腹变平

产生波谷变平的原因：由于过调或激励电压过小，造成晶体管在波谷处截止。因此，减少反偏压的大小或加大激励电压的值都可改善过调，但加大激励以不引起波腹失真为原则。

产生波腹变平的原因：①放大器工作在过压状态（造成过压原因——激励过大或阻抗匹配不当）；②激励功率不够或激励信号源内阻过大，造成波腹处的基流脉冲增长不上去。③晶体管在大电流下输出特性不好，造成波腹处集电极电流脉冲增长不上去。

此外，假如调谐电路失谐，也可造成调幅波包络失真。

总结：

基极调幅电路的优点为

（1）所需调制信号功率很小（由于基极调幅电路基极电流小，消耗功率也小）。

（2）调制信号的放大电路比较简单。

缺点：因其工作在欠压状态，故集电极效率低。

5.3.2　集电极调幅

1. 基本工作原理

所谓集电极（阳极）调幅，就是用调制信号来改变高频功率放大器的集电极（阳极）直流电源电压，以实现调幅，它的基本电路如图 5.24 所示。由图可知，高频载波信号 u_{ω} 仍从基极加入，而调制信号 u_{Ω} 加在集电极。R_1C_1 是基极自给偏压环节，调制信号 u_{Ω} 与 E_c 串联在一起，故可将二者合在一起看作一个缓慢变化的综合电源 E_{cc}（$E_{cc}=E_c+u_{\Omega}$）。所以，集电极调幅电路就是一个具有缓慢变化电源的调谐放大器。

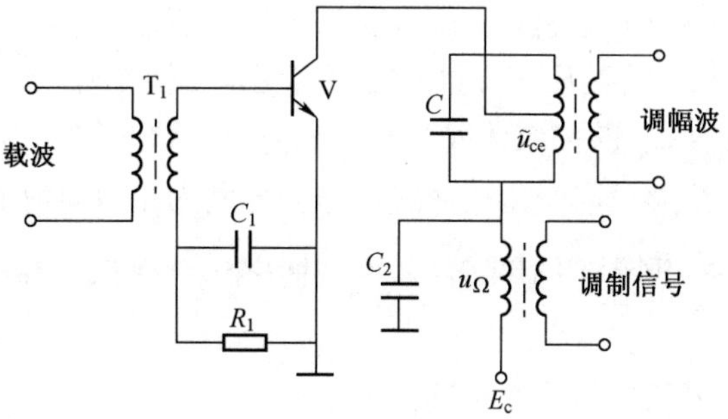

图 5.24　集电极调幅电路

在调制过程中，集电极电流脉冲的高度和凹陷程度均随 u_{Ω} 的变化而变化，则 I_{c1m} 也跟随变化，从而实现了调幅作用。经过调谐回路的滤波作用，在放大器输出端即可获得已调波信号。

集电极调幅 $\tilde{u}_{ce}$（集电极槽路交流电源）、i_c、i_b、E_b 的波形如图 5.25 所示。

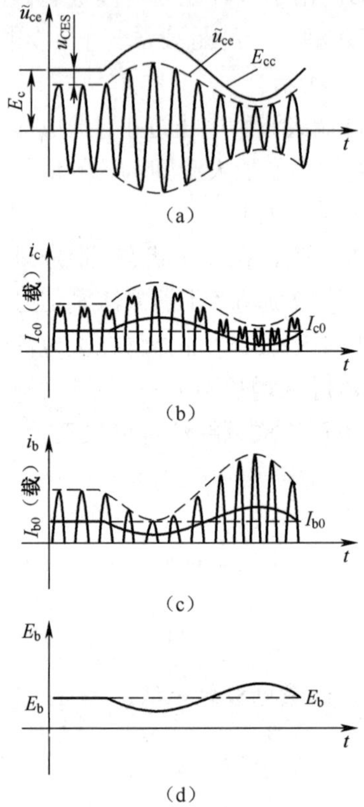

图 5.25 集电极调幅波形

图 5.25（a）表示综合电源电压 $E_{cc}(E_{cc}=E_c+u_\Omega)$ 及集电极 $\tilde{u}_{ce}$ 的波形。由图可见，E_{cc} 和谐振回路电源幅值都随调制信号而变化，U_{cm} 的包络线反映了调制信号的变化波形。E_{cc} 与 U_{cm} 之差为晶体管饱和压降 u_{CES}。

图 5.25（b）表示 i_c 脉冲的波形。由于放大器在载波状态时工作在过压状态，i_c 脉冲中心下凹。E_{cc} 越小，过压越深，脉冲下凹越深；E_{cc} 越大，过压程度下降，脉冲下凹减轻。一般适当控制 E_{cc} 到最大时，将放大器调整到临界状态工作，使 i_c 脉冲不下凹。

图 5.25（c）表示 i_b 脉冲的波形。i_b 脉冲的幅值变化规律刚好与 i_c 相反，过压越深，u_{cemin} 越小，输入特性曲线（i_b-u_{be} 的关系曲线）左移越多，i_b 脉冲越大。

此外还绘出了 I_{c0}、I_{b0} 随 E_{cc} 变化的曲线，它们分别为相应电流的周期平均值。

图 5.25（d）绘出了基流偏压 E_b 随 E_{cc} 变化的曲线，因为 $E_b=I_{b0}R_1$，故其变化规律与 I_{b0} 相同。

2. 集电极调幅的调制特性和测量电路

由图 5.26 所示的静态集电极调制特性曲线可以看出，当 $E_{cc}>(E_{cc})_{cr}$［$(E_{cc})_{cr}$ 是临界状态的电源电压］时，放大器工作在欠压状态，I_{c1m} 随 E_{cc} 变化很小；当 $E_{cc}<(E_{cc})_{cr}$ 时，放大器工作在过压状态，E_{cc} 减小，I_{c1m} 也迅速减小。随着 I_{c1m} 的变化，集电极电流脉冲的凹陷深浅发

生变化，I_{c1m}随E_{cc}变化比较明显。所以，只有放大器工作在过压状态，集电极电压对集电极电流才有较强的控制作用。由于在过压状态时，E_{cc}对I_{c1m}的控制作用大，可以使I_{c1m}在 0～$(I_{c1m})_{cr}$之间变化，故有可能实现$m_a=1$的调制。

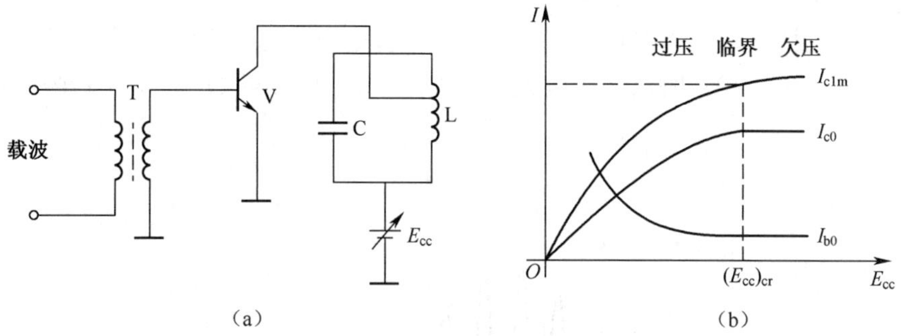

图 5.26　集电极调幅电路和调制特性曲线

集电极调幅的调制特性虽比基极调幅好，但也并不理想，即在E_{cc}较低时，晶体管进入严重过压状态，I_{c1m}随E_{cc}的下降变化很快；而当E_{cc}很大时，晶体管进入欠压状态，I_{c1m}随E_{cc}的增大变化缓慢，从而使调幅产生失真。

思考：如何改善调制特性？

为了进一步改善调制特性，可在电路中引入补偿措施，补偿的原则是在调制过程中，随着综合电源电压变化，输入激励电压也作相应的变化。

具体实现的方法有以下两种：

（1）采用基极自给偏压。由前面的分析可知，I_{b0}随调制信号而变，它造成的自给偏压$I_{b0}R_1$也相应地变化。当E_{cc}降低时，过压深度增大，I_{b0}增大，反偏压也增大，相当于激励电压变小，从而使过压深度减轻。当E_{cc}提高时，则情况相反，放大器也不会进入欠压区工作。因此，采用基极自给偏压在一定程度上改善了放大器的调制特性。

（2）采用双重集电极调幅。双重集电极调幅电路的方框图如图 5.27 所示。由图可知，调制信号同时对两级调幅器进行集电极调制，调幅器 I 的输出作为调幅器 II 的激励信号，当调幅器 II 受调制信号控制集电极电源电压升高时，它的激励信号也在增大；反之，当调幅器 II 电源电压降低时，激励也相应减小，达到了补偿的目的，使调制特性得到改善。适当控制激励的调制深度，可使总的调制特性接近线性。因为这种调制方式调制信号源同时控制两个调幅器，所以它必须能给出足够的输出功率。

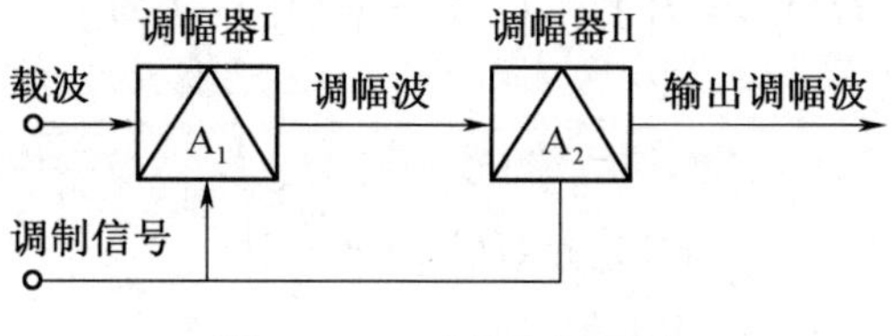

图 5.27　双重集电极调幅

3. 设计要点

（1）放大器的工作状态。放大器的最大工作点应设计在临界状态，那么便可保证其余时间都处于过压状态。

（2）选晶体管。晶体管电流的I_{cm}应根据最大工作点电流脉冲幅值来定，即

$$I_{cm} \geqslant (I_{cmax})_{max} \tag{5.24}$$

式中，$(I_{cmax})_{max}$是最大工作点电流i_c脉冲的最大值。

晶体管耐压应根据最大集电极电压来定。集电极电压是综合电源电压$(E_{cc} = E_c + u_\Omega)$和高频电压$\tilde{u}_{ce}$之和，如图 5.28 所示。在最大工作点处，$E_{cc}$可接近$2E_c$，集电极瞬时电压最大值约为$4E_c$，故

$$BV_{ceo} > 4E_c \tag{5.25}$$

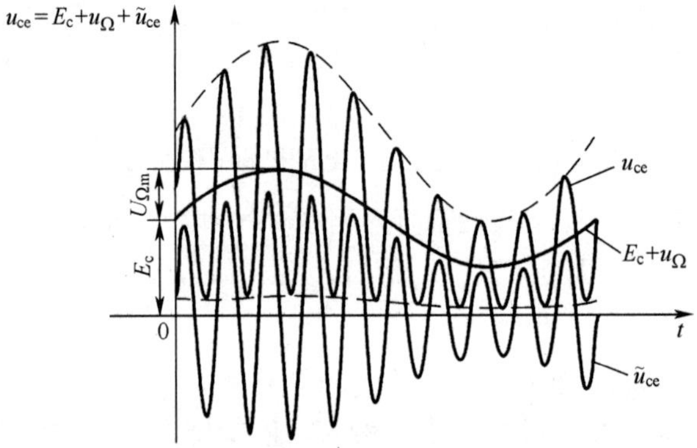

图 5.28　集电极瞬时电压波形

晶体管最大集电极容许损耗P_{cm}满足

$$P_{cm} \geqslant (P_c)_{av} = 1.5(P_o)_c\left(\frac{1}{\eta_c}-1\right) \tag{5.26}$$

证明：调制过程中集电极效率

$$\eta_c = \frac{1}{2}\frac{U_{cm}}{E_c}\frac{I_{c1m}}{I_{c0}}$$

由于在调制过程中，U_{cm}、I_{c1m}、I_{c0}都随E_c成比例地变化，所以集电极效率不变，即

$$(\eta_c)_{av} = (\eta_c)_c = \eta_c$$

又由集电极平均耗损功率$P_c = P_E - P_o = P_o\left(\frac{1}{\eta_c}-1\right)$可知

$$(P_c)_{av} = (P_E)_{av} - (P_o)_{av} = (P_o)_{av}\left(\frac{1}{\eta_c}-1\right)$$

而调幅波的功率为

$$(P_o)_{av} = (P_o)_c\left(1+\frac{m_a^2}{2}\right)$$

所以有

$$(P_c)_{av} = (P_o)_{av}\left(\frac{1}{\eta_c}-1\right) = (P_o)_c\left(1+\frac{m_a^2}{2}\right)\left(\frac{1}{\eta_c}-1\right)$$

而

$$(P_c)_c=(P_o)_c\left(\frac{1}{\eta_c}-1\right)$$

因此有 $P_{cm}\geqslant(P_c)_{av}$。设 $m_a=1$ 时：

$$(P_c)_{av}=1.5(P_o)_c\left(\frac{1}{\eta_c}-1\right)$$

可见，平均集电极损耗功率大于载波状态损耗功率的 1.5 倍，所以选晶体管时应保证 $P_{cm}>(P_c)_{av}=1.5(P_o)_c\left(\frac{1}{\eta_c}-1\right)$。

（3）对激励的要求。在过压状态下，激励是有余量的，余量最小瞬间是在最大工作点。为保证放大器工作在过压状态，激励的强度（电压、功率）应满足最大工作点（且 $m_a=1$）工作在临界状态。如激励不足，在 E_{cc} 较高的时间内，放大器将进入欠压状态，这时 $\tilde{u}_{ce}$ 幅值将不随 E_{cc} 变化，从而造成调幅波包络线腹部变平，产生波腹变平失真，如图 5.29 所示。

（4）对调制信号的要求。为了获得 $m_a=1$ 的深度调制，调制电压 $U_{\Omega m}$ 应接近 E_c，即

$$U_{\Omega m}\approx E_c \tag{5.27}$$

$U_{\Omega m}$ 过小则调制不深，$U_{\Omega m}$ 过大则产生过调失真，过调失真波形如图 5.30 所示。

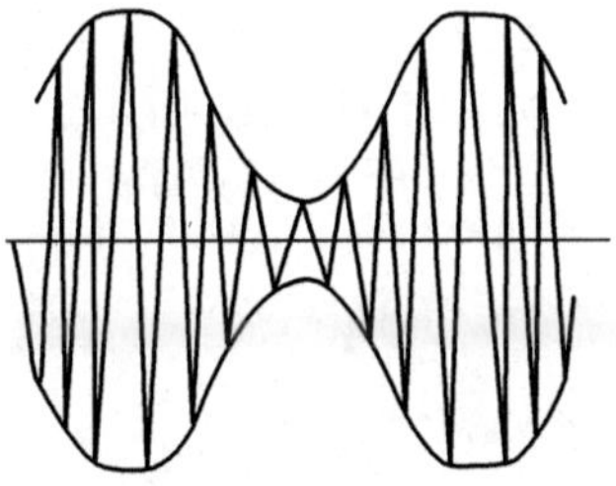

图 5.29　波腹变平

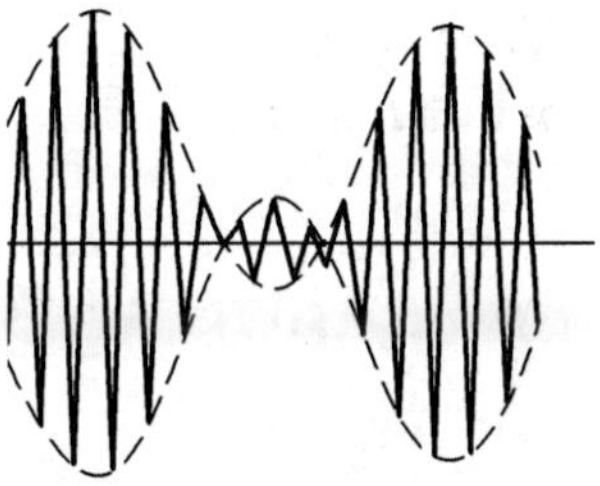

图 5.30　过调失真

思考：产生过调失真的原因是什么？

当 u_Ω 为负，且其值大于 E_c 时，综合电源电压 (E_c+u_Ω) 为负值，即其极性与正常工作时相反。此时，若基极电位为正，则集电结（b-c）处于正向状态，原来的集电极实际上变成了“发射极”，产生“发射极”电流（此电流与原来的集电极电流方向相反），然后通过槽路造成过调情况下的电压输出。

流过调制变压器副边的调制电流 $I_{\Omega m}$ 是由集电极电流脉冲的直流分量在调制过程中变化形成的，当 $m_a=1$ 时，I_{c0} 变化幅度的平均值就等于载波状态的 $(I_{c0})_c$ 值，故可近似认为 $I_{c0}\approx(I_{c0})_c$。

所以调制功率 P_Ω 为

$$P_\Omega=\frac{1}{2}U_{\Omega m}I_{\Omega m}\approx\frac{1}{2}E_c(I_{c0})_c \tag{5.28}$$

它是调制信号源供给的，当 $m_a=1$ 时，它等于直流电源供给功率的一半。很明显，集电极调幅需要的调制功率比基极调幅需要的调制功率大得多，这就是集电极调幅的缺点。

调制变压器的等效负载为

$$R_{\Omega}=\frac{U_{\Omega m}}{I_{\Omega m}}\approx\frac{E_c}{(I_{c0})_c} \tag{5.29}$$

（5）对输出 LC 回路的通频带和品质因数 Q 要求。输出 LC 回路的通频带 $B=\frac{\omega_c}{Q}$ 不小于 $2\Omega_{max}$，所以回路品质因数必须满足

$$Q<\frac{\omega_c}{2\Omega_{max}}=\frac{f_c}{2F_{max}} \tag{5.30}$$

式中，F_{max} 是调制信号 u_{Ω} 的最高频率。

为了滤除其他因非线性应用所产生的谐波，要求 Q 较高。因此传送信号的频谱 $2F_{max}$ 越宽，所需载波频率 f_c 也越高。

5.4　普通调幅波的解调电路

解调是从已调波中提取出调制信号的过程，是调制的逆过程。振幅调制的解调又叫振幅检波（简称检波）。检波像振幅调制一样也是频谱搬移过程，它是把位于载频 f_c 位置的调制信号频谱搬回到零频位置的过程。检波过程可以用图 5.31 说明，图中检波器输入信号 u_s 为一个单一频率调制的 AM 调幅波，它的时域和频域的波形如图 5.31（a）所示。检波器的输出电压 u_0 是直流和频率为 F 的低频信号，它的时域和频域的波形如图 5.31（b）所示。

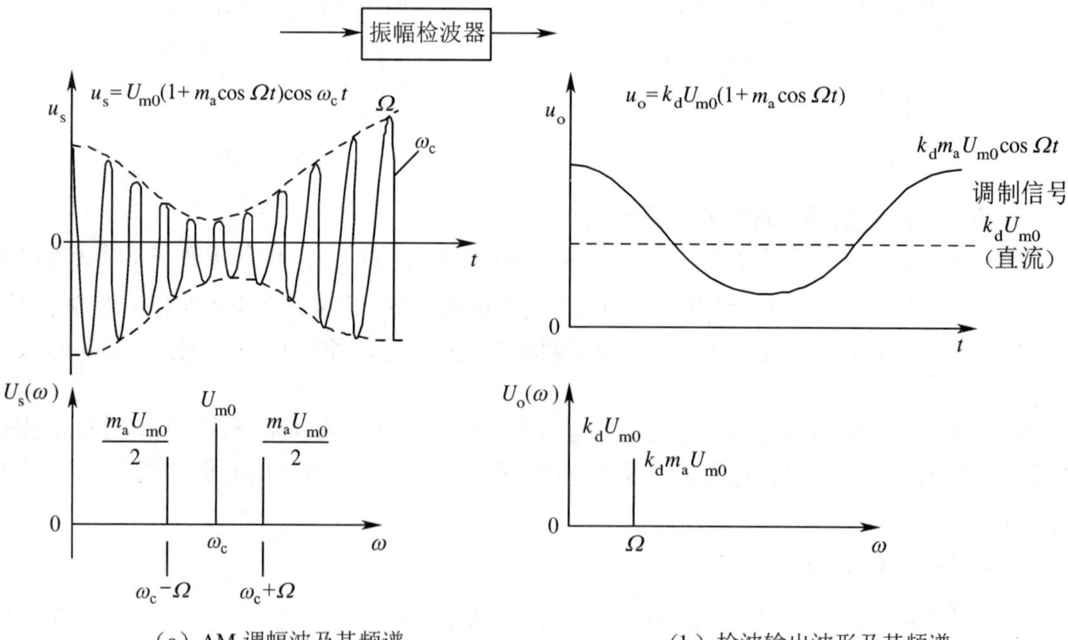

（a）AM 调幅波及其频谱　　（b）检波输出波形及其频谱

图 5.31　振幅检波

5.4.1 包络检波

要从 AM 调幅波中提取振幅变化的信息，可以首先将 AM 调幅波变成单极性信号，之后再从单极性信号中取出它的平均值或峰值，如图 5.32 所示。如已调波为

$$u_s(t)=U_{mo}(1+m_a\cos\Omega t)\cos w_c t \tag{5.31}$$

把 $u_s(t)$ 乘以单向开关函数 $k_1(\omega_c t)$ 得到的就是单极性信号，即

$$\begin{aligned} u_s(t)k_1(\omega_c t) &= \frac{U_{mo}}{2}(1+m_a\cos\Omega t)\cos\omega_c t\left[1+\sum_{n=1}^{\infty}(-1)^{n+1}\frac{4}{(2n-1)\pi}\cos(2n-1)\omega_c t\right] \\ &= \frac{U_{mo}}{2}(1+m_a\cos\Omega t)\cos\omega_c t+\frac{U_{mo}}{\pi}(1+m_a\cos\Omega t) \\ &\quad+\frac{U_{mo}}{\pi}(1+m_a\cos\Omega t)\cos 2\omega_c t+\frac{U_{mo}}{3\pi}(1+m_a\cos\Omega t)\cos 2\omega_c t \\ &\quad \frac{U_{mo}}{3\pi}(1+m_a\cos\Omega t)\cos 4\omega_c t+\cdots \end{aligned} \tag{5.32}$$

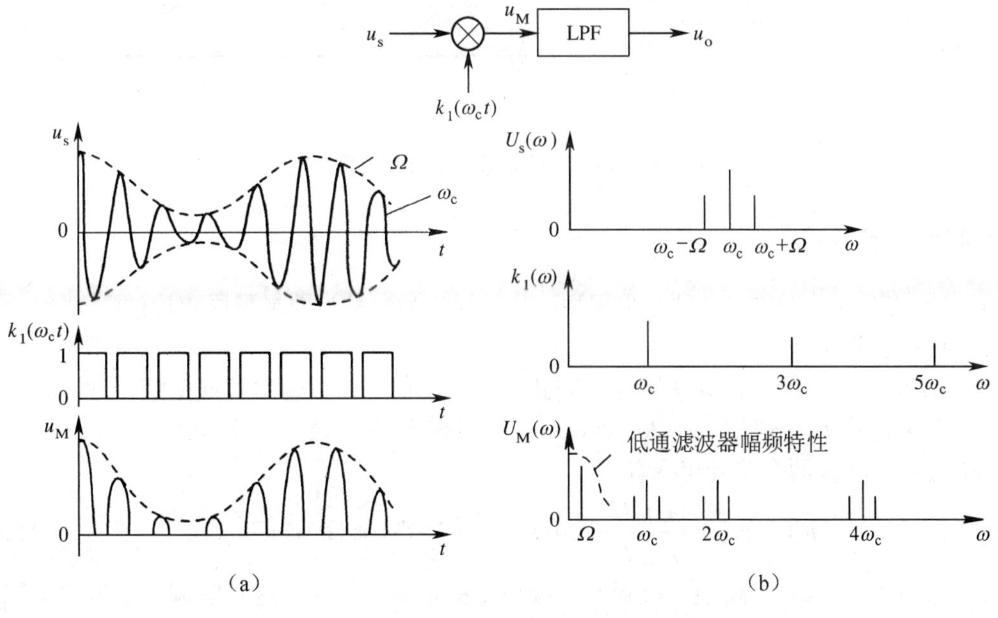

图 5.32 平均包络检波器框图与各点信号波形

另外一种包络检波方法是将单极性信号通过电阻和电容组成的惰性网络，取出单极性信号的峰值信息，这种包络检波器叫峰值包络检波器。最常用的是二极管峰值包络检波器，如图 5.33（a）所示。图中输入信号 u_s 为 AM 调幅波，RC 并联网络两端的电压为输出电压 u_o，二极管 VD 两端的电压 $u_D=u_s-u_o$。当 $u_D>0$ 时，二极管导通，信源 u_s 通过二极管对电容 C 充电，充电的时间常数约等于 $R_D C$。由于二极管导通电阻 R_D 很小，因此电容上的电压迅速达到信源电压 u_s 的幅值。当 $u_D<0$ 时，二极管截止，电容 C 通过电阻 R 放电。若选取 RC 的数值满足

$$\frac{1}{\omega_c}<<RC<<\frac{1}{\Omega} \tag{5.33}$$

即电容放电的时间常数 RC 远大于载波周期 T_c，而远小于调制信号周期 T。那么，电容 C 两端的电压变化速率将远大于包络变化的速率，而远小于高频载波变化的速率。因此，二极管截止期间，u_o 不会跟随载波变化，而是缓慢地按指数规律下降。当下降到重新出现 $u_D>0$ 时，二极管又导通，电容又被充电到 u_s 的幅值；当再次出现 $u_D<0$ 时，二极管再截止，电容通过电阻放电。如此充电、放电反复进行，在电容两端就可得到一个接近输入信号峰值的低频信号，再经过滤波平滑，去掉叠加在上面的高频纹波，得到的就是调制信号。充放电过程如图 5.33（b）所示。

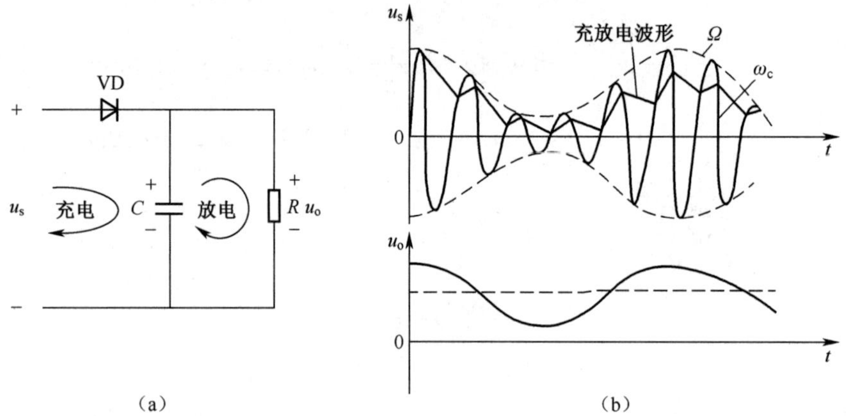

图 5.33 峰值包络检波器电路及工作原理

5.4.2 同步检波

同步检波有两种形式，一种是乘积型同步检波，另一种是叠加型同步检波。

1. 乘积型同步检波

在频域内，振幅检波是频谱搬移。因此，可以用信号相乘运算实现振幅检波。若信源是一个双边带信号 $u_s(t)=U_{sm}\cos\Omega t\cdot\cos\omega_c t$，本地振荡信号是一个与载波同频同相的信号 $u_1(t)=U_{1m}\cos\omega_c t$。两个信号相乘有

$$u_s(t)\cdot u_1(t)=\frac{U_{1m}U_{sm}}{2}\cos\Omega t+\frac{U_{1m}U_{sm}}{2}\cos\Omega t\cdot\cos 2\omega_c t \tag{5.34}$$

通过低通滤波器滤除高频，得到的低频信号就是调制信号。这种解调方法就叫乘积型同步检波，框图如图 5.34 所示。

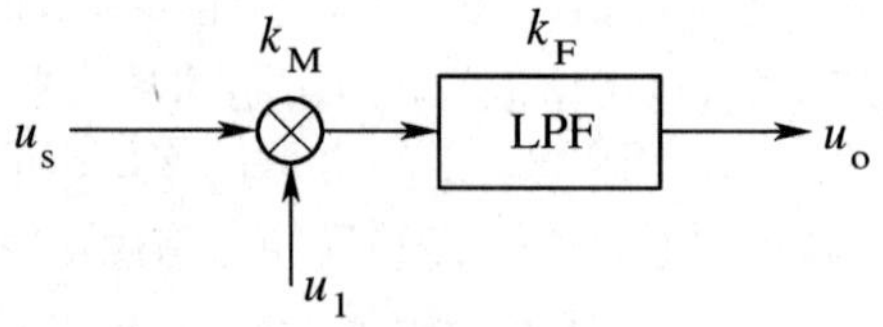

图 5.34 乘积型同步检波器框图

检波的输出为

$$u_o=k_d U_{1m}U_{sm}\cos\Omega t \tag{5.35}$$

其中，$k_d = k_M \cdot k_F$，k_M 是乘法器的增益，k_F 是低通滤波器的增益。

2．叠加型同步检波

叠加型同步检波器框图如图 5.35 所示。

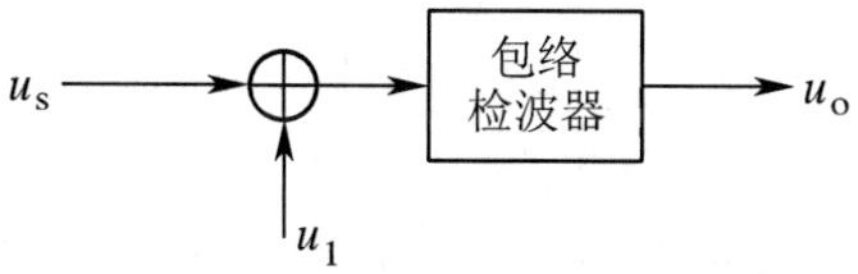

图 5.35　叠加型同步检波器框图

信源电压若是一个双边带信号，它与本振相加的和信号为

$$\begin{aligned} u_s(t)+u_1(t) &= U_{sm}\cos\Omega t\cdot\cos\omega_c t + U_{1m}\cos\omega_c t \\ &= U_{1m}\left(1+\frac{U_{sm}}{U_{1m}}\cos\Omega t\right)\cdot\cos\omega_c t \end{aligned} \tag{5.36}$$

在 $U_{sm} \leqslant U_{1m}$ 条件下，和信号就是一个 AM 调幅波，所以通过包络检波就可取出调制信号。

若信源电压是一个单边带信号，它与本振相加的和信号为

$$\begin{aligned} u_s(t)+u_1(t) &= U_{sm}\cos(\omega_c+\Omega)t + U_{1m}\cos\omega_c t \\ &= (U_{1m}+U_{sm}\cos\Omega t)\cdot\cos\omega_c t - U_{sm}\sin\Omega t\cdot\sin\omega_c t \\ &= U_m\cos(\omega_c t+\varphi) \end{aligned} \tag{5.37}$$

其中

$$U_m = \sqrt{(U_{1m}+U_{sm}\cos\Omega t)^2+(U_{sm}\sin\Omega t)^2} = U_{1m}\sqrt{1+\left(\frac{U_{sm}}{U_{1m}}\right)^2+2\frac{U_{sm}}{U_{1m}}\cos\Omega t}$$

$$\tan\varphi = -\frac{U_{sm}\sin\Omega t}{U_{1m}+U_{sm}\cos\Omega t}$$

设 $\frac{U_{sm}}{U_{1m}} = D$，则幅度 U_m 可进一步写为

$$U_m = U_{1m}\sqrt{1+D^2}\sqrt{1+\frac{2D}{1+D^2}\cos\Omega t}$$

显然这种解调方法与乘积型同步检波一样，必须本振与载波同步。此外叠加型同步检波还必须满足 $U_{1m} > U_{sm}$ 的条件，才能保证检波后的失真在预期所要求的范围之内。

5.4.3　检波器的质量指标

振幅解调电路又叫检波器，检波器的质量指标主要有电压传输系数、输入阻抗和检波失真。

1．电压传输系数 k_d

电压传输系数 k_d 又叫检波效率，是用来描述检波器把等幅高频波转换为直流电压的能力。包络检波器的电压传输系数 k_d 定义为检波器输出的低频电压幅值与输入高频电压幅值之比。电压传输系数越高，说明在同样的输入信号下，可以得到的低频信号输出越大。一般二极管检波器的检波效率总小于 1，设计电路时尽可能使它接近 1。

应该注意的是，检波器换能效率是指输出功率与输入功率之比，不要与检波效率搞混，一般情况下，换能效率要比检波效率小。

2．检波器的输入阻抗 Z_{in}

从检波器输入端看进去的等效阻抗称为输入阻抗，检波器的输入阻抗可表示为 $Z_{in}=R_{in}+jX_{in}$。由于检波器前级是中频放大器（图 5.36），检波器的输入阻抗就是中频放大器的负载，它的大小直接影响中频放大器的性能。检波器输入阻抗越大，检波器对中频放大器的影响就越小。检波器输入阻抗中的电抗分量可以归入中频放大器的中频谐振回路，作为回路的一部分考虑；输入阻抗中的电阻分量直接影响中频谐振回路的品质因数和放大器负载的轻重。电阻分量越大，谐振回路品质因数越大，带宽越窄，放大器的负载越轻；电阻分量越小，谐振回路品质因数越小，带宽越宽，放大器的负载越重。

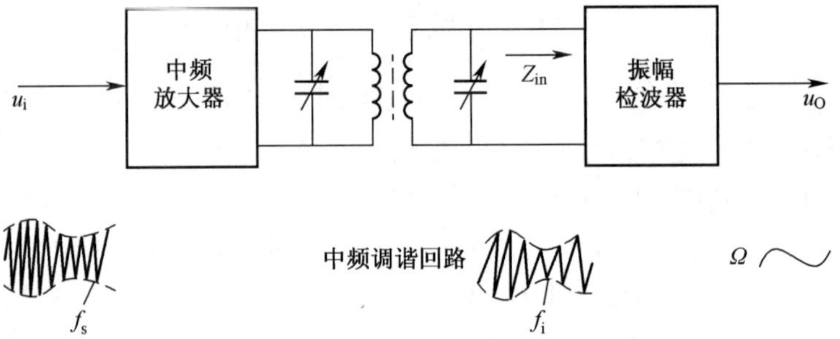

图 5.36　检波器与中频放大器的级联

3．检波失真

检波失真是指检波器输出电压与输入调幅波的调制信号相似的程度，检波失真包括线性失真和非线性失真。线性失真又叫频率失真，它是由于检波器带宽不够或带内增益的起伏而引起的失真，这种失真会使调制信号中各频率分量的比例关系发生变化。非线性失真是由于检波特性的非线性而引起的失真，这种失真会产生调制信号的谐波分量和各调制频率间的组合频率分量，通常用非线性失真系数来描述这种失真的大小。

（1）电压传输系数 k_d。二极管峰值包络检波器是大信号检波器，在检波过程中二极管处于导通或截止两种状态，所以二极管特性曲线可以用折线近似。若输入电压是一个等幅波 $u_s=U_{sm}\cos\omega_c t$，输出电压是直流 $u_o=U_o$，则二极管两端的电压 $u_D=u_s-u_o$。二极管的电流 i_D 与电压 u_D 的关系如图 5.37 所示，由图可见，二极管的电流 i_D 为余弦脉冲，它的导通角余弦值为

$$\cos\theta=\frac{U_o+U_B'}{U_{sm}} \tag{5.38}$$

其中，U_B' 是二极管的起始导通电压，由于 $U_B'\ll U_o$，所以

$$\cos\theta\approx\frac{U_o}{U_{sm}}=k_d \tag{5.39}$$

二极管峰值包络检波器的电压传输系数 k_d 近似等于 $\cos\theta$。导通角 θ 越小，电压传输系数越高。导通角 θ 可根据二极管的电导 g_D 和电阻 R 确定。

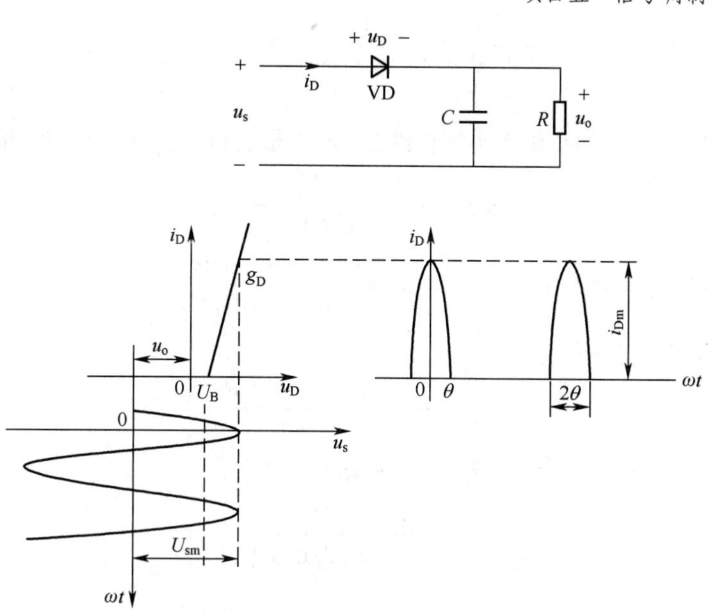

图 5.37 二极管峰值包络检波器的电流电压关系

根据图 5.37 可知，i_D 的最大值为

$$i_{Dm} = g_D U_{sm}(1-\cos\theta) \tag{5.40}$$

二极管电流脉冲中的直流分量为

$$i_{D0} = \alpha_0(\theta) i_{Dm} \tag{5.41}$$

式中，$\alpha_0(\theta)$ 是直流分量分解系数，且 $\alpha_0(\theta) = \dfrac{\sin\theta - \theta\cdot\cos\theta}{\pi(1-\cos\theta)}$。

检波器的输出电压为

$$u_o = i_{D0}\cdot R = \frac{g_D U_{sm} R}{\pi}(\sin\theta - \theta\cdot\cos\theta) \tag{5.42}$$

电压传输系数为

$$k_d = \frac{u_o}{U_{sm}} = \frac{g_D\cdot R}{\pi}(\sin\theta - \theta\cdot\cos\theta) \approx \cos\theta \tag{5.43}$$

$$\tan\theta - \theta = \frac{\pi}{g_D R} \tag{5.44}$$

$$\tan\theta = \theta + \frac{1}{3}\theta^3 + \frac{2}{15}\theta^5 + \frac{17}{315}\theta^7 + \cdots \tag{5.45}$$

在 $\theta << \dfrac{\pi}{6}$ 时，可忽略 5 阶项及以上的高阶项，因此

$$\tan\theta \approx \theta + \frac{1}{3}\theta^3 \tag{5.46}$$

$$\theta \approx \sqrt[3]{\frac{3\pi}{g_D R}} \tag{5.47}$$

（2）输入阻抗 Z_{in}。二极管峰值包络检波器的输入阻抗 Z_{in} 包括输入电阻 R_{in} 和输入电抗 X_{in}。输入电抗为容性，故输入电抗可用输入电容 C_i 表示，它是由检波器输入端的分布电容和

二极管的结电容组成。检波电容 C 很大，对高频呈现的阻抗近似为 0。C_i 通常限制在几皮法的量级。

检波器的输入电阻 R_{in} 等于输入电压振幅 U_{sm} 与二极管电流 i_D 中的基波分量幅度 i_{D1} 之比，即

$$R_{in}=\frac{U_{sm}}{i_{D1}}=\frac{U_{sm}}{\alpha_1(\theta)\cdot i_{Dm}} \tag{5.48}$$

其中，$\alpha_1(\theta)$ 是基波电流分解系数，且 $\alpha_1(\theta)=\dfrac{\theta-\sin\theta\cdot\cos\theta}{\pi(1-\cos\theta)}$。

根据电压传输系数公式可得

$$U_{sm}\approx\frac{U_o}{k_d}=\frac{\alpha_0(\theta)\cdot i_{Dm}\cdot R}{\cos\theta} \tag{5.49}$$

将 $\alpha_0(\theta)$、$\alpha_1(\theta)$ 及式（5.49）代入式（5.48）可得

$$R_{in}=\frac{(\tan\theta-\theta)\cdot R}{\theta-\sin\theta\cdot\cos\theta} \tag{5.50}$$

当 $\theta<<\dfrac{\pi}{6}$ 时，

$$R_{in}\approx\frac{R}{2} \tag{5.51}$$

（3）检波失真。峰值包络检波器由于二极管特性曲线弯曲、元件参数选择不当等原因会产生失真。

1）检波特性的非线性引起的失真。当检波器输入为一等幅高频正弦波时，输出为直流电压。输出直流电压幅度 U_o 与输入高频电压幅度 U_{sm} 之间的关系叫检波特性。由于二极管的伏安特性是指数曲线，二极管的内阻 R_D 随二极管两端的电压 u_D 的增加而减小，因此输出电压 u_o 就会随 R_D 的减小而增加，检波特性曲线就会随输入电压幅度 U_{sm} 的增加而向上翘，如图 5.38 所示。

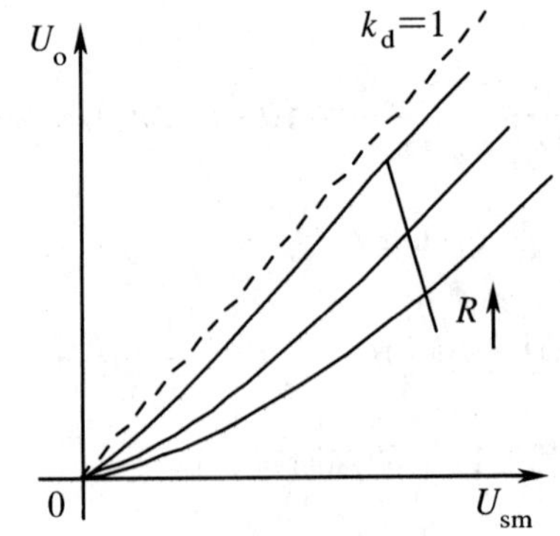

图 5.38　二极管检波特性

通常应满足

$$U_{mo}(1-m_a)\geqslant U'_B+500 \tag{5.52}$$

电阻 R 应选取足够大，以减小检波特性非线性引起的失真。

2）惰性失真。为了提高电压传输系数和减少检波特性的非线性引起的失真，必须加大电阻

R。而电阻 R 越大，时间常数 RC 越大，则在二极管截止期间电容的放电速率越小。当电容器的放电速率低于输入电压包络的变化速率时，电容器上的电压就不再能跟上包络的变化，从而出现失真，如图 5.39 所示。图中 t_1 到 t_2 时刻即是电容器放电跟不上包络变化的时间，在此期间引起失真，这种由于时间常数 RC 过大而引起的失真叫惰性失真，也叫对角线失真或放电失真。因此不产生惰性失真的条件就是电容器的放电速率始终比输入信号包络的变化速率高，即

$$\left|\frac{\partial u_o}{\partial t}\right|_{t=t_1} \geqslant \left|\frac{\partial U_{sm}}{\partial t}\right|_{t=t_1} \tag{5.53}$$

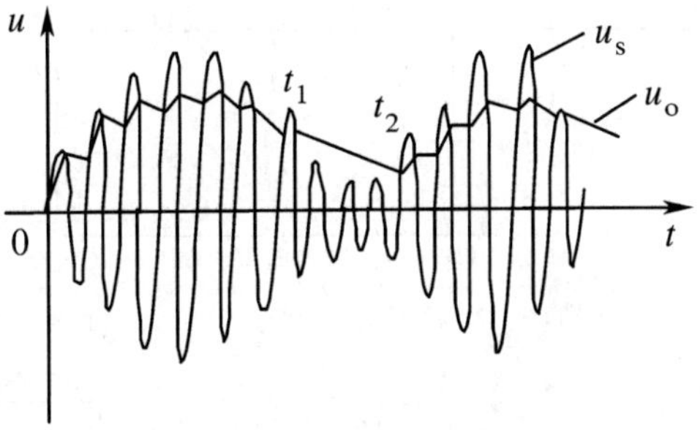

图 5.39　惰性失真

检波器的输入信源电压为

$$U_s = U_{mo}(1 + m_a \cos \Omega t)\cos \omega_c t = U_{sm}(t)\cos \omega_c t \tag{5.54}$$

包络的变化速率为

$$\left.\frac{\partial U_{sm}}{\partial t}\right|_{t=t_1} = -m_a \Omega_{m0} \sin \Omega t_1 \tag{5.55}$$

在 $k_d \approx 1$ 的条件下，t_1 时刻电容器两端的电压 $U_{01} = U_{sm}(t_1) = U_{mo}(1 + m_a \cos \Omega t_1)$，$t_1$ 时刻以后二极管截止，电容器放电，电容器两端的电压变化规律为

$$u_o = U_{01} e^{-\frac{t-t_1}{RC}} \tag{5.56}$$

电容器的放电速率为

$$\left.\frac{\partial u_o}{\partial t}\right|_{t=t_1} = -\frac{U_{01}}{RC} = -\frac{U_{mo}(1 + m_a \cos \Omega t_1)}{RC} \tag{5.57}$$

结合式（5.55）和式（5.57）并经过变换有

$$A = \frac{\left|\frac{\partial U_{sm}}{\partial t}\right|_{t=t_1}}{\left|\frac{\partial u_o}{\partial t}\right|_{t=t_1}} = \Omega RC \left|\frac{m_a \sin \Omega t_1}{1 + m_a \cos \Omega t_1}\right| \leqslant 1 \tag{5.58}$$

t_1 时刻不同，A 值也不同。只有在 A 值最大时式（5.58）成立，才能保证不产生惰性失真。因此把 A 对 t_1 求导并令其等于 0，得 A 的极值条件为

$$\cos \Omega t_1 = -m_a \tag{5.59}$$

将式（5.59）代入式（5.58），得到不产生惰性失真的条件为

$$\Omega RC \leqslant \frac{\sqrt{1-m_a^2}}{m_a} \tag{5.60}$$

3）负峰切割失真。检波器与下级电路级联工作时，往往下级只取用检波器输出的交流电压，因此在检波器的输出端串联隔直流电容 C_c，如图 5.40 所示。当负载网络两端的电压 $u_{AB} \approx U_{m0}(1+m_a\cos\Omega t)$ 时，相应的输出电流为

$$I_{Do} = I_0 + I_1\cos\Omega t \tag{5.61}$$

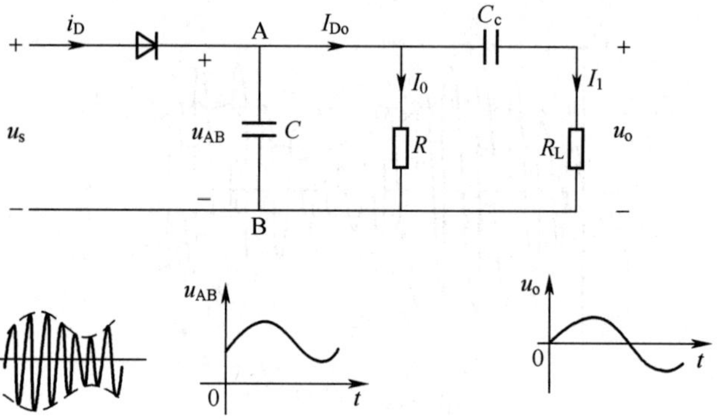

图 5.40 二极管峰值包络检波器

其中

$$I_0 = \frac{U_{m0}}{Z_L(0)} = \frac{U_{m0}}{R}，\quad I_1 = \frac{m_a U_{m0}}{Z_L(\Omega)} = \frac{m_a U_{m0}}{R_L // R}$$

因此，当 $Z_L(\Omega) < Z_L(0)$ 时就有可能出现 $I_1 > I_0$ 的情况。这种情况一旦出现，在 $\cos\Omega t$ 的负半周就会导致 $I_{Do} < 0$。在 $I_{Do} < 0$ 的范围内，二极管截止，负载网络两端的电压不能跟上输入电压包络的变化，从而产生失真。这种失真由于出现在输出电压的负半周，所以叫负峰切割失真，也叫底部失真，如图 5.41 所示。

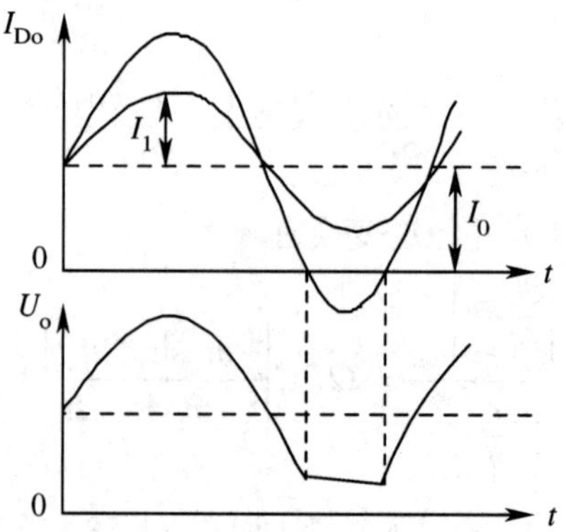

图 5.41 负峰切割失真

若要避免产生负峰切割失真，就应当使 I_1 始终小于 I_0，即应满足

$$\frac{m_a}{Z_L(\Omega)} < \frac{U_{m0}}{Z_L(0)} \tag{5.62}$$

即

$$m_a < \frac{Z_L(\Omega)}{Z_L(0)} < \frac{R_L}{R_L + R} \tag{5.63}$$

为了避免出现负峰切割失真，在设计检波器时应尽量使检波器的交流负载阻抗接近于直流负载阻抗。

图 5.40 所示电路不产生惰性失真的条件为

$$m_a \leqslant \frac{1}{\sqrt{(\Omega RC)^2 + \left(\frac{R}{R'_L}\right)^2}} \tag{5.64}$$

其中 $R'_L = \frac{R \cdot R_L}{R_L + R}$。

图 5.42 是一个实际的二极管峰值包络检波器电路。前级中频放大器提供的是载频为 465kHz 的 AM 调幅波。L_1C 组成中频调谐回路，调谐在 465kHz，通过互感耦合在 L_2 两端取得检波器的输入电压 u_s。检波二极管应当选取正向特性线性好、正向电阻小、反向电阻大、结电容小的二极管。硅管正向特性较差，面结合型二极管结电容较大，故一般检波器选用点接触锗二极管，图 5.42 所示电路选用的是点接触锗二极管 2AP9。

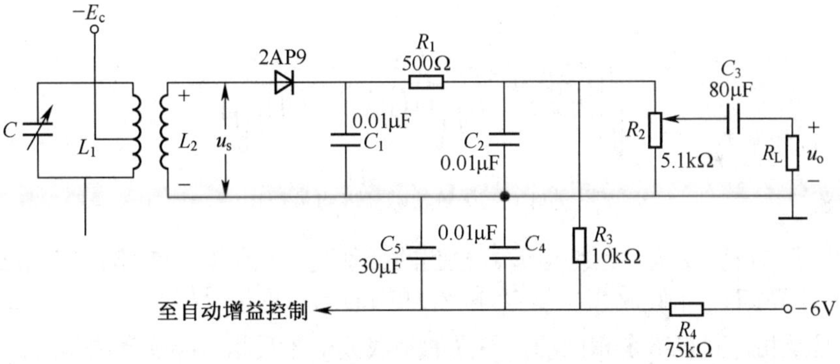

图 5.42　二极管峰值包络检波器的实际电路

例题 5-2　检波电路如图 5.43 所示。$u_s = U_s(1 + m\cos\Omega t)\cos\omega_c t$，$U_s > 0.5\text{V}$。根据图示极性，画出 RC 两端、C_g 两端、R_g 两端、二极管两端的电压波形。

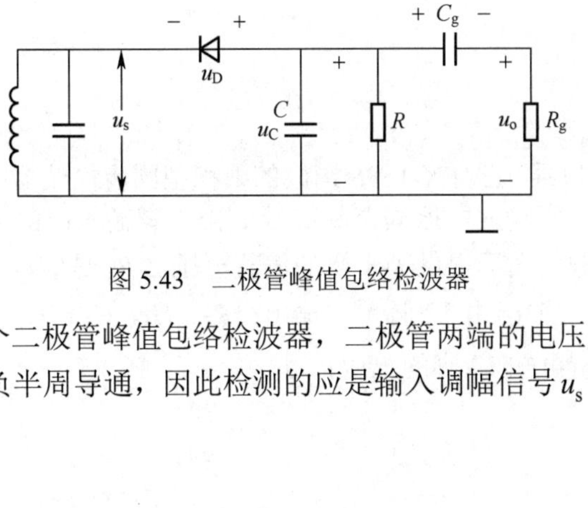

图 5.43　二极管峰值包络检波器

题意分析：这是一个二极管峰值包络检波器，二极管两端的电压为 $u_D = u_C - u_s$。u_s 为调幅信号，二极管在 u_s 的负半周导通，因此检测的应是输入调幅信号 u_s 的下包络，即 u_C 应与输入信号u_s的下包络成正比（与检波系数k_d有关）。C_g的作用是隔直，u_C的直流分量全部作用在C_g上，而交流分量作用在R_g上。二极管上的电压$u_D = u_C - u_s$，可以认为是将u_s反向后移到u_C之上，可以理解为将$-u_s$的横坐标变为u_C。

解：各点的波形图如图 5.44 所示。

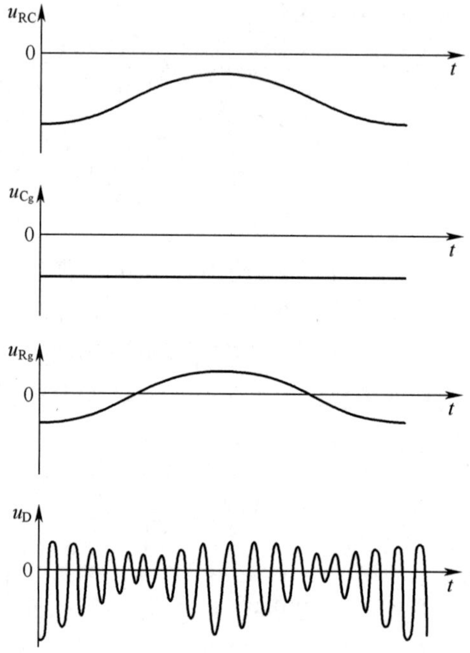

图 5.44　二极管检波器各点波形图

讨论：由于二极管反接，包络检波器检测的分别是下包络和上包络，在电路参数相同的情况下，两种电路的u_C正好反相，故C_g和R_g两端的电压也是反相的。对于u_D的波形，两种电路的u_D也是反相，其包络是相同的，不同的是载波电压反相。应注意的是，u_D的上包络是u_s的下包络与u_C之差，由于k_d不等于 1，故这两者的差值不是一个恒定的值，u_D的上、下包络也应反映出调制信号的变化规律，只不过上包络的起伏比下包络要小得多。在横坐标之上，是二极管导通后的结果，为一脉冲序列，在每一个高频周期内都要导通一次，形成一个脉冲，否则会产生失真。在画波形图时，要注意包络应用虚线。

5.4.4　同步检波器

1．乘积型同步检波器

图 5.45 给出了用模拟乘法器 FX-1596 构成的乘积型同步检波器的实际电路。

本地振荡电压u_1由 8 脚输入，振幅调制信号u_s由 1 脚输入；由 4 个 1kΩ 电阻构成的电阻网络给信源输入端的差分放大器提供了平衡的偏置电压，R_E是信源输入差分放大器的负反馈电阻，R_B是恒流源电阻；输出由 12 脚单端输出；R_7、C_5、C_6构成 II 型低通滤波器，C_7是耦合电容。根据前面的分析可知 12 脚的电压u为

$$u = E_C - \left(I_o + \frac{u_s}{R_E}\text{th}\frac{u_1}{2U_T}\right)R_C \tag{5.65}$$

$$I_o = \frac{E_E - 0.7}{\left(1+\frac{3}{\beta}\right)R_B + \alpha \cdot 500} \approx 1.1\text{mA} \tag{5.66}$$

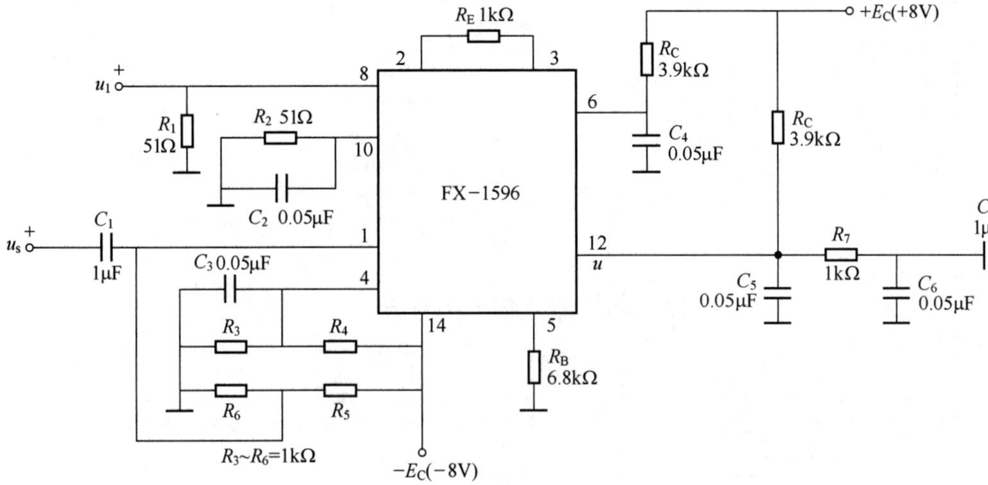

图 5.45　FX-1596 构成的乘积型检波器

当$u_1 >> 2U_T$时，有

$$u \approx E_C - I_o R_C - \frac{R_C}{R_E}u_s k_2(\omega_1 t) \tag{5.67}$$

在$u_s = U_{sm}\cos(\omega_c + \Omega)t$，$u_1 = U_{1m}\cos w_1 t$，$\omega_1 = \omega_c$的情况下，输出电压

$$u_0 = -k_F \frac{2R_C}{\pi R_E}U_{sm}\cos\Omega t \tag{5.68}$$

图 5.46 是一个利用二极管构成的乘积型同步检波器。为了减小失真，采用平衡对消技术，利用 4 只二极管构成双平衡检波器电路。信源电压和本振电压分别通过 T_1 和 T_2 变压器耦合输入；C_1、C_2、R_1、R_2、R_3 是 T_1 变压器次级线圈的平衡补偿电路；C_3、C_4、R_8、R_9、R_{10} 是 T_2 变压器次级线圈的平衡补偿电路；R_4、R_5、R_6、R_7 分别与 4 个检波二极管串联，以减少因二极管内阻的非线性而引起的检波特性失真。图 5.47 所示为该电路的等效电路。由于 $u_1>>u_s$，因此二极管处于开关状态工作。当 $u_1>0$ 时，VD_1、VD_4 导通，VD_2、VD_3 截止，A 点电压为

$$u_A = \frac{u_s}{2}k_1(\omega_1 t) \tag{5.69}$$

当$u_1 < 0$时，VD_1、VD_4 截止，VD_2、VD_3 导通，A 点电压为

$$u_A = -\frac{u_s}{2}k_1(\omega_1 t - \pi) \tag{5.70}$$

总的 A 点电压为

$$u_A = \frac{u_s}{2}k_2(\omega_1 t) \tag{5.71}$$

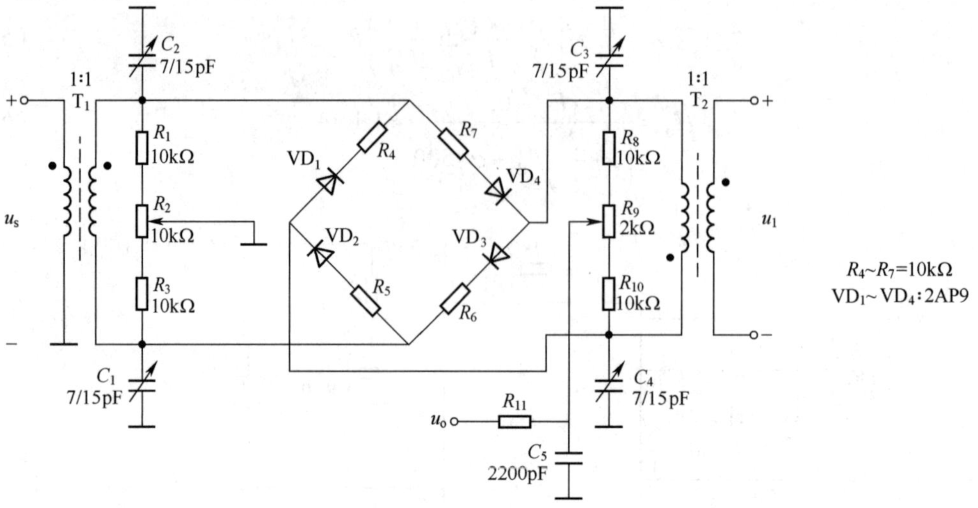

图 5.46　二极管乘积型检波器

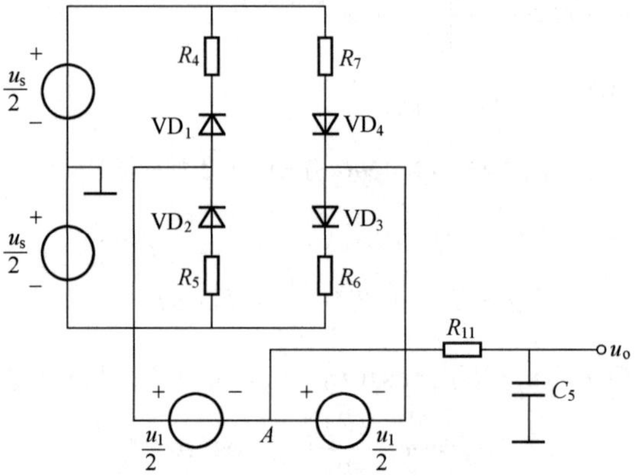

图 5.47　图 5.40 所示电路的等效电路

当 $u_s = U_{sm}\cos(\omega_c + \Omega)t$，$u_1 = U_{1m}\cos\omega_1 t$，$\omega_1 = \omega_c$ 时，检波器的输出电压为

$$u_o = k_F \frac{2R_C}{\pi R_E} U_{sm}\cos\Omega t \tag{5.72}$$

2．叠加型同步检波器

根据 5.4.2 节分析可知，本振与信源相加，叠加信号的振幅为

$$\begin{aligned} U_m &= U_{1m}\sqrt{1+D^2}\sqrt{1+\frac{2D}{1+D^2}\cos\Omega t} \\ &= U_{1m}\sqrt{1+D^2}\left[1+\frac{D}{1+D^2}\cos\Omega t-\frac{D^2}{2(1+D^2)^2}\cos^2\Omega t+\frac{D^3}{2(1+D^2)^3}\cos^3\Omega t-L\right] \end{aligned} \tag{5.73}$$

图 5.48 是一个利用二极管构成的单平衡式叠加型同步检波器电路。信号电压通过由 C_1、L_1、C_2、L_2 组成的双调谐回路加到单平衡检波器的输入端。次级回路两端电压为 u_s，本地振荡信号 u_1 通过次级电感线圈 L_2 的中点引入回路，检波二极管 VD_1、VD_2 和 RC 检波网络分别

构成两个峰值包络检波器，它们的输出电压分别为u_{o1}和u_{o2}，总的输出电压为$u_o = u_{o1} - u_{o2}$。图 5.49 所示为该电路的等效电路。

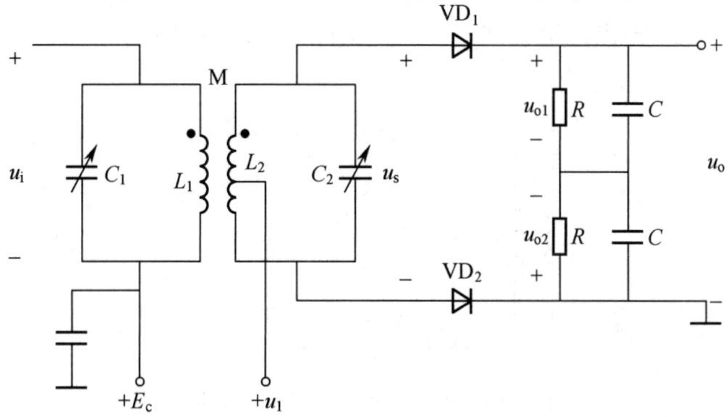

图 5.48　叠加型同步检波器

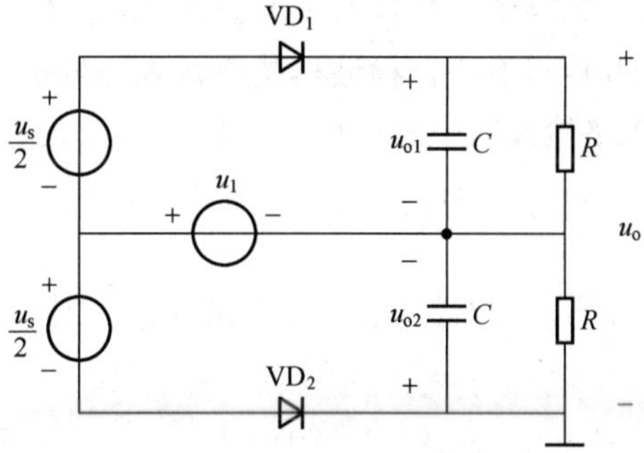

图 5.49　图 5.42 所示电路的等效电路

若$u_s = U_{sm}\cos(\omega_c + \Omega)t$，$u_1 = U_{1m}\cos\omega_1 t$，$\omega_1 = \omega_c$，二极管 VD_1 的输入电压为$u_1 + \frac{u_s}{2}$，叠加电压的幅度为

$$U_{m1} = U_{1m}\sqrt{1+D^2}\sqrt{1+\frac{2D}{1+D^2}\cos\Omega t} \tag{5.74}$$

二极管 VD_2 的输入电压为$u_1 - \frac{u_s}{2}$，叠加电压的幅度为

$$U_{m2} = U_{1m}\sqrt{1+D^2}\sqrt{1-\frac{2D}{1+D^2}\cos\Omega t} \tag{5.75}$$

峰值包络检波器的电压传输系数为k_d，则$u_{o1} = k_d U_{m1}$，$u_{o2} = k_d U_{m2}$。总的输出电压为

$$\begin{aligned} u_o &= k_d(U_{m1} - U_{m2}) \\ &= k_d U_{m1}\sqrt{1+D^2}\left(\sqrt{1+\frac{2D}{1+D^2}\cos\Omega t} - \sqrt{1-\frac{2D}{1+D^2}\cos\Omega t}\right) \end{aligned} \tag{5.76}$$

利用$\sqrt{1+x}$的泰勒展开式得

$$u_{\mathrm{o}}=k_{\mathrm{d}}U_{\mathrm{m1}}\sqrt{1+D^2}\left(\frac{2D}{1+D^2}\cos\Omega t+\frac{D^3}{(1+D^2)^3}\cos^3\Omega t+\cdots\right) \tag{5.77}$$

例题 5-3 图 5.50 为一平衡同步检波器电路，$u_{\mathrm{s}}=U_{\mathrm{s}}\cos(\omega_{\mathrm{c}}+\Omega)t$，$u_{\mathrm{r}}=U_{\mathrm{r}}\cos\omega_{\mathrm{c}}t$，$U_{\mathrm{r}}>>U_{\mathrm{s}}$。求输出电压表达式，并证明二次谐波的失真系数为 0。

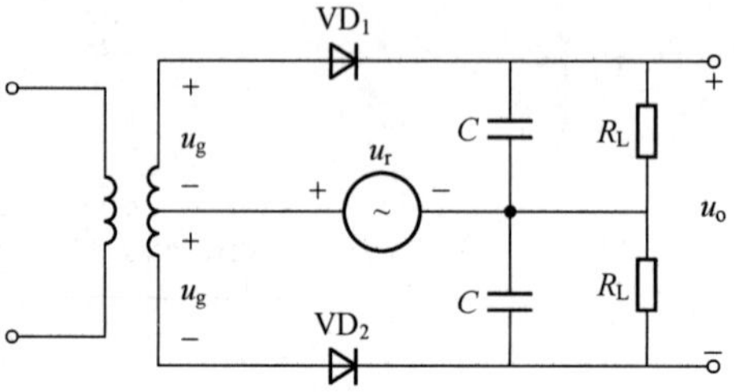

图 5.50 二极管平衡同步检波器

题意分析：这是一个用二极管平衡电路构成的同步检波器，由于振幅调制、解调（同步检波）和混频都是频谱的线性搬移，故电路的基本形式是相同的，不同的是输入、输出回路和滤波器参数的不同。由题意可知，输入信号为一单边带信号，恢复载波U_{r}与载波频率同频同相，且有$U_{\mathrm{r}}>>U_{\mathrm{s}}$。由图 5.50 可以看出，检波器是将输入信号$u_{\mathrm{s}}$与恢复载波$u_{\mathrm{r}}$叠加后，送到由二极管和 C 与 R_{L} 组成的包络检波器中进行检波，故u_{r}与u_{s}的叠加应近似为一个 AM 信号，且其包络应与调制信号成线性关系。电路采用平衡电路，可以抵消掉一些不必要的频率分量。本题的关键是u_{r}与u_{s}的合成。

解：对于上支路，加在包络检波器的电压$u_{\mathrm{D1}}=u_{\mathrm{r}}+u_{\mathrm{s}}$，则

$$\begin{aligned}u_{\mathrm{D1}}&=u_{\mathrm{r}}+u_{\mathrm{s}}=U_{\mathrm{r}}\cos\omega_{\mathrm{c}}t+U_{\mathrm{s}}\cos(\omega_{\mathrm{c}}+\Omega)t\\&=U_{\mathrm{r}}\cos\omega_{\mathrm{c}}t+U_{\mathrm{s}}\cos\Omega t\cos\omega_{\mathrm{c}}t-U_{\mathrm{s}}\sin\Omega t\sin\omega_{\mathrm{c}}t\\&=(U_{\mathrm{r}}+U_{\mathrm{s}}\cos\Omega t)\cos\omega_{\mathrm{c}}t-U_{\mathrm{c}}\sin\Omega t\sin\omega_{\mathrm{c}}t\\&=U_{\mathrm{m1}}(t)\cos[\omega_{\mathrm{c}}t+\varphi_1(t)]\end{aligned}$$

式中，$U_{\mathrm{m1}}(t)$和$\varphi_1(t)$分别为合成信号u_{D1}的振幅和附加相位，其值分别为

$$U_{\mathrm{m1}}(t)=\sqrt{(U_{\mathrm{r}}+U_{\mathrm{s}}\cos\Omega t)^2+(U_{\mathrm{s}}\sin\Omega t)^2}$$

$$\varphi_1(t)=\arctan^{-1}\frac{-U_{\mathrm{s}}\sin\Omega t}{U_{\mathrm{r}}+U_{\mathrm{s}}\cos\Omega t}$$

由于包络检波器的输出与振幅有关，由此有

$$\begin{aligned}U_{\mathrm{m1}}(t)&=\sqrt{(U_{\mathrm{r}}+U_{\mathrm{s}}\cos\Omega t)^2+(U_{\mathrm{s}}\sin\Omega t)^2}\\&=\sqrt{U_{\mathrm{r}}^2+2U_{\mathrm{r}}U_{\mathrm{s}}\cos\Omega t+U_{\mathrm{s}}^2\cos^2\Omega t+U_{\mathrm{s}}^2\sin^2\Omega t}\\&=\sqrt{U_{\mathrm{r}}^2+U_{\mathrm{s}}^2+2U_{\mathrm{r}}U_{\mathrm{s}}\cos\Omega t}\\&=U_{\mathrm{r}}\sqrt{1+(U_{\mathrm{s}}/U_{\mathrm{r}})^2+2(U_{\mathrm{s}}/U_{\mathrm{r}})\cos\Omega t}\end{aligned}$$

由于$U_{\mathrm{r}}>>U_{\mathrm{s}}$，故上式可近似为

$$U_{\mathrm{m1}}(t)\approx U_{\mathrm{r}}\sqrt{1+2(U_{\mathrm{s}}/U_{\mathrm{r}})\cos\Omega t}\approx U_{\mathrm{r}}\left(1+\frac{U_{\mathrm{s}}}{U_{\mathrm{r}}}\cos\Omega t\right)$$

上式用到了近似公式$\sqrt{1+x}\approx 1+x/2$，当$x<<1$时。上式表明，合成信号的振幅与调制信号$\cos\Omega t$成线性关系。

对于下支路，$u_{D2}=u_r-u_s$，按上面的分析思路，可得

$$U_{m2}(t)\approx U_r\left(1-\frac{U_s}{U_r}\cos\Omega t\right)$$

输出电压$u_o=u_{o1}-u_{o2}$，u_{o1}和u_{o2}为上、下支路包络检波器的输出，有

$$\begin{aligned}u_o&=u_{o1}-u_{o2}=k_{d1}U_{m1}(t)-k_{d2}U_{m2}(t)=k_d[U_{m1}(t)-U_{m2}(t)]\\&=2k_dU_s\cos\Omega t\end{aligned}$$

下面证明二次谐波的失真系数为0。对于$U_{m1}(t)$和$U_{m2}(t)$，利用泰勒展开式

$$\sqrt{1\pm x}=1\pm\frac{1}{2}x+\frac{1}{8}x^2\pm\frac{1}{16}x^3+\cdots$$

可得

$$U_{m1}(t)=U_r\left[1+\frac{U_s}{U_r}\cos\Omega t+\frac{1}{4}\left(\frac{U_s}{U_r}\right)^2\cos^2\Omega t+\frac{1}{8}\left(\frac{U_s}{U_r}\right)^2\cos^3\Omega t+\cdots\right]$$

$$U_{m2}(t)=U_r\left[1-\frac{U_s}{U_r}\cos\Omega t+\frac{1}{4}\left(\frac{U_s}{U_r}\right)^2\cos^2\Omega t-\frac{1}{8}\left(\frac{U_s}{U_r}\right)^2\cos^3\Omega t+\cdots\right]$$

$$u_o=k_d[U_{m1}(t)-U_{m2}(t)]=2k_dU_s\cos\Omega t+\frac{1}{4}k_dU_r\left(\frac{U_s}{U_r}\right)^3\cos^3\Omega t+\cdots$$

由上式可以看出，输出u_o中有调制信号分量$2K_dU_s\cos\Omega t$和调制信号频率F的奇次谐波项，没有偶次谐波项，而二次谐波的失真系数定义为二次谐波$U_{\Omega 2}$的振幅与基波分量$U_{\Omega 1}$的振幅之比，即

$$k_{f2}=\frac{U_{\Omega 2}}{U_{\Omega 1}}$$

因$U_{\Omega 2}=0$，故$k_{f2}=0$。

讨论： 这是SSB信号的同步检波，采用的是叠加电路。在叠加型电路中，要求恢复载波u_r与SSB信号载波同频同相，且$U_r>>U_s$，这样u_r与u_s相加后，其包络才可以近似与调制信号成线性关系。由u_r与u_s合成的信号实际上并不是一个严格意义上的AM信号，除了包络有一定的失真（F的谐波，与$U_r>>U_s$有关，$U_r>>U_s$的条件越满足，失真越小），其频率或相位也随调制信号变化，实际上是一个AM－PF－FM信号。由于是用包络检波器进行检波，包络检波器对相位或频率的小变化不敏感，只对包络反映，因而可以将包络检测出来。采用平衡电路可以抵消掉一些调制信号的谐波分量（如偶次谐波分量），改善解调性能。

练习题

一、选择题

1．当载波信号为$u_c(t)=U_{cm}\sin\omega_c t$，调制信号为$u_\Omega(t)=U_{\Omega m}\sin\Omega t$时，通过二极管平衡

调制器，并经滤波后，得到的 DSB 波形如（　　）。

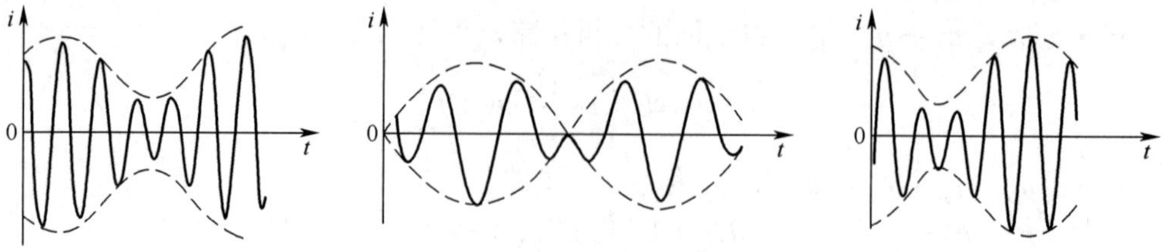

（a）　　（b）　　（c）

A．图（a）所示　　B．图（b）所示

C．图（c）所示　　D．都不是

2．集电极调幅电路要求工作在（　　）。

A．甲类工作状态　　B．乙类工作状态

C．甲乙类工作状态　　D．丙类工作状态

3．基极调幅电路要求工作在（　　）。

A．甲类工作状态　　B．乙类工作状态

C．甲乙类工作状态　　D．丙类工作状态

4．在模拟乘法器上接入调制信号电压 $U_{\Omega m}\cos\Omega t$ 和载波信号电压 $U_{cm}\cos\omega_c t$ 后将产生（　　）。

A．$\omega_c \pm \Omega$　　B．$2\omega_c \pm \Omega$

C．$2\omega_c$　　D．频谱分量

5．设已调信号为 $u(t)=10(1+0.6\cos 2\pi\times 5\times 10^3 t)\cos 2\pi\times 10^8 t$，该信号是（　　）。

A．调频波　　B．普通调幅波

C．双边带调制波　　D．单边带调制波

6．调幅波解调电路中的滤波器应采用（　　）。

A．带通滤波器　　B．低通滤波器

C．高通滤波器　　D．带阻滤波器

7．某已调波的数学表达式为 $u(t)=2[1+\sin(2\pi\times 10^3 t)]\sin(2\pi\times 10^6 t)$，这是一个（　　）。

A．AM 波　　B．FM 波

C．DSB 波　　D．SSB 波

8．二极管峰值包络检波器的原电路工作正常，若负载电阻加大，会引起（　　）。

A．惰性失真　　B．底部切削失真

C．频率失真　　D．惰性失真及底部切削失真

9．在二极管峰值包络检波器中，若输入为一单音调幅波，元件参数选取合理，检波器输出为一不失真的音频电压，若 R_L 增大 10 倍，则可能产生（　　）。

A．惰性失真　　B．频率失真

C．包络失真　　D．负峰切割失真

二、填空题

1．大信号包络检波为了不产生惰性失真，应满足________，为了不产生负峰切割失真，应满足________。

2．有一调幅波，载波功率为 1000W，当 $m_a = 1$ 时的总功率为________，两个边频功率之和为________；当 $m_a = 0.7$ 时的总功率为________，两个边频功率之和为________。

3．二极管峰值包络检波器用于解调________信号。假设原电路工作正常，若负载电容 C 加大，会引起________失真；若调制度 m 加大，会引起________失真。

4．调幅系数为 1 的调幅信号功率分配比例是：载波占调幅波总功率的________。

5．调幅按功率大小分类为________和________。

6．在大信号峰值检波中，若二极管 VD 反接，能否起检波作用？________（填能或不能）。

7．若 $E_c = 10\text{V}$，在集电极调幅电路中，$BU_{ceo} \geqslant$ ________，在基极调幅电路中，若 $E_c = 10\text{V}$，则 $BU_{ceo} \geqslant$ ________。

三、判断题

1．大信号基极调幅应使放大器工作在欠压状态，大信号集电极调幅应使放大器工作在过压状态。（　）

2．大信号基极调幅的优点是效率高。（　）

3．在基极调幅电路中，若 $E_c = 9\text{V}$，则 $BU_{ceo} \geqslant 18\text{V}$。（　）

四、简答及计算题

1．简述二极管峰值包络检波器出现惰性失真和负峰切割失真的原因。

2．在大信号检波电路中，若加大调制频率 Ω，将会产生什么失真，为什么？

3．载波功率为 1000W，试求 $m_a = 1$ 和 $m_a = 0.7$ 时的总功率和两个边频功率各为多少？

4．设基极调制功率放大器最大功率状态时 $I_{cmax} = 500\text{mA}$，$2\theta = 120°$，$E_c = 12\text{V}$，求 P_E、P_{omax}、P_{cmax} 及 η_{av}。

5．已知某两个信号电压 u_1、u_2，它们各自的频率分量分别为

$$u_1 = 2\cos 2000\pi t + 0.3\cos 1800\pi t + 0.3\cos 2200\pi t$$

$$u_2 = 0.3\cos 1800\pi t + 0.3\cos 2200\pi t$$

试求解：

（1）u_1、u_2 是已调波吗？写出它们的数学表达式。

（2）计算在单位电阻上消耗的边带功率 $P_{边}$ 和总功率 P 以及已调波的频带宽度 B。

6．指出下列两种电压是何种已调波？写出已调波电压的表达式，并计算消耗在单位电阻上的边带功率和平均功率以及已调波的频谱宽度。

（1）$u = 2\cos 100\pi t + 0.1\cos 90\pi t + 0.1\cos 110\pi t$

（2）$u = 0.1\cos 90\pi t + 0.1\cos 110\pi t$

7．图 5.51 为一乘积检波器，恢复载波 $u_r = U_m \cos(\omega_c t + \varphi)$。

试求：在下列两种情况下的输出电压表达式，并说明是否有失真。

（1）$u_{\rm i}=U_{\rm sm}\cos\Omega t\cos\omega_{\rm c}t$。

（2）$u_{\rm i}=U_{\rm sm}\cos(\omega_{\rm c}+\Omega)t$

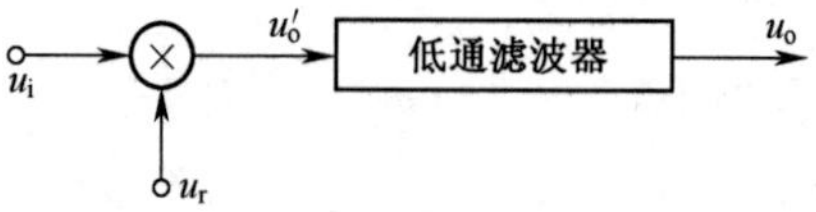

图 5.51 乘积检波器

8．一个调幅发射机的载波输出功率 $P_{\rm c}=5{\rm W}$，$m_{\rm a}=0.7$，被调级平均效率为 50%，试求：

（1）边带功率。

（2）电路为集电极调幅时，直流电源供给被调级的功率 $P_{\rm E1}$。

（3）电路为基极调幅时，直流电源供给被调级的功率 $P_{\rm E2}$。

9. 图 5.52 是载频为 2000kHz 的调幅波频谱图，写出它的电压表达式，并计算在负载 $R=1\Omega$ 时的平均功率和有效频带宽度。

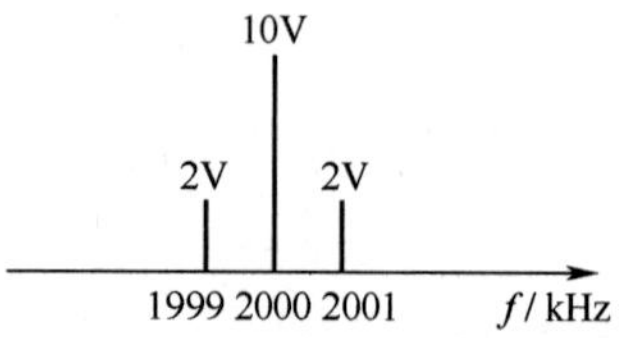

图 5.52 调幅波频谱图

10．已知某普通调幅波的载频为 640kHz，载波功率为 500kW，调制信号频率允许范围为 20Hz～4kHz，试求：

（1）该调幅波占据的频带宽度。

（2）该调幅波的调幅系数平均值为 $m_{\rm a}=0.3$ 和最大值 $m_{\rm a}=1$ 时的平均功率。

11．采用集电极调幅，发射机载波输出功率 $(P_{\rm o})_{\rm c}=50{\rm W}$，调幅波系数 $m_{\rm a}=0.5$，调幅电路 $\eta_{\rm av}=50\%$。求集电极平均输出功率 $(P_{\rm o})_{\rm av}$ 与平均损耗功率 $(P_{\rm c})_{\rm av}$，在选择晶体管时 $P_{\rm cm}$ 多大才能满足要求？

12．检波电路如图 5.53 所示，$u_{\rm s}=U_{\rm s}(1+m\cos\Omega t)\cos\omega_{\rm c}t$，$u_{\rm s}>0.5{\rm V}$。根据图示极性，画出 RC 两端、$C_{\rm g}$ 两端、$R_{\rm g}$ 两端、二极管两端的电压波形。

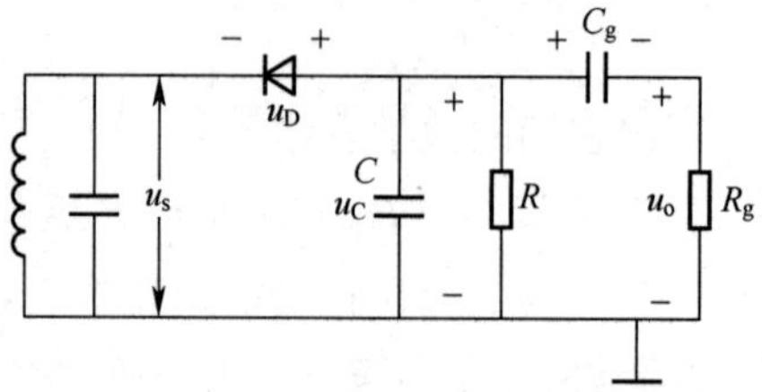

图 5.53 二极管峰值包络检波器

13．图 5.54 为一平衡同步检波器电路，$u_{\rm s}=U_{\rm s}\cos(\omega_{\rm c}+\Omega)t$，$u_{\rm r}=U_{\rm r}\cos\omega_{\rm c}t$，$U_{\rm r}>>U_{\rm s}$。求输出电压表达式。

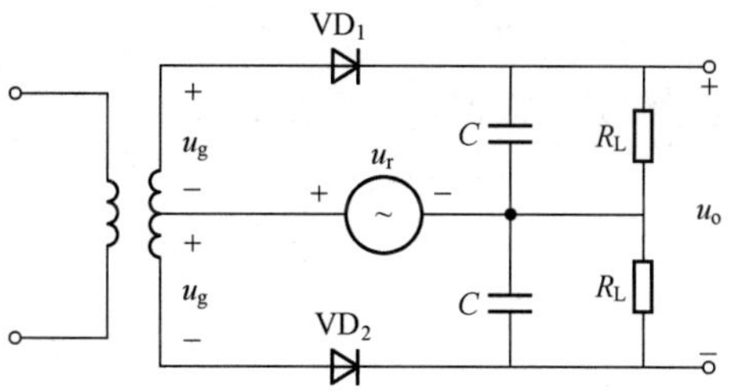

图 5.54　平衡同步检波器电路

14．已知载波电压为$u_c = U_c \cos\omega_c t$，调制信号如图 5.55 所示，$f_c >> 1/T_\Omega$。分别画出 m_a=0.5 及 m_a=1 两种情况下的 AM 波形以及 DSB 波形。

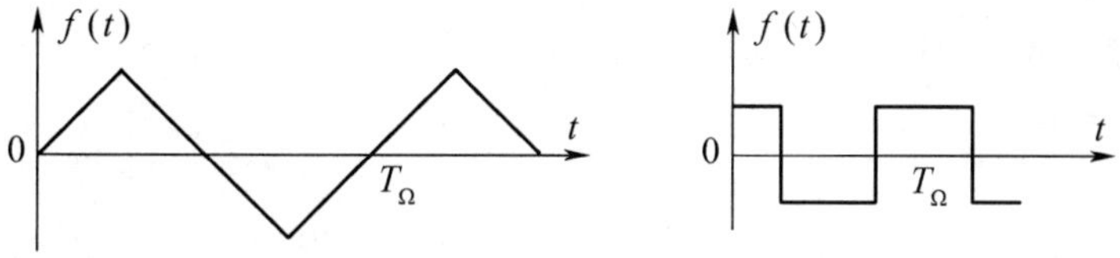

图 5.55　调制信号波形

15．大信号二极管检波电路如图 5.56 所示。若给定 $R_L = 10\text{k}\Omega$，$m_a = 0.3$。

（1）载频 $f_c = 465\text{kHz}$，调制信号最高频率 F=340Hz，问电容 C 应如何选取？检波器输入阻抗大约是多少？

（2）若 $f_c = 30\text{MHz}$，F=0.3MHz，C 应选多少？检波器输入阻抗大约是多少？

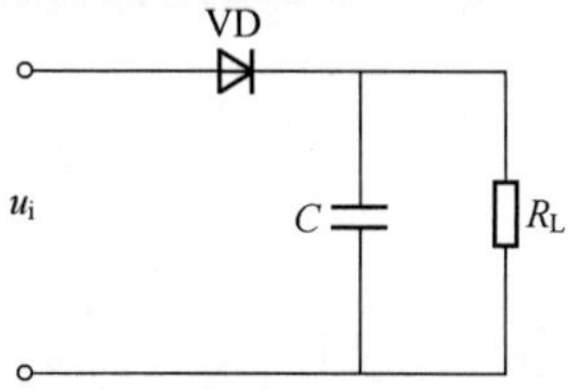

图 5.56　大信号二极管检波电路

16．检波电路如图 5.57 所示，已知 $\mu_i(t) = 5\cos 2\pi \times 465 \times 10^3 t + 4\cos 2\pi \times 10^3 t \cos 2\pi \times 465 \times 10^3 t$，二极管内阻 $r_D = 100\Omega$，$C = 0.01\mu\text{F}$，$C_1 = 47\mu\text{F}$，在保证不失真的情况下，试求：

（1）检波器直流负载电阻的最大值；

（2）下级输入电阻的最小值。

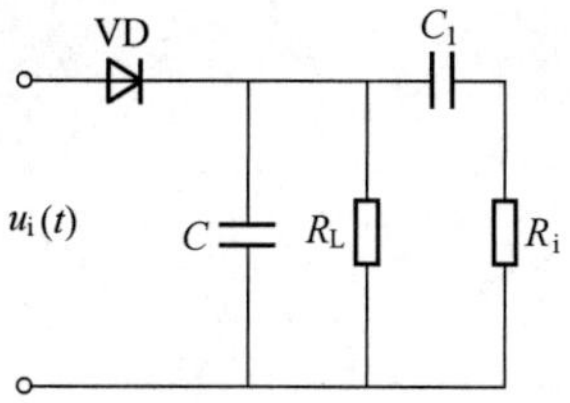

图 5.57　检波电路

17．在图 5.58 所示电路中，$R_1 = 4.7\text{k}\Omega$，$R_2 = 15\text{k}\Omega$，输入信号电压 $U_i = 1.2\text{V}$，检波效率设为 0.9。求输出电压最大值并估算检波器输入电阻 R_{in}。

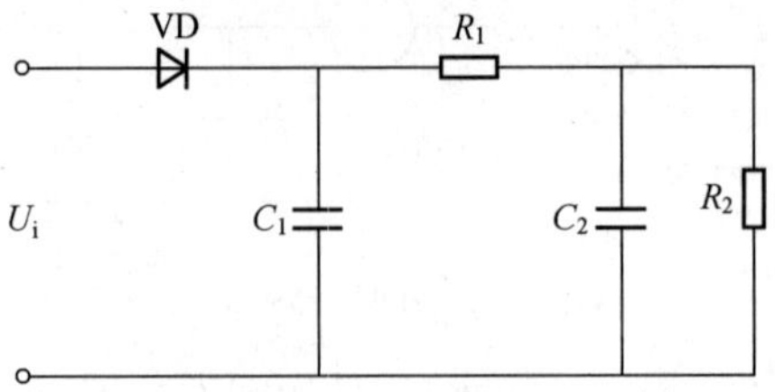

图 5.58 检波电路

18．大信号二极管检波电路的负载电阻 $R_L = 200\text{k}\Omega$，负载电容 C=100pF。设 $F_{max} = 6\text{kHz}$，为避免对角线失真，最大调制指数 m_a 应为多少？

项目六　信号调制之角度调制与解调

教学目标

通过对本项目的学习，学生能够熟练掌握调频、调相、鉴频和鉴相的基本原理及性质。

教学要求

1. 掌握调频的概念以及调频信号的基本性质及特点，变容二极管调频电路及典型电路分析;
2. 理解电抗管调频电路、晶体振荡器调频电路;
3. 理解鉴频的概念;
4. 掌握相位鉴频器、比例鉴频器的基本原理。

6.1　概述

振幅调制是使载波（高频）的振幅受调制信号的控制，使它依照调制频率作周期性的变化，变化的幅度与调制信号的强度成线性关系，但载波的频率和相位则保持不变，不受调制信号的影响，高频振荡振幅的变化携带着信号所反映的信息。而角度调制与解调则研究如何利用高频振荡的频率或相位的变化来携带信息，这叫作调频或调相。

在调频或调相制中，载波的瞬时频率或瞬时相位受调制信号的控制作周期性的变化，变化的大小与调制信号的强度成线性关系，变化的周期由调制信号的频率所决定，已调波的振幅则保持不变，不受调制信号的影响。但无论是调频或调相，都会使载波的相角变化，因此，把调频和调相统称为角度调制或调角。

和振幅调制相比，角度调制的主要优点是抗干扰性强。调频主要应用于调频广播、广播电视、通信及遥测等；调相主要应用于数字通信系统中的移相键控。

调频与调相所得到的已调波形及方程式是非常相似的。因为当频率有所变动时，相位必然会跟着变动；反之，当相位有所变动时，频率也必然随着变动。因此，调频波和调相波的基本性质有许多相同的地方。但调相制的缺点较多，因此，在模拟系统中一般都是用调频，或者先产生调相波，然后将调相波转变为调频波。

调频波的指标主要有频谱宽度、寄生调幅和抗干扰能力。

（1）频谱宽度。调频波的频谱从理论上来说，是无限宽的，但实际上，如果略去很小的边频分量，它所占据的频带宽度是有限的。根据频带宽度的大小，可以分为宽带调频与窄带调频两大类。调频广播多用宽带调频，通信多用窄带调频。

（2）寄生调幅。调频波应该是等幅波，但实际上在调频过程中，往往引起不希望的振幅调制，这称为寄生调幅。显然，寄生调幅应该越小越好。

（3）抗干扰能力。与调幅制相比，宽带调频的抗干扰能力要强得多。但在信号较弱时，则宜采用窄带调频。

在接收调频或调相信号时，必须采用频率检波器或相位检波器。相位检波器又称鉴相器，频率检波器又称鉴频器。鉴频器要求输出信号与输入调频波的瞬时频率的变化成正比。这样，输出信号就是原来传送的信息。

鉴频的方法主要可以归纳为如下三类。

第一类鉴频方法，是首先进行波形变化，将等幅调频波变换成幅度随瞬时频率变化的调幅波（即调幅—调频波），然后用振幅检波器将振幅的变化检测出来。

第二类鉴频方法，是对调频波通过零点的数目进行计数，因为其单位时间内的数目正比于调频波的瞬时频率。这种鉴频器叫作脉冲计数式鉴频器，其最大的优点是线性良好。

第三类鉴频方法，是利用移相器与符合门电路相配合来实现的。移相器所产生的相移的大小与频率偏移有关。这种所谓符合门鉴频器最易于实现集成化，而且性能优良。

通常，鉴频器要满足如下要求。

（1）鉴频跨导尽可能大。鉴频器的输出电压与输入调频波的瞬时频率偏移成正比，其比例系数称作鉴频跨导。图 6.1 所示为鉴频器输出电压 u_Ω 与调频波的频偏 Δf 之间的关系曲线，称为鉴频特性曲线。它的中部接近直线的部分的斜率即为鉴频跨导。它表示每单位频偏所产生的输出电压的大小。

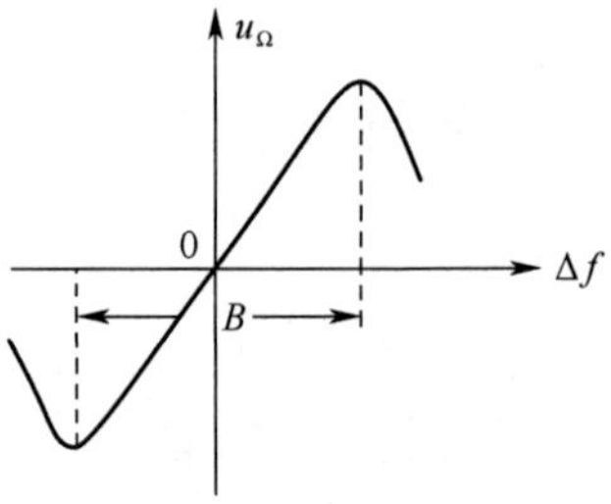

图 6.1 鉴频特性曲线

（2）鉴频灵敏度尽可能高。主要是指为使鉴频器正常工作所需的输入调频波的幅度，其值越小，鉴频器灵敏度越高。

（3）鉴频频带宽度大于输入调频波频偏的两倍，并留有一定余量。从图 6.1 看出，只有特性曲线中间一部分线性较好，我们称 $2\Delta f_m$ 为频带宽度。

（4）对寄生调幅应有一定的抑制能力。

（5）尽可能减小产生调频波失真的各种因素的影响，提高对电源和温度变化的稳定性。

6.2 角度调制信号分析

6.2.1 调频信号与调相信号

1. 调频信号

为了便于理解，假设调制信号为单一频率的余弦信号 $u_\Omega(t)=U_{\Omega m}\cos\Omega t$，载波为 $u_c(t)=U_m\cos(\omega_c t+\varphi)$。调频是用调制信号去控制载波的频率变化，根据定位，载波的瞬时频率偏移 $\Delta\omega(t)$ 随 $u_\Omega(t)$ 成线性变化，即

$$\Delta\omega(t)=K_f u_\Omega(t)=K_f U_{\Omega m}\cos\Omega t=\Delta\omega_m\cos\Omega t \tag{6.1}$$

$\Delta\omega(t)$ 是由调制信号 $u_\Omega(t)$ 所引起的角频率偏移，称频偏或频移，与调制信号成正比。式中，K_f 为调频比例常数，表示单位调制信号所引起的频移，单位为 $\mathrm{rad/(s\cdot V)}$，习惯上把最大频偏 $\Delta\omega_m$ 称为频偏，且

$$\Delta\omega_m = K_\mathrm{f} U_{\Omega\mathrm{m}} \tag{6.2}$$

调频信号的瞬时角频率为

$$\omega(t) = \omega_\mathrm{c} + \Delta\omega(t) = \omega_\mathrm{c} + K_\mathrm{f} u_\Omega(t) \tag{6.3}$$

瞬时相位为

$$\varphi(t) = \int_0^t \omega(t)\mathrm{d}t = \omega_\mathrm{c} t + \frac{\Delta\omega_\mathrm{m}}{\Omega}\sin\Omega t + \varphi_0 = \omega_\mathrm{c} t + m_\mathrm{f}\sin\Omega t + \varphi_0 \tag{6.4}$$

$m_f = \dfrac{\Delta\omega_\mathrm{m}}{\Omega}$ 叫做调频指数，它是最大频偏与调制信号角频率之比。m_f 值可以大于 1（这与调幅波不同，调幅指数总是小于 1 的）。时域调频信号的表示可以写成

$$u_\mathrm{FM}(t) = U_\mathrm{m0}\cos(\omega_\mathrm{c} t + m_\mathrm{f}\sin\Omega t + \varphi_0) \tag{6.5}$$

它的振幅是恒定的。调频信号的基本参量是振幅 U_m0、载波中心频率 ω_c、最大频偏 $\Delta\omega_\mathrm{m}$ 和调频指数 m_f。调频比例常数 K_f 是由调频电路决定的一个常数。在时域，调频信号的波形如图 6.2 所示。最大频偏 $\Delta\omega_\mathrm{m}$、调频指数 m_f 与调制信号的角频率 Ω 及调制信号振幅 $U_{\Omega\mathrm{m}}$ 的关系如图 6.3 所示。

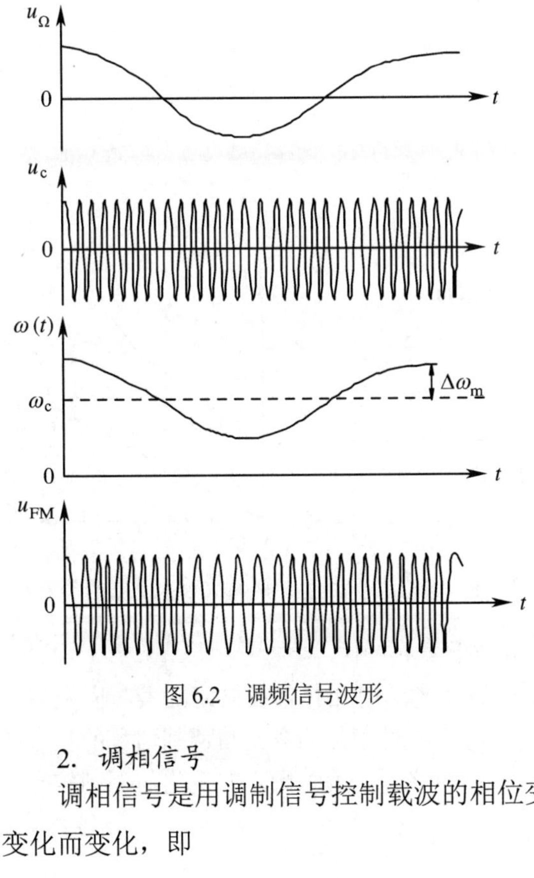

图 6.2　调频信号波形

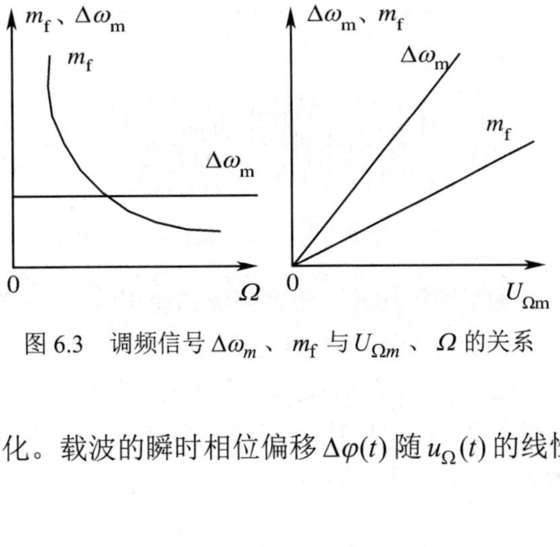

图 6.3　调频信号 $\Delta\omega_m$、m_f 与 $U_{\Omega m}$、Ω 的关系

2. 调相信号

调相信号是用调制信号控制载波的相位变化。载波的瞬时相位偏移 $\Delta\varphi(t)$ 随 $u_\Omega(t)$ 的线性变化而变化，即

$$\Delta\varphi(t) = K_{\rm p}u_{\Omega}(t) = K_{\rm p}U_{\Omega\rm m}\cos\Omega t = m_{\rm p}\cos\Omega t \tag{6.6}$$

$K_{\rm p}u_{\Omega}(t)$ 表示瞬时相位中与调制信号成正比例变化的部分，叫作瞬时相位偏移，简称相位偏移或相移，$m_{\rm p} = |\Delta\varphi(t)|_{\max} = K_{\rm p}U_{\Omega\rm m}$ 叫做最大相移或调相指数，单位为 rad。$K_{\rm p}$ 是调相比例常数，表示单位调制信号所引起的相移的大小，单位是 rad/V。

调相信号的瞬时相位

$$\varphi(t) = \omega_{\rm c}t + \Delta\varphi(t) = \omega_{\rm c}t + m_p\cos\Omega t + \varphi_0 \tag{6.7}$$

调相信号的时域表示式可以写成

$$u_{\rm PM}(t) = U_{\rm m0}\cos(\omega_{\rm c}t + m_{\rm p}\cos\Omega t + \varphi_0) \tag{6.8}$$

其振幅恒定。它的瞬时角频率为

$$\omega(t) = \frac{{\rm d}\varphi(t)}{{\rm d}t} = \omega_{\rm c} - m_{\rm p}\Omega\sin\Omega t = \omega_{\rm c} - \Delta\omega_{\rm m}\sin\Omega t \tag{6.9}$$

$$\Delta\omega_{\rm m} = m_{\rm p}\Omega \tag{6.10}$$

这种调相信号的时域波形如图 6.4 所示。图 6.5 所示为调相信号的最大频偏 $\Delta\omega_{\rm m}$、调相指数 $m_{\rm p}$ 与调制信号的角频率 Ω 及调制信号振幅 $U_{\Omega\rm m}$ 的关系曲线。

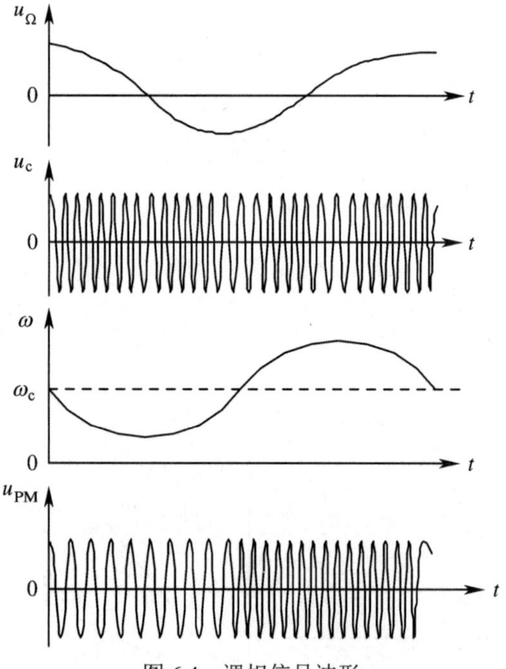

图 6.4 调相信号波形

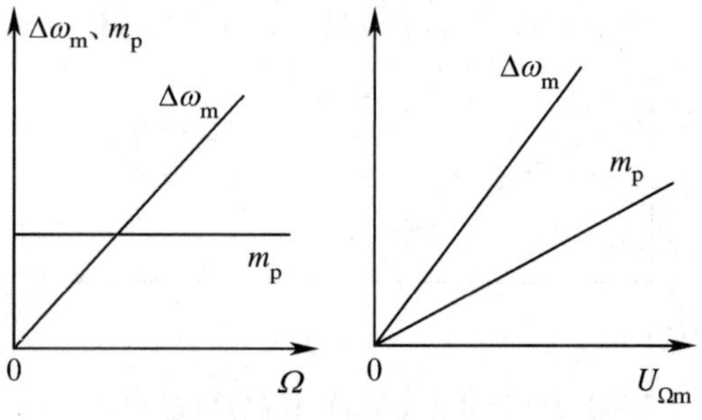

图 6.5 调相信号 $\Delta\omega_{\rm m}$、$m_{\rm p}$ 与 $U_{\Omega\rm m}$、Ω 的关系

为了便于比较，将调频波和调相波的一些特征列于表 6.1 中。

从表 6.1 可以看出无论是调频还是调相，瞬时频率和瞬时相位都在同时随着时间发生变化。在调频时，瞬时频率的变化与调制信号成线性关系，瞬时相位的变化与调制信号的积分成线性关系。在调相时，瞬时相位的变化与调制信号成线性关系，瞬时频率的变化与调制信号的微分成线性关系。

表 6.1　调频波和调相波的比较

	调频波	调相波
数学表达式	$u_{FM}(t)=U_{m0}\cos\left[\omega_c t+k_f\int_0^t u_\Omega(t)dt\right]$ $=U_{m0}\cos(\omega_c t+m_f\sin\Omega t)$	$u_{PM}(t)=U_{m0}\cos[\omega_c t+k_p u_\Omega(t)]$ $=U_{m0}\cos(\omega_c t+m_p\cos\Omega t)$
瞬时频率	$\omega(t)=\omega_c+K_f u_\Omega(t)$ $=\omega_c+K_f U_{\Omega m}\cos\Omega t$	$\omega(t)=\frac{d\varphi(t)}{dt}=\omega_c+k_p\frac{du_\Omega(t)}{dt}=\omega_c-k_p U_{\Omega m}\Omega\sin\Omega t$ $=\omega_c-m_p\Omega\sin\Omega t=w_c-\Delta w_m\sin\Omega t$
瞬时相位	$\varphi(t)=\int_0^t\omega(t)dt=\omega_c t+\frac{\Delta\omega_m}{\Omega}\sin\Omega t(t)$ $=\omega_c t+m_f\sin\Omega t(t)$	$\varphi(t)=\omega_c t+k_p u_\Omega(t)=\omega_c t+K_p U_{\Omega m}\cos\Omega t$ $=\omega_c t+m_p\cos\Omega t$
最大频移	$\Delta\omega_m=\lvert\Delta\omega(t)\rvert_{max}=K_f\lvert u_\Omega(t)\rvert_{max}$ $=K_f U_{\Omega m}$	$\Delta\omega_m=\lvert\Delta\omega(t)\rvert_{max}=K_p U_{\Omega m}\Omega=m_p\Omega$
最大相移	$\Delta\varphi=\lvert\Delta\varphi(t)\rvert_{max}=K_f\left\lvert\int_0^t u_\Omega(t)dt\right\rvert_{max}$ $=\frac{K_f U_{\Omega m}}{\Omega}=\frac{\Delta\omega_m}{\Omega}=m_f$	$\Delta\varphi=\lvert\Delta\varphi(t)\rvert_{max}=K_p\lvert u_\Omega(t)\rvert_{max}=K_p U_{\Omega m}=\frac{\Delta\omega_m}{\Omega}=m_p$
信号带宽	$B_f=2(m_f+1)F$	$B_f=2(m_p+1)F$

注：调制信号为 $u_\Omega(t)=U_{\Omega m}\cos\Omega t$，载波为 $u_c(t)=U_m\cos\omega_c t$。

总结：

调频波和调相波具有类似的数学表达式，在已知调制信号表达式的前提下，可根据调角波的表达式判断是调频波还是调相波，调频波的瞬时相位偏移与调制信号正交，调相波的瞬时相位偏移与调制信号同相；不管是调频还是调相，调制指数为最大相移，且满足 $m=\frac{\Delta\omega}{\Omega}=\frac{\Delta f}{F}$。

例题 6-1　角调波 $u(t)=10\cos(2\pi\times10^6 t+10\cos2000\pi t)$，试确定：（1）最大频偏；（2）最大相偏；（3）信号带宽；（4）此信号在单位电阻上的功率；（5）能否确定这是 FM 波或是 PM 波？

题意分析：这是考查角度调制基本概念的典型题目，包括表达式、最大频偏、最大相偏、带宽和功率等。

解：

$$\varphi(t)=2\pi\times10^6 t+10\cos2000\pi t=\omega_c t+\Delta\varphi_m\cos2000\pi t=\omega_c t+\Delta\varphi(t)$$

由式可知

（1）最大频偏

$$\Delta f(t)=\frac{1}{2\pi}\cdot\frac{d\Delta\varphi(t)}{dt}=-20000\pi\cdot\frac{1}{2\pi}\cdot\sin2000\pi t=-10^4\sin2000\pi t(\text{Hz})$$

$$\therefore\quad \Delta f_m=10^4(\text{Hz})$$

（2）最大相偏

$$\Delta\varphi_{\mathrm{m}}=10(\mathrm{rad})$$

（3）信号带宽

$$F=1\mathrm{kHz}$$
$$m_{\mathrm{f}}=10$$

$$\therefore \qquad B_{\mathrm{f}}=2(m_{\mathrm{f}}+1)F=2\times(10+1)\times10^3=22(\mathrm{kHz})$$

（4）单位电阻上的信号功率。不论是 FM 还是 PM 信号，都是等幅信号，其功率与载波功率相等。

$$P=\frac{1}{2}\frac{U^2}{R}=\frac{1}{2}\times\frac{10^2}{1}=50(\mathrm{W})$$

（5）由于不知调制信号形式，因此仅从表达式无法确定此信号 FM 波还是 PM 波。

讨论： 对 FM 和 PM 信号的基本概念要牢记在心，并能灵活运用。从角度调制的定义入手，要掌握基本表达式、基本参数、FM 波与 PM 波的差别。

例题 6-2 某调频信号的调制信号 $u_{\Omega}=2\cos2\pi\times10^3t+3\cos3\pi\times10^3t$，其载波为 $u_{\mathrm{c}}=5\cos2\pi\times10^7t$，调频灵敏度 k_{f}=3kHz/V，试写出此 FM 信号表达式。

题意分析： 此题考查的仍是 FM 信号的基本概念，只不过是从已知调制信号和载波信号求已调信号表达式，与上题相比，是从相反的角度来考虑的。需要注意，这里的调制信号为双音调制，这与 FM 信号的一般表达式稍有不同。另外，还要注意 k_{f} 的量纲问题。

解： 由题意可知

$$\Delta\omega(t)=2\pi k_{\mathrm{f}}u_{\Omega}=2\pi\times6\times10^3\cos2\pi\times10^3t+2\pi\times9\times10^3\cos3\pi\times10^3t$$

$$\Delta\varphi(t)=\int_0^t\Delta\omega(t)\mathrm{d}t=6\sin2\pi\times10^6t+6\sin3\pi\times10^3t$$

$$\therefore \qquad u_{\mathrm{FM}}=5\cos(2\pi\times10^7t+6\sin2\pi\times10^3t+6\sin3\pi\times10^3t)$$

讨论： 牢固掌握基本概念，就是不论从哪个角度，哪个方面来考核，不论题型如何，万变不离其宗，抓住本质，就可解决。

6.2.2 调角波的频谱与有效频带宽度

1. 单频调制的窄带调频信号的频谱

根据调制指数 m（m_{f} 与 m_{p} 的通用表示符号）的大小，调角信号可分成两类。满足 $m\leqslant\dfrac{\pi}{6}$ 条件的调角信号叫窄带调角信号，不满足的叫宽带调角信号。

根据窄带调角信号的定义，可引用三角函数的近似关系。当 $\theta\leqslant\dfrac{\pi}{6}$ 时，$\sin\theta\approx\theta$，$\cos\theta\approx1$。因此，单一频率调制的窄带调频信号的表示式可近似为

$$\begin{aligned}u_{\mathrm{FM}}(t)&=U_{\mathrm{m0}}\cos(\omega_{\mathrm{c}}t+m_{\mathrm{f}}\sin\Omega t+\varphi_0)\approx U_{\mathrm{m0}}\cos\omega_{\mathrm{c}}t-U_{\mathrm{m0}}\sin\Omega t\cdot\sin\omega_{\mathrm{c}}t\\&=U_{\mathrm{m0}}\cos\omega_{\mathrm{c}}t+\frac{1}{2}U_{\mathrm{m0}}m_{\mathrm{f}}\cos(\omega_{\mathrm{c}}+\Omega)t-\frac{1}{2}U_{\mathrm{m0}}m_{\mathrm{f}}\cos(\omega_{\mathrm{c}}-\Omega)t\end{aligned}\tag{6.11}$$

根据此式，单频调制的窄带调频信号的频谱如图 6.6 所示。信号的带宽为 $B=2F$，与 AM 调幅波信号的带宽相同。

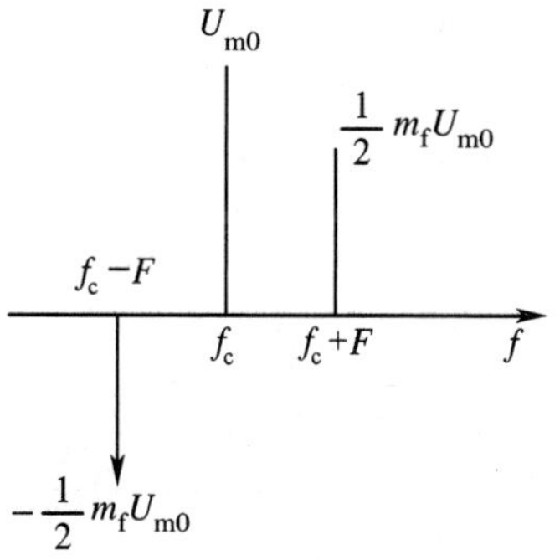

图 6.6 窄带调频信号的频谱

当$\Delta\varphi(t)\leqslant\dfrac{\pi}{6}$时，

$$\tan\Delta\varphi(t)=m_f\sin\Omega t \tag{6.12}$$

相应振幅的相对变化小于 11%。随着m_f的减小，振幅的变化越小，相位的变化也就越接近于$m_f\sin\Omega t$。

2. 宽带调频信号的频谱

利用三角函数展开式，可将单一频率调制的调频信号表示式展开

$$\begin{aligned}u_{FM}(t)&=U_{m0}\cos(\omega_c t+m_f\sin\Omega t)\\&=U_{m0}\cos(m_f\sin\Omega t)\cdot\cos\omega_c t-U_{m0}\sin(m_f\sin\Omega t)\cdot\sin\omega_c t\end{aligned} \tag{6.13}$$

其中，$\cos(m_f\sin\Omega t)$和$\sin(m_f\sin\Omega t)$可以进一步展开成以贝塞尔函数为系数的三角函数级数

$$J_n(m_f)=\sum_{m=0}^{\infty}\frac{(-1)^m\left(\dfrac{m_f}{2}\right)^{n+2m}}{m!(n+m)!} \tag{6.14}$$

这里，n均取正整数，$J_n(m_f)$是以m_f为参量的n阶第一类贝塞尔函数，它们的数值可以查有关贝塞尔函数曲线（贝塞尔函数与参量的m_f关系），如图 6.7 所示。

贝塞尔函数具有如下的性质：

（1）$J_{-n}(m_f)=(-1)^n J_n(m_f)$，$n$为奇数时，$J_{-n}(m_f)=-J_n(m_f)$，$n$为偶数时，$J_{-n}(m_f)=J_n(m_f)$。

（2）当调频指数m_f很小时，$J_0(m_f)\approx 1$，$J_0(m_f)\approx\dfrac{m_f}{2}$，$J_0(m_f)\approx 0(n>1)$。

（3）对任意m_f值，各阶贝塞尔函数的平方和恒等于 1，即$\sum\limits_{n=-\infty}^{\infty}J_n^2(m_f)=1$。

根据上述的性质，利用三角函数的积化和差公式，可以导出

$$\begin{aligned}u_{FM}(t)&=U_{m0}\left[J_0(m_f)+2\sum_{n=0}^{\infty}J_n(m_f)\cos\Omega t\right]\cdot\cos\omega_c t-U_{m0}\left[2\sum_{n=0}^{\infty}J_n(m_f)\cos\Omega t\right]\cdot\sin\omega_c t\\&=U_{m0}\sum_{n=-\infty}^{\infty}J_n(m_f)\cos(\omega_c+n\Omega)t\end{aligned} \tag{6.15}$$

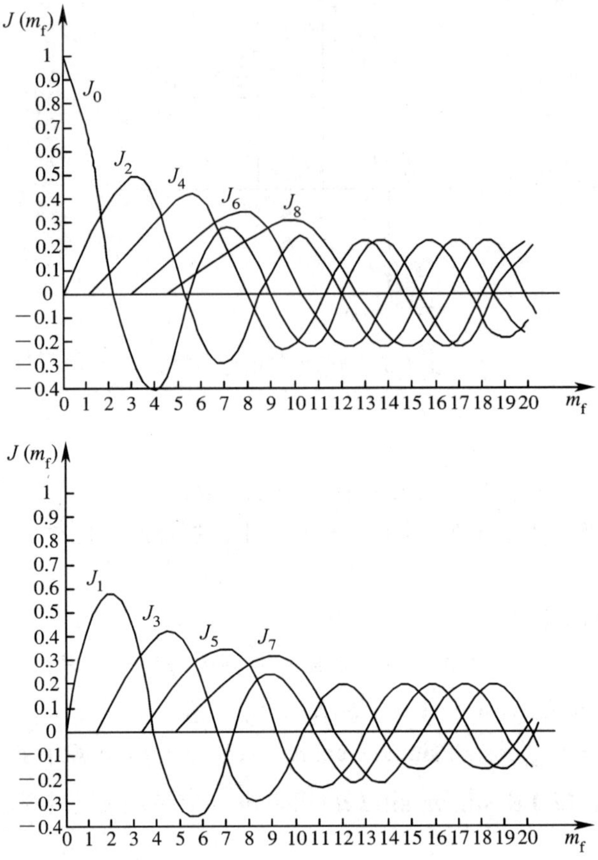

图 6.7　前 8 阶贝塞尔函数曲线

把小于未调制的载波幅度U_{m0}的百分之一的各边频分量忽略不计，来确定调频信号的带宽，也就是按$J_0(m_f)\geqslant 0.01$的条件确定 n 的最大值n_{max}，则误差要求为 0.01 的调频信号的带宽为

$$B_{0.01}=2n_{max}\Omega \tag{6.16}$$

若把小于未调制载波幅度十分之一的边频分量忽略不计来确定带宽，即按满足$J_0(m_f)\geqslant 0.1$的条件确定 n 的最大值n_{max}，则误差要求为 0.1 的调频信号的带宽为

$$B_{0.1}=2n_{max}\Omega \tag{6.17}$$

$$B_{CR}=2(m_f+1)\Omega=2(\Delta\omega_m+\Omega)=2L\Omega \tag{6.18}$$

上述三种带宽计算方法，调频指数m_f与n_{max}（或 L）的数值关系列于表 6.2 中，相应的曲线如图 6.8 所示。由图、表可见，卡森带宽与误差为 0.1 确定的带宽基本一致。

表 6.2　m_f 与 n_{max} 的数值关系

	m_f	0.1	0.3	0.5	1	2	5	10	20
$\varepsilon=0.01$	n_{max}	1	2	2	3	4	8	14	25
$\varepsilon=0.1$	n_{max}		1	1	2	3	6	11	21
卡森公式	L	1.1	1.3	1.5	2	3	6	11	21

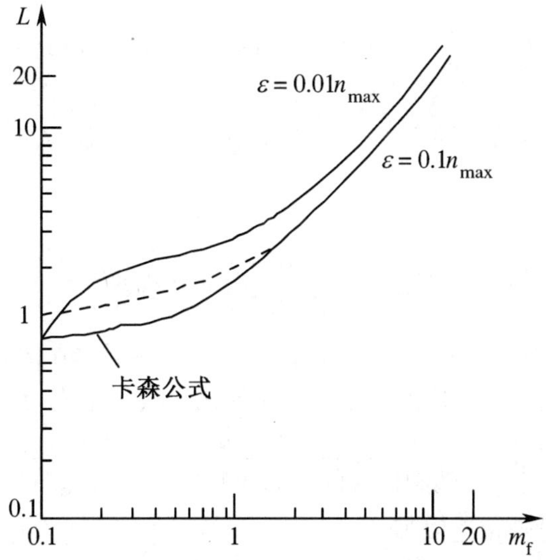

图 6.8　带宽计算 n_{max}（或 L）与（m_f）的关系曲线

在 $m_f << 1$ 时，卡森带宽可近似为

$$B_{CR} \approx 2R \tag{6.19}$$

在 $m_f >> 1$ 时，卡森带宽为

$$B_{CR} \approx 2m_f\Omega = 2B\omega_m \tag{6.20}$$

3. 多频调制的调频信号频谱

首先讨论调制信号为双频余弦信号的情况，即 $u_\Omega(t) = U_{\Omega m1}\cos\Omega_1 t + U_{\Omega m2}\cos\Omega_2 t$。

则此时调频信号为

$$u_{FM}(t) = U_{\Omega m0}\cos(\omega_c t + m_{f1}\sin\Omega_1 t + m_{f2}\sin\Omega_2 t) \tag{6.21}$$

其中，$m_{f1} = \dfrac{k_f U_{\Omega m1}}{\Omega_1}$，$m_{f2} = \dfrac{k_f U_{\Omega m2}}{\Omega_2}$。

用复信号表示

$$\dot{U}_{FM}(t) = U_{m0}e^{j[\omega_c t + \varphi(t)]} \tag{6.22}$$

其中，$\varphi(t) = m_{f1}\sin\Omega_1 t + m_{f2}\sin\Omega_2 t$，即

$$\dot{U}_{FM}(t) = U_{m0}e^{j\omega_c t} \cdot e^{jm_{f1}\sin\Omega_1 t} \cdot e^{jm_{f2}\sin\Omega_2 t} \tag{6.23}$$

又

$$e^{jm_{f1}\sin\Omega_1 t} = \sum_{n=-\infty}^{+\infty} J_n(m_{f1})e^{jn\Omega_1 t} \tag{6.24}$$

$$e^{jm_{f2}\sin\Omega_2 t} = \sum_{m=-\infty}^{+\infty} J_m(m_{f2})e^{jm\Omega_2 t} \tag{6.25}$$

将式（6.24）、式（6.25）代入式（6.23）得

$$\dot{U}_{FM}(t) = U_{m0}\sum_{n=-\infty}^{+\infty}\sum_{m=-\infty}^{+\infty} J_n(m_{f1})J_m(m_{f2})e^{j(\omega_c t + n\Omega_1 t + m\Omega_2 t)} \tag{6.26}$$

由此可得双频调制的调频信号展开式

$$u_{FM}(t)=U_{m0}\sum_{n=-\infty}^{+\infty}\sum_{m=-\infty}^{+\infty}J_n(m_{f1})J_m(m_{f2})\cos(\omega_c t+n\Omega_1 t+m\Omega_2 t) \tag{6.27}$$

当调制信号为多个频率的正弦波之和，即 $u_\Omega(t)=\sum_{n=1}^{N}U_{\Omega m}\cos\Omega_n t$ 时，调频信号的复信号表示式为

$$\dot{U}_{FM}(t)=U_{m0}e^{j\omega_c t}\left\{\prod_{i=1}^{N}\left[\sum_{ni=-\infty}^{+\infty}J_{ni}(m_{fi})e^{j_{ni}\Omega_i t}\right]\right\} \tag{6.28}$$

卡森公式是单频调制情况下的带宽近似计算公式。多频调制时，信号带宽的计算采用修正的卡森公式。为此，引入一个新的参量——频偏比，其表达式为

$$D_{FM}=\frac{峰值最大角频偏}{调制信号的最高角频率}=\frac{(\Delta\omega_m)_{max}}{\Omega_{max}}$$

多频调制的调频信号带宽近似等于

$$B_{CR}=2(D_{FM}+2)\Omega_{max} \tag{6.29}$$

当 $D_{FM}>>2$ 时，

$$B_{CR}\approx 2D_{FM}\Omega_{max}=2(\Delta\omega_m)_{max} \tag{6.30}$$

频率调制又称为恒定带宽调制，调频信号的带宽主要由调制信号的幅度决定，随着调制信号带宽的增加，调频信号的带宽变化不大。正因如此，调频体制比调相体制获得了更广泛的应用。

采用调频信号的分析方法，同样可以得到调相信号的频谱，它与调频信号频谱的差异仅仅是各边频分量的相移。带宽的计算仍可采用卡森公式。由于调相信号的最大频偏正比于调制信号的频率，所以调相信号的带宽应按最高调制频率确定。实际工作中，最高调制频率工作的时间少，大部分情况都处于调制信号频带的中间部分，所以相位调制不能充分利用频带。

6.2.3 调角波的功率

调频波和调相波的平均功率与调幅波一样，是载波功率和各边频功率之和。由于调频和调相的幅度不变，所以调角波在调制后总的功率不变，只是将原来载波功率中的一部分转入边频中。所以载波成分的系数 $J_0(m_f)$ 小于 1，表示载波功率减小了。因此，在单位电阻上调角信号所消耗的功率为

$$P_{av}=\frac{U_{m0}^2}{2}\sum_{n=-\infty}^{+\infty}J_n^2(m_f) \tag{6.31}$$

根据贝塞尔函数性质的第 3 条可知

$$\sum_{n=-\infty}^{+\infty}J_n^2(m_f)=1 \tag{6.32}$$

所以调角信号的平均功率

$$P_{av}=\frac{U_{m0}^2}{2} \tag{6.33}$$

它仅与调角信号的振幅有关，而与调制指数 m 无关。调角信号各个频率分量的功率分配

情况是随着调制指数 m_f 的不同而改变的。当 $m_f=0$ 时 $J_0(m_f)=1$，而其他阶次的贝塞尔函数 $J_n(m_f)$ 均为零。所以，这种情况只有载波功率，而无边带功率。当 $m_f \neq 0$ 时，$J_0(m_f)<1$，$J_n(m_f)\neq 0$。

6.3　调频信号的产生

6.3.1　调频方法

调频就是用调制电压去控制载波的频率。调频的方法很多，最常用的是直接调频和间接调频两大类。

直接调频就是用调制电压直接去控制载频振荡器的频率，以产生调频信号。

例如：被控电路是 LC 振荡器，那么，它的振荡频率主要由振荡回路电感 L 与电容 C 的数值来决定。若在振荡回路中加入可变电抗，并用低频调制信号去控制可变电抗的参数，即可产生振荡频率随调制信号变化的调频波，直接调频电路原理如图 6.9 所示。在实际电路中，可变电抗元件的类型有许多种，如变容二极管、电抗管、晶体振荡器、锁相环调频等。

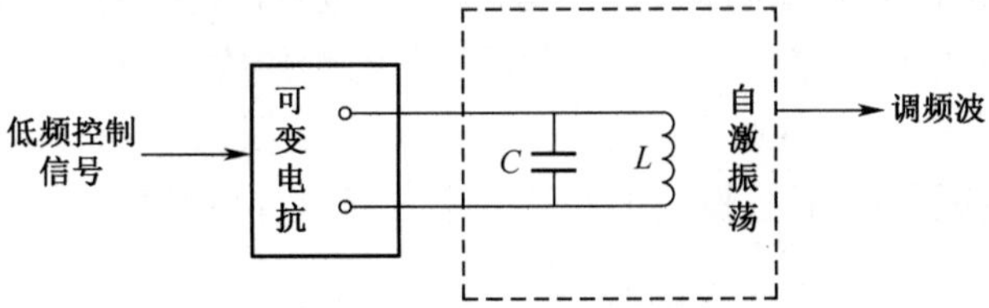

图 6.9　直接调频电路原理

间接调频就是保持振荡器的频率不变，而用调制电压去改变载波输出的相位，实际上就是调相。由于调相信号与调频信号存在着内在的联系，因此把调制信号通过积分器之后再加到调相器中，调相器的输出就是调频信号，如图 6.10 所示。由于这种方法是利用调相器实现调频，所以把它叫作间接调频法。

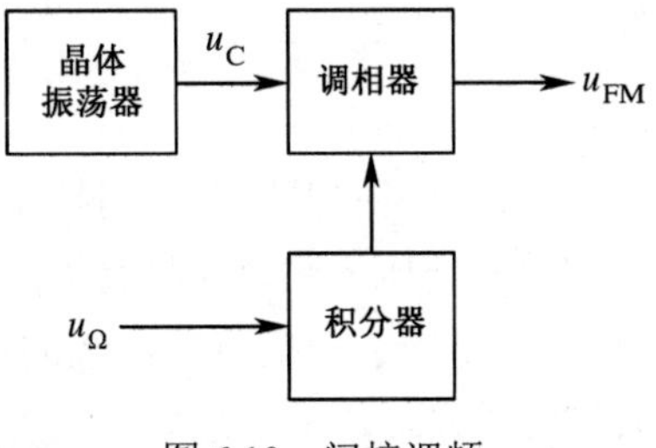

图 6.10　间接调频

6.3.2　调频电路的性能指标

1. 调制特性

振荡器的频率偏移与调制电压的关系称为调制特性，表示为

$$\frac{\Delta f}{f_{\mathrm{c}}}=f(u_{\Omega}) \tag{6.34}$$

式中，Δf 为调制作用引起的频率偏移，f_{c} 为中心频率（载频），u_{Ω} 为调制信号电压。理想的调频电路应使 Δf 随 u_{Ω} 成正比改变，即实现线性调频，但在实际电路中总是要产生一定程度的非线性失真，应尽可能减小。

2. 调制灵敏度 S

调制电压变化单位数值所产生的振荡频率偏移称为调制灵敏度；若调制电压变化为 Δu，相应的频率偏移为 Δf，灵敏度 S 的表示式为

$$S=\frac{\Delta f}{\Delta u} \tag{6.35}$$

显然，S 越大，调频信号的控制作用越强，越容易产生大频偏的调频信号。

3. 最大频偏

在正常调制电压作用下，所能达到的最大频偏值以 Δf_{m} 表示，它是根据对调频指数 m_{f} 的要求来选定的，通常要求 Δf_{m} 的数值在整个波段内保持不变。

4. 载波频率稳定度

虽然，调频信号的瞬时频率随调制信号的改变而改变。但这种变化是以稳定的载波（中心频率）为基准的。如果载频稳定，接收机就可以正常地接收调频信号；若载频不稳，就有可能使调频信号的频谱落到接收机通常范围之外，以致不能保证正常通信。因此，对于调频电路，不仅要满足一定的频偏要求，而且振荡中心的频率必须保持足够高的频率稳定度，频率稳定度可用下式表示，即

$$\text{频率稳定度}=\frac{\Delta f/f_{\mathrm{c}}}{\text{时间间隔}}$$

式中，Δf 为经过时间间隔后中心频率的偏移值，f_{c} 为未调制时的载波中心频率。

6.4 调频电路

6.4.1 变容二极管调频电路

1. 调频电路的质量指标

产生调频信号的设备叫频率调制器，简称调频器。调频器主要的性能指标有以下四点。

（1）调制特性的线性。调制特性是电压－频率转换特性，简称压控特性，如图 6.11 所示。压控特性线性越好，调频的非线性失真越小；压控特性曲线的线性范围越宽，实现线性调频的范围也越宽，调频信号的最大频偏也越大。

（2）压控灵敏度。压控灵敏度又称为调制灵敏度，用 k_{f} 表示，其定义是调制特性原点的斜率。

$$k_{\mathrm{f}}=\left.\frac{\partial\Delta\omega(t)}{\partial u_{\Omega}}\right|_{u_{\Omega}=0} \tag{6.36}$$

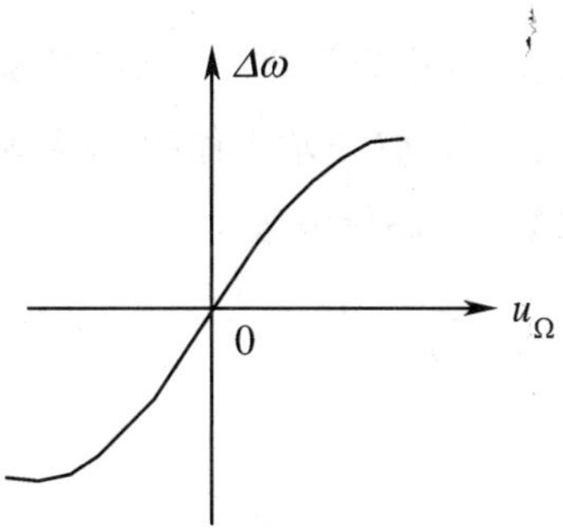

图 6.11　压控特性

（3）载波中心频率的稳定度。因调频信号的频率是以载波中心频率为基准变化的，若载波中心频率不稳，必然会带来失真。此外，载波中心频率不稳还会使调频信号的频带展宽，造成对邻近频道的干扰。

（4）振幅要恒定，寄生调幅要小。

2. 变容二极管特性

根据似稳态理论可知，利用可控电抗元件改变 LC 并联回路的谐振频率，可以实现频率调制。可控电抗元件的种类很多，其中最常用的是变容二极管和电抗管。变容二极管是利用半导体 PN 结的结电容随反向电压变化这一特性而制成的一种半导体二极管，它是一种电压控制的可变电抗元件，它的表示符号如图 6.12（a）所示。变容二极管的结电容 C_{j} 与管子两端的反向电压 u_{D} 的关系曲线如图 6.12（b）所示。C_{j} 与 u_{D} 的关系为

$$C_{\mathrm{j}}=\frac{C_{\mathrm{j0}}}{\left(1+\dfrac{u_{\mathrm{D}}}{U_{\mathrm{B}}}\right)^{r}} \tag{6.37}$$

U_{B} 是变容二极管的势垒电压，通常取 0.7V 左右，C_{j0} 是 $u_{\mathrm{D}}=0$ 时变容二极管的结电容，u_{D} 是加在二极管两端的反向电压，r 是变容指数。不同的变容二极管由于 PN 结杂质掺杂浓度分布的不同，r 也不同。如扩散型 r=1/3，称为缓变结变容二极管；合金型 r=1/2，称为突变结变容二极管；r 的取值为 1～5，称其为超越突变结变容二极管。

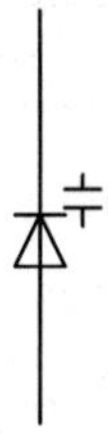

（a）变容管符号

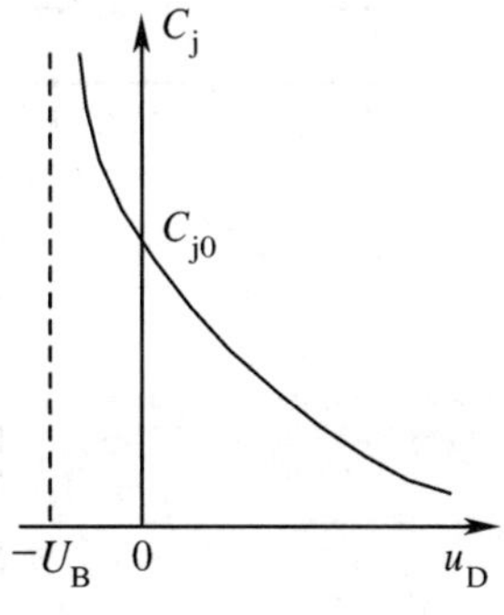

（b）变容特性

图 6.12　变容二极管符号和结电容变化曲线

变容二极管作为可控电抗元件接入到 LC 振荡回路中，如图 6.13（a）所示。变容二极管

的结电容C_j与C_1、C_2共同构成回路的电容。变容二极管两端的电压包括静态电压U_Q和调制电压$u_\Omega(t)$。电压的正确馈入是保证二极管正常工作的必要前提。图 6.13（b）表示直流馈电等效电路。根据图示可以求得二极管静态偏置电压

$$U_Q = \frac{E_E}{R_1 + R_2} \cdot R_2 = \frac{9 \times 22}{56 + 22} = 2.54\text{V} \tag{6.38}$$

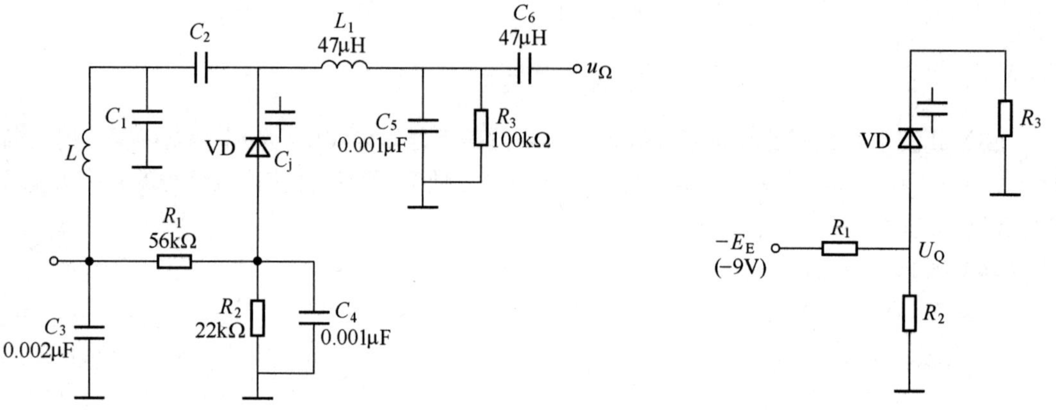

（a）　　（b）

图 6.13　变容二极管馈电电路

3. 变容二极管调频原理

图 6.14 表示变容二极管结电容随反向电压变化的关系，加到变容管上的反向电压包括直流偏压U_Q和调制信号电压$u_\Omega(t)$。

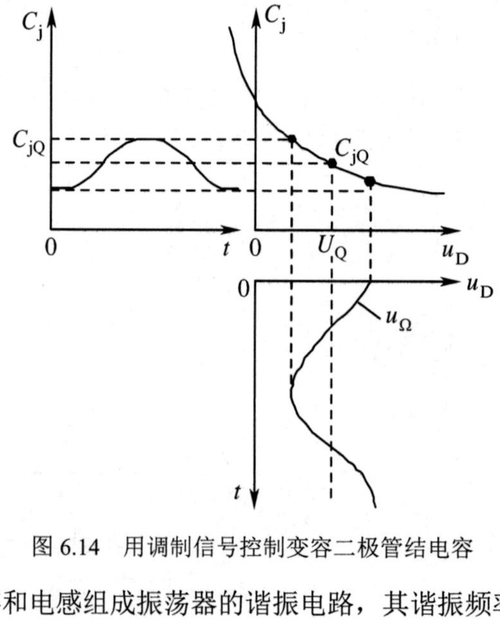

图 6.14　用调制信号控制变容二极管结电容

由变容二极管的电容和电感组成振荡器的谐振电路，其谐振频率近似为

$$f=\frac{1}{2\pi\sqrt{LC}} \tag{6.39}$$

在变容二极管上加一固定的反向直流偏压U_Q和调制电压$u_\Omega(t)$，则变容二极管电容量 C 将随$u_\Omega(t)$改变，通过二极管的变容特性可以找出电容 C 随时间的变化曲线。

此电容 C 由两部分组成，一部分是C_{jQ}为固定值；另一部分是$C_m\cos\Omega t$为变化值，C_m是变化部分的幅度，则有

$$C=C_{jQ}+C_m\cos\Omega t \tag{6.40}$$

$$f=\frac{1}{2\pi\sqrt{L(C_{jQ}+C_m\cos\Omega t)}} \tag{6.41}$$

在$\dfrac{C_m}{C_{jQ}}<<1$的条件下，将上式用二项式定理展开，并略去平方项以上各项，可得

$$f=f_c-\frac{1}{2}f_c\cdot\frac{C_m}{C_{jQ}}\cos\Omega t=f_c+\Delta f \tag{6.42}$$

式中，$\Delta f=-\dfrac{1}{2}f_c\dfrac{C_m}{C_{jQ}}\cos\Omega t$，$f_c=\dfrac{1}{2\pi\sqrt{LC_{jQ}}}$，$f_c$称为中心频率，$\Delta f$ 是频率的变化部分，$\dfrac{1}{2}f_c\dfrac{C_m}{C_{jQ}}$是变化部分的幅值，称为频偏。式中的负号表示当回路电容增加时，频率是减小的。

由式（6.42）可知频率随调制电压而变，从而实现调频。

由以上分析可知，因为变容二极管势垒电容随反向偏压而变，如果将变容二极管接在谐振回路的两端，使反向偏压受调制信号控制，这时回路电容有一部分按正弦规律变化，必然引起振荡频率变化。它以f_c为中心作上下偏移，其偏移大小（频偏）与电容变化最大值C_m成比例。所以回路的振荡频率是随调制信号变化的，这就是变容二极管调频的基本原理。

4. 小频偏变容二极管调频电路分析

变容二极管作为振荡回路总电容时，它的最大优点是调制信号对振荡频率的调变能力强，即调频灵敏度高，较小的 m 值就能产生较大的相对频偏。但同时因温度等外界因素变化引起反偏电压变化，造成载波频率的不稳定也必然相对增大，而振荡回路上的高频电压又全部加到变容二极管上。为了克服这些缺点，可以采用小频偏调制。

小频偏调制大多用于无线电调频广播、电视台的伴音系统和小容量无线多路通信设备。它们的频偏范围约在几十千赫兹到几百千赫兹。小频偏调制中，变容二极管部分接入振荡回路如图 6.15 所示。图中，变容二极管C_d先和C_2串接，再和C_1并接。

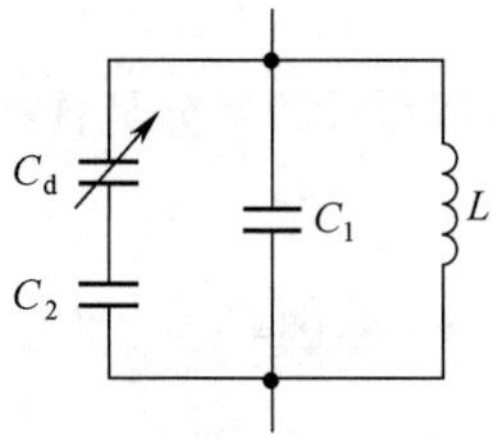

图 6.15　变容二极管部分接入振荡电路

为了求得 $f(t)$ 与 $u_{\Omega}(t)$ 之间的定量关系，首先要找到振荡回路电容的变化量 $\Delta C(t)$ 与 $u_{\Omega}(t)$ 之间的关系，然后根据 $\Delta f(t)$ 与 $\Delta C(t)$ 之间的关系求出 $\Delta f(t)$ 与 $u_{\Omega}(t)$ 的关系。

（1）讨论 $\Delta C(t)$ 与 $u_{\Omega}(t)$ 之间的关系。当调制信号 $u_{\Omega}(t)=0$ 时，变容二极管结电容为常数 C_0，它对应于反向直流偏置电压 U_{Q} 的结电容，根据式（6.37）得

$$C_0=\frac{C_{\mathrm{j0}}}{\left(1+\dfrac{U_{\mathrm{Q}}}{U_{\mathrm{B}}}\right)^r} \tag{6.43}$$

这时，振荡回路的总电容为

$$C=C_1+\frac{C_2\cdot C_0}{C_2+C_0}=C_1+\frac{C_2}{1+\dfrac{C_2}{C_0}} \tag{6.44}$$

当调制信号为单音频简谐信号时，即 $u_{\Omega}(t)=U_{\Omega\mathrm{m}}\cos\Omega t$ 时，变容二极管结电容随时间变化，此时结电容为

$$C_{\mathrm{d}}=\frac{C_{\mathrm{j0}}}{\left(1+\dfrac{U_{\mathrm{Q}}+U_{\Omega\mathrm{m}}\cos\Omega t}{U_{\mathrm{B}}}\right)^r}=\frac{C_{\mathrm{j0}}}{\left(\dfrac{U_{\mathrm{B}}+U_{\mathrm{Q}}}{U_{\mathrm{B}}}\right)^r\left(1+\dfrac{U_{\Omega\mathrm{m}}}{U_{\mathrm{B}}+U_{\mathrm{Q}}}\cos\Omega t\right)^r} \tag{6.45}$$

将式（6.43）代入式（6.45），并令

$$m=\frac{U_{\Omega\mathrm{m}}}{U_{\mathrm{B}}+U_{\mathrm{Q}}} \tag{6.46}$$

这里的 m 称为调制深度，于是式（6.45）可简化为

$$C_{\mathrm{d}}=\frac{C_{\mathrm{j0}}}{\left(1+\dfrac{U_{\mathrm{Q}}+U_{\Omega\mathrm{m}}\cos\Omega t}{U_{\mathrm{B}}}\right)^r}=C_0(1+m\cos\Omega t)^{-r} \tag{6.47}$$

此时回路总电容 C' 为

$$C'=C_1+\frac{C_2\cdot C_{\mathrm{d}}}{C_2+C_{\mathrm{d}}}=C_1+\frac{C_2}{1+\dfrac{C_2}{C_{\mathrm{d}}}}=C_1+\frac{C_2}{1+\dfrac{C_2}{C_0}(1+m\cos\Omega t)^r} \tag{6.48}$$

根据式（6.44）和式（6.48）可以求出由调制信号所引起的振荡回路总电容的变化量 $\Delta C(t)$

$$\Delta C(t)=C'-C=\frac{C_2}{1+\dfrac{C_2}{C_0}(1+m\cos\Omega t)^r}-\frac{C_2}{1+\dfrac{C_2}{C_0}} \tag{6.49}$$

从式（6.49）看出，$\Delta C(t)$ 中与时间有关的部分是 $(1+m\cos\Omega t)^r$。将其在 $m\cos\Omega t=0$ 附近展开成泰勒级数得

$$\begin{aligned}(1+m\cos\Omega t)^r&=1+rm\cos\Omega t+\frac{1}{2}r(r-1)m^2\cos^2\Omega t\\&\quad+\frac{1}{6}r(r-1)(r-2)m^3\cos^3\Omega t+\cdots\end{aligned} \tag{6.50}$$

由于通常 $m<1$，所以上列级数是收敛的。m 越小，级数收敛越快。因此，可用少数几项，例如用前四项来近似地表示函数 $(1+m\cos\Omega t)^r$。同时，将三角恒等式 $\cos^2\Omega t=\frac{1}{2}(1+\cos 2\Omega t)$，$\cos^3\Omega t=\frac{3}{4}\cos\Omega t+\frac{1}{4}\cos 3\Omega t$ 代入近似式，经整理后得

$$\begin{aligned}(1+m\cos\Omega t)^r&=1+\frac{1}{4}r(r-1)m^2+\frac{1}{8}rm[8+(r-1)(r-2)m^2]\cos\Omega t\\&\quad+\frac{1}{4}r(r-1)m^2\cos 2\Omega t+\frac{1}{24}r(r-1)(r-2)m^2\cos 3\Omega t\end{aligned}\tag{6.51}$$

令

$$\left.\begin{aligned}A_0&=\frac{1}{4}r(r-1)m^2\\A_1&=\frac{1}{8}rm[8+(r-1)(r-2)m^2]\\A_2&=\frac{1}{4}r(r-1)m^2\\A_3&=\frac{1}{24}r(r-1)(r-2)m^2\end{aligned}\right\}\tag{6.52}$$

并令

$$\phi(m,r)=A_0+A_1\cos\Omega t+A_2\cos 2\Omega t+A_3\cos 3\Omega t\tag{6.53}$$

则式（6.51）可以写成

$$(1+m\cos\Omega t)^r=1+\phi(m,r)\tag{6.54}$$

将式（6.54）代入式（6.49）得

$$\Delta C(t)=\frac{C_2}{1+\frac{C_2}{C_0}[1+\phi(m,r)]}-\frac{C_2}{1+\frac{C_2}{C_0}}=\frac{-\frac{C_2^2}{C_0}\phi(m,r)}{\left[1+\frac{C_2}{C_0}+\frac{C_2}{C_0}\phi(m,r)\right]\left(1+\frac{C_2}{C_0}\right)}\tag{6.55}$$

通常下列条件是成立的

$$\frac{C_2}{C_0}\phi(m,r)<<1+\frac{C_2}{C_0}\tag{6.56}$$

所以，式（6.56）可近似写成

$$\Delta C(t)=\frac{-\frac{C_2^2}{C_0}}{\left(1+\frac{C_2}{C_0}\right)^2}\phi(m,r)\tag{6.57}$$

式（6.57）说明振荡回路电容的变化量 $\Delta C(t)$ 与调制信号 $u_\Omega(t)$ 之间的近似关系。

（2）讨论 $\Delta C(t)$ 引起的振荡频率的变化。知道了 $\Delta C(t)$ 与 $u_\Omega(t)$ 的关系后，再来看 $\Delta C(t)$ 将引起振荡频率发生多大的变化。当回路电容有微量变化 ΔC 时，振荡频率产生 Δf 的变化，其关系如下

$$f_0 = \frac{1}{2\pi\sqrt{LC_0}} \tag{6.58}$$

$$f_0 + \Delta f = \frac{1}{2\pi\sqrt{LC'}} = \frac{1}{2\pi\sqrt{L(C+\Delta C)}} = \frac{1}{2\pi\sqrt{LC}}\frac{1}{\sqrt{1+\frac{\Delta C}{C}}} \tag{6.59}$$

上式两边同除以 f_0 得

$$1+\frac{\Delta f}{f_0} = \frac{1}{\sqrt{1+\frac{\Delta C}{C}}} \tag{6.60}$$

$$\frac{\Delta C}{C} = \frac{1}{\left(1+\frac{\Delta f}{f_0}\right)^2} - 1 = -\frac{\frac{2\Delta f}{f_0}+\left(\frac{\Delta f}{f_0}\right)^2}{\left(1+\frac{\Delta f}{f_0}\right)^2} \tag{6.61}$$

小频偏时，$f_0 >> \Delta f$，上式可简化为

$$\frac{\Delta C}{C} \approx -\frac{2\Delta f}{f_0} \text{或} \frac{\Delta f}{f_0} \approx -\frac{1}{2}\cdot\frac{\Delta C}{C} \tag{6.62}$$

式中，f_0 是未调制时的载波频率；C 是调制信号为零时的回路总电容。

（3）分析频偏随调制电压变化的规律。调频时，ΔC 随调制信号变化，因而 Δf 随时间变化，以 $\Delta f(t)$ 表示。将式（6.57）代入式（6.62），得

$$\frac{\Delta f(t)}{f_0} = \left(\frac{C_2}{C_2+C_0}\right)^2 \frac{C_0}{2C}\phi(m,r) = K\phi(m,r) \tag{6.63}$$

其中 $\begin{cases} p = \dfrac{C_2}{C_2+C_0} \\ K = p^2\dfrac{C_0}{2C} \end{cases}$，$p$ 是变容二极管与振荡回路之间的接入系数。

将（6.53）代入（6.63）得

$$\Delta f(t) = Kf_0(A_0 + A_1\cos\Omega t + A_2\cos 2\Omega t + A_3\cos 3\Omega t + \cdots) \tag{6.64}$$

总结：

（1）在瞬时频率的变化中，含有与调制信号成线性关系的成分，其最大偏移为

$$\Delta f_1 = KA_1 f_0 = \frac{1}{8}rm\left[8 + r(r-1)(r-2)m^2\right]Kf_0 \tag{6.65}$$

此外，还有与调制信号的二次、三次等谐波成分成线性关系的成分，其最大偏移分别为

$$\Delta f_2 = KA_2 f_0 = \frac{1}{4}r(r-1)m^2 Kf_0 \tag{6.66}$$

$$\Delta f_3 = KA_3 f_0 = \frac{1}{24}r(r-1)(r-2)m^3 Kf_0 \tag{6.67}$$

另外还有中心频率相对于未调制时的载波频率产生的偏移为

$$\Delta f_0 = KA_0 f_0 = \frac{1}{4}r(r-1)m^2 Kf_0 \tag{6.68}$$

（2）Δf_1是调频时所需要的频偏，Δf_0是引起中心频率不稳定的一种因素，Δf_2和Δf_3是频率调制的非线性失真。

二次非线性失真为

$$k_2=\left|\frac{\Delta f_2}{\Delta f_1}\right|=\left|\frac{A_2}{A_1}\right|=\left|\frac{2m(r-1)}{8+(r-1)(r-2)m^2}\right| \tag{6.69}$$

三次非线性失真为

$$k_3=\left|\frac{\Delta f_3}{\Delta f_1}\right|=\left|\frac{A_3}{A_1}\right|=\left|\frac{\frac{1}{3}(r-1)(r-2)m^2}{8+(r-1)(r-2)m^2}\right| \tag{6.70}$$

总的非线性失真为

$$k=\sqrt{k_2^2+k_3^2} \tag{6.71}$$

为了使调制线性良好，应尽可能减小Δf_2和Δf_3的值，为了使中心频率稳定度尽量少受变容二极管的影响，就应尽可能减小Δf_0的值。也就是希望m值愈小愈好（即减小调制信号），但是有用频偏Δf_1也同时减小。为了兼顾频偏Δf_1和减小非线性失真要求，常取$m\approx 0.5$。

注意：以上讨论的是ΔC相对于回路总电容C很小（即频偏很小）的情况，如果ΔC比较大，则式（6.62）不再成立，所以最后得出的结论将与上面有所不同。在大频偏情况下，只有当$r=2$时，才可能真正实现没有非线性失真的调频。也就是说，在小频偏情况下，必须选择r接近2的超突变结变容二极管，才能使调制具有良好的线性。

例题 6-3　调频振荡回路由电感 L 和变容二极管组成。$L=2\mu H$，变容二极管的参数为$C_o=225pF$，$u_\varphi=0.6V$，$E_Q=-6V$，调制信号$u_\Omega(t)=3\cos10^4t$，求输出FM波的（1）载波f_c；（2）由调制信号引起的载频漂移Δf_c；（3）最大频偏Δf_m；（4）调频系数k_f；（5）二阶真系数K_{f2}。

题意分析：此题为变容二极管直接FM电路。由于振荡回路由电感L和变容二极管电容C_j组成，解此类题目的基本思路是：把变容二极管等效为一可变电容$C_j(t)$，以此$C_j(t)$与L组成振荡回路，然后求振荡频率。把振荡频率的表示式展开就可求所需的各种参数。若为部分接入，只是展开时略有区别。

解：变容二极管等效电容为

$$C_j(t)=\frac{C_0}{\left(1+\frac{u}{u_\varphi}\right)^\gamma}=\frac{C_0}{\left(1+\frac{|E_Q|+u_\Omega(t)}{u_\varphi}\right)^\gamma}=\frac{225}{\left(1+\frac{6+3\cos10^4t}{0.6}\right)^{\frac{1}{2}}}$$

$$=\frac{67.8}{(1+0.5\cos10^4t)^{\frac{1}{2}}}(pF)=\frac{C_{jQ}}{(1+m\cos\Omega t)^\gamma}$$

$$\omega(t)=\omega_c(1+m\cos\Omega t)^{\frac{\gamma}{2}}=\omega_c+\Delta\omega_c+\Delta\omega_m\cos\Omega t+\Delta\omega_{2m}\cos2\Omega t+\cdots$$

其中，

$$\omega_c = \frac{1}{\sqrt{LC_{jQ}}} = \frac{1}{\sqrt{2\times10^{-6}\times67.8\times10^{-12}}} \approx 85.9\times10^6 \text{rad/s}$$

$$\Delta\omega_m = \frac{\gamma}{2}m\omega_c = \frac{1}{2}\times\frac{1}{2}\times\frac{1}{2}\times85.9\times10^6 \approx 10.7\times10^6 \text{rad/s}$$

$$\Delta\omega_{2m} = \Delta\omega_c = \frac{\nu}{16}(C-2)m^2\omega_c = \frac{1}{16}\times\frac{1}{2}\times\left(\frac{1}{2}-2\right)\times\left(\frac{1}{2}\right)^2\times85.9\times10^6 \approx -10^6$$

因此，

（1）$f_c = \frac{\omega_c}{2\pi} = \frac{85.9\times10^6}{2\pi} \approx 13.7\text{MHz}$；

（2）$\Delta f_c = \frac{\Delta\omega_c}{2\pi} = \frac{10^6}{2\pi} \approx 159\text{kHz}$；

（3）$\Delta f_m = \frac{\Delta\omega_m}{2\pi} = \frac{10.7\times10^6}{2\pi} \approx 1.7\text{MHz}$；

（4）$k_f = \frac{\Delta f_m}{U_\Omega} = \frac{1.7\times10^6}{3} = 5.7\times10^5\text{Hz/V}$；

（5）$K_{f2} = \frac{\Delta\omega_{2m}}{\Delta\omega_m} = \left|\frac{1}{4}\left(\frac{\gamma}{2}-1\right)m\right| = \left|\frac{1}{4}\left(\frac{1}{4}-1\right)\times\frac{1}{2}\right| = 0.094$。

讨论：变容二极管直接调频电路是FM电路的主要形式，其实质是频率受控的振荡器。对此电路的分析与计算，实际上就是对以变容二极管结电容为可变电容的振荡回路的分析与计算，涉及振荡回路、接入系数、变容二极管的结电容的公式与参数等问题。

另外，在计算时，绝对的数值不一定要求非常准确，要注意相对大小及数量级，在工程中，远远大于或远远小于一般是指相对大小在10倍以上。

5. 变容二极管调频电路举例

图6.16是变容二极管调频的原理电路。图中VT_1是音频放大器，VT_2是高频振荡器，L、C_1、C_2、C_d组成振荡槽路，其中C_1代表槽路电容的固定部分，C_d是变容二极管的电容，C_2是变容二极管和槽路之间的耦合电容。对直流和音频而言，C_2是开路，以防止C_d上的直流偏压和音频电压对振荡电路的影响；对高频而言，C_2与C_d串起来作为槽路的一部分。R_c是音频放大器的集电极负载电阻，ZL是高频扼流圈，对直流及音频而言，ZL阻抗可以忽略不计，故R_c上的直流及音频电压可以加到变容二极管上，其中直流电压就作为变容二极管的直流偏压，音频电压用来改变C_d的容量。对高频而言，ZL相当于开路，从而防止了高频对音频电路的影响。加在变容二极管上的电压有三个，它们的大小应是这样的关系：为了避免高频电压对二极管电容的作用，高频电压比音频电压小得多；为了减小失真，音频电压应比偏压小一半多。

思考：为什么要加C_1，电容C_1可不可以不加？

因为高频电路中存在分布电容，加大C_1提高稳定性，但频偏减小。

图6.17(a)所示是一个中心频率为90MHz的直接调频电路。在此频率上，0.001μF和1000pF的电容可近似短路，47μH的扼流圈则近似开路，因而可画出高频等效电路如图6.17（b）所示。

由图可见，它是变容管部分接入的电容三端式振荡电路，其中L、C_3、C_4、C_5、C_1组成的回路呈感性。在变容管控制电路中，它的直流工作点电压是由−9V电源经56kΩ和22kΩ

电阻分压后供给的。调制信号电压 $V_{\Omega}(t)$ 经 47μH 隔直电容和高频扼流圈加到变容管，并通过 56kΩ 和 22kΩ 的并接电阻通地。

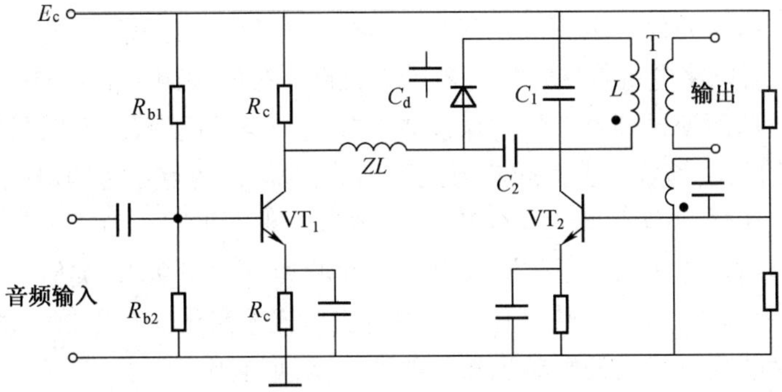

图 6.16　变容二极管调频的原理电路

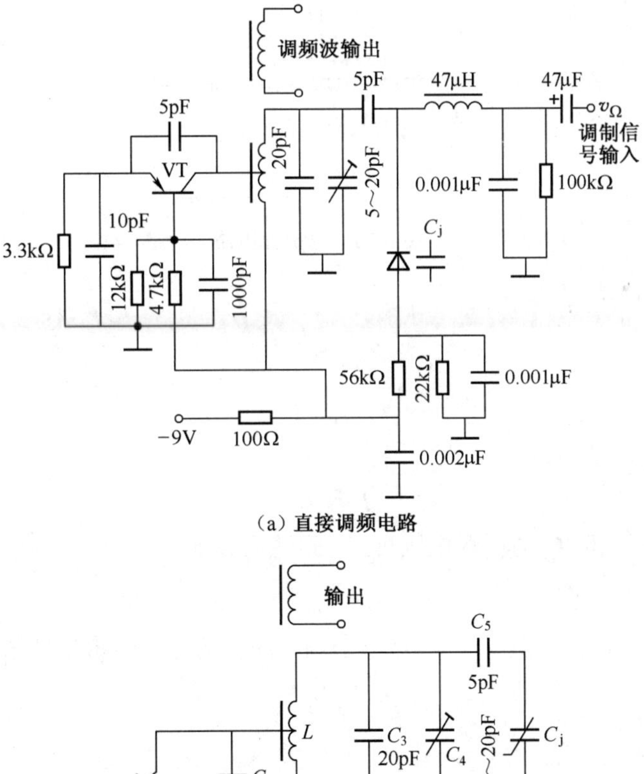

（a）直接调频电路

（b）高频通路

图 6.17　90MHz 直接调频电路及其高频通路

6.4.2 电抗管调频电路

电抗管是由一只晶体管或场效应管加上由电抗和电阻元件构成的移相网络。顾名思义，电抗管等效于一个电抗元件（电感或电容），不过，它与普通的电抗元件不同，其参量可以随调制信号而变化。所以将电抗管接入振荡器谐振回路，在低频调制信号控制下，电抗管的等效电抗就发生变化，从而使振荡器的瞬时振荡频率随调制电压而变化，获得调频。

图 6.18 所示的是用场效应管构成的电抗管电路。A、B 两点左边即电抗管，由场效应管外加移相网络构成。在移相电路的元件 Z_1 和 Z_2 中必有一个为电阻，另一个为电感或电容。利用场效应管的放大作用，使漏源电压与漏极电流之间的相位相差 90°，类似于一个电抗元件的电流电压间的相位关系。从图 6.18 中 AB 向左端看去，就相当于一个电抗，输入低频调制信号，等效电抗随之线性改变，从而使载频也随之改变，实现调频。

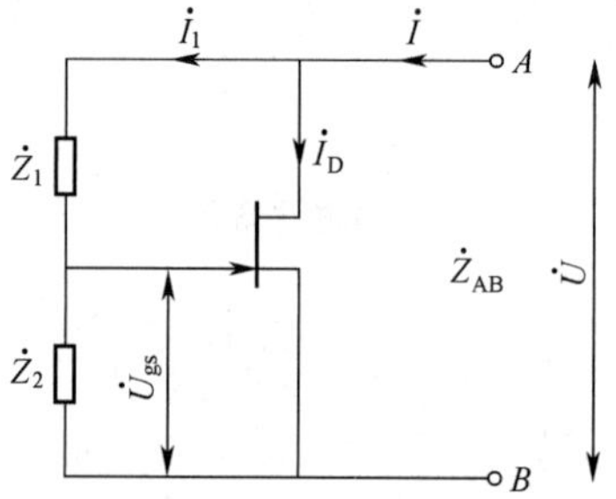

图 6.18 电抗管电路

A、B 两端点间的阻抗为

$$\dot{Z}_{AB}=\frac{\dot{U}}{\dot{I}} \tag{6.72}$$

$$\dot{I}=\dot{I}_1+\dot{I}_D \tag{6.73}$$

设计使 $I_D >> I_1$，从而

$$\dot{I} >> I_1 \tag{6.74}$$

场效应管的漏极电流 $\dot{I}_D$ 与栅源电压 U_{gs} 之间关系等于

$$\dot{I}_D = g_m\dot{I}_{gs} \tag{6.75}$$

g_m 是场效应管的跨导。设计使 $\dot{Z}_2$ 远小于场效应管的输入阻抗，且 $Z_1 >> Z_2$ 则

$$\dot{U}_{gs}\approx\frac{\dot{U}}{\dot{Z}_1}\dot{Z}_2 \tag{6.76}$$

$$\dot{Z}_{AB}\approx\frac{\dot{Z}_1}{g_m\dot{Z}_2} \tag{6.77}$$

则

$$\dot{Z}_{AB}=\frac{1}{j\omega g_m C_1 R_2}=\frac{1}{j\omega C} \tag{6.78}$$

其中 $C=g_m C_1 R_2$，即等效电抗为一电容。表 6.3 列出了场效应管电抗管四种电路形式及对应的等效电抗。

表 6.3　$\dot{Z}_{AB}$ 在各种情况下的等效电抗表

电抗管电路	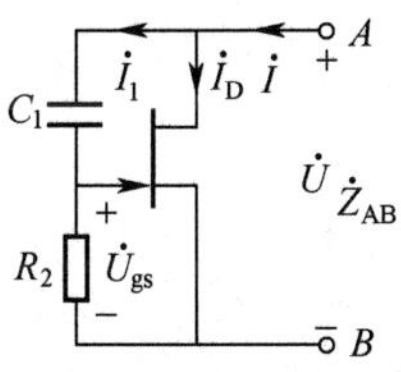	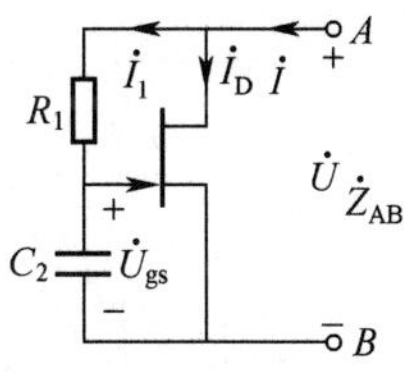	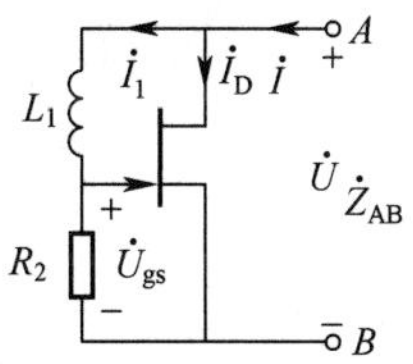	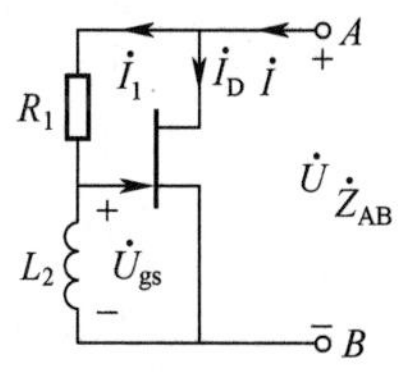
$\dot{Z}_{AB}$	$\dfrac{1}{j\omega C_1R_2g_m}$	$j\omega\dfrac{R_1C_2}{g_m}$	$j\omega\dfrac{L_1}{g_mR_2}$	$\dfrac{R_1}{j\omega g_mL_2}$
等效电抗	$C_{AB}=C_1R_2g_m$	$L_{AB}=\dfrac{R_1C_2}{g_m}$	$L_{AB}=\dfrac{L_1}{g_mR_2}$	$C_{AB}=\dfrac{g_mL_2}{R_1}$
矢量图	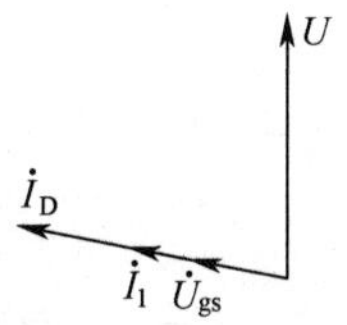	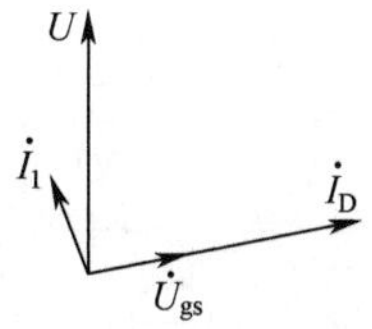	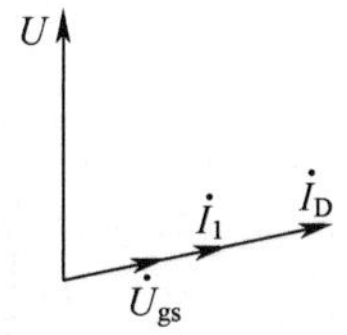	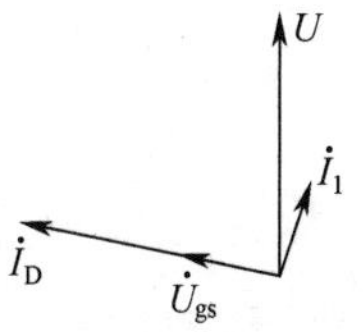

图 6.19 所示的是一种集成的电抗管调频电路。图中 VT_1、VT_2 和 VT_3、VT_4 分别构成两个差分放大器，VT_1、VT_2 差分放大器通过变压器耦合构成差分振荡器电路。VT_3、VT_4 与电容 C、电阻 R 构成电抗管电路。VT_5、VT_6 是 VT_3、VT_4 差分放大器的恒流源。差分振荡器的交流等效电路如图 6.20 所示。电抗管的等效电路如图 6.21 所示。VT_3 管的集电极电流

$$i_{C3}=\frac{I_{K1}}{2}\left(1+\text{th}\frac{u_r}{2U_T}\right) \tag{6.79}$$

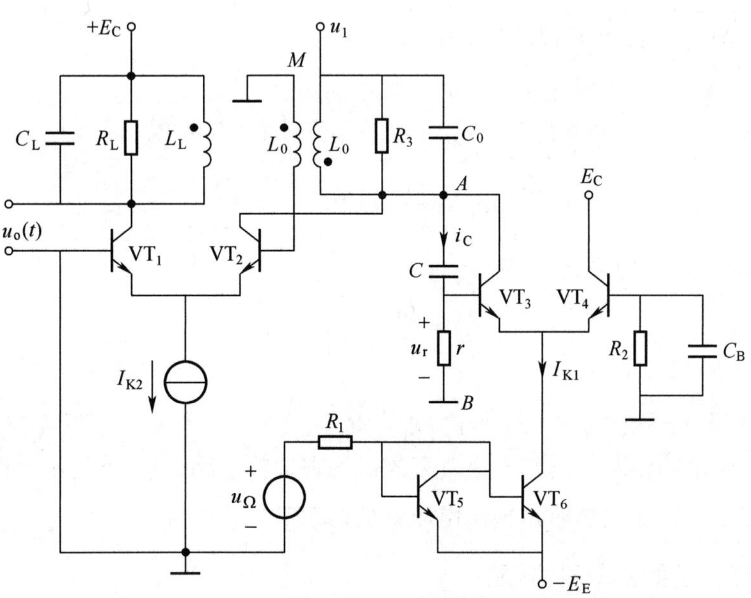

图 6.19　电抗管调频电路

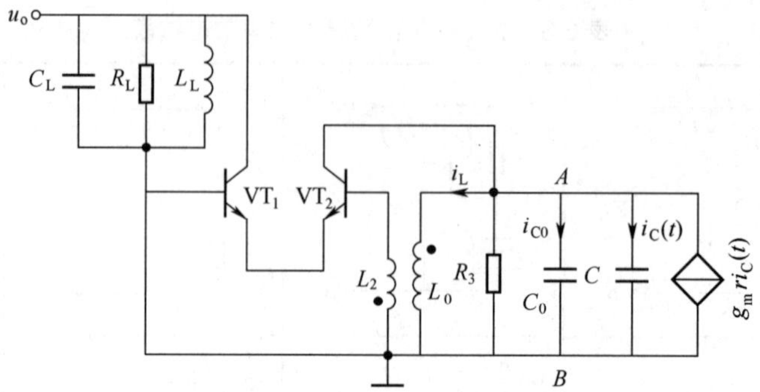

图 6.20 图 6.19 电路的交流等效电路

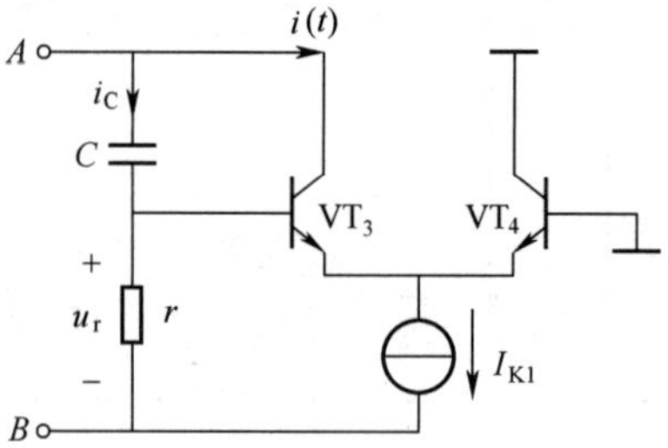

图 6.21 图 6.19 电路电抗管等效电路

设计使电阻 r 远小于 VT_3 管的输入电阻，则电阻 R 两端的电压

$$u_r \approx i_C(t)r \tag{6.80}$$

$i_C(t)$ 是流过电容 C 支路的电流。小信号条件下，i_{C3} 中的交流分量

$$i(t)=\frac{I_{K1}}{4U_T}u_r=g_m u_r \tag{6.81}$$

其中 $g_m=\dfrac{I_{K1}}{4U_T}$，则 AB 两端等效的电容

$$\begin{aligned}C_{AB}&=g_m Cr=\frac{I_{K1}}{4U_T}Cr=\frac{Cr}{4U_T}[I_{K0}+I_{K\Omega}(t)]\\&=\frac{Cr}{4U_T}I_{K0}+\frac{Cr}{4U_T}I_{K\Omega}(t)\end{aligned} \tag{6.82}$$

根据电路图可知，当晶体管的 $\alpha=1$ 时

$$I_{K1}=\frac{E_E}{R_1}+\frac{u_\Omega(t)}{R_1} \tag{6.83}$$

$$C_{AB}=\frac{E_E Cr}{4U_T R_1}+\frac{Cr}{4U_T R_1}u_\Omega(t) \tag{6.84}$$

C_{AB} 并联于振荡回路两端，是一个典型的似稳态调频电路。V_1 管的集电极输出回路调谐在载波中心频率上，带宽足够时，输出电压就是调频信号。

6.4.3 石英晶振变容管调频电路

变容二极管调频和电抗管调频的中心频率稳定度低，是由于它们都是在 LC 振荡器上直接进行的。而 LC 振荡器频率稳定度较低，再加上变容管或电抗管各参数又引进新的不稳定因素，所以频率稳定性更差，一般低于 1×10^{-4} 。为了提高调频器的频率稳定度，可对晶体振荡器进行调频，因为石英晶体振荡器的频率稳定度很高，可达 1×10^{-6} 。所以，在要求频率稳定度较高、频偏不太大的场合，用石英晶体振荡器调频较合适。

晶体振荡器有两种类型。一种工作在石英晶体的串联谐振频率上，晶体等效为一个短路元件，起选频作用；另一种工作于晶体的并联谐振频率 f_p 与串联谐振频率 f_s 之间，晶体等效为一个高品质因数的电感元件，作为振荡回路元件之一。通常是利用变容二极管控制后一种晶体振荡器的振荡频率来实现调频。

变容二极管接入振荡回路有两种方式。一种是与石英晶体相串联，另一种是与石英晶体相并联。无论哪种接入方式，当变容二极管的结电容发生变化时，都会引起晶体的等效电抗发生变化。在变容二极管与石英晶体相串联的情况下，变容管结电容的变化，主要是使晶体串联谐振频率 f_s 发生变化，从而引起石英晶体的等效电抗的大小变化。当变容二极管与石英晶体相并联时，变容二极管结电容的变化，主要是使晶体的并联谐振频率 f_p 发生变化，这也会引起晶体的等效电抗的大小发生变化。总之，如果用调制信号控制变容二极管的结电容，由于石英晶体的等效电抗的大小也受到控制，因而亦使振荡频率受到调制信号的控制，即获得了调频信号。但所产生的最大相对频移很小，只有 10^{-4} 数量级。

变容二极管与晶体并联有一个较大的缺点，就是变容管参数的不稳定性直接影响调频信号中心频率的稳定度。因而用得比较广泛的还是变容管与石英晶体相串联的方式。图 6.22 是皮尔斯晶体振荡器直接调频电路。图中，C_1、C_2 与石英晶体、变容管组成皮尔斯振荡电路；L_1、L_2 与 L_3 为高频扼流圈，R_1、R_2 与 R_3 是振荡器的偏置电路，C_3 对调制信号频率短路。当调制信号使变容管的结电容变化时，晶体振荡器的振荡频率就受到调制。

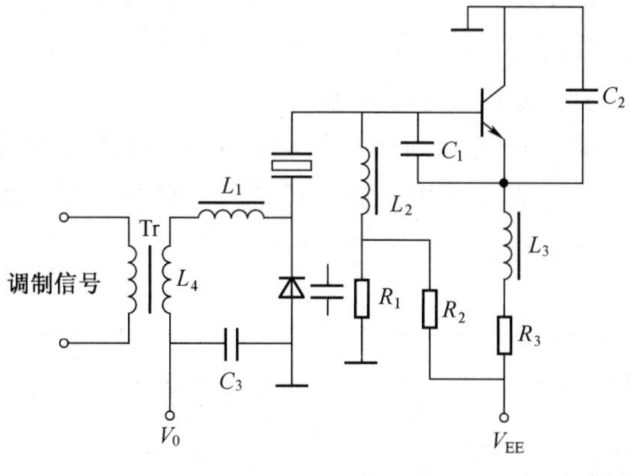

图 6.22　皮尔斯晶体振荡器直接调频电路

图 6.23 所示是 100MHz 晶体振荡器的变容管直接调频电路，该电路组成无线话筒中的发射机。图中，VT_2 管接成皮尔斯晶体振荡电路，并由变容管直接调频。VT_2 管集电极上的谐振回路调谐在晶体振荡频率的三次谐波上，完成三倍频功能。VT_1 管为音频放大器，将话筒提供的语音信号放大后，经 2.2μH 的高频扼流圈加到变容管上。同时 VT_1 的电源电压也通过 2.2μH 高频扼流圈加到变容管上，作为变容管的偏置电压。

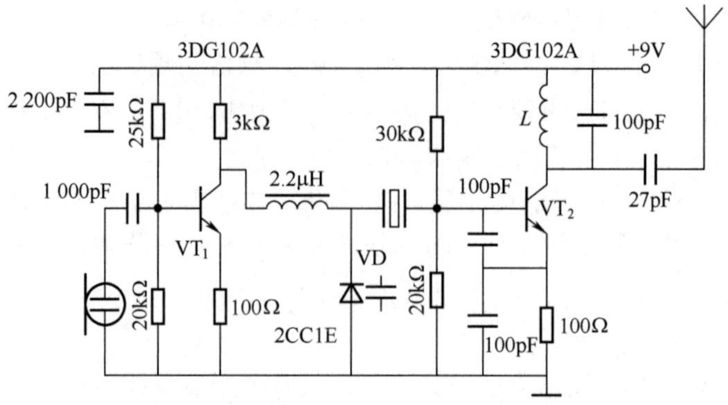

图 6.23 100MHz 晶体振荡器的变容管直接调频电路

最后指出，对晶体振荡器进行调频时，由于振荡回路中引入了变容二极管，因此频率稳定度相对于不调频的晶体振荡器有所降低。一般地，其短期频率稳定度达到10^{-6}数量级，长期频率稳定度达到10^{-5}数量级。

6.4.4 间接调频电路

从前面的分析可知，为了提高直接调频时中心频率的稳定度，必须采取一些措施。而在这些措施中，晶体振荡器直接调频的稳定度仍然比不上不调频的晶体振荡器，而且其相对频移较小；自动频率控制系统和锁相环路稳频虽然不会减小频偏，但电路复杂程度增高。因此，间接调频时提高中心频率稳定度的一种较简便而有效的方法。

简而言之，间接调频就是借助调相来实现调频。它能得到很高的频率稳定度的主要原因在于它采用了稳定度很高的振荡器（如石英晶体振荡器）作为主振器，而且调制不在主振器中进行，而是在其后的某一级放大器中进行。具体地说，就是在放大器中用积分后的调制信号对主振器送来的载波振荡进行调相，最后得到的就是由调制信号进行调频的调频波。显然，这时中心频率的稳定度就等于主振器的频率稳定度。

调相的方法通常有三类：一类是用调制信号控制谐振回路或移相网络的电抗或电子元件以实现调相；第二类是矢量合成法调相；第三类是脉冲调相。图 6.24 是用移相法构成的三级回路变容二极管调相一调频电路。

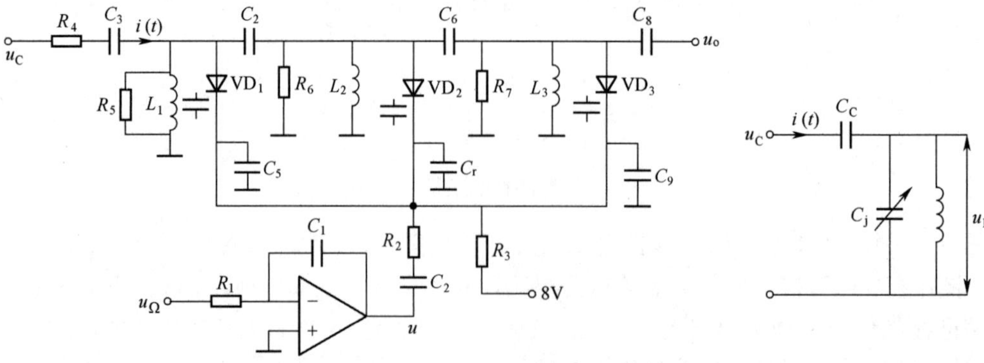

（a）电路图　　（b）相移网络的等效电路

图 6.24 用移相法构成的三级回路变容二极管调相一调频电路

当变容二极管的结电容的调制度 $m=\dfrac{U_{\Omega m}}{U_Q+U_B}<1$ 时，回路的谐振频率为

$$\omega_0(t)=\omega_{or}\left[1+\frac{1}{2}rm\int_0^t f(t)\mathrm{d}t\right]=\omega_{or}+\Delta\omega_0(t) \tag{6.85}$$

其中 $\omega_{or}=\dfrac{1}{\sqrt{LC_{jQ}}}$，$\dot{Z}(\omega)=Z(\omega)\mathrm{e}^{j\varphi(\omega)}$。

当 $\varphi\leqslant\pi/6$，且载波中心频率 $\omega_c=\omega_{or}$ 时

$$\varphi(\omega_c)=2Q_e\frac{\Delta\omega_0}{\omega_{or}}=Q_e rm\int_0^t f(t)\mathrm{d}t \tag{6.86}$$

图 6.25 是某调频广播发射机框图。调制信号频率范围是 100～15000Hz。用矢量合成法形成载波中心频率等于 100kHz 的调频正弦波信号。间接调频是 m_f 受限制。矢量合成法限定 $m_f\leqslant\dfrac{\pi}{6}$，由于调频信号的 m_f 与调制信号的频率成反比，所以应按照调制信号的最低频率去限定最大频偏值。100Hz 限定最大 $\Delta f_m\leqslant 52\text{Hz}$。该矢量合成电路输出信号的最大频偏为 24.415Hz，小于限定值。

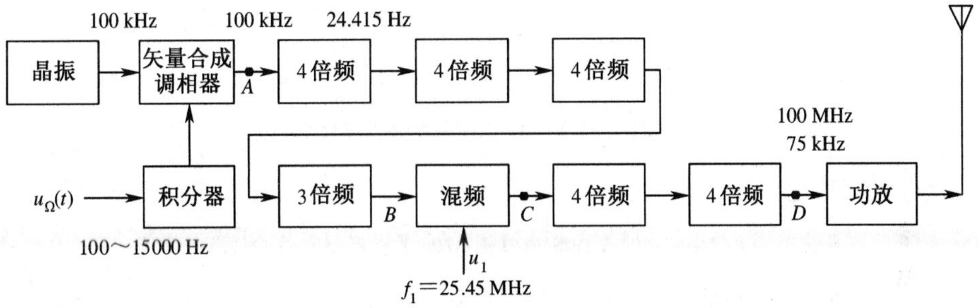

图 6.25　调频广播发射机框图

6.5　调频信号的解调

6.5.1　调频信号解调的方法

调频信号解调又称为频率检波，简称鉴频。它是把调频信号的频率 $\omega(t)=\omega_c+\Delta\omega(t)$ 与载波频率 ω_c 比较，得到频差 $\Delta\omega(t)=\Delta\omega_m f(t)$，从而实现频率检波。在无线电技术中，经常遇到把两个信号的频率进行比较，以判断两个信号频率的异同，或用它们的频率差实现频率的控制。在频率控制系统中，频率检波电路必不可少。频率检波框图可以用图 6.26 表示。

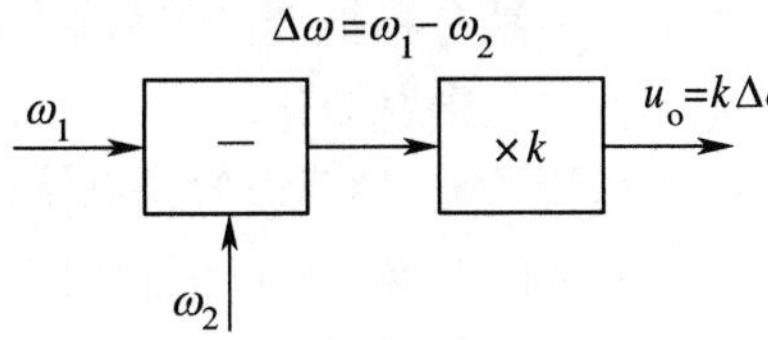

图 6.26　频率检波框图

利用线性网络变换方法实现频率检波有以下两种形式。

1. 斜率鉴频法

斜率鉴频法是指将调频信号通过一个幅频特性为线性的线性网络，使它变成调频/调幅信号，其振幅的变化正比于频率的变化；之后再用包络检波的方法取出调制信号。这种方法实现的框图如图 6.27（a）所示。图 6.27（b）是线性变换网络幅频特性 $H(\omega)$ 和相频特性 $\varphi(\omega)$ 。由于这种网络可以把频率的变化转化为振幅的变化，所以称它为频率－振幅变换网络。

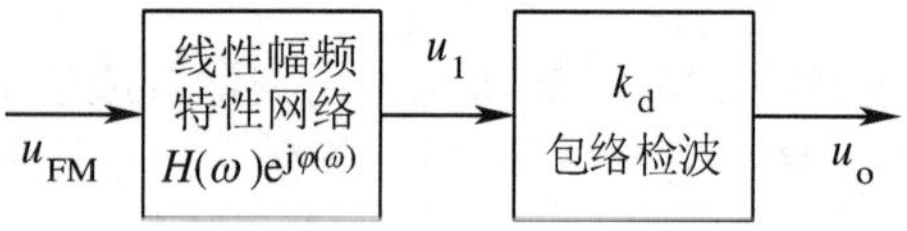

（a）斜率鉴频框图

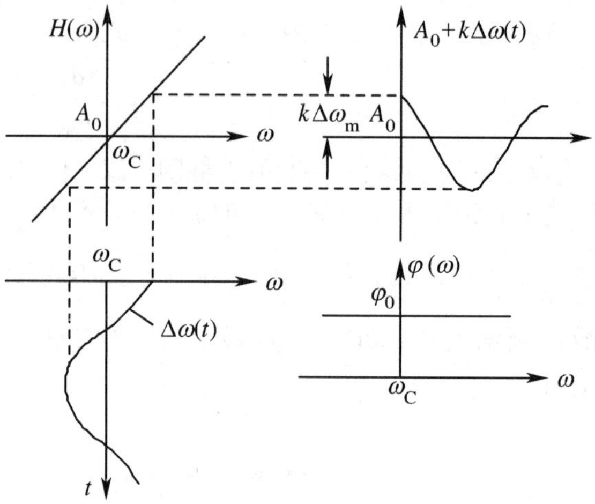

（b）频率振幅转换

图 6.27 斜率鉴频框图及频率振幅转换

输入的调频信号

$$u_{FM}=U_{m0}\cos\left[\omega_c t+\Delta\omega_m\int_0^t f(t)dt\right] \tag{6.87}$$

线性变换网络的幅频特性

$$H(\omega)=k_0\omega(t)=k_0[\omega_c+\Delta\omega_m f(t)]=A_0+k_0\Delta\omega(t) \tag{6.88}$$

k_0 为幅频特性的斜率。在满足似稳态的条件下，线性变换网络的输出可近似认为是稳态响应，其表示式为

$$\begin{aligned}u_1=u_{FM-AM}&=U_{m0}k_0(t)\cos\left[\omega_c t+\Delta\omega_m\int_0^t f(t)dt+\varphi(\omega)\right]\\&=U_{m0}[A_0+k_0\Delta\omega(t)]\cos\left[\omega_c t+\Delta\omega_m\int_0^t f(t)dt+\varphi(\omega)\right]\end{aligned} \tag{6.89}$$

由此可见，这种方法的实质是将调频信号进行微分变换，使其频率的变化转换到振幅上来，实际应用中微分网络的带宽必须大于调频信号的带宽，才能保证不失真的解调。

2. 相位鉴频法

相位鉴频法是指把调频信号通过线性相频特性网络，使其变换成调频/调相信号；附加的相位变化正比于频率变化，之后通过相位检波方法实现频率检波。它的原理框图如图 6.28（a）所示。图 6.28（b）是线性变换网络的相频特性 $\varphi(\omega)$ 和幅频特性 $H(\omega)$ 。由于这种网络可以实现频率－相位的转换，所以把它叫作频相转换网络。在拟稳态条件下，线性变换网络的输出可认为是稳态输出，所以：

$$u_1 = A_0 U_{m0} \cos\left[\omega_c t + \Delta\omega_c \int_0^t f(t)\mathrm{d}t + \frac{\pi}{2} + k\Delta\omega(t)\right] \tag{6.90}$$

若相位检波电路具有线性鉴相特性时，输出电压

$$u_0(t) = S_p k\Delta\omega(t) \tag{6.91}$$

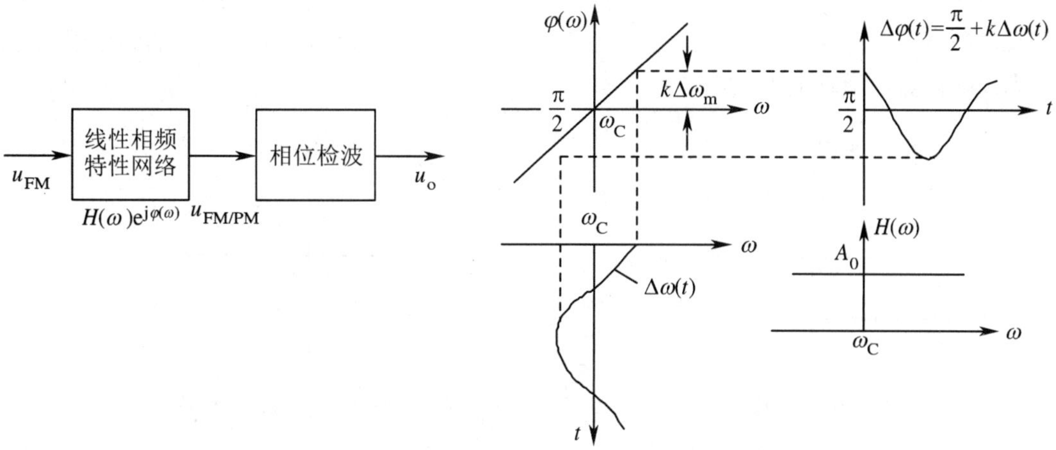

（a）相位鉴频框图　　（b）相频特性和幅频特性

图 6.28　相位鉴频框图及频率相位转换

描述各种鉴频方法质量好坏的指标主要有：鉴频特性、鉴频范围、鉴频灵敏度（或鉴频跨导）。鉴频特性是输出电压u_0与输入信号频差$\Delta\omega$之间的关系曲线。鉴频范围同样可分成线性鉴频范围和最大鉴频范围。鉴频特性线性越好，线性鉴频范围越宽，这种鉴频方法越好。

鉴频灵敏度S_f是描述输出电压u_0对频差$\Delta\omega$的灵敏程度，表示单位频偏所产生输出电压的大小。它的定义是

$$S_f = \left.\frac{\partial u_0}{\partial \Delta\omega}\right|_{\Delta\omega=0} \tag{6.92}$$

鉴频曲线越陡，鉴频灵敏度越高，说明在较小的频偏下就能得到一定电压的输出。因此鉴频灵敏度S_f大些好。

调频波的检波，主要是限幅器和鉴频器。由于信号的最后检出还是利用高频振幅的变化，这就要求输入的调频波本身不带有寄生调幅。否则，这些寄生调幅将混在转换后的调幅调频波中，使最后检出的信号受到干扰。为此，在输入到鉴频器前的信号要经过限幅，使其幅度恒定。有的鉴频器，如比例鉴频器，本身具有限幅作用，则可以省掉限幅器。鉴频器的类型很多，根据它们的工作原理，可分为斜率鉴频器、相位鉴频器和比例鉴频器。

6.5.2　斜率鉴频电路

1. 限幅电路

限幅电路可分为两类：一类称为硬限幅电路，另一类称为软限幅电路或动态限幅电路。

（1）硬限幅电路。硬限幅电路的理想限幅特性如图 6.29 所示，它的表达式为

$$u_o = \begin{cases} E & u_i(t) > 0 \\ -E & u_i(t) < 0 \end{cases} \tag{6.93}$$

理想硬限幅器电路具有放大和限幅的双重功能。放大量为无穷大，限幅是瞬时完成的。这种理想限幅特性很难实现。实际的硬限幅电路的限幅特性如图 6.30 所示。为了使这种限幅器能近似成理想硬限幅器，通常在限幅前把输入信号幅度放大到足够高的电平值，这样图 6.30 就具有与图 6.29 近似的限幅效果。由于这种限幅器能瞬时地把超过限幅电平的部分限幅掉，故称为硬限幅器或瞬时限幅器。

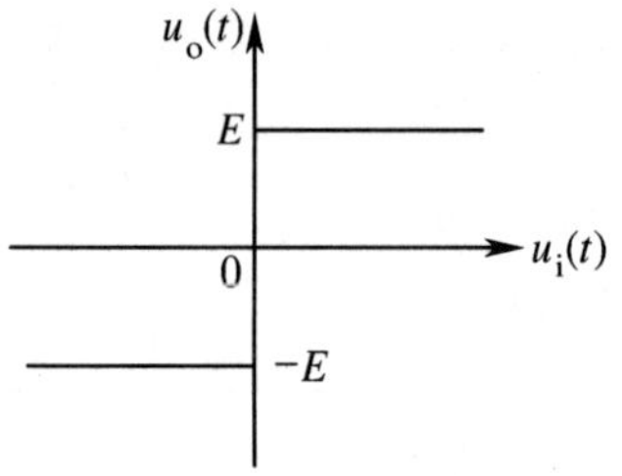

图 6.29 理想限幅特性

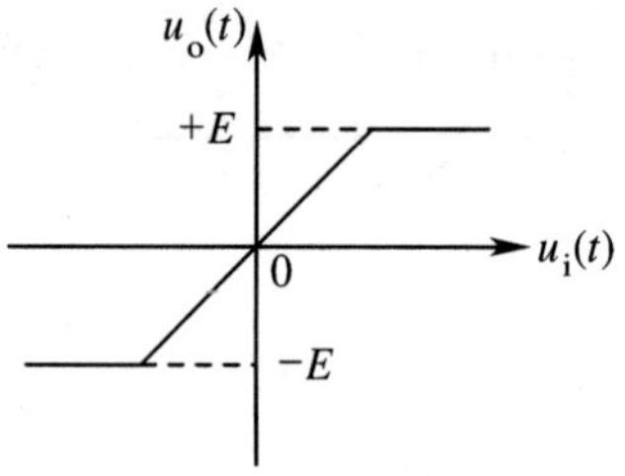

图 6.30 实际硬限幅特性

常用的硬限幅器是二极管限幅电路，如图 6.31（a）所示，图 6.31（b）是这种限幅器的限幅特性。

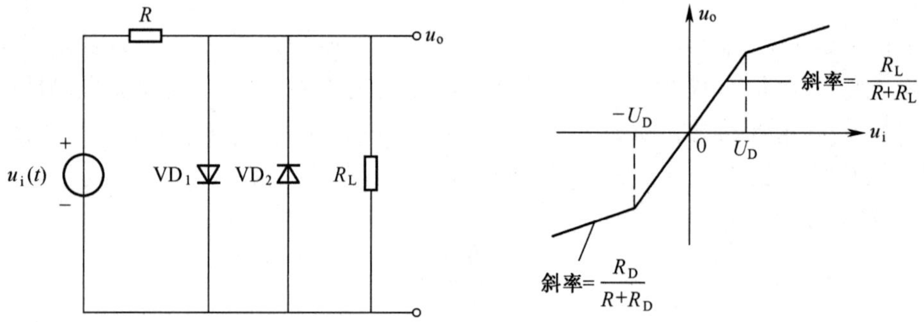

（a）二极管限幅电路 （b）限幅特性

图 6.31 双二极管硬限幅器

（2）软限幅电路。图 6.32 所示的差分振幅限幅器是一个软限幅电路。当输入电压幅度远大于热电压 U_T（三极管常温下为 26mV）时，差分振幅限幅器工作在开关状态，集电极电流 i_{C2} 是一个调频方波。VT_2 管集电极负载为 LC 并联谐振回路，当它调谐于载波中心频率，带宽大于调频信号带宽时，滤除其他谐波分量，在回路两端得到的就是一个幅度恒定的调频正弦波信号。由于这种方法是通过差分放大器实现限幅的，所以称它为软限幅或动态限幅，也称为振幅限幅。

2. 集成斜率鉴频器

斜率鉴频器是由失谐单谐振回路和晶体二极管包络检波器组成，其谐振电路不是调谐于调频波的载波频率，而是比它高或低一些，形成一定的失谐。这种鉴频器是利用并联 LC 回路幅频特性的倾斜部分将调频波变换成调幅调频波，故通常称为斜率鉴频器。

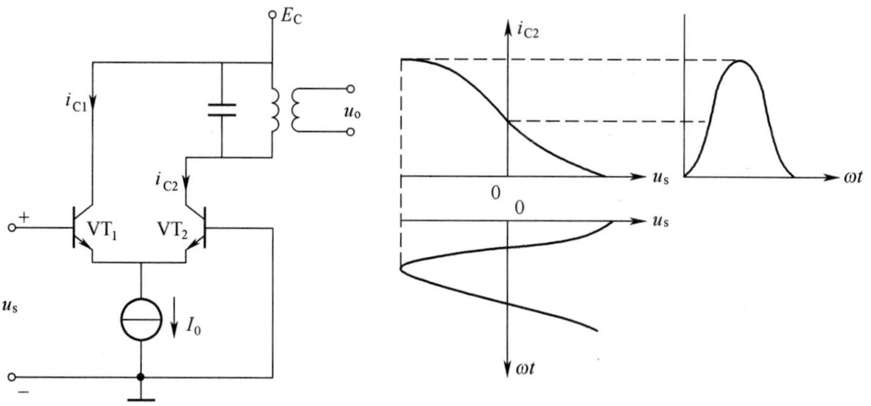

图 6.32　差分振幅限幅器

在实际调整时，为了获得线性的鉴频特性曲线，总是使输入调频波的中心频率处于谐振特性曲线中接近直线段的中点，这样，谐振电路电压幅度的变化将与频率成线性关系，就可将调频波转换成调幅调频波，再通过二极管对调幅波的检波，便可得到调制信号。斜率鉴频器的工作原理如图 6.33 所示。

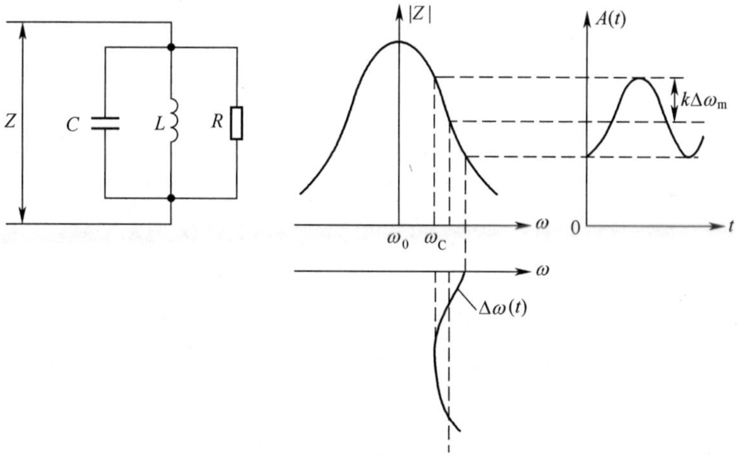

图 6.33　斜率鉴频器的工作原理

集成斜率鉴频器电路如图 6.34 所示。

图中输入信号

$$u_s(t)=U_{sm}\cos\left[\omega_c t+\Delta\omega_m\int_0^t f(t)\mathrm{d}t\right] \tag{6.94}$$

R_s为信源内阻。L_1、C_1、C_2构成线性幅频特性网络。网络的输入信号是u_1，输出信号是u_2。VT_1、VT_2分别构成射极跟随器，以隔离后续电路对线性变换网络的影响。VT_3晶体管的发射结与电容C_3和VT_5的输入电阻构成峰值包络检波器。VT_4的发射结与电容C_4和VT_6的输入电阻构成另一个峰值包络检波器。VT_5、VT_6构成一级差分放大器。鉴频后的输出电压取自VT_6的集电极。

思考：L_1、C_1、C_2网络是如何完成线性幅频特性网络变换作用的呢？

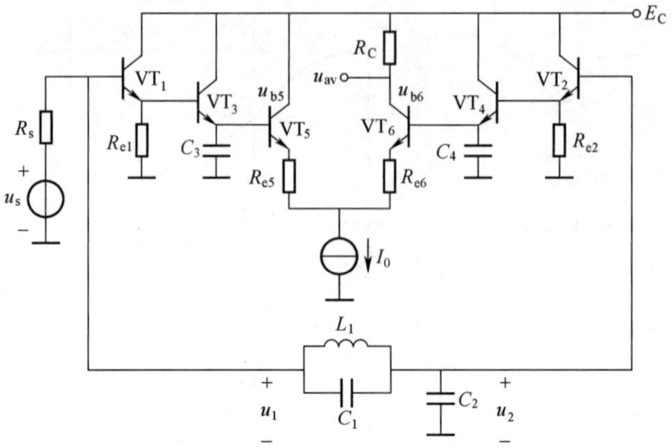

图 6.34　集成斜率鉴频器

L_1、C_1、C_2 网络的线性幅频特性网络变换过程如图 6.35 所示，Z_{AB} 是网络输入端 AB 呈现的阻抗。

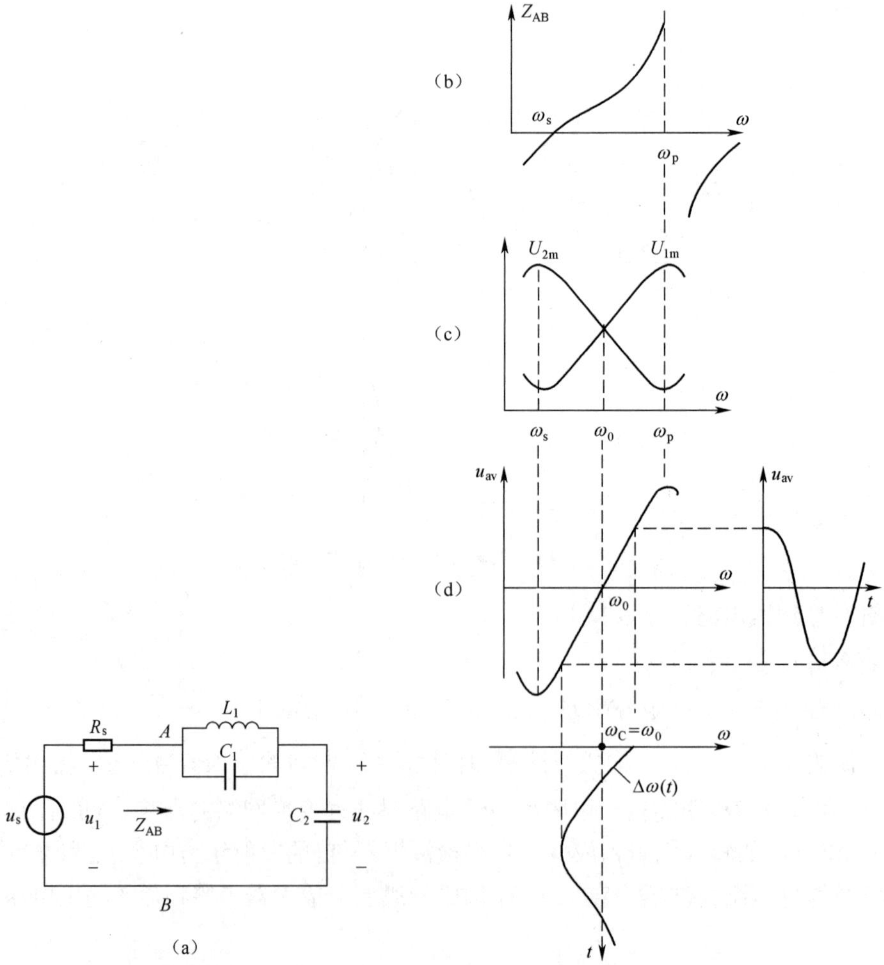

图 6.35　线性幅频特性网络变换过程

当输入信号的角频率 $\omega<\dfrac{1}{\sqrt{L_1C_1}}$ 时，并联回路呈现感性。若其感抗等于 C_2 所呈现的容抗时，形成串联谐振，串联谐振频率

$$\omega_s=\frac{1}{\sqrt{L_1(C_1+C_2)}} \tag{6.95}$$

6.5.3　相位鉴频电路

相位鉴频器是利用回路的相位－频率特性来实现调频波变换为调幅调频波的，它是将调频信号的频率变化转换为两个电压之间的相位变化，再将相位变化转换为对应的幅度变化，然后利用幅度检波器检出幅度的变化。常用的相位鉴频器电路有两种，即电感耦合相位鉴频器和电容耦合相位鉴频器。

图 6.36（a）所示为电感耦合相位鉴频器。图中，输入电压 u_s 为

$$u_s(t)=U_{sm}\cos\left[\omega_c t+\Delta\omega_m\int_0^t f(t)dt\right] \tag{6.96}$$

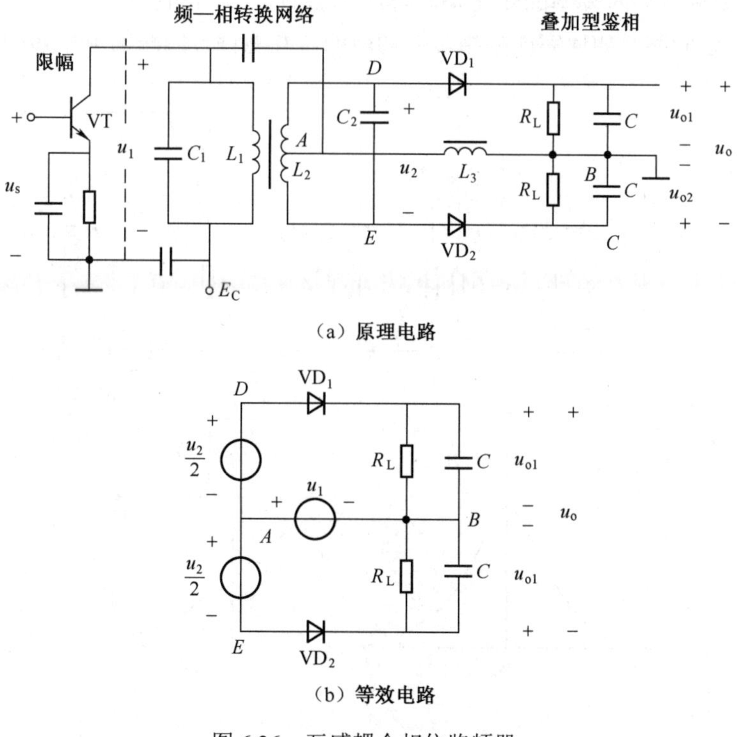

（b）等效电路

图 6.36　互感耦合相位鉴频器

晶体管 V 和集电极调谐回路构成动态限幅器。L_1C_1 并联回路两端得到的幅度恒定的调频正弦波电压为

$$u_1(t)=U_{1m}\cos\left[\omega_c t+\Delta\omega_m\int_0^t f(t)dt\right] \tag{6.97}$$

L_2C_2 与 L_1C_1 组成互感耦合双调谐回路，设计为等频、等 Q，即 $C_1=C_2=C$，$L_1=L_2=L$，初级回路的损耗电阻 r_1 和次级回路的损耗电阻 r_2 相等，用 r 表示。L_1 与 L_2 之间的互感系数等于 M。

互感耦合双调谐回路在此起到频相转换网络作用，所以次级回路两端的电压 u_2 就是一个调频/调相信号。u_1 通过耦合电容 C_0 把上端接在次级电感 L_2 的中点 A；u_1 的下端通过滤波电容交流接地，也等效接在输出端的 C 点。L_3 是高频扼流圈，所以又可认为 u_1 加在 L_3 两端，有 $u_{AB} \approx u_1$。因此，图 6.36 中

$$\begin{cases} u_{DB} = u_1 + \dfrac{u_2}{2} \\ u_{EB} = u_1 - \dfrac{u_2}{2} \end{cases} \tag{6.98}$$

二极管 VD_1 与 R_L、C 组成一个峰值包络检波器，输入电压为 u_{DB}，输出电压为 u_{01}。二极管 VD_2 和 R_L、C 组成另一个峰值包络检波器，输入电压是 u_{EB}，输出电压是 u_{02}。鉴频器总的输出电压为

$$u_o = u_{o1} - u_{o2} \tag{6.99}$$

两个峰值包络检波器构成的是平衡式叠加型相位检波器电路，其等效电路如图 6.36（b）所示。

思考：调频波瞬时频率的变化是怎样影响鉴频器输出的呢？

分析互感耦合回路是如何完成频相转换功能的。互感耦合回路的电路如图 6.37（a）所示。

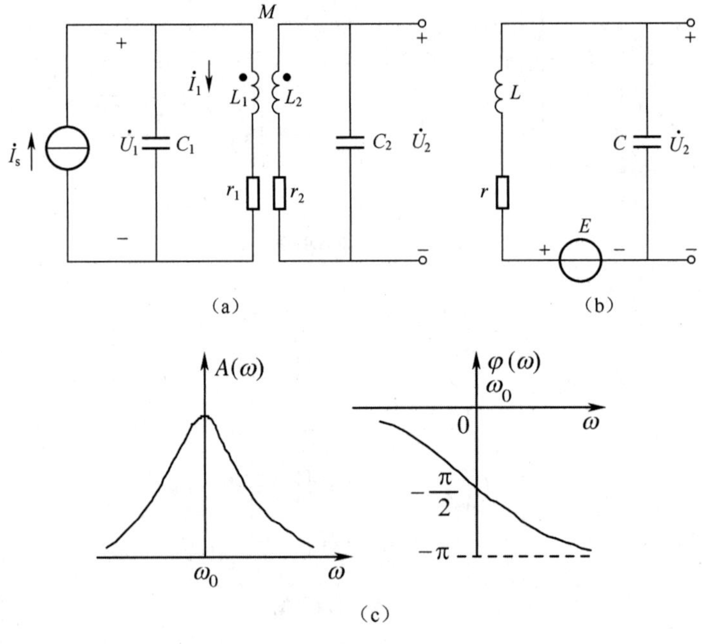

图 6.37 互感耦合回路频相转换原理

（1）副边电压 $\dot{U}_2$ 对于原边电压 $\dot{U}_1$ 的相位差随角频率而变。初级回路中流过 L_1 的电流为

$$\dot{I}_1 = \frac{\dot{U}_1}{r_1 + j\omega L_1 + \dfrac{(\omega M)^2}{Z_2}} \tag{6.100}$$

式中，r_1、L_1 为原边的电阻和电感，M 为 L_1、L_2 之间的互感，Z_2 为副边谐振电路阻抗。设

谐振回路的 Q 值较高，在估算电流 L_1 时，初级电感损耗及次级反射到初级的损耗可忽略，则

$$\dot{I}_1 \approx \frac{\dot{U}_1}{\mathrm{j}\omega L_1} \tag{6.101}$$

$\dot{I}_1$ 通过 L_1 和 L_2 的互感 M 作用，在次级回路 L_2 中产生的感应电势为

$$\dot{E}_2 = -\mathrm{j}\omega M\dot{I}_1 \tag{6.102}$$

$\dot{E}_2$ 在次级回路中造成的电流为

$$\dot{I}_2 = \frac{\dot{E}_2}{Z_2} = \frac{\dot{E}_2}{r_2 + \mathrm{j}\left(\omega L_2 - \dfrac{1}{\omega C_2}\right)} \tag{6.103}$$

式中，r_2 为副边线圈电阻，包括代表两个二极管检波电路损耗的等效电阻在内。

$\dot{I}_2$ 流过 C_2 产生的电压为 $\dot{U}_2$

$$\begin{aligned}\dot{U}_2 &= \dot{I}_2 \cdot \frac{1}{\mathrm{j}\omega C_2} = -\frac{\mathrm{j}\omega M\dot{I}_1}{r_2 + \mathrm{j}\left(\omega L_2 - \dfrac{1}{\omega C_2}\right)} \cdot \frac{1}{\mathrm{j}\omega C_2} \\ &= \mathrm{j}\frac{1}{\omega C_2}\frac{M}{L_1}\frac{\dot{U}_1}{r_2 + \mathrm{j}(\omega L_2 - \dfrac{1}{\omega C_2})}\end{aligned} \tag{6.104}$$

式（6.104）表明，副边电压 $\dot{U}_2$ 对于原边电压 $\dot{U}_1$ 的相位差随角频率而变：

当 $\omega = \omega_c$ 时，$\dot{U}_2$ 超前 $\dot{U}_1$ 90°；

当 $\omega > \omega_c$ 时，$\dot{U}_2$ 超前 $\dot{U}_1$ 小于 90°；

当 $\omega < \omega_c$ 时，$\dot{U}_2$ 超前 $\dot{U}_1$ 大于 90°。

（2）检波器的输入电压幅度 u_{DB}，u_{EB} 随角频率而变。由式（6.98）可知，$\dot{U}_{DB}$、$\dot{U}_{EB}$ 分别为 $\dot{U}_1 \pm \dfrac{\dot{U}_2}{2}$ 的矢量和。在不同频率下，其矢量图说明叠加型鉴频器工作原理如图 6.38 所示。

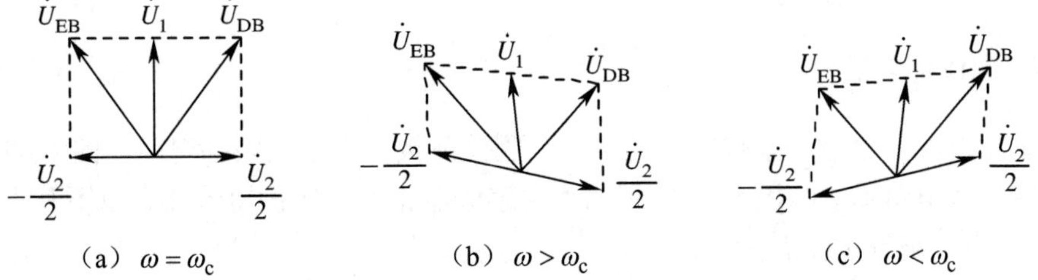

图 6.38　矢量图说明叠加型鉴频器工作原理图

由图可知，当 $\omega = \omega_c$ 时，$U_{DB} = U_{EB}$；当 $\omega > \omega_c$ 时，U_{DB} 增大而 U_{EB} 减小；当 $\omega < \omega_c$ 时，U_{DB} 减小而 U_{EB} 增大。

（3）鉴频器输出的电压幅度 U_o 随角频率而变。输出电压 u_o 的表示式为

$$u_o = u_{o1} - u_{o2} = k_d(U_{DB} - U_{EB}) \tag{6.105}$$

当 $\omega = \omega_c$ 时，$U_{DB} = U_{EB}$，$U_o = 0$；

当 $\omega > \omega_c$ 时，$U_{DB} > U_{EB}$，$U_o > 0$；

当 $\omega < \omega_c$ 时，$U_{DB} < U_{EB}$，$U_o < 0$。

上述关系可用图 6.39 所示的相位鉴频器鉴频特性曲线表示出来，呈 S 形。S 形曲线的形状与鉴频器性能有直接关系：S 曲线的线性好，则失真小；线性段的斜率大，则对于一定频移所得的低频电压幅度大，即鉴频灵敏度高；线性段的频率范围大（鉴频频带宽），则允许接收的频移大。

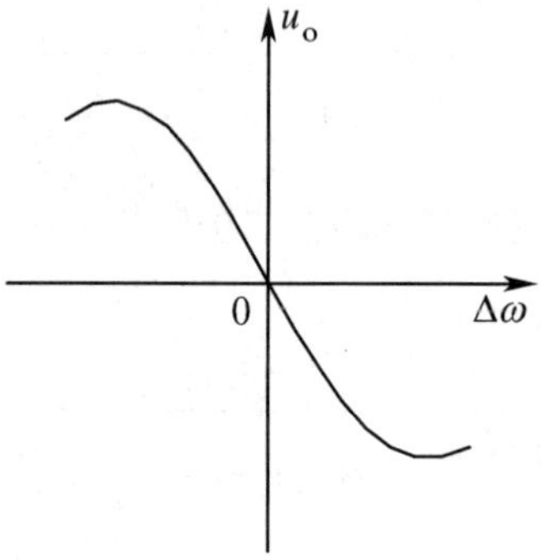

图 6.39 相位鉴频器鉴频特性曲线

影响 S 曲线形状的主要因素是原副边谐振电路的耦合程度（用耦合系数 k 表示）和品质因数 Q 以及两个回路的调谐情况。

在一定的 Q 下，当原副边均调谐于载频 ω_c，而改变耦合系数 k 时，k 值一般可按下式取值

$$k = \frac{1.5}{Q} \tag{6.106}$$

此时线性、带宽和灵敏度都比较好。

在一定的 k 值下，当原副边均调谐于载频 ω_c 而改变 Q 时，Q 通常可按下式选取

$$Q \leqslant \frac{0.5\omega_c}{\Delta\omega_m} \tag{6.107}$$

式中，$\Delta\omega_m$ 为调频波的最大频偏。

6.5.4 比例鉴频器

比例鉴频器具有鉴频和限幅功能的电路，因此前级可以不用限幅电路。图 6.40 给出的是一个比例鉴频器电路图，与图 6.36 所示的相位鉴频器相比，比例鉴频器有以下几点不同：

（1）一个二极管 VD_2 反接。

（2）输出端的电路不同，有一个大容量电容 C_6（一般取10μF）跨接在电阻 $(R_1 + R_2)$ 两端。

（3）图中 C_3、C_4、R_1、R_2 组成一个桥路，输出电压从桥的两个中点取出。在负载电阻 R_L 中，C_3 和 C_4 放电电流方向相反，因而起到了差动输出的作用。

在比例鉴频器中，加于两个二极管的高频电压 $\dot{U}_{d1}$ 和 $\dot{U}_{d2}$ 仍然是副边电压 $\frac{\dot{U}_2}{2}$ 和 L_3 上电压 $\dot{U}_3$ 的矢量和，所以从频率变化转换成幅度变化的过程与相位鉴频器相同，不再重复。

思考：为什么检波器输出可反映频率的变化？为什么这种电路具有限幅作用？

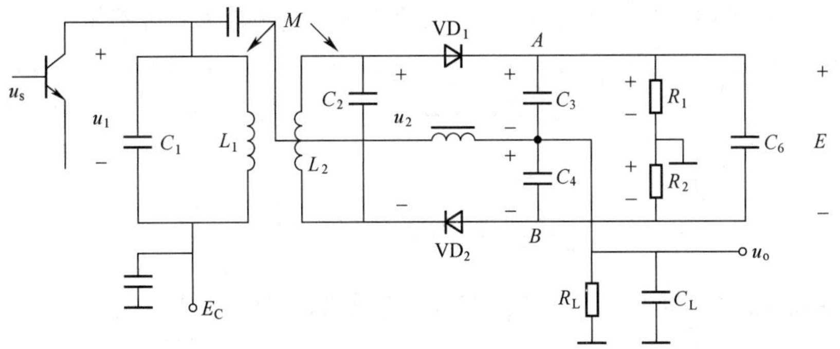

图 6.40　比例鉴频器

通过 VD_1、VD_2 检波，C_3、C_4 上将分别充到电压 U_{01} 和 U_{02}，而大电容 C_6 上的电压 E 则为二者之和，即

$$E = u_{AB} = u_{C3} + u_{C4} = U_{01} + U_{02} \tag{6.108}$$

由于 C_6 很大，其放电时间常数 $(R_1 + R_2)C_6$ 很大，一般在 0.2s 以上，远大于低频调制信号的周期。因此，可近似认为 C_6 两端的电压基本不变，保持恒定，并且不会因输入信号幅度瞬时的变化而变化。

因为 $R_1 = R_2$，所以 R_1 及 R_2 上将各分到 E 一半的电压，故 A、B 两点对地的电位将分别为

$$\begin{cases} U_A = +\dfrac{E}{2} \\ U_B = -\dfrac{E}{2} \end{cases} \tag{6.109}$$

它们都是固定不变的。

当信号频率变化时，C_3、C_4 上的电压 U_{01} 和 U_{02} 将发生变化。但由于 A、B 两点电位固定，结果 A、B 的中点 M 点的电位 U_M 要变化。

当 $\omega = \omega_c$ 时，$U_{d1} = U_{d2}$，相应地 $U_{01} = U_{02}$，此时，M 点电位恰好处于 A、B 电位的中点，即 $U_M = 0$；当 $\omega > \omega_c$ 时，$U_{d1} > U_{d2}$，相应地 $U_{01} > U_{02}$，由于 A、B 电位不变，故 M 点电位将提高；当 $\omega < \omega_c$ 时，$U_{d1} < U_{d2}$，相应地 $U_{01} < U_{02}$，此时 M 点电位将降低。

由此可见，随着频率的变化，M 的电位 U_M 在相应地变化，故 U_M 反映了频率的变化。

比例鉴频器的限幅作用在于接入大电容 C_6。当接有 C_6 时，C_3、C_4 上的电压之和等于一个常数 E，其值决定于信号的平均强度。现设高频信号瞬时增大，本来 U_{01} 和 U_{02} 要相应地增大，但由于跨接了大电容 C_6，额外的充电电荷几乎都被 C_6 吸去，使 C_3、C_4 上的电压总和升不上去。这就造成在高频周期中，充电时间要加长，充电电流要加大。这意味着检波电路此时要吸收更多的高频功率。而这部分功率是由谐振电路供给的，故将造成谐振电路有效 Q 值的下降。这将使谐振电路电压随之降低，对原来信号幅度的增大起着抵消的作用。

反之，如果信号幅度有瞬时减小，则 Q 值将瞬时增大，从而使槽路电压提高。

综上所述，这种电路具有自动调整 Q 值的作用，在一定程度上抵消信号强度变化的影响，使输入到检波电路的高频电压幅度基本趋于恒定，因而兼有限幅的作用。所以用比例鉴频器时可以省掉限幅器，从而简化设备。

比例鉴频器在相同的U_{01}和U_{02}下，U_M只达一半，说明其灵敏度不如相位鉴频器。

由图 6.40 可以写出

$$U_M=\frac{E}{2}-U_{02} \tag{6.110}$$

又$E=U_{01}+U_{02}$，所以

$$U_M=\frac{U_{01}+U_{02}}{2}-U_{02}=\frac{U_{01}-U_{02}}{2} \tag{6.111}$$

与相位鉴频器的输出电压表达式$U_o=U_{01}-U_{02}$比较可知U_M比U_o小一半。

式（6.111）还可以写成以下形式

$$\begin{aligned}U_M&=\frac{U_{01}-U_{02}}{2}=\frac{1}{2}[2U_{01}-(U_{01}+U_{02})]=\frac{1}{2}(U_{01}+U_{02})\left[\frac{2U_{01}}{U_{01}+U_{02}}-1\right]\\&=\frac{1}{2}E\left[\frac{2}{1+\dfrac{U_{02}}{U_{01}}}-1\right]\end{aligned} \tag{6.112}$$

在式（6.112）中，由于 E 恒定不变，U_M只取决于比值$\dfrac{U_{02}}{U_{01}}$，所以把这种鉴频器称为比例鉴频器。

图 6.41 是一个载频为 465kHz 比例鉴频器的实际电路，它与图 6.40 相比，多了两个电阻R_1、R_2，它们的作用是可以改进线路的对称性。因为在实际线路中，由于元件（主要是二极管VD_1、VD_2）及布线的关系有一定的不对称，通过接入R_1、R_2（其中R_2可调），可以调整的比较对称。此外R_1、R_2还可以抑制寄生调幅的能力。

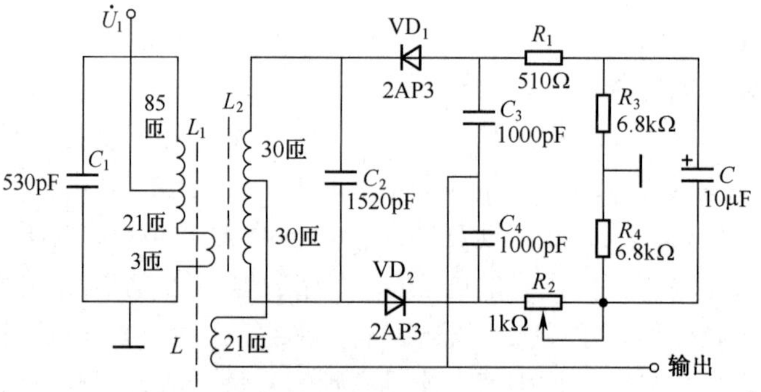

图 6.41 比例鉴频器实际电路图

此外该电路不是通过耦合电容和高频扼流圈将原边电压引入检波电路，而是通过L_3与L_1之间的互感耦合引入与原边电压同相位的电压$\dot{U}_3$。这里L_1、L_2之间的耦合是通过将L_1中的一小部分线圈（3 匝）绕在L_2的磁心上而实现的。因L_1的全部匝数是$85+21+3=109$，相当于耦合系数为

$$K=\frac{3}{109}=0.0275 \tag{6.113}$$

对于不同频率的比例鉴频器，原副边的耦合系数通常调整到 0.01～0.03，可通过实验确定。

6.5.5 脉冲计数式鉴频器

斜率鉴频器和相位鉴频器都适用于窄带调频信号的解调，而脉冲计数式鉴频适用于宽带调频信号解调。调频信号的频率信息寄载在已调波过零点的位置上，可利用单位时间内过零点的数目来检测频率的高低。因此首先将调频信号放大、限幅变成调频方波。其次微分，取出过零点的脉冲。再用过零点脉冲触发方波产生器，产生出等宽度的脉冲序列信号。由于脉冲序列信号时间分布是随频率的高低而疏密不同的，因此通过低通滤波器就可输出调制信号。这种方法的框图如图 6.42（a）所示，相应的各点波形如图 6.42（b）所示。

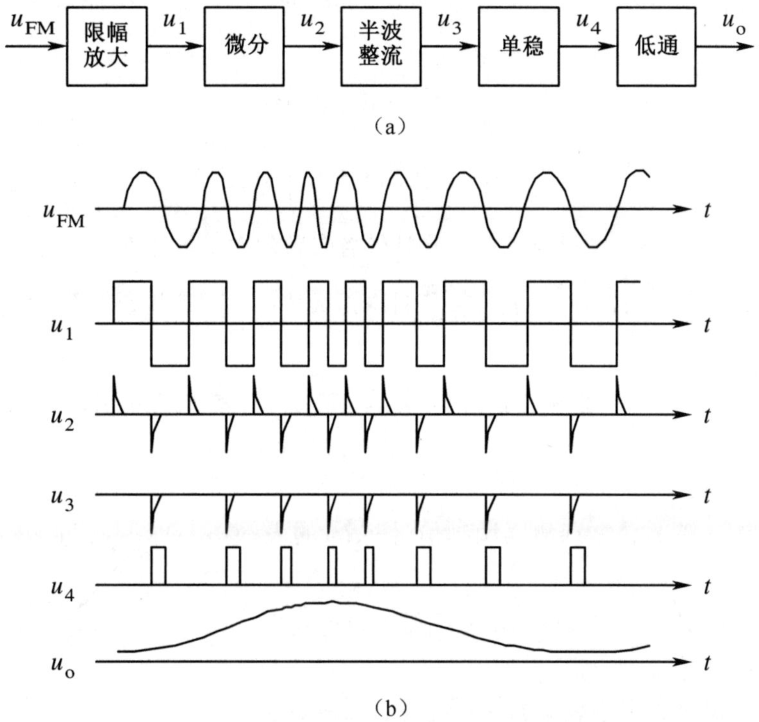

图 6.42　脉冲计数式鉴频器及各点波形图

设调频信号的频率 $f(t)=f_c+\Delta f(t)$，相应的周期为 $T(t)=\dfrac{1}{f(t)}$，等宽度脉冲序列信号的均值为

$$U_o=A\frac{\tau}{T(t)}=A\tau[f_c+\Delta f(t)] \tag{6.114}$$

其中，A 是脉冲幅度，τ 是脉冲宽度。由此可见，输出电压与频率成线性关系。为了保证相邻两个脉冲不重叠，它的宽度 τ 不宜过大，必须限制 τ 小于最小周期 T_{min}，即

$$\tau<T_{min}=\frac{1}{f_c+\Delta f_m} \tag{6.115}$$

反之，若脉冲形成电路产生的最小脉冲宽度为 τ_{min}，则该脉冲计数式鉴频器能够鉴频的最高瞬时频率 f_{max} 必须满足

$$f_{max} \leqslant \frac{1}{\tau_{min}} \tag{6.116}$$

例题 6-4 某鉴频器的鉴频特性为正弦型，$B_m = 200\text{kHz}$，写出此鉴频器的鉴频特性表达式。

题意分析： 鉴频器的最重要问题是鉴频特性，鉴频特性的重要参数有鉴频灵敏度（跨导）、鉴频带宽和最大输出电压等。根据鉴频特性的形式（如线性、正弦型等）和某些参数，求另外的参数并写出整个鉴频特性的表达式。

解： 鉴频特性为正弦型，设为

$$u_o = U\sin(K\Delta f)$$

此特性在 $K\Delta f = \frac{\pi}{2}$ 时输出最大，对应的 Δf 为 B_m 的一半，即 100kHz。因此

$$k = \frac{\frac{\pi}{2}}{100} = \frac{\pi}{2} \times 10^{-5}\text{（V/kHz）}$$

$$\therefore \qquad u_o = U\sin\left(\frac{\pi}{2} \times 10^{-5} \cdot \Delta f\right)\text{（V）}$$

讨论： 遇到此类题目，要准确理解鉴频特性各参数的含义，如 B_m；要注意观察分析鉴频特性函数的特殊性，如 $\sin(K\Delta f)$ 在 $K\Delta f = \frac{\pi}{2}$ 时取最大值；对于某些参数不一定要确定的数值，可以用符号表示。

例题 6-5 某鉴频器的鉴频特性如图 6.43 所示，鉴频器的输出电压为 $u_o(t) = \cos 4\pi \times 10^4 t$，试求：

（1）鉴频跨导 S_D。

（2）写出输入信号 $u_{FM}(t)$ 和原调制信号 $u_\Omega(t)$ 的表达式。

（3）若此鉴频器为互感耦合相位鉴频器，要得到正极性的鉴频特性，如何改变电路？

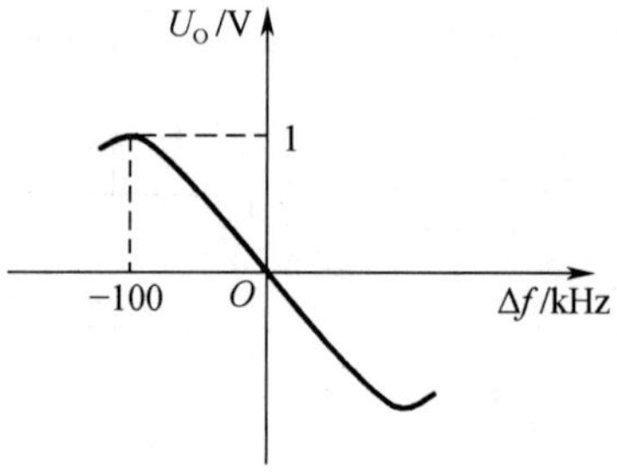

图 6.43 某鉴频器的鉴频特性

题意分析： 此题是给定鉴频器的鉴频特性曲线和鉴频器的输出电压，来求解鉴频特性的某些参数，并求输入电压，这是关于鉴频特性的一般问题。

由鉴频特性曲线，根据鉴频跨导的定义，即可直接求出 S_D，但要注意鉴频特性的极性。由图可知，输入信号的最大频偏小于鉴频器的最大鉴频带宽，即鉴频器工作于线性区，因此，$S_D = \left.\frac{\partial u_o}{\partial \Delta f(t)}\right|_{\Delta f=0} = \frac{u_o}{\Delta f(t)}$，由此可求出 $\Delta f(t)$，从而可求出输入电压。

解：（1）$S_D = \frac{u_o}{\Delta f(t)} = -1/100 = -0.01\text{（V/kHz）}$

（2）$\Delta f(t) = \frac{u_o}{S_D} = -100\cos 4\pi \times 10^3 t\text{（kHz）}$

因此，原调制信号 $u_\Omega(t) = -U_\Omega \cos 4\pi \times 10^3 t\text{（V）}$

由 $f(t)=f_c+\Delta f(t)$ 可得，

$$u_{FM}(t)=U_{FM}\cos\left[2\pi f_c+\int_0^t\Delta f(t)dt\right]$$
$$=U_{FM}\cos\left(2\pi f_c-\frac{\Delta f_m}{F}\sin\Omega t\right)$$
$$=U_{FM}\cos(2\pi f_c-50\sin 4\pi\times10^3 t)(V)$$

（3）若鉴频器为互感耦合相位鉴频器，要得到正极性的鉴频特性，只要改变互感耦合的同名端、两个检波二极管的方向或鉴频器输出电压规定的正方向之一即可。

讨论：

（1）若鉴频特性为正极性，则求解会更简单，但一定要注意鉴频特性的极性。

（2）若鉴频特性的横坐标轴为 f，并给出坐标原点 f_c 的值，则 $u_{FM}(t)$ 的表达式中的 f_c 要用相应的数值代替。

（3）若为电容耦合相位鉴频器或比例鉴频器等其他鉴频器，改变鉴频器极性的方法也应掌握。

练习题

一、选择题

1．有一载频为 10MHz 的调频波，若将调制信号频率加大一倍，则 FM 波的带宽（　　）。

A．加大　　B．减小　　C．随 F 变化　　D．基本不变

2．若调制信号的频率是从 300～3000Hz，那么，窄带调频时，调频电路中带通滤波器的通频带宽度至少应为（　　）。

A．3000Hz　　B．5400Hz　　C．600Hz　　D．6000Hz

3．通常 FM 广播的最大频偏为（　　）。

A．75kHz　　B．85kHz　　C．465kHz　　D．180kHz

4．单频调制时，调频波的最大角频偏 Δf 正比于（　　）。

A．$U_{\Omega m}$　　B．F　　C．U_{cm}　　D．F_c

5．设 $x(t)$ 为调制信号，调相波的表示式为 $\cos[w_c t+k_p x(t)]$，则该调相波的瞬时角频率为（　　）。

A．$\omega_c t+k_p x(t)$　　B．$k_p x(t)$　　C．$\omega_c+k_p\frac{dx(t)}{dt}$　　D．$k_p\frac{dx(t)}{dt}$

6．在模拟乘法器上接入调制信号电压 $V_{\Omega m}\cos\Omega t$ 和载波信号电压 $V_{cm}\cos\omega_c t$ 后将产生（　　）。

A．$\omega_c\pm\Omega$　　B．$2\omega_c\pm\Omega$　　C．$2\omega_c$　　D．频谱分量

7．当单音频调制信号的幅度 $V_{\Omega m}$ 与频率 Ω 都以相同比例增大时，调频波的有效带宽 BW 将（　　）。

A．增大　　B．减小　　C．基本不变　　D．不变

8. 载频为 100MHz 的调频波，其调制频率为 50kHz，最大频偏为 50MHz，则其带宽为（　）。

A. 10.1MHz　B. 5.05MHz　C. 5MHz　D. 3MHz

二、填空题

1. 已知一调相波的表达式为 $u(t)=100\cos(2\pi\times10^3t+20\sin2\pi\times10^3t)$（mV），则调相指数为________，若调相灵敏度 $k_p=20\text{rad/V}$，则原调制信号为________。

2. 具有________特性的电子器件能够完成频率变换，它可分为________频谱变换和________频谱变换。

3. 有一载频为 4MHz 的调幅波和调角波，调制信号为 $u(t)=0.2\cos2\pi\times10^3t$（V），调角时，频偏 $\Delta f_m=0.5\text{kHz}$，则此时 AM 波的带宽为________，FM 波的带宽为________，PM 波的带宽为________；若 $u(t)=10\cos8\pi\times10^3t$（V），则此时 AM 波的带宽为________，FM 波的带宽为________，PM 波的带宽为________。

4. 在调频电路中，已知 $u_\Omega=1.5\cos2\pi\times10^4t$（V），$\Delta f_m=75\text{kHz}$，$f_c=10\text{MHz}$，实现线性调频，则输出电压 $u_0=$________。

5. 角调波的表达式为 $10\cos(2\pi\times10^6t+10\cos2\pi\times10^3t)$（V），则信号带宽为________，最大频偏为________，最大相偏为________。

6. 设 FM 波 $U_{FM}(t)=5\cos(2\pi\times10^7t+25\sin6\pi\times10^3t)$（V），其载频 $f_c=10^7\text{Hz}$，调制信号频率 F=________，最大频偏 $\Delta f_m=$________，调频指数 $m_f=$________，信号带宽 $B_{FM}=$________；若调制信号幅度不变，调制信号频率 F 增大一倍，则信号带宽 $B_{FM}=$________。

7. 在直接调频电路中变容二极管作为回路总电容时，调频信号的最大频偏 Δf_m 为 $m\omega_c$，当 $\gamma=$________时，可实现线性调制。

8. 窄带调频时，调频波与调幅波的频带宽度为________。

9. 宽带调频中，调频信号的带宽与频偏、调制信号频率的关系为________。

10. 比例鉴频器中，当输入信号幅度突然增大时，输出________。

三、判断题

1. 调频信号的频偏量与调制信号的频率有关。（　）
2. 超外差接收机混频器的任务是提高增益，抑制干扰。（　）
3. 调相信号的最大相移量与调制信号的相位有关。（　）
4. 调频波中，频偏越大，频带也越宽。（　）
5. 调频波的调频指数与调制信号幅度成正比，与调制信号频率成反比。（　）
6. 调相波的调相指数与调制信号频率有关，与调制信号幅度有关。（　）
7. 调频波的调制灵敏度为 $\Delta f/\Delta u$。（　）

四、简答及计算题

1. 什么是直接调频和间接调频？它们各有何优缺点？

2．已知载波频率 $f_c = 100\text{MHz}$，载波电压幅度 $U_{cm} = 5\text{V}$，调制信号 $u_\Omega(t) = \cos 2\pi \times 10^3 t + 2\cos 2\pi \times 500t$，试写出调频波的数学表示式（设两个调制信号的最大频偏 Δf_{max} 均为 20kHz）。

3．某调频信号的调制信号 $u_\Omega = 2\cos 2\pi \times 10^3 t + 3\cos 3\pi \times 10^3 t(\text{V})$，其载波为 $u_c = 5\cos 2\pi \times 10^7 t(\text{V})$，调频灵敏度 $k_f = 3\text{kHz/V}$，试写出此 FM 信号表达式。

4．已知载波频率 $f_0 = 100\text{MHz}$，调制信号 $u(t) = \cos 2\pi \times 10^3 t(\text{V})$，已调波输出电压幅值 $U_{cm} = 5\text{V}$，其频谱图如图 6.44 所示，说明它是什么已调波，若带宽 B=8kHz 试写出其数学表达式，并计算此已调波在单位电阻上消耗的功率。

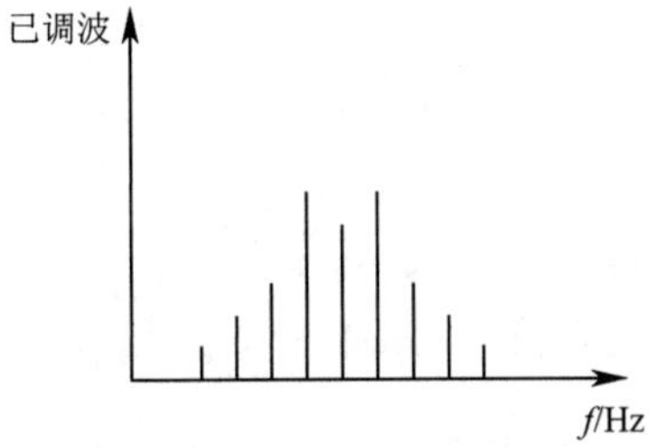

图 6.44　已调波的频谱图

5．载频振荡的频率为 $f_c = 25\text{MHz}$，振幅为 $U_{cm} = 4\text{V}$，求：

（1）调制信号为单频余弦波，调制信号频率 F=400Hz，频偏为 $\Delta f = 10\text{kHz}$，写出调频波和调相波的数学表达式。

（2）若仅将调制信号频率变为 2kH，其他参数不变，试写出调频波与调相波的数学表达式。

6．已知频率为 $f_c = 10\text{MHz}$，最大频移为 $\Delta f = 50\text{kHz}$，调制信号为正弦波，试求调频波在以下三种情况下的频带宽度（按 10%的规定计算带宽）。

（1）F=500kHz。

（2）F=500Hz。

（3）F=10kHz，这里 F 为调制频率。

7. 若调制信号频率为 400Hz，振幅为 2.4V，调制指数为 60。当调制信号频率减小为 250Hz，同时振幅上升为 3.2V 时调制指数将变为多少？

8．已知调制信号 $u_\Omega(t) = U_{\Omega m}\cos 2\pi \times 10^3 t(\text{V})$，$m_f = m_p = 10$，求 FM 和 PM 波的带宽。

（1）若 $U_{\Omega m}$ 不变，F 增大一倍，两种调制信号的带宽如何？

（2）若 F 不变，$U_{\Omega m}$ 增大一倍，两种调制信号的带宽如何？

（3）若 $U_{\Omega m}$ 和 F 都增大一倍，两种调制信号的带宽如何？

9．有一调幅波和一调频波，它们的载频均为 1MHz，调制信号均为 $u_\Omega(t) = 0.1\sin 2\pi \times 10^3 t(\text{V})$。已知调频时，单位调制电压产生的频偏为 1kHz/V。

（1）试求调幅波的频谱宽度 B_{AM} 和调频波的有效频谱宽度 B_{FM}。

（2）若调制信号改为 $u_\Omega(t) = 20\sin 2\pi \times 10^3 t(\text{V})$，试求 B_{AM} 和 B_{FM}。

10．已知调频波 $u(t) = 2\cos(2\pi \times 10^6 t + 10\sin 2000\pi t)(\text{V})$，试确定：

（1）最大频偏。

（2）此信号在单位电阻上的功率。

11．角调波 $u(t)=10\cos(2\pi\times10^6t+10\cos2000\pi t)$（V），试确定：

（1）最大频偏。

（2）最大相偏。

（3）信号带宽。

（4）此信号在单位电阻上的功率。

（5）能否确定这是 FM 波或是 PM 波？

12．为什么通常在鉴频器之前要采用限幅器？

13．有一个鉴频器的鉴频特性为正弦型，带宽 B=200kHz，试写出此鉴频器的鉴频特性表达式。

14．鉴频器的有一个鉴频器的鉴频特性如图 6.45 所示，鉴频器的输出电压为 $u_o(t)=\cos4\pi\times10^4t$（V）。

（1）求鉴频跨导 g_d。

（2）写出输入信号 $u_{FM}(t)$ 和调制信号 $u_\Omega(t)$ 的表达式。

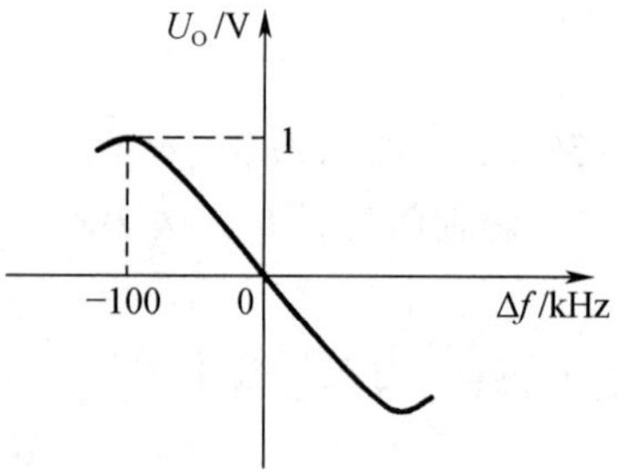

图 6.45　鉴频特性

15．分别说明斜率鉴频器、相位检波型相位鉴频器导致非线性失真的因素及减小方法。

项目七　变频器

教学目标

通过对本项目的学习，让学生理解变频的基本原理及混频器与变频器的区别，并能对实际生活中的几种常见的混频干扰进行判断识别。

教学要求

1. 理解变频器的概念及变频的目的。
2. 理解变频器与混频器的区别。
3. 掌握三极管混频器与二极管混频器的基本原理。
4. 掌握混频干扰。

7.1　概述

在通信技术中，经常需要将信号自某一频率变换为另一频率，一般用得较多的是把一个已调的高频信号变成另一个较低频率的同类已调信号，完成这种频率变换的电路叫变频器。例如，在超外差接收机中，常将天线接收到的高频信号（载频位于 535~1606kHz 中波波段的各电台普通调幅信号）通过变频，变换成 465 kHz 的中频信号；又如，在超外差式广播接收机中，把载频位于 88~108 MHz 的各调频台信号变换为频率为 10.7 MHz 的中频调频信号。

思考：为什么要进行变频？

（1）变频器将信号频率变换成中频，在中频上放大信号，放大器的增益可做得很高而不自激，电路工作稳定（有利于放大）。

（2）接收机在频率很宽的范围内有良好的选择性是很困难的，而对于某一固定频率选择性可以做得很好（有利于选频）。

（3）由于变频后所得的中频频率是固定的，这样可以使电路结构简化。

变频电路原理框图如图 7.1 所示。它是由信号相乘电路、本地振荡器和带通滤波器组成，信号相乘电路的输入一个是外来的已调波 u_s，另一个是由本地振荡器产生的等幅正弦波 u_1。u_s 与 u_1 相乘产生和频、差频信号，再经过带通滤波器取出差频（或和频）信号 u_i。u_i 与 u_s 载波振幅的包络形状完全相同，唯一的差别是信号载波频率 ω_s 变换成中频频率 ω_i，变频器的功能图如图 7.2 所示。

图 7.2（a）为变频器输入、输出信号的时域波形。经过变频，信号的载频由高频变成中频，但包络的形状不变。图 7.2（b）为输入与输出信号的频谱。经过变频，载波频率由高频 ω_s 变成中频 ω_i，频谱结构没有变化。所以变频是线性频率变换，也是频谱搬移。

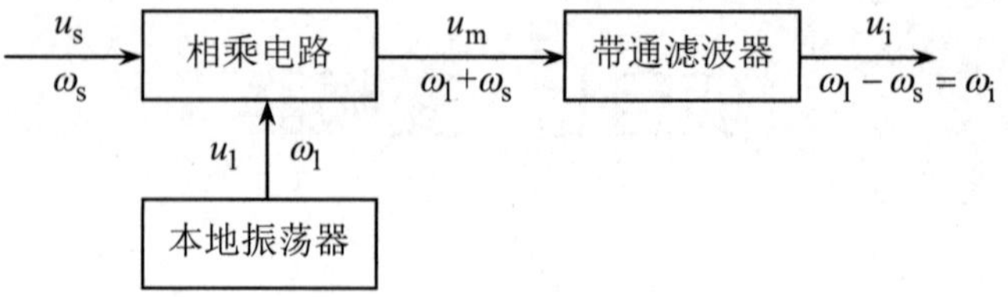

图 7.1 变频电路原理框图

混频器主要由三部分组成：

（1）非线性器件，如模拟乘法器、二极管、三极管和场效应管等。

（2）产生u_l的振荡器，通常称为本地振荡，振荡频率为ω_l。

（3）带通滤波器。振荡信号可以由完成变频作用的非线性器件（如三极管）产生，也可以由单设振荡器产生。前者叫变频器（或称自激式变频器），后者叫混频器（或称他激式变频器）。两种电路中，前一种简单，但统调困难，电路工作状态无法同时兼顾振荡和变频处于最佳情况。因此一般工作频率较高的接收机采用混频器。

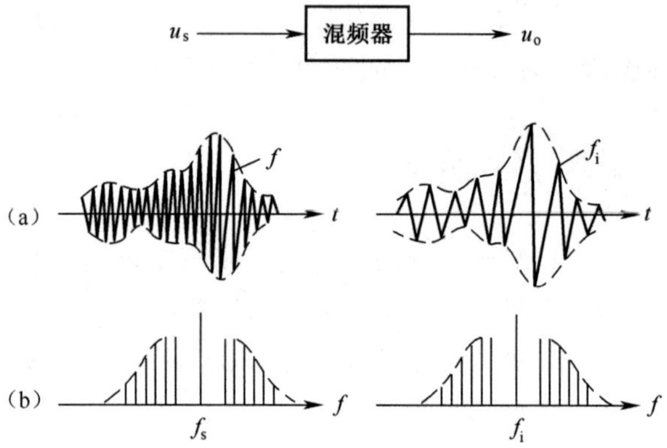

图 7.2 混频器功能图

思考：如何区分变频器和混频器？

区分变频器与混频器的关键是判断它是否具有独立的振荡器，变频器的振荡信号由完成变频作用的非线性器件（如三极管）产生，没有独立的振荡器。混频器有独立的振荡电路，振荡信号由独立的振荡电路产生。

衡量混频器性能的主要指标是：混频增益、噪声系数、混频失真与干扰及选择性等，接下来简略介绍混频器的主要技术指标。

1. 混频增益K_{pc}

混频增益K_{pc}是指混频器输出的中频信号功率P_i与输入信号功率P_s之比，即

$$K_{pc} = \frac{P_i}{P_s} \tag{7.1}$$

用分贝表示为

$$K_{pc} = 10\lg\frac{P_i}{P_s}(\text{dB}) \tag{7.2}$$

混频增益的高低与混频电路的形式有关。二极管混频电路的混频增益$K_{pc} < 1$；三极管、场效应管和模拟乘法器构成的混频电路，混频增益可以大于 1。

2. 噪声系数N_F

定义噪声系数N_F为输入信号的信噪比与输出中频信号信噪比的比值。由于电路内部噪声的存在，输出信号的信噪比总是小于输入信号的信噪比，所以噪声系数N_F始终大于 1。N_F越大，说明电路的内部噪声越大；N_F越小，说明电路内部噪声越小，电路的噪声性能越好。电

路内部无噪声是理想情况，此时，$N_F = 1$。混频器由于处于接收机电路的前端，对整机噪声性能的影响很大，所以减小混频器的噪声系数是非常重要的。

3. 混频失真与干扰

混频器的失真有频率失真（线性失真）和非线性失真。此外，由于器件的非线性还存在着组合频率干扰，其往往是伴随有用信号而存在的，严重地影响混频器的正常工作。因此，如何减小失真与干扰是混频器研究中的一个重要问题。

4. 选择性

混频器在变频过程中除产生有用的中频信号外，还产生许多频率项。要使混频器输出只含有所需的中频信号，而对其他各种频率的干扰予以抑制，就要求输出回路具有良好的选择性。所谓选择性是指混频器选取出有用的中频信号而滤除其他干扰信号的能力。选择性越好输出信号的频谱纯度越高。选择性主要取决于混频器输出端的中频带通滤波器的性能。此外，对混频器的要求还有动态范围、稳定性等。

7.2 混频器

7.2.1 三极管混频器

三极管混频器电路如图 7.3 所示。设外加的信号 $u_s = U_{sm}\cos\omega_s t$，本振电压 $u_1 = U_{1m}\cos\omega_1 t$，基极直流偏置电压为 E_b，集电极负载为谐振频率等于中频 $f_i = f_1 - f_s$ 的带通滤波器。忽略基调效应时，集电极电流 i_c 可近似表示为 u_{be} 的函数，$i_c = f(u_{be})$，$u_{be} = E_b + u_1 + u_s$。

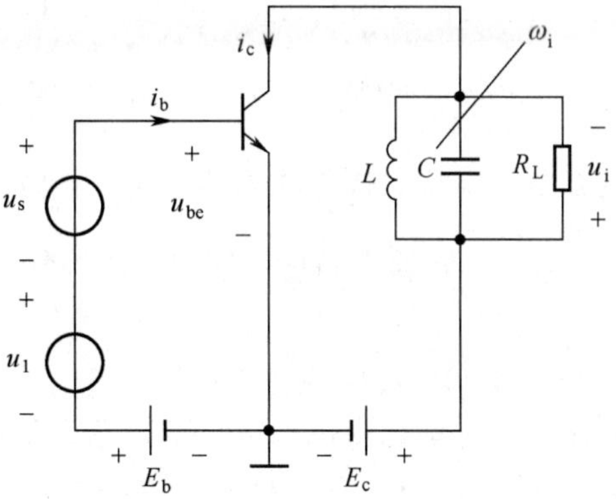

图 7.3　晶体三极管混频器

三极管混频器电路是线性时变电路，$E_B + u_1$ 是时变工作点电压。在时变工作点附近，把 i_c 用泰勒级数展开

$$
\begin{aligned}
i_c = f(u_{be}) &= f(E_b + u_1) + f'(E_b + u_1)u_s \\
&+ \frac{1}{2!}f''(E_b + u_1)u_s^2 + \frac{1}{3!}f'''(E_b + u_1)u_s^3 + \cdots
\end{aligned}
\tag{7.3}
$$

其中，第一项 $i_{c0} = f(E_b + u_1)$ 是时变工作点电流，称为混频器的静态时变集电极电流，其波形如图 7.4 所示。把 i_{c0} 用傅里叶级数展开，即

$$i_{c0}=I_{c0}+I_{c01}\cos\omega_1 t+I_{c02}\cos 2\omega_1 t+\cdots \tag{7.4}$$

式（7.3）中，$f'(E_b+u_1)$ 是晶体三极管的时变跨导 $g(t)$，其波形如图 7.5 所示。

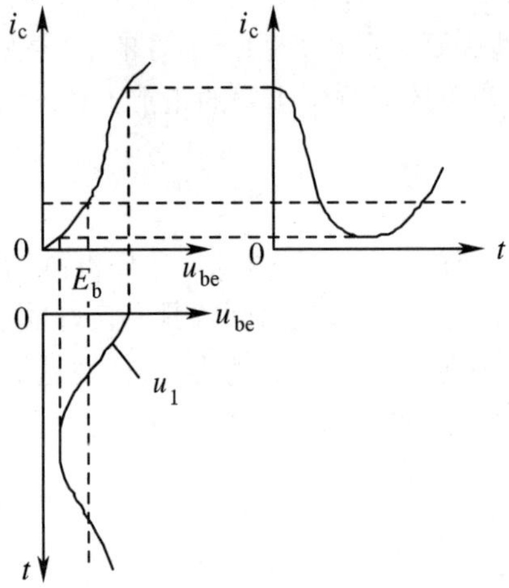

图 7.4　静态时变集电极电流

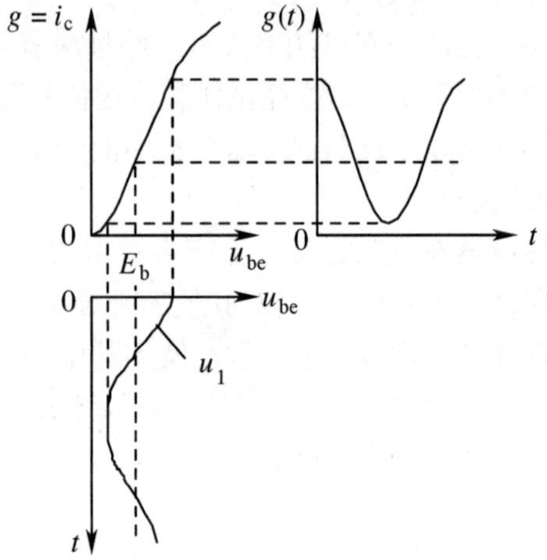

图 7.5　时变跨导 $g(t)$

同样可以把 $g(t)$ 用傅里叶级数展开，即

$$g(t)=g_0+g_1\cos\omega_1 t+g_2\cos 2\omega_1 t+\cdots \tag{7.5}$$

其中，g_0 是时变电导的平均分量；g_1 是基波分量的幅度，称为基波跨导；g_2 是二次谐波分量的幅度，称为二次谐波跨导。因此，式（7.3）中的第二项可以写成：

$$f'(E_b+u_1)u_s=g_0u_s+g_1u_s\cos\omega_1 t+g_2u_s\cos 2\omega_1 t+\cdots \tag{7.6}$$

其中，中频电流分量，即本振频率与信号频率的差频分量 i_1 等于

$$i_1=\frac{1}{2}g_1U_{sm}\cos(\omega_1-\omega_s)t=g_cU_{sm}\cos\omega_i t \tag{7.7}$$

其中，$g_c=\frac{1}{2}g_1$ 是集电极电流中频电流振幅与输入信号电压振幅的比值，称为混频跨导，其值等于基波跨导的一半。在忽略晶体管输出阻抗的情况下，经集电极回路带通滤波器的滤波，取出的中频电压

$$u_i=g_cR_LU_{sm}\cos\omega_i t \tag{7.8}$$

其中，R_L 为 LC 并联谐振回路的有载谐振阻抗。中频输出电压的幅度为 $U_{im}=g_cR_LU_{sm}$。

若输入信号 u_s 是普通调幅波，$u_s=U_{smo}(1+m_a\cos\Omega t)\cos\omega_c t$。只要带通滤波器的带宽足够，带内阻抗可近似认为等于有载谐振阻抗 R_L。输出的中频电压近似等于 $u_i=g_cR_LU_{smo}(1+m_a\cos\Omega t)\cos\omega_i t$。

仿照集电极回路的分析方法，三极管混频电路的输入回路基极电流 i_b 与输入电压 u_s 的关系也可近似写成

$$i_b=i_{b0}+g_i(t)u_s \tag{7.9}$$

其中，i_{b0} 为静态时变输入电流，$g_i(t)$ 是时变输入电导，把它用傅里叶级数展开

$$g_i(t)=g_{i0}+g_{i1}\cos\omega_1 t+g_{i2}\cos 2\omega_1 t+\cdots \tag{7.10}$$

由于混频器输入回路调谐于 f_s，因此分析混频器时仅考虑基极电流 i_b 中的信号频率电流：

$$i_s = g_{i0}u_s = g_{i0}U_{sm}\cos\omega_s t \tag{7.11}$$

$$I_{sm} = g_{i0}U_{sm} \tag{7.12}$$

图 7.6 为晶体三极管混频电路交流等效电路，由图可导出三极管混频电路的电压增益为

$$K_{vc} = \frac{g_c}{g_{oc} + g_L} \approx \frac{g_c}{g_L} \tag{7.13}$$

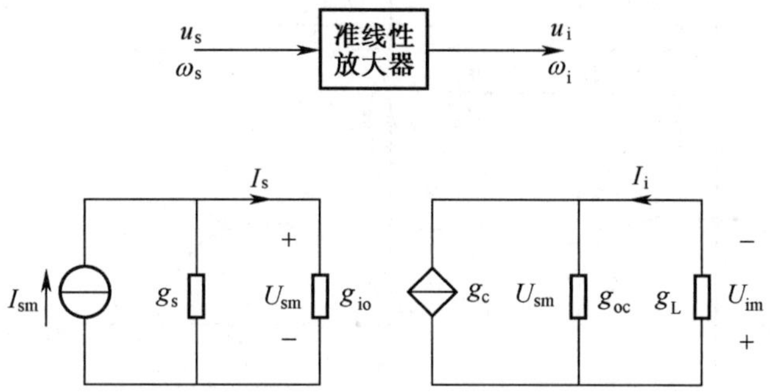

图 7.6　晶体三极管混频电路交流等效电路

功率增益为

$$K_{pc} = \frac{g_c^2}{g_L \cdot g_{i0}} \tag{7.14}$$

混频跨导越大，K_{vc}、K_{pc} 越高。g_c 大小与晶体管参数、本振电压幅度和静态偏置电压有关。图 7.7 为 $g(t)$、g_c 与 U_{1m} 的关系，图 7.8 为 $g(t)$、g_c 与 E_b 的关系。由图可见，g_c 与 U_{1m} 和 E_b 的关系是非线性关系，U_{1m} 和 E_b 过大或过小，g_c 都较小，只有在一段范围内 g_c 较大。

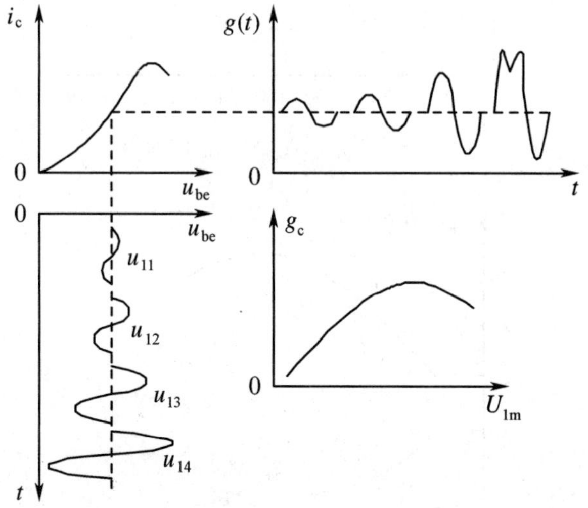

图 7.7　$g(t)$、g_c 与 U_{1m} 的关系

图 7.9 为混频功率增益 K_{pc} 和噪声系数 N_F 与 U_{1m} 的关系曲线。图 7.10 给出 K_{pc} 和 N_F 与静态直流工作点电流 I_{eQ} 的关系曲线。由图可见，一般锗管 U_{1m} 选在 50～200mV 范围内，硅管可

取大些。偏置电压 E_b 一般选择在 I_{eQ} 等于 0.3～1mA 的范围内工作比较合适。

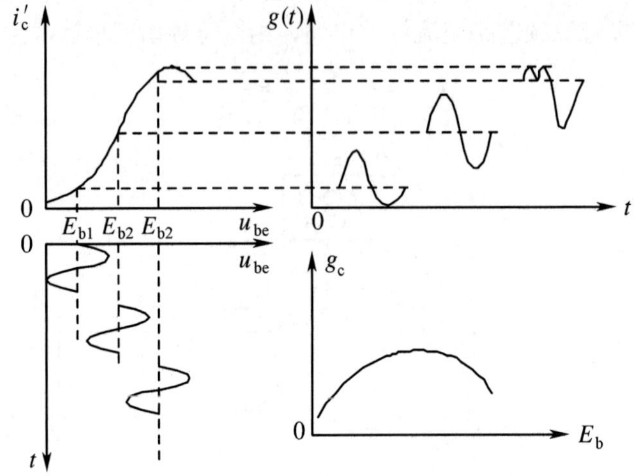

图 7.8 $g(t)$、g_c 与 E_b 的关系

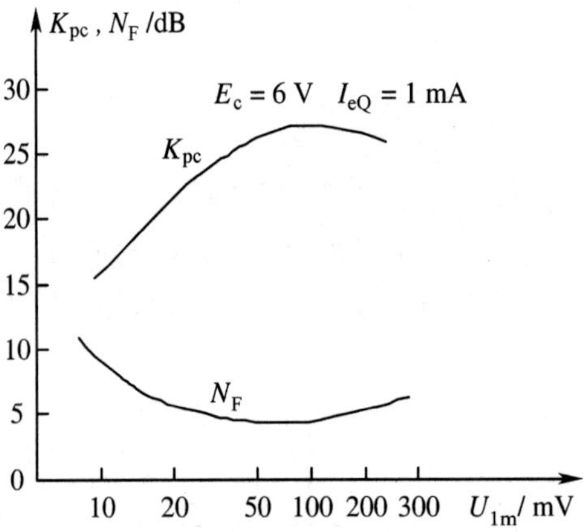

图 7.9 K_{pc}、N_F 与 U_{1m} 的关系

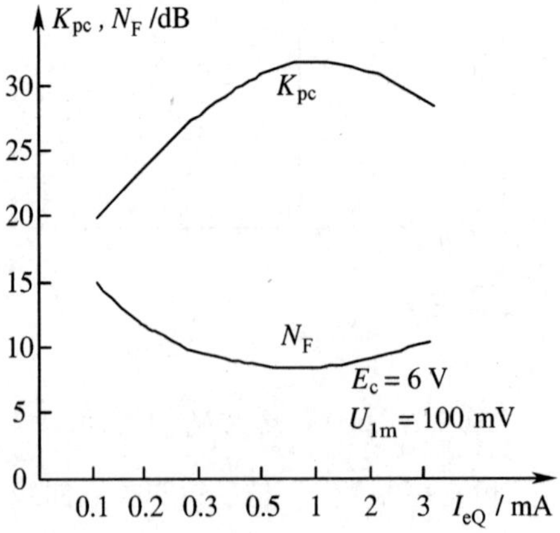

图 7.10 K_{pc}、N_F 与 I_{eQ} 的关系

晶体管混频电路有多种形式，按照晶体管的组态和本振电压注入点的不同，图 7.11 列出了四种基本的三极管混频电路的形式。它们的区别是本振电压注入方式和三极管交流地电位的不同。电路形式（a）的信号电压和本振电压由基极注入，需要本振提供的功率小，但信号电压对本振的影响较大。电路形式（b）的信号电压由基极注入，本振电压由发射极注入，需要本振提供的功率大，但信号对本振影响小。电路形式（c）和（d）都是共基混频电路，（c）表示信号电压和本振电压由发射极注入，(d)表示信号电压由发射极注入，本振电压由基极注入。与（a）（b）电路相比，（c）（d）电路工作频率高、稳定性好。

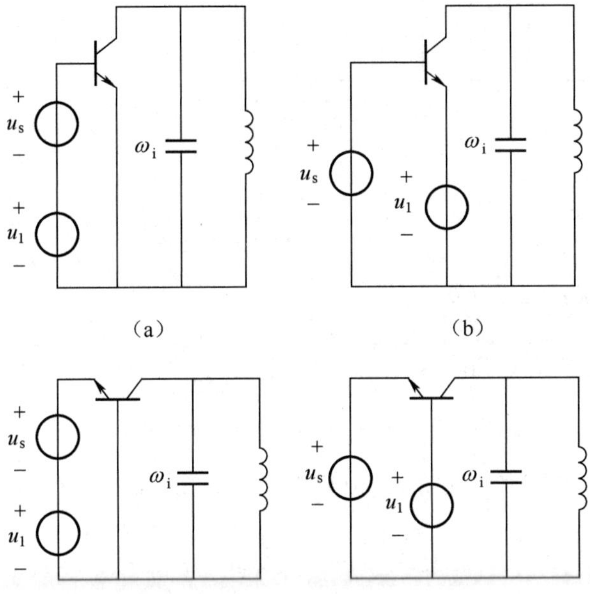

图 7.11　三极管混频电路形式

思考：晶体管混频器存在一些什么缺点？

晶体管混频器的主要优点是变频增益较高，但也有如下一些缺点：动态范围较小，一般只有几十毫伏；组合频率较多，干扰严重；噪声较大（与二极管相比较）；在无高放的接收机中，本振电压可通过混频管极间电容从天线辐射能量，形成干扰，这种辐射称为反向辐射。由二极管组成的平衡混频器和环形混频器的优缺点则正好与上述情况相反。

7.2.2　二极管混频器

二极管混频器与二极管调制器在电路形式和工作原理上相同，所不同的是混频器输入信号和本振电压都是高频，输出为中频。由于用途不同，性能指标的要求也不同。如二极管混频器应选用肖特基低噪声混频二极管，高频变压器应采用传输线变压器。为了进一步说明二极管混频的工作原理，下面用准线性方法对二极管混频电路简要地加以分析。

1. 单二极管混频器

图 7.12 是一个单二极管混频器电路。输入电路调谐于信号载波频率 f_s，输入回路两端电压为 $u_s = U_{sm}\cos\omega_s t$ 。本地振荡电压经变压器耦合输入，次级建立的本振电压为

$u_1 = U_{1m}\cos\omega_1 t$。输出回路调谐在中频 $f_i = f_1 - f_s$。回路两端建立的中频电压 $u_i = U_{im}\cos\omega_i t$。通常 $U_{sm} > U_{im}$，所以二极管混频电路是线性时变电路，二极管可近似为仅受 u_1 控制的开关。等效的时变电导 $g_D(t) = g_D k_1 \omega_1 t$。

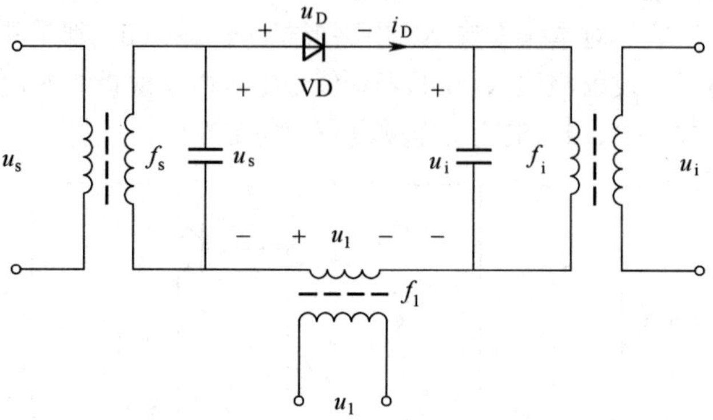

图 7.12 单二极管混频电路

二极管两端的电压 $u_D = u_s + u_1 - u_i$，二极管流过的电流

$$i_D = g_D(t)u_D = g_D\left(\frac{1}{2} + \frac{2}{\pi}\cos\omega_1 t - \frac{2}{3\pi}\cos 3\omega_1 t + \cdots\right)\times (U_{sm}\cos\omega_s t + U_{1m}\cos\omega_1 t - U_{im}\cos\omega_i t) \tag{7.15}$$

$$i_i(t) = \frac{1}{\pi}g_D U_{sm}\cos(\omega_1 - \omega_s)t - \frac{1}{2}g_D U_{im}\cos\omega_i t \tag{7.16}$$

$$I_i = \frac{1}{\pi}g_D U_{sm} - \frac{1}{2}g_D U_{im} \tag{7.17}$$

$$i_s(t) = \frac{1}{2}g_D U_{sm}\cos\omega_s t - \frac{1}{\pi}g_D U_{im}\cos(\omega_1 - \omega_i)t \tag{7.18}$$

$$I_s = \frac{1}{2}g_D U_{sm} - \frac{1}{\pi}g_D U_{im} \tag{7.19}$$

式（7.16）和式（7.18）组成二极管混频器电流方程式。式（7.16）中第一项是本振电压与输入信号经二极管混频产生的中频分量电流，这一项是混频器正常输出，称为正向混频；第二项是输出的中频电压作用于二极管形成的中频电流，所以与正向混频电流极性相反。式（7.18）中第一项是由信号电压形成的信号电流；第二项是输出中频电压与本振电压经过二极管混频而产生的信号电流，由于这种混频是输出信号与本振相混，和正向混频方向相反，所以叫作反向混频，双向混频特性是二极管混频器所特有的。在三极管混频器中由于输入与输出隔离度很大，所以可以忽略反向混频作用。根据二极管混频器电流方程可以画出混频二极管的交流等效电路，如图 7.13 所示。

为了与四端网络通常习惯的规定相一致，把二极管混频器等效电路的输出电流方向定义为与实际电流方向相反［图 7.13（a）］，这样混频器输出电流方程式（7.16）的右侧要改变符号。混频器的电流方程式为

$$i_i(t) = \frac{1}{2}g_D U_{im}\cos\omega_i t - \frac{1}{\pi}g_D U_{sm}\cos(\omega_1 - \omega_s)t \tag{7.20}$$

根据此式画出图 7.13（b）。该等效电路可改画成 II 型四端网络［图 7.13（c）］，其中，网络参数 $g_1 = \frac{g_D}{2} - g_2$。显然 g_1、g_D 是二极管特性的函数。根据四端网络的理论，该网络的特性电导为

$$G_C = \sqrt{g_1^2 + 2g_1 g_2} \tag{7.21}$$

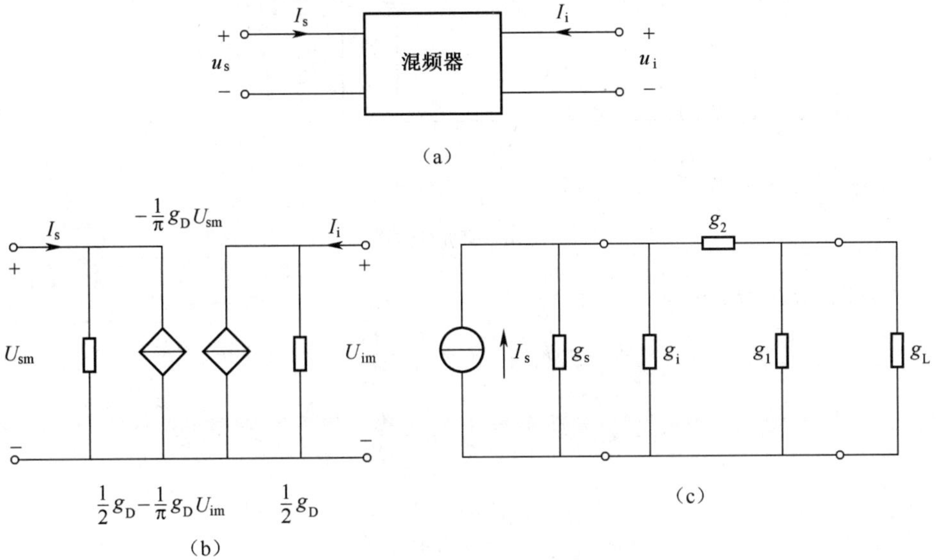

图 7.13 二极管混频交流等效电路

混频器通常工作于全匹配状态，信号源内电导 g_s 和负载电导 g_L 应等于 G_C，即 $G_C = g_L = g_s$。根据等效电路可导出单端二极管混频器的电压传输系数

$$K_{vc} = \frac{g_2}{g_2 + g_1 + G_C} \tag{7.22}$$

功率传输系数

$$K_{pc} = K_{vc}^2 \tag{7.23}$$

用分贝表示为

$$K_{pc} = 20\lg K_{vc} \tag{7.24}$$

二极管混频器是无源网络，所以功率增益小于 1。这种功率损失，常用混频损耗 L_c 表示

$$L_c = \frac{输入信号功率}{输出中频功率} = \frac{1}{K_{pc}} \tag{7.25}$$

2. 二极管环形混频器（双平衡混频器）

为了在混频器中进一步抑制一些非线性产物，目前还广泛采用环形混频器。二极管环形混频器电路与二极管环形调制器电路的形式相同，如图 7.14 所示。本振电压从输入和输出变压器中心抽头加入，四个二极管均按开关状态工作，各电流、电压的极性如图 7.14 所示。

在本振电压的正半周，二极管 VD_1 和 VD_2 导通，VD_3 与 VD_4 截止。此时，该电路相当于一个二极管平衡混频器。在本振电压的负半周，二极管 VD_3 与 VD_4 导通，VD_1 和 VD_2 截止。

此时，该电路也相当于一个二极管平衡混频器。

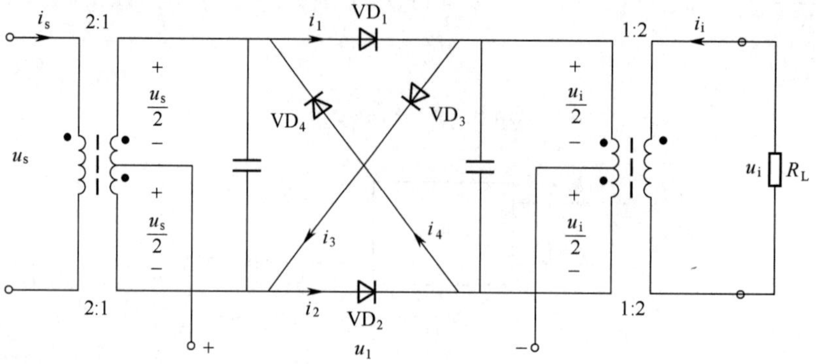

图 7.14 环形混频器

各二极管的电流分别为

$$i_1 = g_D k_1 \omega_1 t\left(u_1 + \frac{u_s}{2} - \frac{u_1}{2}\right) \tag{7.26}$$

$$i_3 = g_D k_1 (\omega_1 t - \pi)\left(-u_1 + \frac{u_s}{2} + \frac{u_i}{2}\right) \tag{7.27}$$

$$i_2 = g_D k_1 \omega_1 t\left(u_1 + \frac{u_s}{2} + \frac{u_i}{2}\right) \tag{7.28}$$

$$i_4 = g_D k_1 (\omega_1 t - \pi)\left(-u_1 - \frac{u_s}{2} - \frac{u_i}{2}\right) \tag{7.29}$$

输出电流

$$i_1 = \frac{1}{2}[(i_1 - i_2) - (i_3 - i_4)] = \frac{1}{2} g_D k_2 \omega_1 t u_s - \frac{1}{2} g_D u_i \tag{7.30}$$

同时可以导出输入电流

$$i_1 = \frac{1}{2}[(i_1 - i_4) + (i_3 - i_2)] = \frac{1}{2} g_D u_s - \frac{1}{2} g_D k_2 \omega_1 t u_i \tag{7.31}$$

输出中频电流的幅值

$$I_i = \frac{1}{\pi} g_D U_{sm} - \frac{1}{2} g_D U_{im} \tag{7.32}$$

输入信号电流的幅值

$$I_s = \frac{1}{2} g_D U_{sm} - \frac{1}{\pi} g_D U_{im} \tag{7.33}$$

7.2.3 混频器实用电路

图 7.15 是典型的晶体管收音机混频电路。各种频率的电磁波在天线上感应生成高频电流，经过输入回路选频，取出要收听电台的信号 u_s，从晶体管基极注入。L_3 和 L_4 组成变压器耦合反馈式本地振荡器，由于 L_3 对中频呈现阻抗很小，所以对中频输出的影响可以忽略。由电感 L_5 和 1000pF 电容构成中频回路输出中频电压。通常称中频输出回路为中周变压器，简称中周。

这种电路的本地振荡器和混频是由同一只晶体管完成，所以是变频形式电路。

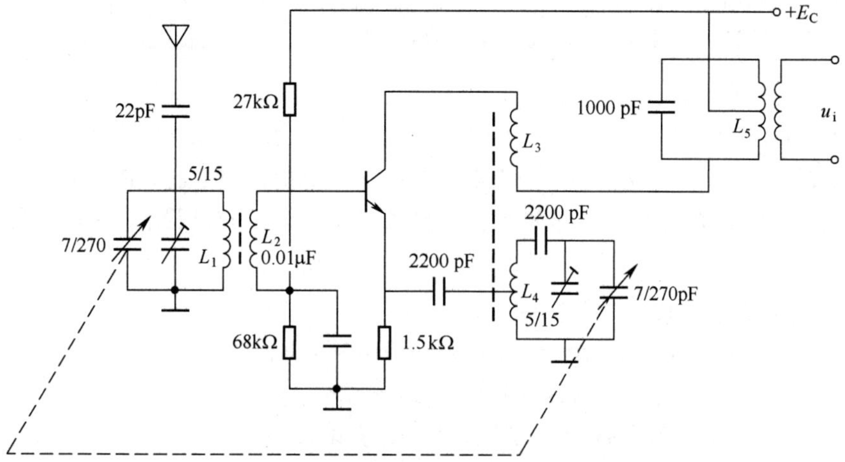

图 7.15　晶体管收音机变频电路

图 7.16 是本振与混频分别由两只晶体管完成的混频形式电路。本地振荡器是由 VT_2 管构成的电感回授式振荡器，本振电压从 VT_1 管的发射极输入。信号电压经输入选择回路由 VT_1 管的基极输入。中频电压由调谐于 465kHz 的中周变压器的次级输出。

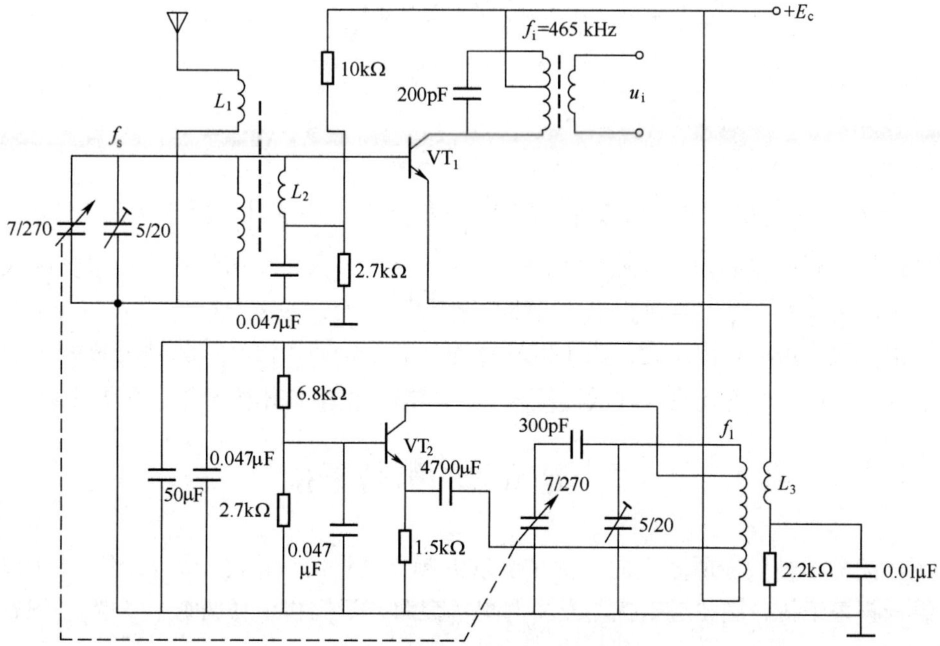

图 7.16　晶体管收音机混频电路

例题 7-1　某混频器的变频跨导为 g_c，本振电压 $u_L = U_L \cos\omega_L t$，$U_L >> U_s$，输出电路的中心频率 $f_0 = f_I = f_L - f_s$，带宽大于等于信号带宽，负载为 R_L，在下列输入信号时求输出电压 $u_0(t)$。

（1）$u_s = U_s[1+mf(t)]\cos\omega_s t$；　　（2）$u_s = U_s f(t)\cos\omega_s t$；

（3）$u_s = U_s\cos(\omega_s+\Omega)t$；　　（4）$u_s = U_s\cos\left[\omega_s t + K_f\int_0^t f(\tau)d\tau\right]$

题意分析：这是一道混频器的题目，给定输入信号，已知变频跨导g_c和输出滤波器参数，求输出信号的表达式。由于给定$U_L >> U_s$，一般情况下可认为电路为线性时变电路，则其伏安特性为$i = g_m(t)u_s$，只有i中的$(f_L - f_s)$分量可以通过滤波器，找出i中的中频电流i_I，则输出电压$u_o = i_I R_L$。从题中可以看出，输入信号实际上是AM、DSB、SSB和FM信号，但无论是何种输入信号，混频的作用只是把输入信号搬移到$f_I = f_L - f_s$位置上，搬移过程中频谱的结构不发生变化。

解：（1）由$i = g_m(t)u_s$，已知$g_c = g_m/2$，故

$$i = (g_{m0} + g_{m1}\cos\omega_L t + g_{m2}\cos 2\omega_L t + \cdots)u_s$$
$$= g_{m0}u_s + g_{m1}\cos\omega_L t\cdot u_s + g_{m2}\cos 2\omega_L t\cdot u_s + \cdots$$

在上式中，只有第二项中有$(f_L - f_s)$分量，分析第二项，有

$$i_1 = g_{m1}\cos\omega_L t\cdot u_s = g_{m1}\cos\omega_L t\cdot U_s[1+mf(t)]\cos\omega_s t$$
$$= \frac{1}{2}g_{m1}U_s[1+mf(t)][\cos(\omega_L-\omega_s)t + \cos(\omega_L+\omega_s)t]$$

经滤波后，可得输出电压$u_o(t)$为

$$u_o(t) = i_I R_L = g_c R_L U_s[1+mf(t)]\cos\omega_I t = U_o[1+mf(t)]\cos\omega_I t$$
$$i_I = \frac{1}{2}g_{m1}U_s[1+mf(t)]\cos(\omega_L-\omega_s)t = g_c U_s[1+mf(t)]\cos\omega_I t$$

类似的分析，可得

（2）$u_o(t) = g_c R_L U_s f(t)\cos\omega_I t = U_o f(t)\cos\omega_I t$

（3）$u_o(t) = g_c R_L U_s\cos(\omega_I+\Omega)t = U_o\cos(\omega_I+\Omega)t$

（4）$u_o(t) = g_c R_L U_s\cos\left[\omega_I t + K_f\int_0^t f(\tau)d\tau\right] = U_o\cos\left[\omega_I t + K_f\int_0^t f(\tau)d\tau\right]$

讨论：将混频电路的输入与输出相比较，可以看出，只是将信号的载频由发送载频f_s变换为中频频率$f_I = f_L - f_s$，其他不变，当然其振幅由U_s变化为$u_o = g_c R_L U_s$，这与放大器的结果相似。由此我们可以得出结论，由于混频器的功能是将输入信号从载频f_s搬移到中频f_I，因此，混频前后信号的变化只在其载波频率上，其幅度根据具体情况作适当的变化即可。

7.3 混频器的组合干扰

混频器的非线性效应所产生的干扰是衡量混频器质量的标准之一。在混频器中产生的干扰有：组合频率干扰、副波道干扰、交叉调制（交调）干扰和相互调制（互调）干扰等。

1. 组合频率干扰

由于变频器使用的是非线性器件，而且工作在非线性状态，流经变频管的电流不仅含有直流分量、信号频率、本振频率，还含有信号、本振频率的各次谐波，以及他们的和、差频等组合频率，如$3f_1$、$3f_s$、$2f_s - f_1$、$3f_s - f_1$、$2f_1 - f_s$、$3f_1 - f_s$等。如果这些组合频率接近中频$f_i = f_1 - f_s$，并落在中频放大器的通频带内，它就能与有用信号（正确的中频信号f_i）一道

进入中频放大器，并被放大后加到检波器上。通过检波器的非线性效应，这些接近中频的组合频率与中频 f_i 差拍检波，产生音频，最终在耳机中以哨声的形式出现。

信号与本振的组合频率的通式 f_K 可以写成

$$f_K = \pm pf_1 \pm qf_s \tag{7.34}$$

其中 p 和 q 均为正整数或零。中频 $f_i = f_1 - f_s$，若中频回路的带宽等于 $2\Delta f$，那么，凡是满足 $pf_1 - qf_s = f_i \pm \Delta f$ 和 $qf_s - pf_1 = f_i \pm \Delta f$ 两种情况的组合频率都会形成干扰。由此可导出满足这两种情况的信号频率。将关系 $f_1 = f_s + f_i$ 代入得

$$f_s = \frac{p \pm 1}{q - p} f_i \pm \frac{\Delta f}{q - p} \tag{7.35}$$

通常 $\Delta f << f_i$，上式可近似表示成

$$f_s = \frac{p \pm 1}{q - p} f_i \quad 或 \quad \frac{f_s}{f_i} = \frac{p \pm 1}{q - p} \tag{7.36}$$

式（7.36）说明，当中频 f_i 一定时，只要信号频率接近上式算出来的数值，就可能产生干扰哨声。信号频率与本振频率组合干扰分布表见表 7.1。

表 7.1　信号频率与本振频率组合干扰分布表

编号	1	2	3	4	5	6	7	8	9	10	11	12	13	14	15
p	0	1	1	2	1	2	3	1	2	3	4	1	2	3	4
q	1	2	3	3	4	4	4	5	5	5	5	6	6	6	6
f_s/f_i	1	2	1	1，3	$\frac{2}{3}$	$\frac{1}{2}$，$\frac{3}{2}$	2，4	$\frac{2}{4}$	$\frac{1}{3}$，1	1，2	3，5	$\frac{2}{5}$	$\frac{1}{4}$，$\frac{3}{4}$	$\frac{2}{3}$，$\frac{4}{3}$	$\frac{3}{2}$，$\frac{5}{2}$

编号	16	17	18	19	20	21	22	23	24	25	26	27	28	29	30
p	5	1	2	3	4	5	6	1	2	3	4	5	6	7	1
q	6	7	7	7	7	7	7	8	8	8	8	8	8	8	9
f_s/f_i	4，6	$\frac{2}{6}$	$\frac{1}{5}$，$\frac{3}{5}$	$\frac{2}{4}$，1	1，$\frac{3}{5}$	2，3	5，7	$\frac{2}{7}$	$\frac{1}{6}$，$\frac{1}{2}$	$\frac{2}{5}$，$\frac{4}{5}$	$\frac{3}{4}$，$\frac{5}{4}$	$\frac{4}{3}$，2	$\frac{5}{2}$，$\frac{7}{2}$	6，8	$\frac{1}{4}$

2. 副波道干扰

如果混频器之前的输入回路和高频放大器的选择性不够好，除要接受的有用信号外，干扰信号也会进入混频器。它们与本振频率的谐波同样可以形成接近中频频率的组合频率干扰，产生干扰哨声。正常情况下，收听电台与本振混频得到中频 $f_i = f_1 - f_s$，这个通道叫主波道或主通道。外来的干扰与本振组合形成中频的通道叫副波道或寄生通道，称这种干扰为副波道干扰。

当混频器的输入端存在着有用信号 $u_s = U_{sm}\cos\omega_s t$ 的同时也窜入了干扰信号 $u_M = U_M \cos\omega_M t$，那么除了有用信号与本振差拍得到中频，有用信号与本振组合形成失真与干扰外，外来干扰与本振组合也会形成组合频率干扰。副波道干扰是一种频率为 f_M 的外来干扰，如果频率为 f_M 的干扰信号作用到混频器的输入端，它与本振信号频率如满足下面关系

$$pf_1 - qf_M = \pm f_i \tag{7.37}$$

由此导出干扰频率 f_M 与本振频率 f_1、中频频率 f_i 的关系

$$f_M = \frac{p}{q} f_1 \pm \frac{f_i}{q} = \frac{p}{q} f_s + \frac{p \pm 1}{q} f_i \tag{7.38}$$

满足式（7.38）的频率都会形成干扰，称这些频率通道为寄生通道，通过这些通道形成的干扰叫副波道干扰。典型的副波道干扰有中频干扰与镜像频率干扰。

中频干扰是式（7.37）中取 $p = 0$，$q = 1$，得 $f_M \approx f_i$。亦即干扰频率等于或接近于中频时，干扰信号将被混频器和各级中频放大器放大，以干扰哨声的形式出现。

镜像干扰是 $p = 1$，$q = 1$ 的组合干扰，干扰频率 $f_M = f_1 + f_i = f_s + 2f_i$，如图 7.17 所示。由于这种干扰频率 f_M 与本振频率 f_1 的差等于中频 f_i，处在信号频率 f_s 的镜像位置，所以称其为镜像干扰。如接收电台的频率是 550kHz，中频等于 465kHz，镜像干扰频率 f_M =1480kHz，它比本振频率高一个中频。

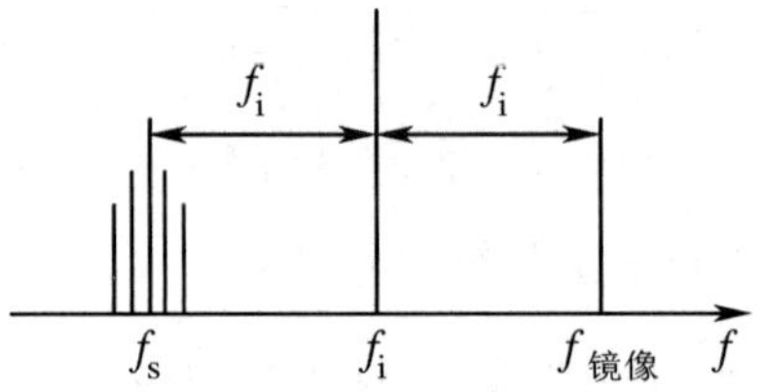

图 7.17　镜像干扰

其他的寄生通道干扰可分为两类，第一类是 $p = q$ 的寄生通道干扰；第二类是 $p \neq q$ 的寄生通道干扰。

第一类寄生通道干扰频率

$$f_M = f_1 \pm \frac{1}{q} f_i \tag{7.39}$$

靠近信号频率最近的寄生通道干扰频率等于 $f_1 - \frac{f_i}{2}$，它是 $p = 2$，$q = 2$ 的 4 阶组合频率干扰，影响最为严重。

第二类寄生通道干扰频率

$$f_M = \frac{p}{q} f_s \pm \frac{p \pm 1}{q} f_i \tag{7.40}$$

这种组合频率干扰表现为收听有用电台信号时串入其他电台的干扰，其原因是在接收有用电台的信号时，干扰泄漏到混频器的输入端所致。所以减少这种干扰的措施是提高前级电路的滤波性能，设法减小混频器输入端干扰电压的幅度。选用高中频方案，可使寄生通道的频率远离信号频率。

3. 交叉调制干扰和互调干扰

组合频率干扰和副波道干扰都是由混频器本身特性所产生的。而当干扰信号与有用信号同时进入混频器后，经过非线性变换，也会产生接近中频 f_i 的分量，从而引起干扰。除混频器可产生这类干扰外，混频器之前的高频放大器也可能产生这类干扰。这类干扰包括交调干扰和互调干扰等。

（1）交叉调制（交调）干扰。如果接收机前端的选择性不够好，使有用信号与干扰信号同时加到接收机收入端，而且这两种信号都是受音频调制的，就会产生交叉调制干扰现象。这种现象就是当接收机调谐在有用信号的频率上时，干扰电台的调制信号听得很清楚；而当接收机对有用信号频率失谐时，干扰电台调制信号的可听度减弱，并随着有用信号的消失而完全消失。换句话说，就好像干扰电台的调制信号转移到了有用信号的载波上。

交叉调制产生的机理可由晶体管的转移特性的非线性特性 $i_c - v_{be}$ 来说明。

设输入的信号电压 $u_s = U_{sm0}(1+m_s\cos\Omega_s t)\cos\omega_s t = U_{sm}\cos\omega_s t$，干扰电压 $u_M = U_{m0}(1+m_M\cos\Omega_M t)\cos\omega_M t = U_M\cos\omega_M t$，则总的输入电压为

$$\Delta v = U_{sm}\cos\omega_s t + U_M\cos\omega_M t \tag{7.41}$$

将 i_C 表示成泰勒级数形式

$$i_c = f(v_b+\Delta v) = f(v_b) + g\Delta v + \frac{1}{2}g'\Delta v^2 + \frac{1}{6}g''\Delta v^3 + \cdots \tag{7.42}$$

将式（7.41）代入上式，经三角变换后，略去高次项，得信号基波电流为

$$i_{c1} = \left(gU_{sm0} + \cdots + gU_{sm0}m_s\cos\Omega_s t + \cdots + \frac{1}{2}g''U_{sm0}U_{m0}^2 m_M\cos\Omega_M t + \cdots\right)\cos\omega_s t \tag{7.43}$$

式（7.43）中的第二项为角频率为 Ω_s 的有用信号的调制，第三项为角频率为 Ω_M 的干扰信号的调制，为了表示交叉调制的程度，定义交叉调制系数

$$k_f = \frac{\text{干扰信号所转移的调制}}{\text{有用信号的调制}} = \frac{\frac{1}{2}g''U_{sm0}U_{m0}^2 m_M}{gU_{sm0}m_s} = \frac{1}{2}\frac{m_M}{m_s}\frac{g''}{g}U_{m0}^2 \tag{7.44}$$

总结：

由式（7.44）可见，k_f 与 g'' 成正比，亦即交叉调制是由晶体管特性中的三次或更高次非线性项所产生。k_f 与有用信号的幅度 U_{sm} 无关，但与干扰信号的振幅平方成正比，因此，提高前端电路的选择性，减小 U_{m0} 是克服交调的有效措施。最后，是否产生交调，只取决于放大器或混频器的非线性，与干扰信号的频率无关。只要干扰信号足够强，并进入接收机的前端电路，就可能产生交调。因此交调是危害性较大的一种干扰形式。

（2）互相调制（互调）干扰。互调干扰是有两个或多个干扰电台信号作用于混频器的输入端，在混频器中组合而形成的干扰。如混频器输入端除有用信号电压 u_s、本振电压 u_l 外，还存在两个干扰电压 u_{M1} 和 u_{M2}，它们的频率分别为 f_{M1} 和 f_{M2}。在混频器中 u_{M1} 和 u_{M2} 混频，当产生的组合频率 $\pm r_f f_{M1} \pm s_f f_{M2}$ 等于或接近于有用信号频率 f_s 时就会形成干扰，这种干扰就是互调干扰。

例题 7-2 试分析与解释下列现象：

（1）在某地，收音机接收到 1090kHz 信号时，可以收到 1323kHz 的信号；

（2）收音机接收 1080kHz 信号时，可以听到 540kHz 信号；

（3）收音机接收 930kHz 信号时，可同时收到 690kHz 和 810kHz 信号，但不能单独收到其中一个台（例如另一个台停播）。

题意分析：在题中列出的三种现象可能的解释为干扰啃声、副波道干扰、交调干扰和互调干扰。这种干扰的产生都是由于混频器中的非线性作用产生出接近中频的组合频率对有用信号形成的干扰。从干扰的形成（参与组合的频率）可以将这四种干扰分开：干扰哨声是有用信号 f_s 与本振信号 f_L 的组合形成的干扰；副波道干扰就是由干扰信号 f_J 与本振信号 f_L 的组合形

成的干扰；交调干扰是有用信号 f_s 与干扰信号 f_J 的作用形成的干扰，它与信号并存；互调干扰是干扰信号 f_{J1} 与干扰信号 f_{J2} 组合形成的干扰，有频率关系 $f_s-f_{J1}=f_{J1}-f_{J2}$。根据各种干扰的特点，就不难分析出题中三种现象，并分析出形成干扰的原因。

解：（1）接收信号 1090kHz，即 $f_s=1090\text{kHz}$，那么收听到的 1323kHz 的信号就一定是干扰信号，即 $f_J=1323\text{kHz}$。可以判断这是副波道干扰。由于 $f_s=1090\text{kHz}$，收音机中频 $f_I=465\text{kHz}$，则 $f_L=f_s+f_I=1555\text{kHz}$。由于 $2f_L-2f_s=2\times1555-2\times1323=3110-2646=464\text{kHz}\approx f_I$。因此，这种副波道干扰是一种四阶干扰，$p=q=2$。

（2）接收 1080kHz 信号，听到 540kHz 信号，因此，$f_s=1080\text{kHz}$，$f_J=540\text{kHz}$，$f_L=f_s+f_I=1545\text{kHz}$，这是副波道干扰。由于 $f_L-2f_J=1545-2\times540=1545-1080=465\text{kHz}=f_I$，这是三阶副波道干扰，$p=1$，$q=2$。

（3）接收 930kHz 信号，同时收到 690kHz 和 810kHz 信号，但又不能单独收到其中的一个台，这里 930kHz 是有用信号的频率，即 $f_s=930\text{kHz}$；690kHz 和 810kHz 的信号应为两个干扰信号，即 $f_{J1}=690\text{kHz}$，$f_{J2}=810\text{kHz}$。有两个干扰信号同时存在，可能性最大的是互调干扰。考察两个干扰频率与信号频率 f_s 之间的关系，很明显 $f_s-f_{J1}=930-810=120\text{kHz}$，$f_{J1}-f_{J2}=810-690=120\text{kHz}$，满足 $f_s-f_{J1}=f_{J1}-f_{J2}$ 的频率条件，因而可以肯定这是一互调干扰。在混频器中由四阶项产生，在放大器中由三阶项产生，但都称为三阶互调干扰。

例题 7-3 某超外差接收机工作频段为(0.55～25)MHz，中频 $f_I=455\text{kHz}$，本振 $f_L>f_s$。试问波段内哪些频率上可能出现较大的组合干扰（6 阶以下）。

题意分析：由题中可以看出，除有用信号以外，无其他的干扰信号存在，故这里的组合干扰应是由信号 f_s 和本振 f_L 组合产生的干扰哨声。接收信号的频率范围为(0.55～25)MHz，中频 $f_I=455\text{kHz}$，故在接收信号频率范围内的变频比 f_s/f_I 是确定的，$f_s/f_I=1.2$～55，只要能找到一对 p 和 q，满足 $\dfrac{f_s}{f_I}\approx\dfrac{p\pm1}{q-p}$ 就可能产生一干扰哨声，对有用信号形成干扰。一般的教材中都给出 f_s/f_I 与 p、q 的关系表，从表中可以找到对应于变频比 f_s/f_I 的 p 与 q 值。

解：由题目可知，变频比为

$$f_s/f_I=1.2\sim55$$

则只要找到一对 p 和 q，满足 $\dfrac{f_s}{f_I}\approx\dfrac{p\pm1}{q-p}$ 就会形成一个干扰点。题中要求找出阶数 $p+q\leqslant6$ 的组合干扰则应是 $p=0,1,\cdots,6$ 和 $q=0,1,\cdots,6$ 且 $p+q\leqslant6$ 的组合。

当 $p=1$，$q=2$ 时

$\dfrac{p+1}{q-p}=2$，在 f_s/f_I 的变化范围内，则有 $f_s/f_I=2$，即 $f_s=2f_I=0.91\text{MHz}$，

$f_L=1.365\text{MHz}$，组合干扰 $qf_s-pf_I=2\times0.91-1.365=0.455\text{MHz}=f_I$

当 $p=2$，$q=3$ 时

$\dfrac{p+1}{q-p}=3$，在 f_s/f_I 的变化范围内，则有 $f_s/f_I=3$，即 $f_s=3f_I=1.365\text{MHz}$

$f_L=1.82\text{MHz}$，组合干扰 $qf_s-pf_I=3\times1.65-2\times1.82=0.455\text{MHz}=f_I$

当 $p=2$，$q=4$ 时

$\frac{p+1}{q-p}=3/2$，在 f_s/f_I 的变化范围内，则有 $f_s/f_I=3/2$，即

$$f_s=3f_I/2=0.6825\text{MHz}, \quad f_L=1.1375\text{MHz},$$

组合干扰 $qf_s-pf_I=4\times0.6825-2\times1.1375=0.455\text{MHz}=f_I$

以上分析表明，当接收信号频率范围和中频频率确定后，在接收频率范围内形成干扰哨声的频率点就确定了。本题中，比较严重的是0.931MHz（3阶）、1.365MHz（5阶）和0.6825MHz（6阶）。

练习题

一、选择题

广播接收机的中频频率是465kHz，当收听载波频率为931kHz的电台节目时，会产生（　　）。

A．1kHz的哨声　　B．0.5kHz的哨声

C．1.5kHz的哨声　　D．不存在干扰组合频率

二、填空题

1．混频器中产生的干扰有________、________、________和________。

2．收音机收听1090kHz信号时听到1323kHz的信号，这是由于存在________干扰。（设 $f_I=f_L-f_c$）

三、简答及计算题

1．某超外差收音机，其中频 $f_I=f_r-f_c=465\text{kHz}$，试分析下列现象属于何种干扰？又是如何形成？

（1）当收听 $f_c=550\text{kHz}$ 电台节目时，还能听到频率为1480kHz强电台的声音；

（2）当收听 $f_c=1480\text{kHz}$ 电台节目时，还能听到频率为740kHz强电台的声音；

（3）当收听 $f_c=931\text{kHz}$ 电台节目时，伴有音调约为1kHz的哨声。

2．试分析下列现象：

（1）在某地，收音机接收到1090kHz时，可以听到1323kHz信号；

（2）收音机接收到1080kHz时，可以听到540kHz信号；

（3）收音机接收到930kHz时，可以同时收到690kHz和810kHz信号，但不能单独收到其中的一个台（例如，另一个台停播）。

3．为什么要进行变频，变频有何作用？

4.变频作用如何产生？为什么要用非线性元件才能产生变频作用?变频与检波有何相同点与不同点?

5．变频器与混频器有什么异同点，各有哪些优缺点？

6．超外差式广播收音机的接收频率范围为535～1605kHz，中频频率 $f_I=f_L-f_s=$

465kHz，试问当收听 $f_s = 700$kHz 的电台播音时，除了调谐在 700kHz 频率刻度上能接收到外，还可能在接收频段内的哪些频率刻度位置上收听到这个电台的播音（写出最强的两个）？并说明它们各自是通过什么寄生通道造成的？

7．有一超外差收音机，中频为 465kHz，当出现下列现象时，指出这些是什么干扰及形成原因。

（1）当调谐到 580kHz 时，可听到频率为 1510kHz 的电台播音；

（2）当调谐到 1165kHz 时，可听到频率为 1047.5kHz 的电台播音；

（3）当调谐到 930.5kHz 时，约有 0.5kHz 的哨叫声。

项目八　反馈控制电路

教学目标

通过对本项目的学习，掌握锁相环的原理并能够进行应用。

教学要求

1. 掌握锁相环的构成及工作原理；
2. 理解锁相环路的数学模型；
3. 掌握环路的捕获、锁定和跟踪，环路的同步带和捕捉带。

8.1　反馈控制系统

反馈控制是现代系统工程中的一种重要技术手段。系统在受到扰动的情况下，通过反馈控制作用，可使系统的参数达到所需的精度，或按照一定的规律变化。反馈控制电路的学习先从反馈控制系统的基本概念入手，介绍反馈控制系统的组成、工作过程、特点及基本分析。根据控制对象参数不同，反馈控制电路在电子线路中可以分为以下三类：自动增益控制（AGC）电路、自动频率控制（AFC）电路及自动相位控制（APC）电路。

8.1.1　反馈控制系统的基本组成

反馈控制系统的方框图如图 8.1 所示。图中比较器的作用是将外加的参考信号 $r(t)$ 和 $f(t)$ 进行比较，通常是取其差值，并输出比较后的差值信号 $e(t)$，起检测误差信号和产生控制信号的作用。

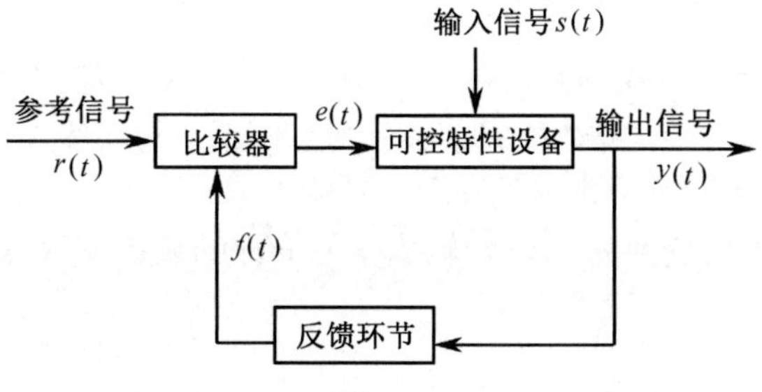

图 8.1　反馈控制系统的方框图

可控特性设备是在输入信号 $s(t)$ 的作用下产生输出信号 $y(t)$，其输出与输入特性的关系受误差信号 $e(t)$ 的控制，对误差信号有校正作用。

反馈环节的作用是将输出信号 $y(t)$ 按一定的规律反馈到输入端，这个规律随要求的不同而不同，它对整个环路的性能起着重要的作用。

假定系统已处于稳定状态，这时输入信号为 s_0，输出信号为 y_0，参考信号为 r_0，比较器输出的误差信号为 e_0。

（1）参考信号 r_0 保持不变，输出信号 y 发生了变化。y 变化的原因可以是输入信号 $s(t)$ 发生了变化，也可以是可控特性设备本身的特性发生了变化。y 的变化经过反馈环节将表现为反馈信号 f 的变化，使得输出信号 y 向趋近于 y_0 的方向进一步变化。在反馈控制系统中，使输出信号 y 进一步变化的方向与原来的变化方向相反，也就是要减小 y 的变化量。y 的变化减小将使得比较器输出的误差信号减小。适当的设计可以使系统再次达到稳定，误差信号 e 的变化很小，这就意味着输出信号 y 偏离稳态值 y_0 也很小，从而达到稳定输出 y_0 的目的。显然，整个调整过程都是自动进行的。

（2）若参考信号 r_0 发生了变化。这时即使输入信号 $s(t)$ 和可控特性设备的特性没有变化，误差信号 e 也要发生变化。系统调整的结果使得误差信号 e 的变化很小，这只能是输出信号 y 与参考信号 r 同方向的变化，也就是输出信号将随着参考信号的变化而变化。

总结：

由于反馈控制作用，较大的参考信号变化和输出信号变化，只引起小的误差信号变化。

思考：如何实现减小误差信号的变化？

要实现减小误差信号的变化需满足如下两个条件。

一是要反馈信号变化的方向与参考信号变化的方向一致。因为比较器输出的误差信号 e 是参考信号 r 与反馈信号 f 之差，即 $e=r-f$，所以，只有反馈信号与参考信号变化方向一致，才能抵消参考信号的变化，从而减小误差信号的变化。

二是从误差信号到反馈信号的整个通路（含可控特性设备、反馈环节和比较器）的增益要高。提高通路增益只能减小误差信号变化，而不能将这个变化减小到零。

反馈控制系统具有以下几个特点：

（1）控制信号产生和误差信号校正全部都是系统自动完成的。

（2）系统是根据误差信号的变化而进行调整的，而不管误差信号是由哪种原因产生的。

（3）系统的合理设计能够减小误差信号的变化，但不可能完全消除。

8.1.2 反馈控制系统的传递函数及数学模型

分析反馈控制系统就是要找到参考信号与输出信号（又称被控信号）的关系，也就是要找到反馈控制系统的传输特性。反馈控制系统分为线性系统与非线性系统，这里着重分析线性系统。

若参考信号 $r(t)$ 的拉氏变换为 $R(s)$，输出信号 $y(t)$ 的拉氏变换为 $Y(s)$，则反馈控制系统的传输特性表示为

$$T(s)=\frac{Y(s)}{R(s)} \tag{8.1}$$

称 $T(s)$ 为反馈控制系统的闭环传输函数。

下面来推导闭环传输函数 $T(s)$ 的表示式，并利用它分析反馈控制系统的特性。为此需先

找出反馈控制系统的比较器、可控特性设备和反馈环节的传递函数及数学模型。

（1）比较器。比较器的典型特性如图 8.2 所示，其输出的误差信号 e 通常与参考信号 r 和反馈信号 f 的差值成比例，即

$$e = A_{cp}(r - f) \tag{8.2}$$

这里 A_{cp} 是一个比例常数，它的量纲应满足不同系统的要求。

将式（8.2）写成拉氏变换式

$$E(s) = A_{cp}[R(s) - F(s)] \tag{8.3}$$

其中，$E(s)$ 是误差信号的拉氏变换，$R(s)$ 是参考信号的拉氏变换，$F(s)$ 是反馈信号的拉氏变换。

（2）可控特性设备。在误差信号控制下产生相应输出信号的设备称为可控特性设备。可控特性设备的典型特性如图 8.3 所示。和比较器一样可控特性设备的变化关系并不一定是线性关系，为简化分析，假定它是线性关系

$$y = A_c e \tag{8.4}$$

这里 A_c 是常数，其量纲应满足系统的要求。

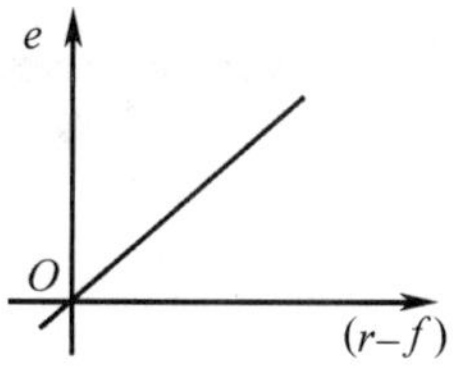

图 8.2　比较器的典型特性

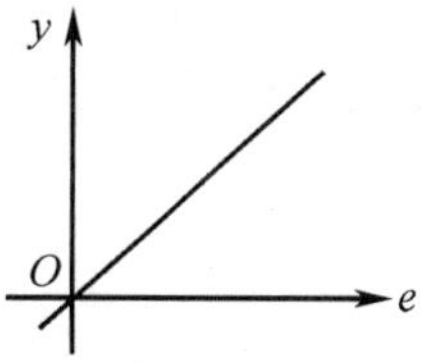

图 8.3　可控特性设备的典型特性

将式（8.4）写成拉氏变换式

$$Y(s)=A_c E(s) \tag{8.5}$$

（3）反馈环节。反馈环节的作用是将输出信号 y 的信号形式变换为比较器需要的信号形式。如输出信号是交流信号，而比较器需要用反映交变信号的平均值的直流信号进行比较，反馈环节应能完成这种变换。反馈环节的另一重要作用是按需要的规律传递输出信号。

通常，反馈环节是一个具有所需特性的线性无源网络。它的传递函数为

$$H(s) = \frac{F(s)}{Y(s)} \tag{8.6}$$

称 $H(s)$ 为反馈传递函数。

根据上面各基本部件的功能和数学模型可以得到整个反馈控制系统的数学模型如图 8.4 所示，利用这个模型，就可以导出整个系统的传递函数。

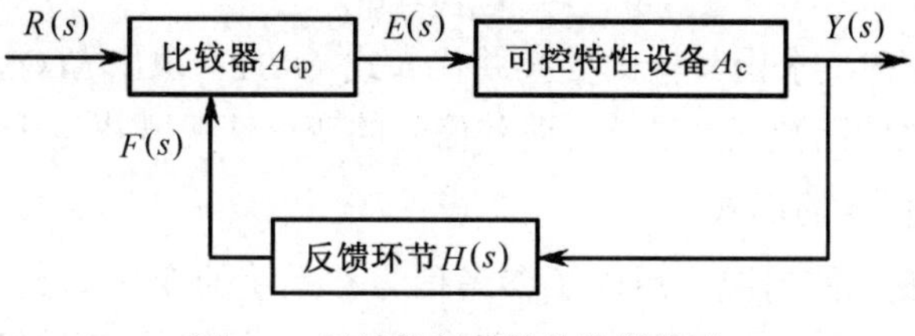

图 8.4　反馈控制系统的数学模型

因为

$$Y(s)=A_{\mathrm{c}}E(s)=A_{\mathrm{c}}A_{\mathrm{cp}}[R(s)-F(s)]=A_{\mathrm{c}}A_{\mathrm{cp}}[R(s)-H(s)Y(s)]$$
$$=A_{\mathrm{c}}A_{\mathrm{cp}}R(s)-A_{\mathrm{c}}A_{\mathrm{cp}}H(s)Y(s)$$

从而得到反馈控制的传递函数

$$T(s)=\frac{Y(s)}{R(s)}=\frac{A_{\mathrm{c}}A_{\mathrm{cp}}}{1+A_{\mathrm{c}}A_{\mathrm{cp}}H(s)} \tag{8.7}$$

式（8.7）称为反馈控制系统的闭环传递函数。在分析反馈控制系统时，会用到闭环传递函数，有时甚至还用到开环传递函数 $T_{\mathrm{op}}(s)$、正向传递函数 $T_{\mathrm{f}}(s)$ 和误差传递函数 $T_{\mathrm{e}}(s)$ 的表达式。

开环传递函数 $T_{\mathrm{op}}(s)$ 是指反馈信号 $F(s)$ 与误差信号 $E(s)$ 之比

$$T_{\mathrm{op}}(s)=\frac{F(s)}{E(s)}=A_{\mathrm{c}}H(s) \tag{8.8}$$

正向传递函数 $T_{\mathrm{f}}(s)$ 是指输出信号 $Y(s)$ 与误差信号 $E(s)$ 之比

$$T_{\mathrm{f}}(s)=\frac{Y(s)}{E(s)}=A_{\mathrm{c}} \tag{8.9}$$

误差传递函数是指误差信号 $E(s)$ 与参考信号 $R(s)$ 之比

$$T_{\mathrm{e}}(s)=\frac{E(s)}{R(s)}=\frac{A_{\mathrm{cp}}}{1+A_{\mathrm{c}}A_{\mathrm{cp}}H(s)} \tag{8.10}$$

8.1.3 反馈控制系统的基本特性分析

反馈控制系统的基本特性分析分为以下 5 个方面。

（1）反馈控制系统的瞬态与稳态响应。若反馈控制系统已经给定，即正向传递函数 A_c 和反馈传递函数 $H(s)$ 为已知，则在给定参考信号 $R(s)$ 后就可根据（8.7）式求得该系统的输出信号 $Y(s)$，因为

$$Y(s)=\frac{A_{\mathrm{c}}A_{\mathrm{cp}}}{1+A_{\mathrm{c}}A_{\mathrm{cp}}H(s)}R(s) \tag{8.11}$$

在一般情况下，该式表示的是一个微分方程式，从线性系统分析可知，所求得的输出信号的时间函数 $Y(t)$ 将包含有稳态部分和瞬态部分。

（2）反馈控制系统的跟踪特性。反馈控制系统的跟踪特性是指误差函数 e 与参考信号 r 的关系。它的复频域表示式是式（8.10）所示的误差传递函数，也可表示为

$$E(s)=\frac{A_{\mathrm{cp}}}{1+A_{\mathrm{cp}}A_{\mathrm{c}}H(s)}R(s) \tag{8.12}$$

当给定参考信号 r 时，求出其拉氏变换并代入式（8.12）求出 $E(s)$，再进行逆变换就可得误差信号 e 随时间变化的函数式。显然，误差信号的变化情况既决定于系统的参数 A_{cp}、A_{c} 和 $H(s)$，也决定于参数信号的形式。

误差信号随时间变化的情况，反映了参考信号和系统的变化情况。例如，当参考信号是阶跃变化时，即由一个稳态值变化到另一个稳态值时，误差信号在开始时较大，而当控制过程

结束系统达到稳态时，误差信号将变得很小，近似为零。

注意：在许多实际应用中，往往不需要了解信号的跟踪过程，而只需了解系统稳定后误差信号的大小，称其为稳态误差。

利用拉氏变换的终值定理和误差传递函数的表达式（8.12）就可求得稳态误差值 e_s

$$e_s = \lim_{t\to\infty} e(t) = \lim_{s\to 0} sE(s) = \lim_{s\to 0}\frac{sA_{cp}}{1+A_{cp}A_c H(s)}R(s) \tag{8.13}$$

e_s 越小，说明系统的跟踪误差越小，跟踪特性越好。

（3）反馈控制系统的频率响应。反馈控制系统在正弦信号作用下的稳态响应称为频率响应。可以用 $j\omega$ 代替传递函数中的 s 来得到。这样系统的闭环频率响应为

$$T(j\omega) = \frac{Y(j\omega)}{R(j\omega)} = \frac{A_{cp}A_c}{1+A_{cp}A_c H(j\omega)} \tag{8.14}$$

这时，反馈控制系统等效为一个滤波器。

由式（8.14）可以看出，反馈环节的频率响应 $H(j\omega)$ 对反馈控制系统的频率响应起决定性的作用。可以利用改变 $H(j\omega)$ 的方法调整整个系统的频率响应。

与闭环频率响应一样，用式（8.10）可求得误差频率响应

$$T_e(j\omega) = \frac{E(j\omega)}{R(j\omega)} = \frac{A_{cp}}{1+A_{cp}A_c H(j\omega)} \tag{8.15}$$

它表示误差信号的频谱函数与参考信号频谱函数的关系。

（4）反馈控制系统的稳定性。反馈控制系统的稳定性是必须考虑的重要问题之一。其含义是，在外来扰动的作用下，环路脱离原来的稳定状态，经瞬变过程后能回到原来的稳定状态，则系统是稳定的，反之则是不稳定的。

若一个线性电路的传递函数 $T(s)$ 的全部极点（亦即特征方程的根）位于复平面的左半平面内，这时，环路是稳定的。反之，若其中一个或一个以上的极点处于复平面的右半平面或虚轴上，这时环路是不稳定的。

因此，由式（8.7），根据环路的特征方程：

$$1 + A_{cp}A_c H(s) = 0 \tag{8.16}$$

总结：

全部特征根位于复平面的左半平面内是环路稳定工作的充要条件。

（5）反馈控制系统的控制范围。对于反馈控制系统的分析是假定比较器和可控特性设备及反馈环节具有线性特性。这个假定只可能在一定范围内，任何一个实际的反馈控制系统都有一个能够正常工作的范围。

8.2　自动增益控制（AGC）电路

自动增益控制（AGC）电路是接收机的控制电路之一。接收机工作时，其输出功率是随着外来信号场强的大小而变化的。当外来信号场强大时，接收机输出功率大；当外来信号场强小时，输出功率小。接收机所接收的信号，随各种条件的改变而有很大的差异，信号强度的变

化可由几微伏到几百毫伏。但我们希望接收机输出电平的变化范围尽量小，避免过强的信号使晶体管和终端器件过载，以致损坏。因此，在接收弱信号时，希望接收机有很高的增益，而在接收强信号时，接收机的增益应减小一些。这种要求只靠人工增益控制（如接收机上的音量控制等）来实现是困难的，必须采用 AGC 电路。

自动增益控制电路的作用是当输入信号电压变化很大时，保持接收机输出电压几乎不变。具体地说，当输入信号很弱时，接收机的增益大，自动增益控制电路不起作用。而当信号场强变化时，接收机的输出端的电压或功率几乎不变。

自动增益控制电路是输入信号电平变化时，用改变增益的方法维持输出信号电平基本不变的一种反馈控制系统。对自动增益控制电路的主要要求是控制范围要宽，信号失真要小，要有适当的响应时间，同时，不影响接收机的噪声性能。若用 $m_i = \dfrac{U_{imax}}{U_{imin}}$ 代表 AGC 电路输入信号电平的变化范围，则 $m_o = \dfrac{U_{omax}}{U_{omin}}$ 代表 AGC 电路输出信号电平允许变化范围。

当给定 m_o 时，m_i 取 $n_g = \dfrac{m_i}{m_o}$，称 n_g 为增益控制倍数，显然 n_g 越大控制范围越宽。

$$n_g = \frac{m_i}{m_o} = \frac{U_{imax}/U_{imin}}{U_{omax}/U_{omin}} = \frac{U_{omin}}{U_{imin}}\frac{U_{imax}}{U_{omax}} = \frac{A_{max}}{A_{min}} \tag{8.17}$$

式中，$A_{max} = \dfrac{U_{omin}}{U_{imin}}$ 表示 AGC 电路的最大增益；$A_{min} = \dfrac{U_{omax}}{U_{imax}}$ 表示 AGC 电路的最小增益。

可见，要想扩大 AGC 电路的控制范围，就要增大 AGC 电路的增益控制倍数，也就是要求 AGC 电路有较大的增益变化范围。同时要根据信号的性质和需要，设计适当的响应时间。

AGC 电路的组成如图 8.5 所示，它包含有可控增益电路、电平检测电路、滤波器、比较器和控制信号产生器。

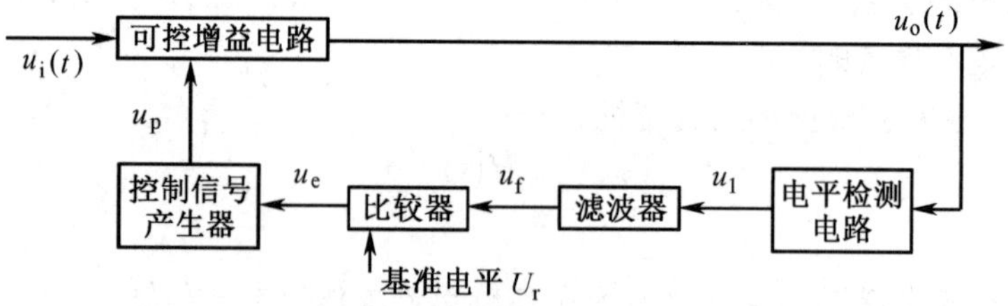

图 8.5 AGC 电路组成

（1）电平检测电路。电平检测电路的功能就是检测出输出信号的电平值。它的输入信号就是 AGC 电路的输出信号，可能是调幅波或调频波，也可能是声音信号或图像信号。这些信号的幅度也是随时间变化的，但变化频率较高，至少在几十赫兹以上。而其输出则是一个反映其输入电平的信号，一般情况下，电平信号的变化频率较低，如几赫兹左右。通常电平检测电路是由检波器担任，其输出与输入信号电平成线性关系，即

$$u_1 = K_d u_y \tag{8.18}$$

其复频域表示式为

$$U_1(s) = K_d U_y(s) \tag{8.19}$$

（2）滤波器。对于以不同频率变化的电平信号，滤波器将有不同的传输特性。由此可以控制 AGC 电路的响应时间，也就是决定当输入电平以不同的频率变化时输出电平的变化情况。常用的是 *RC* 积分电路，如图 8.6 所示。

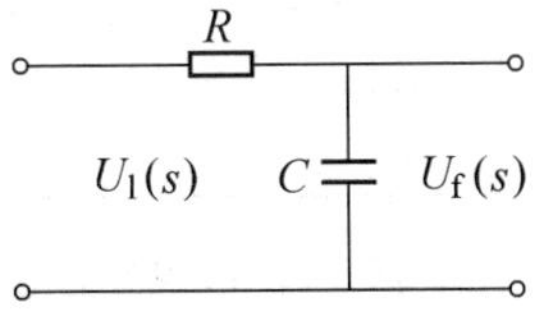

图 8.6　*RC* 积分电路

它的传输特性为

$$H(s)=\frac{U_f(s)}{U_1(s)}=\frac{1}{1+sRC} \tag{8.20}$$

（3）比较器。将给定的基准电平 U_r 与滤波器输出的 u_f 进行比较，输出误差信号为 u_e。通常 u_e 与 (U_r-u_f) 成正比，所以，比较器特性的复频域表示式为

$$U_e(s)=A_{cp}[U_r(s)-u_f(s)] \tag{8.21}$$

其中，A_{cp} 为一比例常数。

（4）控制信号产生器。控制信号产生器的功能是将误差信号变换为可变增益电路需要的控制信号。这种变换通常是幅度的放大或极性的变换。

它的复频域表示式为

$$U_p(s)=A_pU_e(s) \tag{8.22}$$

其中，A_p 为比例常数。

（5）可控增益电路。可控增益电路能在控制电压作用下改变增益。要求电路在增益变化时，不使信号产生线性或非线性失真。同时要求它的增益变化范围大，它将直接影响 AGC 系统的增益控制倍数 n_g。

可控增益电路的增益与控制电压的关系一般是非线性的。通常最关心的是 AGC 系统的稳定情况。为简化分析，假定它的特性是线性的，即

$$G=A_gu_p \tag{8.23}$$

其复频域表示式为

$$G(s)=A_gU_p(s) \tag{8.24}$$

$$U_o(s)=G(s)U_i(s)=A_gU_i(s)U_p(s)=K_gU_p(s) \tag{8.25}$$

式中，$K_g=A_gU_i$，表示 U_o 与 U_p 关系中的斜率。

以上说明了 AGC 电路的组成及各部件的功能。但是，在实际 AGC 电路中并不一定都包含这些部分。

8.3　自动频率控制（AFC）电路

自动频率控制（AFC）电路的框图如图 8.7 所示，需要注意的是在反馈环路中传递的是频

率信息，误差信号正比于参考频率与输出频率之差，控制对象是输出频率。因此研究 AFC 电路应着眼于频率。

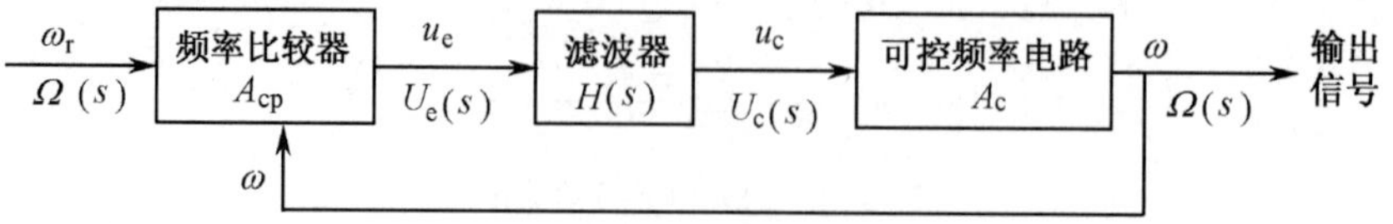

图 8.7 AFC 电路方框图

（1）频率比较器。加到频率比较器的信号，一是参考信号，另一个是反馈信号，它的输出电压 u_e 与这两个信号的频率差有关，而与这两个信号的幅度无关，称 u_e 为误差信号。

$$u_e = A_{cp}(\omega_r - \omega_o) \tag{8.26}$$

式中，A_{cp} 在一定的频率范围内为常数，实际上是鉴频跨导。混频一鉴频型频率比较器框图及其特性如图 8.8 所示。

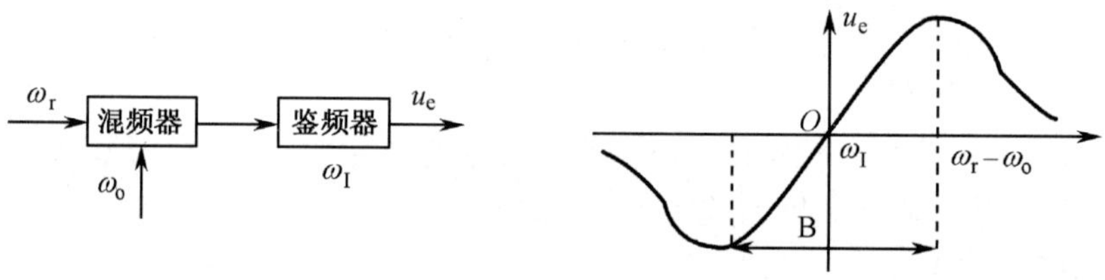

（a）频率比较器框图 （b）鉴频特性

图 8.8 混频一鉴频型频率比较器框图及其特性

（2）可控频率电路。可控频率电路是在控制信号 u_c 的作用下，改变输出信号的频率。显然，它是一个电压控制的振荡器，其典型特性如图 8.9 所示。一般这个特性也是非线性的，但在一定的范围内如 CD 段可近似表示为线性关系

$$\omega_y = A_c u_c + \omega_{o0} \tag{8.27}$$

式中，A_c 为常数，实际是压控灵敏度。这一特性称之为控制特性。

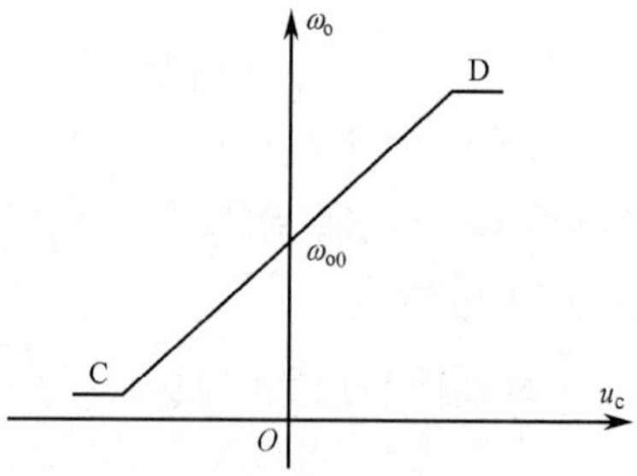

图 8.9 可控频率电路的控制特性

（3）滤波器。自动频率控制电路中的滤波器特指低通滤波器。根据频率比较器的原理，误差信号 u_e 的大小与极性反映了 $(\omega_r - \omega_o) = \Delta\omega$ 的大小与极性，而 u_e 的频率则反映了频率差 $\Delta\omega$ 随时间变化的快慢。因此，滤波器的作用是限制反馈环路中流通的频率差的变化频率，只

允许频率差较慢的变化信号通过实施反馈控制，而滤除频率差较快的变化信号使之不产生反馈控制作用。

滤波器的传递函数为

$$H(s)=\frac{U_c(s)}{U_e(s)} \tag{8.28}$$

当滤波器为单节 RC 积分电路时

$$H(s)=\frac{1}{1+RCs} \tag{8.29}$$

当误差信号 u_e 是慢变化的电压时，这个滤波器的传递函数可以认为是 1。

在了解各部件功能的基础上，我们用图解法分析 AFC 电路的基本特性。

因为我们感兴趣的是稳态情况，不讨论反馈控制过程，所以，可认为滤波器的传递函数为 1，这样 AFC 的方框图如图 8.10（a）所示。这样 $u_c=u_e$，$\omega_{r0}=\omega_{y0}$，$\Delta\omega=\omega_{r0}-\omega_y$。

将图 8.10（b）所示的鉴频特性及图 8.9 所示的控制特性换成 $\Delta\omega$ 的坐标，分别如图 8.10（b）（c）所示。

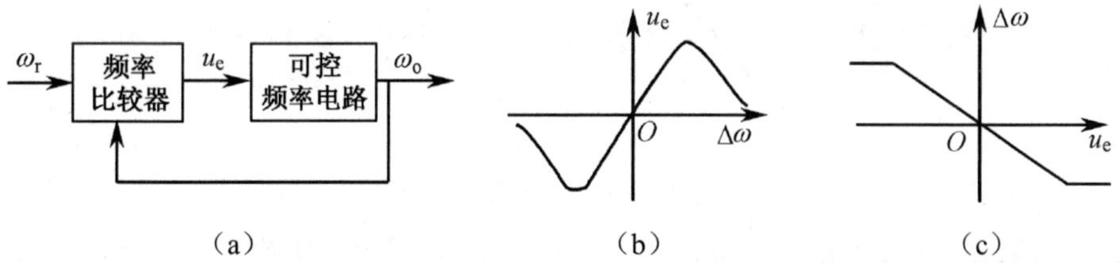

图 8.10　简化的 AFC 电路框图及其特性

当 AFC 电路处于平衡状态时，应该是频率比较器和可控频率电路特性方程的联立解。图解法则是将这两个特性曲线画在同一坐标轴上，找出两条曲线的交点，即为平衡点，如图 8.11 所示。

和所有的反馈控制系统一样，系统稳定后所具有的状态与系统的初始状态有关。AFC 电路对应于不同的初始频差 $\Delta\omega$，有不同的剩余频差 $\Delta\omega_e$；当初始频差 $\Delta\omega$ 一定时，鉴频特性越陡（即 θ 角越趋近于 90°），或控制特性越平（即 ψ 角越趋近于 90°），则平衡点 M 越趋近于坐标原点，剩余频差就越小。

1）设初始频差 $\Delta\omega=0$，即 $\omega_0=\omega_{o0}=\omega_{r0}$，可控频率电路的输出频率就是标准频率，控制特性如图 8.11 中“控制特性①”线所示，它与鉴频特性的交点就在坐标原点。初始频差为零，剩余频差也为零。

2）初始频差 $\Delta\omega=\Delta\omega_1$ 如“控制特性②”线所示，它代表可控频率电路未加控制电压，振荡角频率偏离 ω_{o0} 时的控制特性。它与鉴频特性的交点 M_0 就是稳定平衡点，对应的 $\Delta\omega_e$ 就是剩余频差。因为在这个平衡点上，频率比较器由 $\Delta\omega_e$ 产生的控制电压恰好使可控频率电路在这个控制电压作用下的振荡角频率误差由 $\Delta\omega_1$ 减小到 $\Delta\omega_e$，显然 $\Delta\omega_e<\Delta w_1$。鉴频特性越陡，控制特性越平，$\Delta\omega_e$ 就越小。

3）初始角频率由小增大时，控制电压相应地向右平移，平衡点所对应的剩余角频差也相应地由小增大。当初始角频差为$\Delta\omega_2$时，鉴频特性与控制特性出现 3 个交点，分别用 M、P、N 表示。其中 M 和 N 是稳定点，P 点则是不稳定点。问题是两个稳定平衡点应稳定在哪个平衡点上。如果环路原先是锁定的，若工作在 M 点上，由于外因的影响使起始角频差增大到$\Delta\omega_2$，在增大过程中环路来得及调整，则环路就稳定在 M 点上；如果环路原先是失锁的，那么必先进入 N 点，并在 N 点稳定下来，而不再转移到 M 点。在 N 点上，剩余角频差接近于起始角频差，此时环路已失去了自动调节作用，因此 N 点对 AFC 电路已无实际意义。

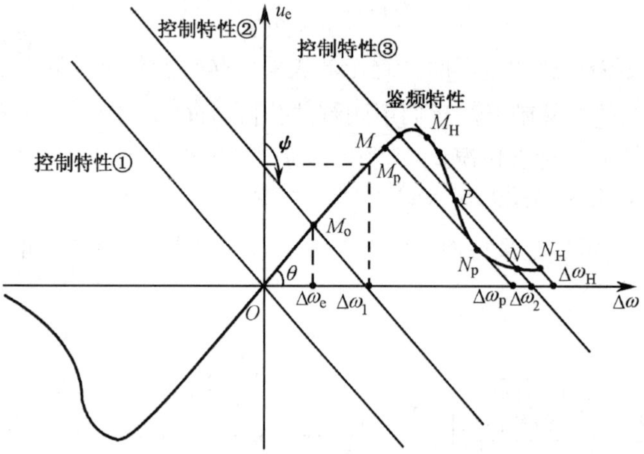

图 8.11 AFC 电路的工作特性

4）若环路原先是锁定的，当$\Delta\omega$由小增大到$\Delta\omega=\Delta\omega_H$时，控制特性与鉴频特性的外部相切于$M_H$点，$\Delta\omega$再继续增大，就不会有交点了，这表明$\Delta\omega_H$是环路能够维持锁定的最大初始频差。通常将$2\Delta\omega_H$称为环路的同步带或跟踪带，而将跟得上$\Delta\omega$变化的过程称为跟踪过程。

5）若环路原先是失锁的，如果初始频差由大向小变化，当$\Delta\omega=\Delta\omega_H$时环路首先稳定在$N_H$点，不会转移到$M_H$点，这时环路相当于失锁。只有当初始频差继续减小到$\Delta\omega_p$时，控制特性与鉴频特性相切于$N_p$，相交于$M_p$点，环路由$N_p$点转移到$M_p$点稳定下来，这就表明$\Delta\omega_p$是从失锁到稳定的最大初始角频差，通常将$2\Delta\omega_p$称为环路的捕捉带，而将失锁到锁定的过程称为捕捉过程。显然，$\Delta\omega_p<\Delta\omega_H$。

思考：AFC 电路与 AGC 电路有什么区别?

AFC 电路也是一种反馈控制电路，它与 AGC 电路的区别在于控制对象不同，AGC 电路的控制对象是电平信号，而 AFC 电路的控制对象则是信号的频率。其主要作用是自动控制振荡器的振荡频率。

8.4 自动相位控制（APC）电路（锁相环路 PLL）

自动相位控制（APC）电路，也称为锁相环路（PLL），其和 AGC、AFC 电路一样，也是一种反馈控制电路。它是一个相位误差控制系统，是将参考信号与输出信号之间的相位进行比较，产生相位误差电压来调整输出信号的相位，以达到与参考信号同频的目的。在达到同频的状态下，两个信号之间的稳定相差亦可做得很小。

思考：锁相环主要应用于哪些领域？

锁相环早期应用于电视机的同步系统，使电视图像的同步性能得到了很大的改善。20 世纪 50 年代后期，随着空间科学的发展，锁相环在跟踪和接收来自宇宙飞行器（人造卫星、宇宙飞船）的微弱信号方面显示出了很大的优越性。普通的超外差接收机，频带做的相当宽，噪声大，同时信噪比也大大降低。而在锁相环接收机中，由于中频信号可以锁定，所以频带可以做得很窄（几十赫以下），则带宽可以下降很多，所以输出信噪比也就大大提高了。只有采用锁相环路做成的窄带锁相跟踪接收机才能把深埋在噪声中的信号提取出来。随着电子技术的发展，集成锁相环的出现，各种电子系统中锁相环路的用途极为广泛。例如，锁相接收机、微波锁相振荡源、锁相调频器、锁相鉴频器等。在锁相频率合成器中，锁相环路具有稳频作用，能够完成频率的加、减、乘、除等运算，可以作为频率的加减器、倍频器、分频器等使用。

注意：锁相环路不仅能完成频率合成的任务，而且还具有优良的滤波性能。这种滤波性能是普通的滤波器所不能比拟的。锁相环路可分为模拟锁相环与数字锁相环。模拟锁相环的显著特征是相位比较器（鉴相器）输出的误差信号是连续的，对环路输出信号的相位调节是连续的，而不是离散的。数字锁相环则与之相反。

1. 锁相环路的组成与模型

基本的锁相环路是由鉴相器（PD）、环路滤波器（LF）和压控振荡器（VCO）组成的自动相位调节系统，其基本原理如图 8.12 所示。

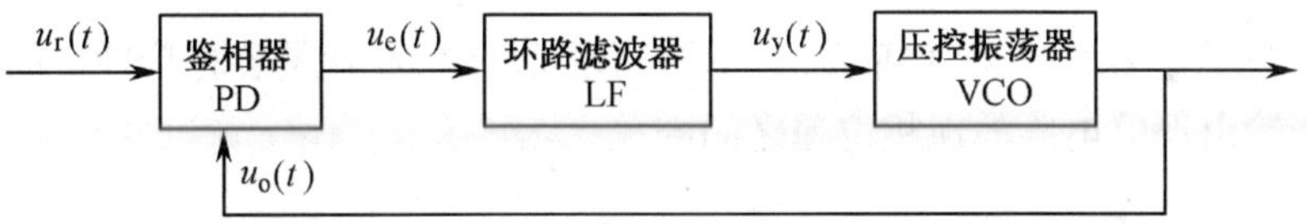

图 8.12　锁相环路的基本原理

设输入信号 $u_r(t)$ 和本振信号（压控振荡器输出信号）$u_o(t)$ 分别是正弦和余弦信号，它们在鉴相器内进行比较，鉴相器的输出是一个与两者间的相位差成比例的电压 $u_e(t)$，一般把 $u_e(t)$ 称为误差电压。环路低通滤波器滤除鉴相器中的高频分量，然后把输出电压 $u_y(t)$ 加到 VCO 的输入端，VCO 送出的本振信号频率随着输入电压的变化而变化。如果二者频率不一致，则鉴相器的输出将产生低频变化分量，并通过低通滤波器使 VCO 的频率发生变化。只要环路设计恰当，这种变化将使本振信号的频率与鉴相器输入信号的频率一致。最后，如果本振信号的频率和输入信号的频率完全一致，两者的相位差将保持某一恒定值，则鉴相器的输出将是一个恒定的直流电压（高频分量忽略），环路低通滤波器的输出也是一个直流电压，VCO 的频率将停止变化，这时，环路处于“锁定状态”。

（1）鉴相器。鉴相器是相位比较装置，用来比较输入信号 $u_r(t)$ 与压控振荡器输出信号 $u_o(t)$ 的相位，它的输出电压 $u_e(t)$ 是对应于这两个信号相位差的函数。任何一个理想的模拟乘法器都可以用作鉴相器。当参考信号为：

$$u_r(t)=U_{rm}\sin[\omega_r t+\psi_r(t)] \quad (8.30)$$

压控振荡器的输出信号为

$$u_o(t)=U_{om}\cos[\omega_o t+\psi_o(t)] \tag{8.31}$$

式（8.30）中的$\psi_r(t)$是以$\omega_r t$为参考相位的瞬时相位；式（8.31）中的$\psi_o(t)$是以$\omega_o t$为参考相位的瞬时相位。考虑一般情况，ω_o不一定等于ω_r，为便于比较两者之间的相位差，我们统一以输出信号的$\omega_o t$为参考相位。

这样，$u_r(t)$的瞬时相位为

$$[\omega_r t+\psi_r(t)]=\omega_o t+[\omega_r-\omega_o]t+\psi_r(t)=\omega_o t+\psi_1(t) \tag{8.32}$$

其中，$\psi_1(t)=[\omega_r-\omega_o]t+\psi_r(t)=\Delta\omega_o t+\psi_r(t)$，$\Delta\omega_o=\omega_r-\omega_o$是参考信号角频率与压控振荡器振荡信号角频率之差，称为固有频差。

令$\psi_r(t)=\psi_2(t)$，可将式（8.30）、式（8.31）重写如下

$$u_r(t)=U_{rm}\sin[\omega_r t+\varphi_r(t)]=U_{rm}\sin[\omega_o t+\varphi_1(t)] \tag{8.33}$$

$$u_o(t)=U_{om}\cos[\omega_o t+\varphi_o(t)]=U_{om}\cos[\omega_o t+\varphi_2(t)] \tag{8.34}$$

将式(8.33)、式(8.34)所示信号作为模拟乘法器的两个输入，设乘法器的相乘系数$A_M=1$，则其输出

$$u_r(t)u_o(t)=\frac{1}{2}U_{rm}U_{om}\{\sin[2\omega_o t+\varphi_1(t)+\varphi_2(t)]+\sin[\varphi_1(t)-\varphi_2(t)]\} \tag{8.35}$$

式（8.35）中第一项为高频分量，可通过环路滤波器滤除，鉴相器的输出为

$$u_e(t)=\frac{1}{2}U_{rm}U_{om}\sin[\varphi_1(t)-\varphi_2(t)]=U_{em}\sin\varphi_e(t)=A_{cp}\sin\varphi_e(t) \tag{8.36}$$

式中，$\varphi_e(t)=\varphi_1(t)-\varphi_2(t)$。

鉴相器的数学模型如图 8.13 所示。它所表示的正弦特性就是鉴相特性，如图 8.14 所示，它表示鉴相器输出误差电压与现相位差之间的关系。

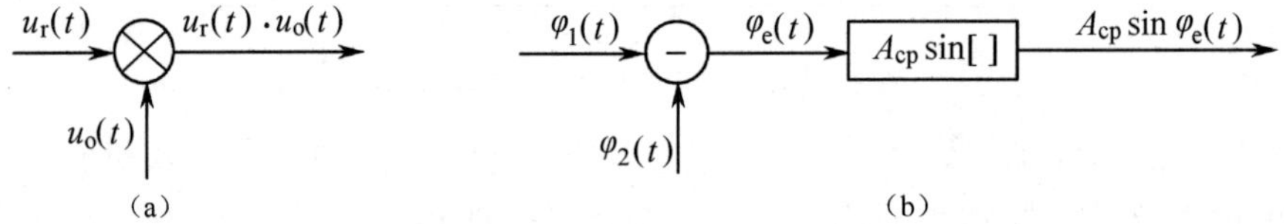

图 8.13　鉴相器的数学模型

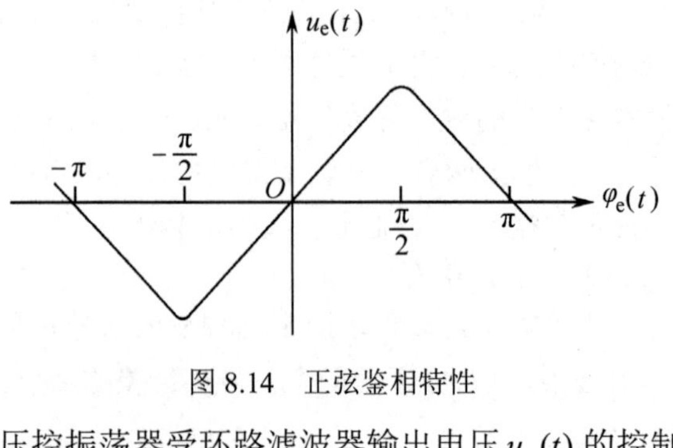

图 8.14　正弦鉴相特性

（2）压控振荡器。压控振荡器受环路滤波器输出电压$u_y(t)$的控制，使振荡频率向输入信号的频率靠拢，直至两者的频率相同，使得 VCO 输出信号的相位和输入信号的相位保持某种

特定的关系，达到相位锁定的目的。

压控振荡器的振荡角频率 $\omega_o t$ 受控制电压 $u_c(t)$ 的控制。不管振荡器的形式如何，其总特性总可以用瞬时角频率 ω_o 与控制电压之间关系曲线来表示，其压控特性曲线如图 8.15 所示。当 $u_c=0$ 时，仅有固有偏置时的振荡角频率 ω_{o0} 称为固有角频率。ω_o 以 ω_{o0} 为中心而变化。在一定的范围内，ω_o 与 u_c 呈线性关系。

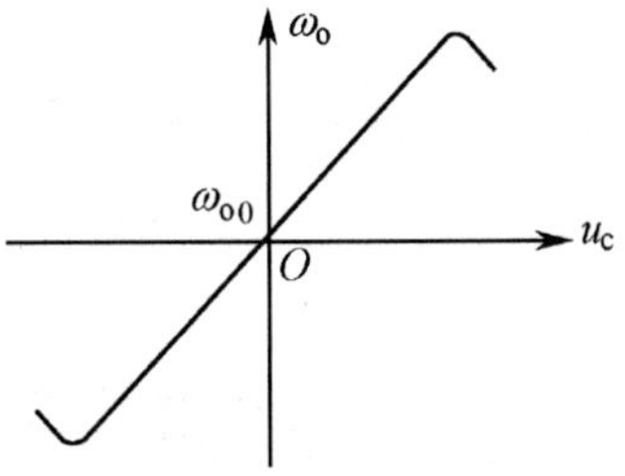

图 8.15　压控特性曲线

在线性范围内，控制特性可表示为

$$\omega_o t=\omega_{o0}+A_c u_c(t) \tag{8.37}$$

式中，A_c 为特性斜率，单位为 rad/(sV)，称为压控灵敏度，或压控增益。因为压控振荡器的输出对鉴相器起作用的不是瞬时频率，而是它的瞬时相位。

该瞬时相位可对式（8.37）求积分得

$$\int_0^t \omega_o(t')\mathrm{d}t'=\omega_{o0}t+A_c\int_0^t u_c(t')\mathrm{d}t' \tag{8.38}$$

故

$$\varphi_2(t)=A_c\int_0^t u_c(t')\mathrm{d}t' \tag{8.39}$$

由此可见压控振荡器在环路中起了一次理想积分的作用，因此压控振荡器是一个固有积分环节。如用微分算子 p 表示，则上式可表示为

$$\varphi_2(t)=\frac{A_c}{p}u_c(t) \tag{8.40}$$

由此可得压控振荡器的数学模型如图 8.16 所示。

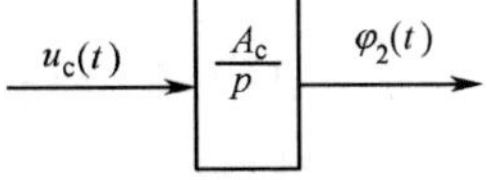

图 8.16　压控振荡器的数学模型

（3）环路滤波器。环路滤波器的作用是滤除 $u_e(t)$ 中的高频分量即噪声，以保证环路的性能。环路滤波器一般是线性电路，由电阻、电容及运算放大器组成。其输出电压 $u_c(t)$ 和输入电压 $u_e(t)$ 之间可用线性微分方程来描述。

对于一般情况，环路滤波器传递函数 $H(s)$ 的一般表示式为

$$H(s)=\frac{U_c(s)}{U_e(s)}=\frac{b_m s^m+b_{m-1}s^{m-1}+\cdots+b_1 s+b_0}{s_n+a_{n-1}s^{n-1}+\cdots+a_1 s+a_0} \tag{8.41}$$

如果将式（8.41）中 $H(s)$ 的 s 用微分算子 p 替换，就可以写出环路滤波器的微分方程

$$U_c(s)=H(p)U_e(s) \tag{8.42}$$

若系统的冲击响应为 $h(t)$，即传递函数 $H(s)$ 的拉氏反变换。则环路滤波器的输出、输入关系的表示式又可以写成

$$u_c(t)=\int_0^t h(t-\tau)u_e(\tau)\mathrm{d}\tau \tag{8.43}$$

可以看出，$u_c(t)$ 是冲激响应与 $u_e(t)$ 的卷积。

锁相环的相位模型如图 8.17 所示，可以看出给定值是参考信号的相位 $\psi_1(t)$，被控量是压控振荡器输出信号的相位 $\psi_2(t)$。因此，它是一个自动相位控制（APC）系统。

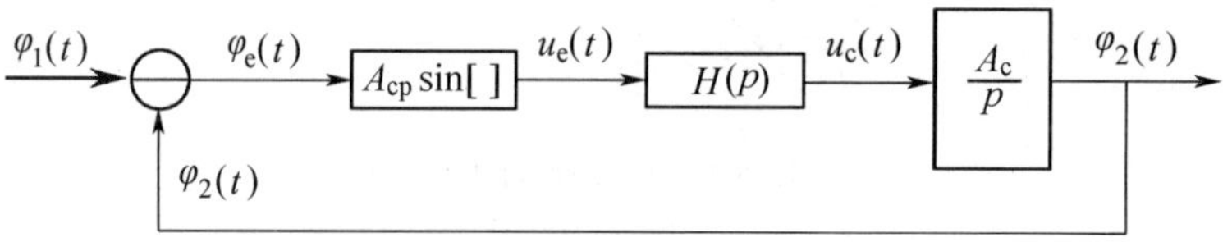

图 8.17　锁相环的相位模型

由图 8.17 可得

$$\varphi_e(t)=\varphi_1(t)-\frac{A_L}{p}H(p)\sin\varphi_e(t) \tag{8.44}$$

$$p\varphi_e(t)=p\varphi_1(t)-A_L H(p)\sin\varphi_e(t) \tag{8.45}$$

$$\frac{\mathrm{d}\varphi_e(t)}{\mathrm{d}t}=\frac{\mathrm{d}\varphi_1(t)}{\mathrm{d}t}-A_L\int_0^t h(t-\tau)[\sin\varphi_e(\tau)]\mathrm{d}\tau \tag{8.46}$$

式中，$A_L=A_{cp}A_c$ 称为环路增益，单位为 rad/s。

这三个表达式虽然写法不同，但实质相同，都是无噪声时环路的基本方程。代表了锁相环路的数学模型，隐含着环路整个相位调节的动态过程，即描述了参考信号和输出信号之间的相位差随时间变化的情况。

2. 锁相环路的工作过程和工作状态

加到锁相环路的参考信号通常可以分为两类：一类是频率和相位固定不变的信号，另一类是频率和相位按某种规律变化的信号。我们从最简单的情况出发考察环路在第一类信号输入时的工作过程。

因为 $u_r(t)=U_{rm}\sin[\omega_r t+\varphi_r(t)]$，当 ω 和 φ 均为常数时，$\varphi_1(t)=(\omega_r-\omega_o)t+\varphi_r$ 则有

$$\frac{\mathrm{d}\varphi_1(t)}{\mathrm{d}t}=\Delta\omega_o \tag{8.47}$$

把它代入环路方程式（8.46），可得

$$\frac{\mathrm{d}\varphi_e(t)}{\mathrm{d}t}+A_L\int_0^t h(t-\tau)[\sin\varphi_e(\tau)]\mathrm{d}\tau=\Delta\omega_o \tag{8.48}$$

或

$$p\varphi_e(t)+A_L H(p)\sin\varphi_e(t)=\Delta\omega_o \tag{8.49}$$

环路的动态过程有三种状态，分别如下。

（1）失锁与锁定状态。通常在环路开始动作时，鉴相器输出的是一个差拍频率为 $\Delta\omega_o$ 的

差拍电压波 $A_{cp}\sin\Delta\omega_o t$ 。若固有频差的值 $\Delta\omega_o$ 很大，则差拍信号的拍频也很高，不容易通过环路滤波器形成控制电压 $u_e(t)$ 。因此，控制频差建立不起来，环路的瞬时频差始终等于固有频差。鉴相器输出仍然是一个上下对称的正弦差拍波，环路未起控制作用。环路处于“失锁”状态。

反之，假定固有频差的值 $\Delta\omega_o$ 很小，则差拍信号的拍频就很低，差拍信号容易通过环路滤波器加到压控振荡器上，使压控振荡器的瞬时频率 ω_o 围绕着 ω_{o0} 在一定范围内来回摆动，也就是说，环路在差拍电压作用下，产生了控制频差。由于 $\Delta\omega_o$ 很小，ω_r 接近于 ω_o ，所以有可能使 ω_o 摆动到 ω_r 上，当满足一定条件时就会在这个频率上稳定下来。稳定后 ω_o 等于 ω_r ，控制频差等于固有频差，环路瞬时频差等于零，相位差不再随时间变化。此时，鉴相器只输出一个数值较小的直流误差电压，环路就进入了“同步”或“锁定”状态。由式（8.48）可以看出，只有使控制频差等于固有频差，瞬时频差才能为零。而要控制频差等于固有频差，控制频差便不能为零，这只有 φ_e 不为零时才能做到。由于 $\Delta\omega_o$ 很小，φ_e 也不会太大。因此，在环路处于锁定状态时，虽然参考信号和输出信号之间的频率相等。但是它们之间的相位差却不会为零，以便产生环路锁定所必须的控制信号电压（即直流误差电压）。因此，锁相环对频率而言是无静差系统。

（2）牵引捕捉状态。虽然也还存在一种 $\Delta\omega_o$ 值介乎两者之间的情况，即参考信号频率 w_r 比较接近于 ω_o ，但是其差拍信号的拍频还比较高，经环路滤波器时有一定的衰减（既非完全抑制，亦非完全通过），加到压控振荡器上使压控振荡器的频率围绕 ω_{o0} 的摆动范围较小，有可能摆不到 ω_r 上，因而鉴相器电压也不会马上变为直流，仍是一个差拍频率，所以鉴相器输出是一个正弦波（频率为 ω_r 的参考信号）和一个调频波的差拍。这时鉴相器输出的电压波形不再是一个正弦差拍波了，而是一个上下不对称的差拍电压波形，如图 8.18 所示。

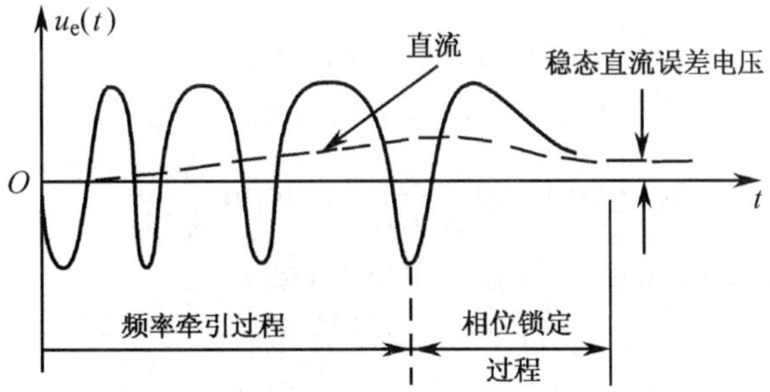

图 8.18　$\omega_r > \omega_o$ 的情况下牵引捕获过程 $u(t)$ 波形

鉴相器输出的上下不对称的差拍电压波含有直流、基波与谐波成分，经环路滤波器滤波以后，可以近似认为只有直流与基波加到压控振荡器上。直流使压控振荡器的中心频率产生偏移（设由 ω_{o0} 变为 $\overline{\omega}_o$ ），基波使压控振荡器调频。其结果使压控振荡器的频率 $\omega_o(t)$ 变成一个围绕着平均频率 $\overline{\omega}_o$ 变化的正弦波。

非正弦差拍波的直流分量对于锁相环是非常重要的。正是这个直流分量通过环路的平均频率 $\overline{\omega}_o$ 偏离固有振荡频率 ω_{o0} 而向 ω_r 靠近，使得两个信号的频差减小。这样将使检相器输出差拍波的拍频变得越来越低，波形的不对称也越来越高，相应的直流分量更大，直流控制电压累积的速度更快，将驱使压控频率以更快的速度移向ω_r。上述过程以极快的速度进行着，直至可能发生这样的变化：压控瞬时频率ω_o变化到ω_r，且环路在这个频率上稳定下来，这时鉴相器输出也由差拍波变成直流电压，环路进入锁定状态。很明显，这种锁定状态是环路通过频率的逐步牵引而进入的，我们把这个过程叫作捕获。图 8.18 表示了牵引捕获过程中鉴相器输出电压变化的波形，它可用长余辉慢扫描示波器看到。

当然，若$\Delta\omega_o$值太大，环路通过频率牵引也可能始终进不了锁定状态，则环路仍处于失锁状态。

（3）跟踪状态。当环路已处于锁定状态时，如果参考信号的频率和相位稍有变化，立即会在两个信号的相位差$\varphi_e(t)$上反映出来，鉴相器输出也随之改变，并驱动压控振荡器的频率和相位发生相应的变化。如果参考信号的频率和相位以一定的规律变化，只要相位变化不超过一定的范围，压控振荡器的频率和相位也会以同样规律跟着变化，这种状态就是环路的跟踪状态。如果说锁定状态是相对静止的同步状态，则跟踪状态就是相对运动的同步状态。

从环路的工作过程已经定性地看到，环路的捕获和锁定都是受到环路参数制约的。从环路开始动作到锁定，必须经由频率牵引作用的捕捉过程，频率牵引作用是使控制频差逐渐加大到等于固有频差，这时环路的瞬时频差将等于零，即

$$\lim_{t\to\infty}\frac{\mathrm{d}\varphi_e(t)}{\mathrm{d}t}=0 \tag{8.50}$$

显然，瞬时相位差$\varphi_e(t)$此时趋向一个固定的值，且一直保持下去。这意味着压控振荡器的输出信号与参考信号之间，在固定的$\frac{\pi}{2}$相位差上只叠加一个固定的稳态相位差，而没有频差，即$\Delta\omega=\omega_r-\omega_o$，故$\omega_r=\omega_o$。这是锁相环的一个重要特性。

当满足式（8.50）时，$\varphi_e(t)$为固定值，鉴相器输出电压$u_e(t)=A_{cp}\sin\varphi_e(t)$是一个直流电压，于是式（8.48）成为

$$A_L H(0)\sin\varphi_e(\infty)=\Delta\omega_o \tag{8.51}$$

其中$\varphi_e(\infty)$表示在时间趋于无穷大时的稳态相位差。因此

$$\varphi_e(\infty)=\arcsin\frac{\Delta\omega_o}{A_L H(0)}=\arcsin\frac{\Delta\omega_o}{A_L(0)} \tag{8.52}$$

式中，$A_L(0)=A_L H(0)$为环路的直流增益，单位为 rad/s。

$\varphi_e(\infty)$的作用是使环路在锁定时，仍能维持鉴相器有一个固定的误差电压$A_{cp}\sin\varphi_e(\infty)$输出，此电压通过环路滤波器加到压控振荡器上，控制电压$A_{cp}\sin\varphi_e(\infty)$将其振荡频率调整到与参考信号频率同步。稳态相差的大小反映了环路的同步精度，通过环路设计可以使$\varphi_e(\infty)$很小。

式（8.52）中，因为$|\sin\varphi_e(\infty)|_{\max}=1$，所以$|\Delta\omega_o|\leqslant A_L H(0)$。这意味着初始频差$|\Delta\omega_o|$的值不能超过环路的直流增益，否则环路不能锁定。

假定环路已处于锁定状态，然后缓慢地改变参考信号频率ω_r，使固有频率指向两侧逐步增大（即正向或负向增大$\Delta\omega_o$的值）。由于$|\pm\Delta\omega_o|$值是缓慢改变的，因而当$\varphi_e(t)$值处于一定变化范围内时，环路有维持锁定的能力。通常将环路可维持锁定或同步的最大固有频差$|\Delta\omega_{om}|$的二倍称为环路的同步带$2\Delta\omega_H$，如图 8.19 所示。

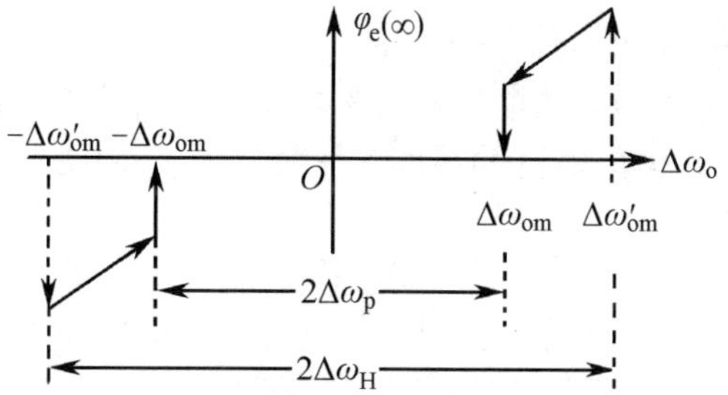

图 8.19　环路捕获与同步过程动特性

因此，所讨论的基本环路的同步带是 $A_L(0)$，即 $\Delta\omega_H = A_L(0)$。因为 $A_L(0) = 0.5U_{rm}U_{om}A_M A_C H(0)$，所以两个信号的幅度、乘法器的相乘系数和环路滤波器的直流特性 $H(0)$ 等都对同步带有影响。

使 $A_L(0) >> |\Delta\omega_o|$，可将 $\varphi_e(\infty)$ 缩小到所需的程度。因此，锁相环可以得到一个与参考信号频率完全相同而相位很接近的输出信号。

假定环路最初处于失锁状态，然后改变参考信号频率 ω_r 使固有频差 $\Delta\omega_o$ 从两侧缓慢地减小，环路有获得牵引锁定的最大固有频差值 $|\pm\Delta\omega_{om}|$ 存在，我们将这个可获得牵引锁定的最大固有频差 $|\pm\Delta\omega_{om}|$ 值的二倍称为环路的捕捉带 $2\Delta\omega_p$，如图 8.19 所示。这与 AFC 电路的同步带和捕捉带类似。

8.5　案例分析

8.5.1　锁相调频与解调电路

在普通的直接调频电路中，振荡器的中心频率稳定度较差，而采用晶体振荡器的调频电路，其调频范围又窄。采用锁相环调频能够得到中心频率高度稳定的调频信号，可以解决这个矛盾，锁相环路调频原理框图如图 8.20 所示。

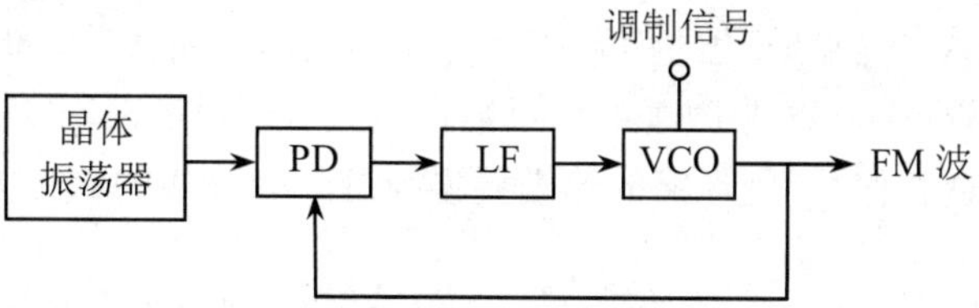

图 8.20　锁相环路调频原理框图

注意：实现锁相调频的条件是调制信号的频谱要处于低通滤波器通带之外，并且调制指数不能太大。这样，调制信号不能通过低通滤波器，因而在锁相环路内不能形成交流反馈，也就是调制频率对锁相环路无影响。锁相环路就只对 VCO 平均中心频率不稳定所引起的分量（处于低通滤波器通带之内）起作用，使它的中心频率锁定在晶振频率上。因此，输出调频波的中心频率稳定度很高。这样就可以用锁相环路调频器克服直接调频的中心频率稳定度不高的缺点。

图 8.21 所示为 CC4046 锁相调频电路。晶振接于 CC4046 芯片的 14 端，调制信号从 9 端加入，调频波中心频率锁定在晶振频率上，在 3 与 4 的连接端得到调频信号。VCO 的频率可用100kΩ 的电位器调节。CC4046 芯片的最高工作频率为 1.2MHz。

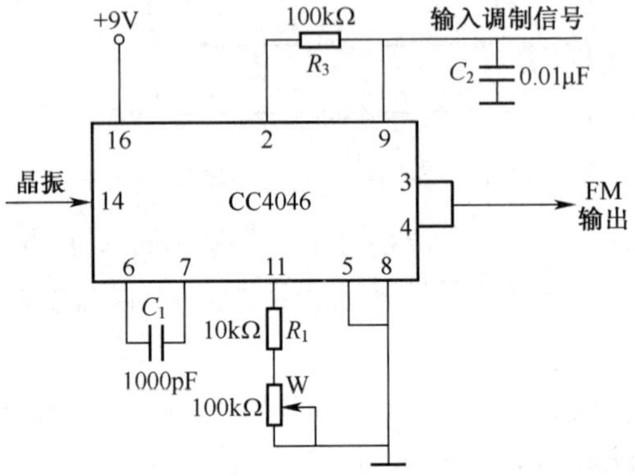

图 8.21 CC4046 锁相调频电路

用锁相环也可实现调频信号的解调，这种方法广泛应用于调频－调频遥测中，其原理框图如图 8.22 所示。

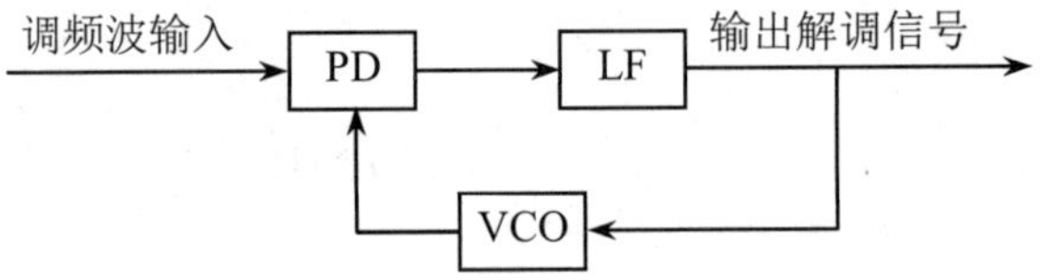

图 8.22 锁相环解调电路原理框图

如果将环路的频率设计得足够宽，则环路入锁后，压控振荡器的振荡频率跟随输入信号的频率而变。若压控振荡器的电压－频率变换特性是线性的，则加到压控振荡器的电压，即环路滤波器输出电压的变化规律必定与调制信号的规律相同。故从环路滤波器的输出端可得到解调信号。用锁相环进行已调频解调是利用锁相环路的跟踪特性，这种电路称调制解调型环路。

这种鉴频器的输入信号噪声比的门限值比普通鉴频器有所改善，但改善的程度取决于信号的调制度。调制指数越高，门限改善的分贝数也越大。一般说来，可以改善几个分贝。若用锁相环路鉴频器解调调相信号，则环路的输出要再经过一个外接的积分电路才能恢复成原调制信号。

注意：为了实现不失真的解调，要求锁相环路的捕捉带必须大于调频波的最大频偏，环路带宽必须大于调频波中输入调制信号的频谱宽度。

基于集成锁相环 L562 的 FM 解调器连接图如图 8.23 所示。图中 R_x、C_x 为环路滤波器。由于 FM 信号输入端有 14V 的直流电压，因此信号输入必须采用电容耦合。1 端的+7.7V 电压经两个1kΩ 电阻分别加到 PD 反馈输入端，即 2 端、15 端，作为 $T_{27}\sim T_{20}$ 的基极偏压，C_B 则为旁路电容。反馈信号从 3 端用11kΩ 与1kΩ 电阻分压输出，经耦合电容 C_c 加到 2 端，构成闭环。9 端为解调输出端，必须从 9 端与地（或负电源）之间接一个电阻，作为射随器 T_{27} 的负载，以使 T_{27} 的输出电流不超过 5mA，或 L562 芯片的总功耗不超过额定值 300mW。10 端所

接为去加重电容 C_p。5 端、6 端的 C_T 为定时电容。C_c 均为耦合电容。由于要求环路工作在宽带状态，因此必须适当设计环路滤波器的带宽，以保证调制频率成分能顺利通过。

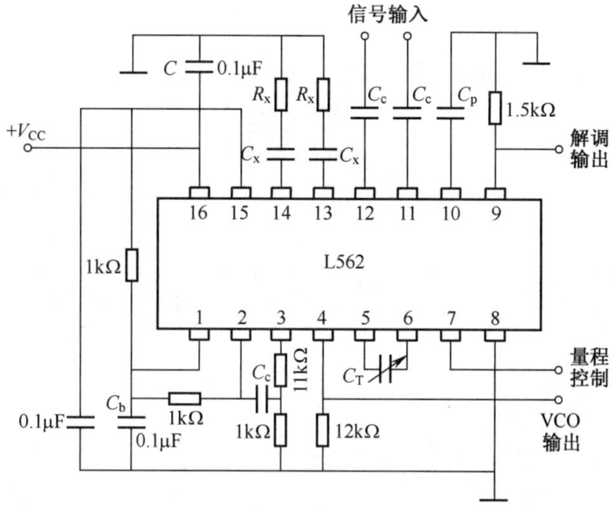

图 8.23　基于集成锁相环 L562 的 FM 解调器接线图

8.5.2　锁相相关应答器

无线电信号的多普勒频移通常用来测量运动目标（例如人造卫星或火箭等）的位置和速度。如果要确定单程频移，首先必须知道运动着的发射机的频率 f_t。对于卫星和火箭来说，最大的多普勒频移可以等于 $2\times10^{-5} f_t$。多普勒频移的测量精度要求总误差不超过1×10^{-5}。如果所有的误差都是由于不完全知道发射频率所引起的，那么，容许的误差 f_t 就只能是 5×10^{-11}。这就对发射机的振荡器提出了很高的要求。这种要求只能在地面实验室的环境中做到，很难在飞行器中实现。由于这个原因，多用双程多普勒测量系统。这种系统是由地面向装有应答器的飞行器发射一个已知频率的信号，应答器收到这个信号后，再向地面转发一个不同频率的信号。这样，由地面至飞行器，再由飞行器返回地面，共有两次多普勒频移，故称双重多普勒系统。为了使多普勒测量有意义，必须使飞行器发回地面的信号和地面发向飞行器的信号相关。当进行双重测量时，对振荡器精度的要求可下降几个数量级。对于应答器振荡器的精度，在双重系统中很少考虑，只是当要求应答器必须能捕获输入信号时，才考虑它。对于地面振荡器要求一个能适应于电波往返（地面至飞行器）时间的稳定度，但精度要求并不高，一般达到 1×10^{-6} 就够了。

如果应答器的发射频率 f_t 是它的接收频率 f_r（即由地面发射来的发射频率）的有理倍数，即 $f_t=(m/n)f_r$，其中 m 和 n 必须是整数，则应答器可以说是相关的。根据这种相关的定义，每当有 m 个周期进入应答器时，恰好有 n 个周期送出来。在地面上接收的频率可乘以 n/m，并将所得的结果与原来由地面发射的频率相比较，二者频率之差就是双程多普勒频移。

初期的应答器采用 n=1，这样，它的输出频率就是输入频率的一个谐波（通常为二次谐波，即取 m=2）。这种类型的应答器并不一定需要相位锁定。我们感兴趣的是一种 m 和 n 均不为 1

的频率偏移应答器，其输出频率通常偏离输入频率一个相当小的量。这种频率偏移应答器的相关性几乎总是用锁相技术得到的。

典型的锁相相关应答器原理方框图如图 8.24 所示。图中接收机部分是二次变频超外差式，各混频器所用的本振信号和鉴相器的参考电压都是由一个压控振的谐波供给的，并且输出频率也是这一振荡器的谐波。当环路锁定时，各处频率的关系如下：

第一混频器处 $$f_r = N_1 f_0 \pm f_1 \tag{8.53}$$

第二混频器处 $$f_1 = N_2 f_0 \pm f_2 \tag{8.54}$$

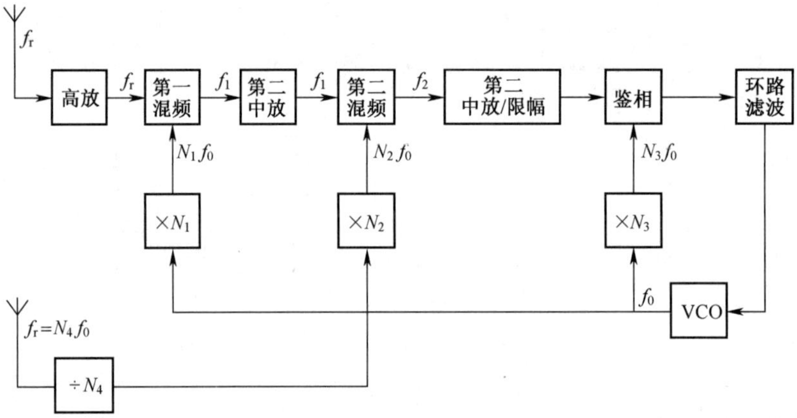

图 8.24 典型的锁相相关应答器原理方框图

锁相条件为

$$f_2 = N_3 f_0 \tag{8.55}$$

式（8.53）和式（8.54）中的加号或减号分别取决于本振频率比输入频率低或高。由以上三个方程式联立消去 f_1 与 f_2，即得

$$f_{\mathrm{r}} = f_0(N_1 \pm N_2 \pm N_3) \tag{8.56}$$

因为 $f_{\mathrm{t}} = N_4 f_0$，所以

$$\frac{f_{\mathrm{t}}}{f_{\mathrm{r}}} = \frac{N_4}{N_1 \pm N_2 \pm N_3} = \frac{m}{n} \tag{8.57}$$

式中，$n = N_1 \pm N_2 \pm N_3$，$m = N_4$，都是整数。因此在环路锁定时，根据前面的定义可知，与应答器是相关的。

应用锁相环路可以获得高精度的双程多普勒频移的测量结果。如果飞行器的转发设备不用锁相环路，而使用独立的本振，那么，本振频率的不稳定度将影响多普勒频移的测量精度。

8.5.3 利用锁相环构成频率合成器

利用一个频率既准确又稳定的晶振信号产生一系列频率准确的信号的设备叫作频率合成器。其基本思想是利用综合或合成的手段，综合晶体振荡器频率稳定度、准确度高和可变频率振荡器改换频率方便的优点，克服了晶振点频工作和可变频率振荡器频率稳定度、准确度不高的缺点，而形成频率合成技术。在工程应用中，对频率合成器的要求主要包含频率范围、频率间隔和频率稳定度与准确度三个方面。

（1）频率范围。频率范围是指频率合成器输出的最低频率 $f_{0\min}$ 和最高频率 $f_{0\max}$ 之间的变化范围，具体范围视用途而定，就其频段而言有短波、超短波、微波等频段。通常要求在规定的频率范围内，在任何指定的频率点（波道）上，频率合成器能正常工作且满足质量指标。

（2）频率间隔。频率合成器的输出频率是不连续的。两个相邻频率之间的最小间隔就是频率间隔。不同用途的频率合成器对频率间隔要求是不同的。对短波单边带通信而言，现在多取频率间隔为100Hz，有的甚至为10Hz、1Hz；对短波通信而言，频率间隔多取为50kHz或10kHz。

（3）频率稳定度与准确度。频率稳定度是指在规定的时间间隔内，合成器频率偏离规定值的数值。频率准确度则是指在实际工作频率偏离规定值的数值，即频率误差。这就是频率合成器的两个重要指标。两者既有区别又有联系。稳定度高也就意味着准确度高，即只有频率稳定才谈得上频率准确。通常认为频率误差已包括在频率不稳定的偏差之内，因此，一般只提频率稳定度。

利用锁相环可以构成频率合成器，其原理框图如图 8.25 所示。输入信号频率 f_i 经固定分频（M 分频）后得到基准频率 f_1，把它输入到相位比较器的一端，VCO 输出信号经可预制分频器（N 分频）后输入到相位比较强的另一端，这两个信号进行比较，当 PLL 锁定后得到

$$\frac{f_{\rm i}}{M}=\frac{f_2}{N},\ f_2=\frac{N}{M}f_{\rm i}=Nf_1 \tag{8.58}$$

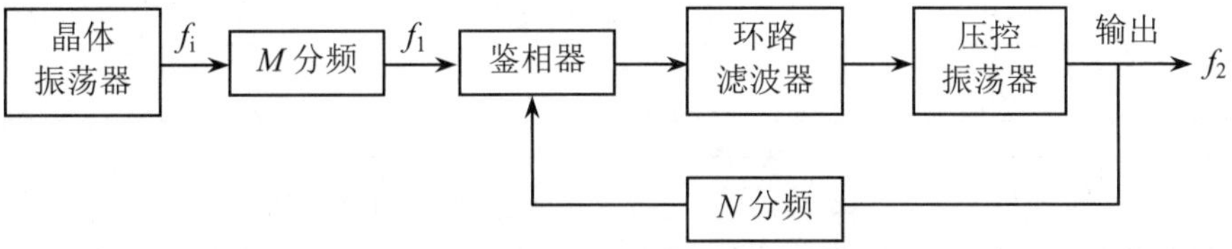

图 8.25　锁相环频率合成器原理框图

当 N 变化时，输出信号频率响应跟随输入信号变化。

频率合成器的一种实用电路如图 8.26 所示，这种 CMOS 锁相环适用于低频率合成器，该电路是由基准频率产生、锁相环及分频器（N 分频）三部分组成。

基准频率 f_1 经 CC4046 芯片的第 14 脚送至相位比较器，然后从 VCO（4 端）输出 f_2。在 VCO 的输出端 4 与相位比较器的输入端 3 之间插接一个分频器（N 分频），就能起到倍频作用，即 $f_2=Nf_1$。如果分频器系数 N 是可变的，N 从 1 连续变化到 999，就可得到 999 个不同的 f_0 输出。若基准频率 f_1 为 1kHz，则本电路可输出间隔为 1kHz 的 999 种频率。若设 N=375，则 $f_2=375\times1\text{kHz}=375\text{kHz}$。

锁相环的用处很多，利用频率跟踪特性还可以实现锁相倍频器或分频器等。

例题 8-1　已知正弦型鉴相器的最大输出电压 $U_{\rm d}=2$ V，压控振荡器的控制灵敏度 $K_0=10^4$ Hz/V［或 $K_0=2\pi\times10^4$(rad/s·V)］，振荡频率 $\omega_{\rm o}/2\pi=10^3$ kHz，试求：

（1）当输入信号为固定频率 $\omega_{\rm i}/2\pi=1010$kHz 时，控制电压是多少？稳态相差有多大？

（2）缓增输入信号的频率至 1015kHz 时环路能否锁定？稳态相差是多少？控制电压是多少？

（3）继续缓增 $\omega_{\rm i}$，达到 $\omega_{\rm i}/2\pi=1020$kHz 时，控制电压 $U_{\rm d}=$？环路的同步带 $\Delta\omega_{\rm H}=$？

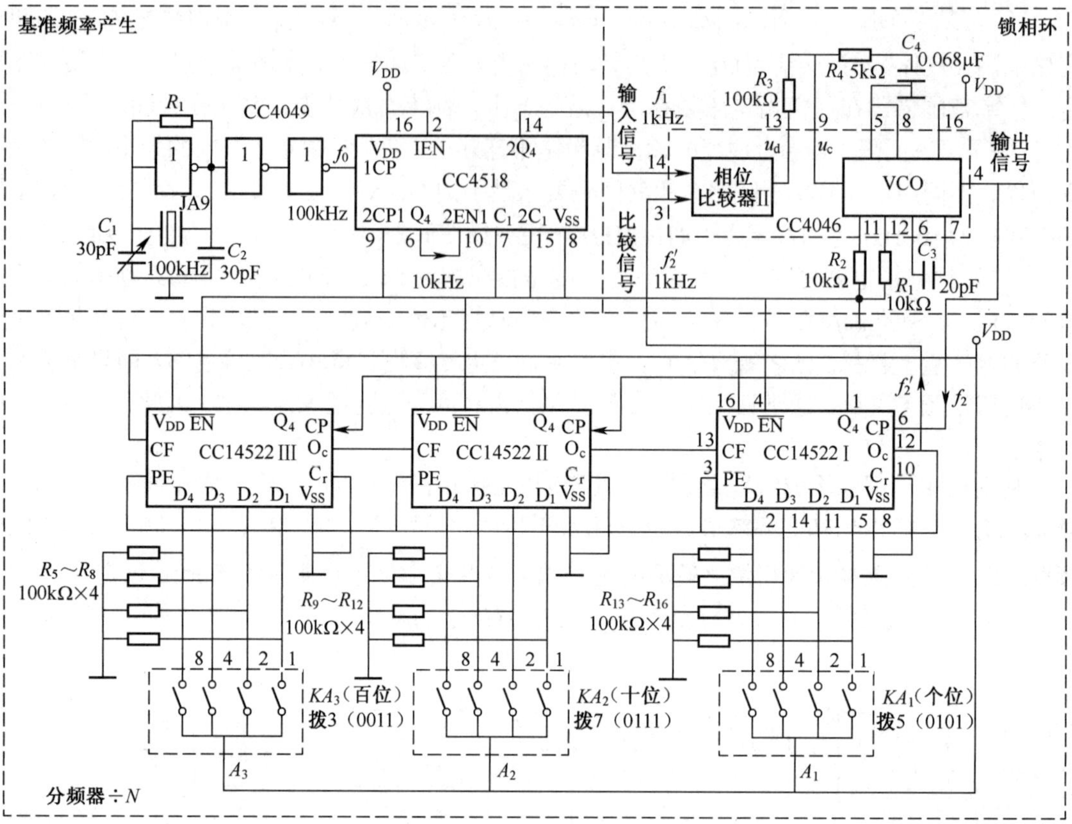

图 8.26 1～999 频率合成器原理框图

题意分析：

（1）在环路参数给定的条件下，输入频率由固定的 1010kHz，分别缓增到 1015kHz 和 1020kHz，这一过程中固有频差$\Delta\omega_o$在改变，相应的控制电压u_d在改变，稳态相位误差也在改变，使环路处于跟踪状态，但是，一旦达到环路参数的极限值$U_{dmax}=2V$，$\theta_e(\infty)=\pi/2$，环路就将失锁。

（2）判别环路锁定的依据是初始频差的绝对值$\Delta\omega_o$是否小于环路的捕获带$\Delta\omega_p$，若$|\Delta\omega_o|<\Delta\omega_p$，那么环路在最初的失锁状态下经过频率牵引能进入锁定状态；若$|\Delta\omega_o|>\Delta\omega_p$，则环路不能进入锁定。

（3）环路达到锁定时控制频差等于固有频差；能够维持锁定状态的最大固有频差称为环路的同步带。

解： 环路的总增益

$$K=U_d\cdot K_0=2\times10^4\,\text{Hz}=4\pi\times10^4\,\text{rad/s}$$

（1）在输入信号的固定频率为$\omega_i/2\pi=1010\text{kHz}$时，固有频差

$$\Delta\omega_o=\omega_1-\omega_o=2\pi\times10^4\,\text{rad/s}$$

相应的直流控制电压为

$$U_C = \frac{\Delta\omega_o}{K_0} = \frac{2\pi\times10^4}{2\pi\times10^4} = 1\text{V}$$

若采用 RC 积分滤波器或无源比例滤波器，则 $F(\text{j}0)=1$，稳态相差

$$\theta_e(\infty) = \arcsin\frac{\Delta\omega_o}{KF(\text{j}0)} = \arcsin\frac{2\pi\times10^4}{4\pi\times10^4} = \frac{\pi}{6}$$

（2）在输入信号的频率缓增至 $\omega_i/2\pi = 1015\text{kHz}$ 时，再求此时的固有频差

$$\Delta\omega_o = \omega_i - \omega_o = 3\pi\times10^4\,\text{rad/s}$$

因为一阶环的捕获带 $\Delta\omega_p = K$，即

$$\Delta\omega_p = K = 4\pi\times10^4 > \Delta\omega_o = 3\pi\times10^4\,\text{rad/s}$$

所以，可以判定环路能够捕获锁定。

稳态相差为

$$\theta_e(\infty) = \arcsin\frac{\Delta\omega_o}{K} = \arcsin\frac{3\pi\times10^4}{4\pi\times10^4} = 48.95°$$

据此推算出误差电压为

$$u_d = U_d\sin\theta_e(\infty) = 2\sin48.95° = 1.5\text{V}$$

（3）输入信号频率缓增至 $\omega_i/2\pi = 1020\text{kHz}$ 时，固有频差

$$\Delta\omega_o = \omega_i - \omega_o = 4\pi\times10^4\,\text{rad/s}$$

稳态相差为

$$\theta_e(\infty) = \arcsin\frac{\Delta\omega_o}{K} = \frac{\pi}{2}$$

误差电压为

$$u_d = U_d\sin\theta_e(\infty) = 2\text{V}$$

即达到题中所给的鉴相器输出的最大电压，且稳态相差也达到了环路稳定的极限。这就是该环路能维持锁定状态的极限。继续增大 $\Delta\omega_o$，环路就将失锁。所以同步带 $\Delta\omega_H = K = 4\pi\times10^4\,\text{rad/s}$ 若缓慢降低输入信号的频率，类似地可得到保持锁定状态的极限是 980kHz，所以环路的同步范围是 1020kHz–980kHz=40kHz。

讨论：

（1）对于一阶锁相环路，其捕获带 $\Delta\omega_p$ 等于同步带 $\Delta\omega_H$，因而压控振荡器的灵敏度，正弦型鉴相器的输出电压对其都有影响。

（2）稳态相位差 $\theta_e(\infty)$ 的大小反映了环路跟踪的精度，合理选择环路增益 K 能减小跟踪误差。从 $\theta_e(\infty)$ 的表达式中，可以看出，因为 $|\sin\theta_e(\infty)|=1$，所以 $|\Delta\omega_o| \leqslant K$，即初始频差的值不能超过环路的直流增益，否则环路不能锁定。

（3）环路在跟踪输入信号频率变化的过程中，有一个缓变的误差电压 u_d 来维持压控振荡器的频率与输入信号频率同步，在 f_i 为1010kHz、1015kHz及1020kHz 的特定频率之上，U_d 是直流电压，分别为 1V、1.5V、2V。

（4）相差 $\theta_e(t)$ 会随输入信号频率而缓变，把这个过程称为相位跟踪。跟踪只有在环路的同步状态下才能进行。

例题 8-2 欲设计一个二阶锁相环，其技术指标要求如下：输出频率 $f_o = 5\sim6\text{MHz}$，控制电压 U_c 在 5～15V 之间可变，调节时间 $t_s \leqslant 2\text{ms}$，允许误差 $\delta \leqslant 2\%$，鉴相器灵敏度 $K_d = 0.75/2\pi$（V/rad），采用有源比例积分滤波器，其运放增益 $A = 10^5$，$\xi = 0.707$，试确定此环路滤波器的参数。

题意分析：根据题意，锁相环中采用了高增益的有源比例积分滤波器，因为有源比例积分滤波器的频率响应为

$$F(\text{j}\omega) = \frac{1 + \text{j}\omega\tau_2}{\text{j}\omega\tau_1}$$

所以，由它构成锁相环的开环频率响应为

$$H_0(\text{j}\omega) = K\frac{F(\text{j}\omega)}{\text{j}\omega} = \frac{K(1 + \text{j}\omega\tau_2)}{\tau_1(\text{j}\omega)^2}$$

闭环传递函数 $H(\text{j}\omega) = \dfrac{KF(\text{j}\omega)}{\text{j}\omega + KF(\text{j}\omega)} = \dfrac{\text{j}\omega\dfrac{K\tau_2}{\tau_1} + \dfrac{K}{\tau_1}}{(\text{j}\omega)^2 + \text{j}\omega\dfrac{K\tau_2}{\tau_1} + \dfrac{K}{\tau_1}}$

显然，求解该题，必须先从求解环路总增益 K 入手，然后再根据允许误差确定无阻尼振荡频率 ω_n，最后根据系统参数 ξ、ω_n 与电路参数 K、τ_1 和 τ_2 的关系，计算出环路滤波器的元件参数。

解：已知 $f_o = 5\sim6\text{MHz}$，$\Delta V_c = 10\text{V}$，$\delta \leqslant 2\%$，$t_s \leqslant 2\text{ms}$，$K_d = 0.75/2\pi$（V/rad），$A = 10^5$，$\xi = 0.707$，所以压控灵敏度为：

$$K_o = \frac{2\pi\Delta f}{\Delta V} = \frac{2\pi \times 1 \times 10^6}{10} = 2\pi \times 10^5 (\text{rad/s})$$

环路总增益为

$$K = K_o \cdot K_d = 2\pi \times 10^5 \times 0.75/2\pi = 75 \times 10^3 (\text{s}^{-1})$$

又因为当允许误差为 2%（指输出响应和稳态值误差达到规定的允许值）时，调整时间的近似公式为

$$t_s \approx \frac{4}{\xi w_n} \text{（在不会超过允许误差值所需的最短时间）}$$

所以根据调整时间 t_s 可以确定 w_n 为

$$\omega_n = \frac{4}{\xi \cdot t_s} = \frac{4}{0.707 \times 2 \times 10^{-3}} = 2.83 \times 10^3 = 2\pi \times 450 (\text{rad/s})$$

环路滤波器时间常数 τ_1 和 τ_2 为

$$\tau_1 = \frac{K}{\omega_n^2} = \frac{75 \times 10^3}{(2.83 \times 10^3)^2} = 9.36 \times 10^{-3}\text{s}$$

$$\tau_2 = \frac{2\xi}{\omega_n} = \frac{2 \times 0.707}{2.83 \times 10^3} = 0.5 \times 10^{-3}\text{s}$$

需指出，在设计时一般先选择电容 C，选择不同的电容值可以得到不同的电阻 R_1、R_2，例如电容 C 的值取标值称 0.33μF 时

$$R_1=\frac{\tau_1}{C}=\frac{9.36\times10^{-3}}{0.33\times10^{-6}}=28.36\times10^{3}\,\Omega$$

$$R_2=\frac{\tau_2}{C}=\frac{0.5\times10^{-3}}{0.33\times10^{-6}}=1.516\times10^{3}\,\Omega$$

两电阻取为标称值：$R_1=27\text{k}\Omega$，$R_2=1.5\text{k}\Omega$。若电容的标称值为$C=2.2\mu\text{F}$时，则可求得R_1和R_2的标称值分别是$R_1=4.3\text{k}\Omega$，$R_2=220\Omega$。

讨论：

（1）使用有源比例积分滤波器给系统引入一个理想的积分项，使系统的“型”数增加了一次，即锁相环路是二阶二型环，从而使系统的稳态性能得到改善。

（2）系统参数参数ξ、ω_n与电路参数K、τ_1和τ_2的关系是${\omega_n}^2=K/\tau_1$，$2\xi\omega_n=K\dfrac{\tau_2}{\tau_1}$，$2\xi=\omega_n\tau_2$，则系统足够稳定的条件是$\dfrac{1}{\tau_2}<\sqrt{K/\tau_1}=\omega_n$，即$\omega_n\tau_2>1$，显然，题中$\xi=0.707$能保证系统足够稳定。

（3）在$\xi=0.707$的情况下，系统的响应以一种阻尼振荡的形式趋于它的稳态值，它的响应速度要比$\xi\geqslant1$快，但是阻尼振荡呈衰减地围绕稳态值变化，题中给出的调整时间t_s是响应曲线进入并最终保持在允许误差（2%或5%的稳态值）范围之内所需的时间，实际上t_s是过渡过程所需的时间。在要求较低的场合，允许误差可选5%，那么调整时间更短。根据系统阻尼系数ξ的不同，二阶系统可能是振荡型的也可能是非振荡型的。一旦出现负阻尼，系统就不稳定了，这是绝对不允许的。但并非阻尼越大越好；阻尼大时，环路的稳定程度好，但降低了系统的响应速度。ω_n是另一个重要参数。在ξ确定的条件下。ω_n越大，响应速度越快，然而ω_n的大小还要受到频域指标（如系统带宽，抗扰度）的限制，在设计系统时，要纵观全局，综合平衡，选取适当的ω_n和ξ的值。

例题 8-3　设计一个用作鉴相器的二阶调制跟踪环，已知信号载频f_o的取值在90～100MHz间，最大调制角频率$\Omega_m=2\pi\times3\times10^3\text{rad/s}$，$K=2\pi\times10^4\text{rad/s}$，$\xi=0.707$。试采用有源比例积分滤波器计算环路滤波器的参数。

题意分析：锁相环的闭环频率响应呈低通的特性，那么输入正弦调相信号加到环路输入端之后，环路输出相位$\theta_2(t)$能否跟踪输入相位$\theta_1(t)=m_i\sin(\Omega t+\theta_i)$就取决于调制频率$\Omega$与环路无阻尼振荡频率$\omega_n$的关系了。因为该题是调制跟踪环的应用，用作调频信号的解调，所以，必须满足调制频率Ω小于无阻尼振荡频率ω_n之间的关系。

解：根据题意这时的锁相环鉴频器如图所示，若在环内接如图 8.27 所示的有源比例积分滤波器，其闭环频率响应低通特性的截止频率为Ω_c，按调制跟踪环设计。令$\Omega_c=\Omega_m$，则

$$\omega_n=\frac{\Omega_m}{[2\xi^2+1+\sqrt{(2\xi^2+1)^2+1}]^{\frac{1}{2}}}=9.169\times10^3\,/\text{s}=2\pi\times1.46\times10^3\,\text{rad/s}$$

据此可计算滤波器的时常数：

$$\tau_1=\frac{K}{\omega_n^2}=\frac{2\pi\times10^4}{4\pi^2\times1.46^2\times10^6}=0.746\times10^{-3}\,\text{s}$$

$$\tau_2 = \frac{2\xi}{\omega_n} = \frac{\sqrt{2}}{2\pi \times 1.46 \times 10^3} = 0.154 \times 10^{-3}\,\text{s}$$

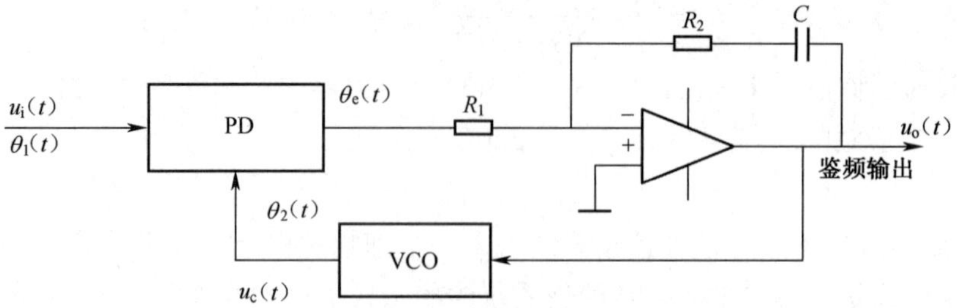

图 8.27 锁相鉴频电路的组成框图

取 $C = 0.22\mu\text{F}$，则

$$R_1 = \frac{\tau_1}{C} = \frac{0.746 \times 10^{-3}}{0.22 \times 10^{-6}} = 3.39 \times 10^3\,\Omega$$

$$R_2 = \frac{\tau_2}{C} = \frac{0.154 \times 10^{-3}}{0.22 \times 10^{-6}} = 0.7 \times 10^3\,\Omega$$

将电阻取为标准值： $R_1 = 3.3\text{k}\Omega$，$R_2 = 680\Omega$ 。

讨论：（1）不利用调制跟踪特性实现的锁相环鉴频器，只有让环路有适当宽度的低频通带即 $\Omega_c \leqslant \Omega_m$，压控振荡器输出信号的频率与相位就能跟踪输入调频或调相信号的频率与相位的变化，压控振荡器的控制电压 $u_o(t)$ 即为输入调频信号的解调输出。其解调得到的 FM 信号表达式为

$$u_{FM} = U_c \sin\left[\omega_c t + \frac{\Delta\omega}{\Omega}\sin \Omega t\right]$$

此信号即为该题中锁相环鉴频器的输入信号，考虑到 VCO 的固有积分环节，那么 VCO 输出电压 $u_c(t)$ 将跟踪输入的相位调制，于是

$$u_c(t) = U_c \cos\left\{\omega_c t + \frac{\Delta\omega}{\Omega}|H(\text{j}\Omega)|\sin\left[\Omega t + ArgH(\text{j}\Omega)\right]\right\}$$

式中，$|H(\text{j}\Omega)|$ 为闭环振幅频率响应；$ArgH(\text{j}\Omega)$ 为闭环相位频率响应，只要 $\Omega < \omega_n$（严格地说是 Ω_c），$\theta_2(t)$ 就能良好地跟踪 $\theta_1(t)$，即

$$\theta_2(t) = \frac{\Delta\omega}{\Omega}|H(\text{j}\Omega)|\sin\left[\Omega t + ArgH(\text{j}\Omega)\right]$$

根据 VCO 的控制特性，得 VCO 的控制电压为

$$u_o(t) = \frac{1}{K_c}\frac{\text{d}\theta_2(t)}{\text{d}t} = \frac{\Delta\omega}{K_c}|H(\text{j}\Omega)|\cos\left[\Omega t + ArgH(\text{j}\Omega)\right]$$

用 $\Delta\omega = k_f \cdot U_\Omega$ 代入上式，得

$$u_o(t) = \frac{k_f}{K_c}U_\Omega|H(\text{j}\Omega)|\cos\left[\Omega t + ArgH(\text{j}\Omega)\right]$$

可见 VCO 的控制电压 $u_o(t)$ 可作为解调输出。

（2）若 Ω 大于 ω_n，即调制频率处于低通特性的带宽之外，$\theta_2(t)$ 已不能跟踪 $\theta_1(t)$ 的变化，

此时，就没有相位调制，是一个未调载波，即 $u_c(t)=U_c\cos\omega_c t$ ，若输入 $u_i(t)$ 的载波发生慢漂移时，由于 PLL 要维系锁定状态，VCO 输出的频率也会跟着漂移，这也是一种跟踪，称为载波跟踪，工作在载波跟踪状态的环路称载波跟踪环。

练习题

一、填空题

反馈控制电路可分为________、________、________三类。PLL 电路的基本原理是利用________误差来消除频率误差。

二、判断题

1．AGC 信号为低频信号。（　）
2．锁相环属于自动相位控制电路。（　）

三、简答题

1．在锁相环路中，常用的滤波器有哪几种？写出它们的传输函数。
2．什么是环路的锁定状态？什么是失锁？什么是环路的跟踪状态？
3．锁定状态有什么特性？
4．写出锁相环的数学模型及锁相环路的基本方程式。
5．画出锁相环路用于调频的方框图，并分析其工作原理。
6．画出锁相环路（PLL）解调电路原理框图，并分析其工作原理。

项目九　单片射频收发器芯片的原理及应用

教学目标

通过对单片射频收发器芯片工作原理的学习，学生能自主设计一个简单的无线射频数据收发系统。

教学要求

1. 了解射频芯片内部结构及工作原理；
2. 了解蓝牙无线工作原理、数据收发过程；
3. 理解 nRF905 工作方式，掌握 nRF905 典型应用电路；
4. 掌握 nRF905 初始化配置、无线收据收、发过程。

目前已有一些公司如 Nordic VLSI ASA Inc、Chipcon Components Inc、Texas Instruments、RF Monolithics Inc、ATMEL、Ericsson 等可以提供一系列的射频收发器芯片。下面选择其中一些芯片进行介绍。

9.1　单片射频收发器芯片

常用的单片射频收发芯片型号有 nRF401/403、nRF905 和 TRF6900。

9.1.1　单片射频收发器芯片 nRF401/403

单片射频收发芯片 nRF401 的频率范围是 433.92～434.33MHz，nRF403 的频率范围是 315.16～433.92MHz，调制方式为 FSK 调制解调技术，具有两个传输通道，射频输出功率为 10dBm，接收灵敏度为–105dBm，数据速度为 20kb/s，nRF401 的电源电压为 2.7～5.25V，nRF403 的电源电压为 2.7～3.6V，接收时电源电流为 250μA，发射时电源电流为 8mA，待机电流为 8μA。nRF401 与 nRF403 两个芯片仅频率范围和工作电源电压不同。

nRF403 内部结构框图如图 9.1 所示。芯片内包含有发射功率放大器（PA）、低噪声接收放大器（LNA）、晶体振荡器（OSC）、锁相环（PLL）、压控振荡器（VCO）、混频器（MIXER）等电路。在接收模式中，RF 输入信号被低噪声放大器放大，经由混频器变换成中频信号，这个被变换的信号在送入解调器之前被放大和滤波，经解调器解调，解调后的数字信号在 DOUT 端输出。在发射模式中，压控振荡器的输出信号直接送入到发射功率放大器，DIN 端输入的数字信号被频移键控后馈送到功率放大器输出。由于采用了晶体振荡器和 PLL 合成技术，

nRF403 芯片的频率稳定性极好。

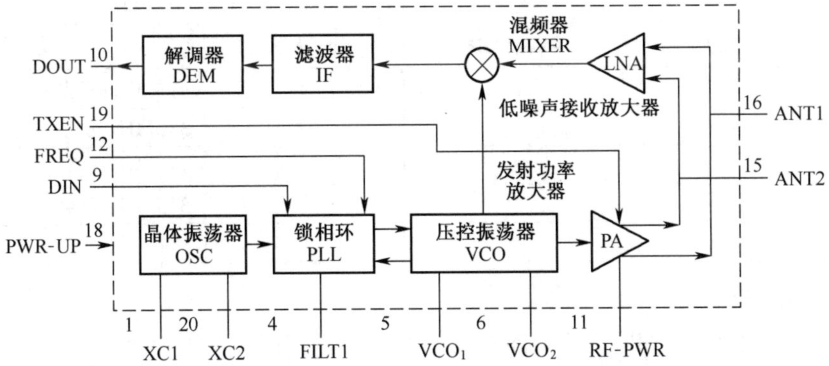

图 9.1　nRF403 的内部结构图

nRF403 的应用电路如图 9.2 所示。9 脚及 10 脚为 DIN 输入数字信号端和 DOUT 输出数字信号端，两端输入与输出的均为标准的逻辑电平信号，需要发射的数字信号通过 DIN 输入，解调出来的信号经过 DOUT 输出；12 脚为通道选择端，FREQ=“0”时为通道#1（433.92MHz），FREQ=“1”为通道#2（315.16MHz）；18 脚为工作/待机模式控制，PWR-UP=“1”时为工作模式，PWR-UP=“0”为待机模式；19 脚为发射/接收模式控制，TXEN=“1”时为发射模式，TXEN=“0”时为接收模式。芯片工作状态与控制引脚的关系见表 9.1。

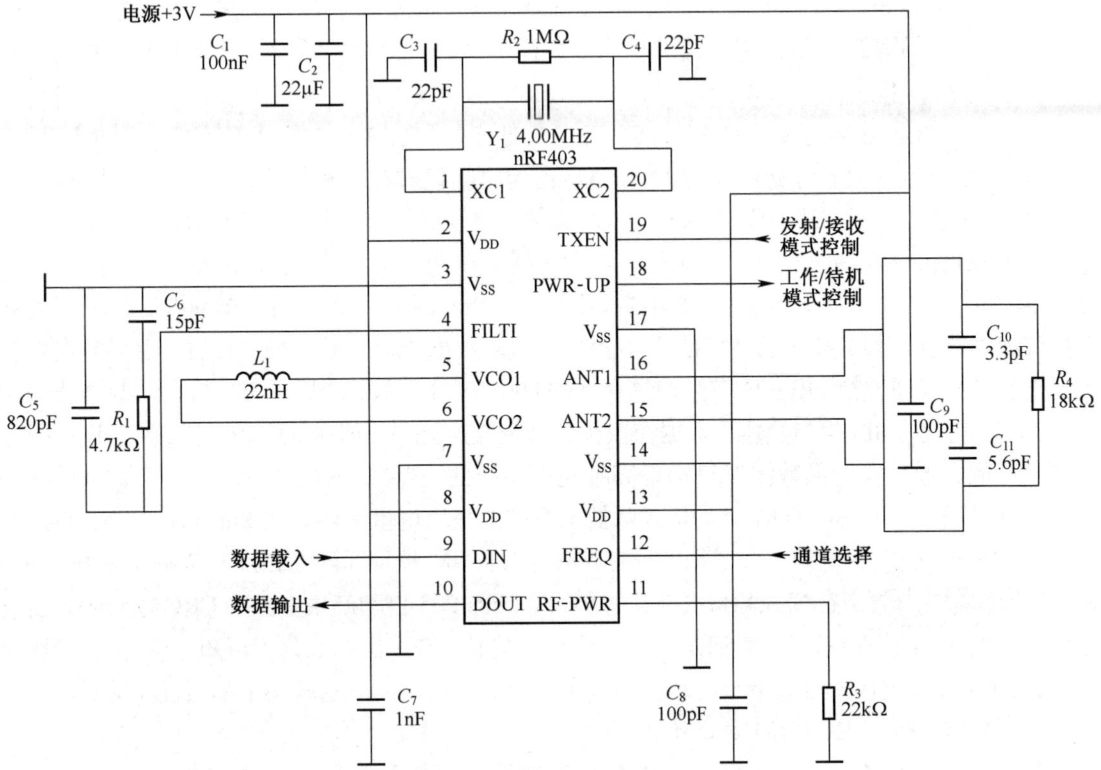

图 9.2　nRF403 的应用电路

表 9.1 芯片工作状态与控制引脚的关系

输入			响应	
TXEN	FREQ	PWR-UP	通道号	模式
0	0	1	1	433MHz 接收
0	1	1	2	315MHz 接收
1	0	1	1	433MHz 发射
1	1	1	2	315MHz 发射
X	X	0	-	待机

印制电路板（PCB）的设计直接关系到电路的射频性能，一般使用 1.6mm 厚的 FR-4 双面板，分为元器件面和底面。PCB 的底面有一个连续的接地面，射频电路的元器件面以 nRF403 芯片为中心，各元器件紧靠其周围，尽可能减少分布参数的影响。元器件面的接地面要保证元器件充分地接地，大量的通孔连接元器件面的接地面到底面的接地面。nRF403 芯片采用 PCB 天线，在天线的下面没有接地面。射频电路的电源连接高性能的射频电容去耦，去耦电容尽可能地靠近 nRF403 芯片的 V_{DD} 端，一般还在大电容的旁边并联一个小数值的电容。射频电路的电源与接口电路的电源分离，nRF403 芯片的 V_{SS} 端直接连接到接地面。注意不能将数字信号或控制信号引入到 PLL 环路滤波器元件和 VCO 电感的附近。

9.1.2 单片射频收发器芯片 nRF905

nRF905 芯片是工作于 433/868/915MHz 三个 ISM（工业、科学和医学）频道的单片射频收发器，它由频率合成器、接收解调器、功率放大器、晶体振荡器和调制器组成，具有 ShockBurstTM 工作模式，自动处理字头和 CRC（循环冗余码校验）功能，使用 SPI 接口与微控制器通信，配置非常方便。此外，其功耗非常低，以–10dBm 的输出功率发射时电流只有 11mA，工作于接收模式时的电流为 12.5mA，内建空闲模式与关机模式，易于实现节能。

nRF905 芯片有两种活动模式（RX/TX）和两种省电模式。活动模式分别为 ShockBurstTM RX 模式和 ShockBurstTM TX 模式。省电模式分别为断电和 SPI 编程模式、待机和 SPI 编程模式。

nRF905 芯片采用挪威 Nordic 公司的 VLSIShockBurst 技术，使得用 nRF905 芯片无需为数据处理或时钟复位浪费高速的 MCU 就能提供高速的数据传输。通过将所有的与射频数据包有关的高速信号处理放在 nRF905 芯片内进行，nRF905 芯片为 MCU 提供 SPI 接口，数据传输速率由 MCU 配置的 SPI 接口决定。数据在微控制器中低速处理，但在 nRF905 中高速发送，因此有利于节能。通过在射频数据发射速率高时允许系统的数字部分（MCU）运行于低速状态，nRF905 芯片的 ShockBurstTM 活动模式降低了系统的平均电量消耗。在 ShockBurstTM 的接收模式下，当一个包含正确地址和数据的数据包被接收到后，地址匹配（AM）和数据准备好（DR）两引脚通知微控制器。在 ShockBurstTM 发送模式，nRF905 自动产生字头和 CRC 校验码，当发送过程完成后，数据准备好引脚通知微处理器数据发射完毕。由以上分析可知，nRF905 芯片的 ShockBurstTM 收发模式有利于节约存储器和微控制器资源，同时也减小了编写程序的时间。

1. 典型的 ShockBurstTM 发送流程

当微控制器有数据要发送时，接收节点的地址和有效负载数据通过 SPI 接口被输入到 nRF905 芯片中。由系统定的协议或 MCU 来控制接口的传输速度。

MCU设置TRX-CE和TX-EN引脚为高电平，这就启动了nRF905芯片的ShockBurstTM 发射模式。

启动nRF905芯片的ShockBurstTM发射模式后，无线电通信自动启动，数据包完成自动处理字头和CRC（循环冗余码校验），数据包被发射（100kbps, GFSK, Manchester-encoded），发射完成时数据准备引脚被置高电平。

如果AUTO-RETRAN引脚被置高电平，则nRF905芯片就不断地重发数据包直到TRX-CE引脚被置低电平。

当TRX-CE引脚被置低电平时，nRF905芯片完成发射出去的数据包后将自己设置为待机模式。

ShockBurstTM 工作模式保证被发射的数据包在发射时不管TRX-EN引脚和TX-EN引脚电平或高或低，发送过程都会被处理完。只有传输完成后，才能接收下一个数据包。

为了方便天线调协和测量输出功率，可以设置发射机，所以产生的用于TRX-CE引脚的固定的载波必须保持高电平。在数据脉冲发送完后，设备将继续发送为被调制的载波。

注意：在DR引脚被置高电平后在下面的条件下也会被置低电平

（1）TX-EN引脚被置低电平；

（2）PWR-UP引脚被置低电平。

2. 典型的ShockBurstTM RX接收流程

典型的ShockBurstTM RX接收流程如下：

（1）当TRX-CE引脚为高电平、TX-EN引脚为低电平时，nRF905芯片进入ShockBurstTM接收模式。

（2）650μs后，nRF905芯片不断监测，等待接收数据。

（3）当nRF905芯片检测到同一频段的载波频率时，载波检测引脚被置高。

（4）当接收到一个相匹配的地址时，地址匹配引脚被置高。

（5）当一个正确的数据包接收完毕后，nRF905芯片自动移去字头、地址和CRC校验位，然后把数据准备好引脚置高。

（6）微控制器把TRX-CE引脚置低，nRF905芯片进入空闲模式。

（7）微控制器通过SPI接口，以一定的速率把数据移到微控制器内。

（8）当所有的数据接收完毕后，nRF905芯片把数据准备好引脚和地址匹配引脚置低。

（9）nRF905芯片此时可以进入ShockBurstTM 接收模式、ShockBurstTM 发送模式或关机模式。

当正在接收一个数据包时，TRX-CE或TX-EN引脚的状态发生改变，nRF905芯片会立即改变工作模式，数据包则丢失。当微处理器接收到地址匹配引脚的信号之后，就知道nRF905正在接收数据包，可以决定是让nRF905芯片继续接收该数据包还是进入另一个工作模式。

3. 关机模式

在关机模式，nRF905芯片的工作电流最小，一般为2.5μA。进入关机模式后，设备不再工作，减少平均耗电并最大程度地维持电池的生命。nRF905芯片保持配置字中的内容直到关机。

4. 节能模式

节能模式有利于在从空闲模式到发送模式或接收模式的启动时减小工作电流。在该模式下，部分晶体振荡器处于工作状态。工作电流跟外部晶体振荡器的频率有关，例如：IDD＝12uA@4MHz，如果 nRF905 芯片的 uPCLK（第 3 脚）可用，则工作电流的增加将取决于电容的负载和频率。配置字中的内容保持到待机模式。

5. nRF905 应用电路

一般通过单片机的 SPI 接口实现 nRF905 无线数据收发，典型的 nRF905 应用电路如图 9.3 所示，其与单片机接口引脚功能描述见表 9.2。

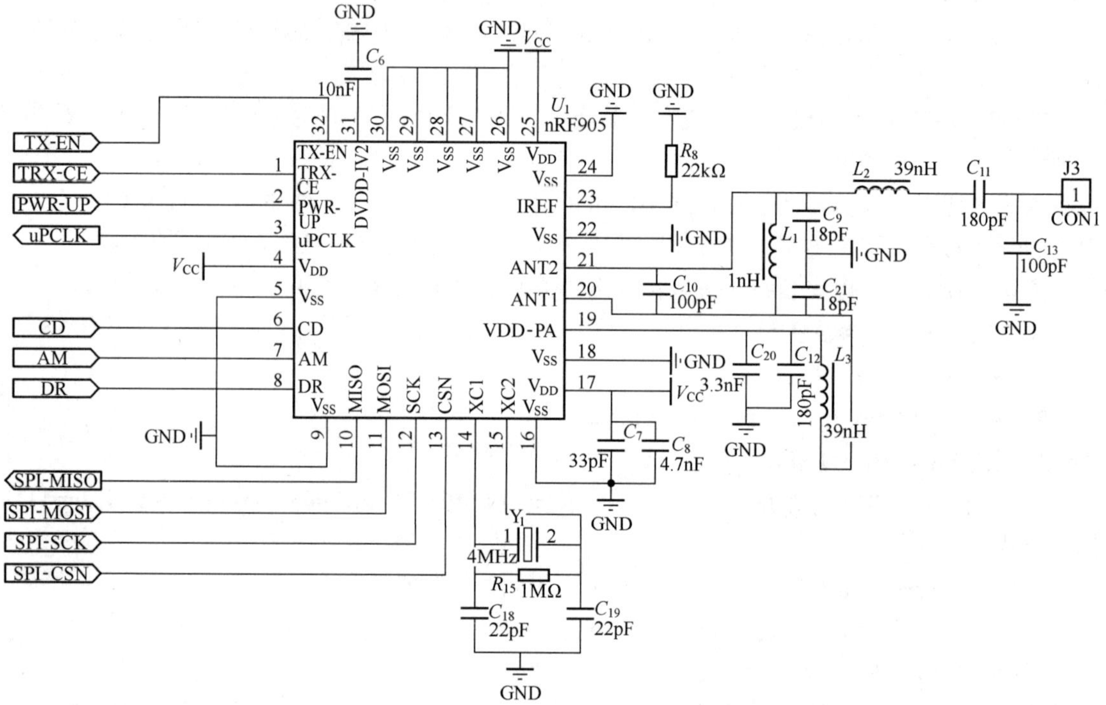

图 9.3 nRF905 应用电路

表 9.2 nRF905 与单片机接口

引脚	名称	引脚功能	说明
1	TRX-CE	数字输出	使 nRF905 芯片工作于接收或发送状态
2	PWR-UP	数字输出	低电平时 nRF905 芯片断电，高电平时 nRF905 芯片上电
3	uPCLK	时钟输出	输出时钟，应用中此引脚可以不接
6	CD	数字输出	载波检测，当检测到同一频段的载波时，CD 引脚被置高
7	AM	数字输出	地址匹配，当接收到一个相匹配的地址时，AM 引脚被置高
8	DR	数字输出	数据准备好，当一个正确的数据包接收完毕，DR 引脚被置高
10	MISO	SPI 输出	接单片机的 MOSI 引脚
11	MOSI	SPI 输入	接单片机的 MISO 引脚
12	SCK	SPI 时钟	接单片机的 SCK 引脚
13	CSN	SPI 片选	SPI 片选，低电平有效
32	TX-EN	数字输入	TX-EN=“1”TX mode, TX-EN=“0”RX mode

9.1.3 单片射频收发器芯片 TRF6900

单片射频收发器芯片 TRF6900 的频率范围是 850～950MHz，调制方式为 FM/FSK，射频输出功率为 5dBm，数据速率为 8Mb/s，电源电压为 2.2～3.6V，待机电流为 5μA。

TRF6900 芯片的内部结构框图如图 9.4 所示，可分为发射电路和接收电路两部分。

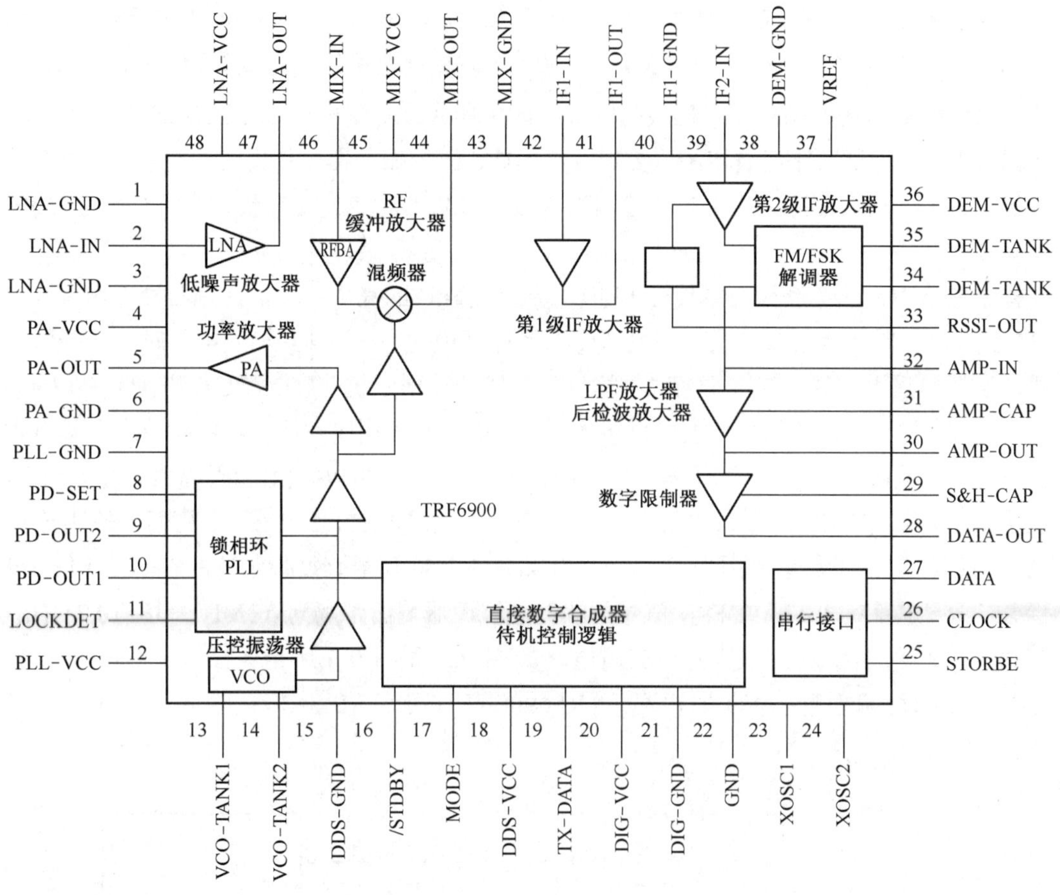

图 9.4 TRF6900 芯片的内部结构框图

发射电路包含有 RF 功率放大器（PA）、锁相环（PLL）、压控振荡器（VCO）、可编程的直接数字合成器（Driect Digital Synthesizer）和低功耗控制逻辑电路（Power-Down Logic），串行接口（Serial Interface）电路。

接收电路包含有低噪声放大器（LNA）、射频缓冲放大器（RF Butter Amplifier）、射频混频器（RF Mixer）、本机振荡缓冲放大器（LO Butter Amplifier）、第一级中频放大器（1st 1F Amplifier）、第二级中频放大器限幅器（2nd Amplifier、Limiter）、FM/FSK 解调器（FM/FSK Demodulator）、低通滤波放大器/后检波放大器（LPF Amplifier/Post-Detection Amplifier）、数据限制器（Data Slicer）和接收信号强度指示器（RSSI）等电路。

发射电路中，TRF6900 芯片使用三线单向串行总线（CLOCK、DATA、STROBE）进行编程，来自微控制器的 24 位控制字通过串行口输入到直接数字合成器（DDS）中，在每一个 CLOCK 引脚信号的上升沿，在 DATA 引脚上的逻辑值被写入 DDS 的 24 位移位寄存器中，设置 STROBE 引脚为高电平，编程信息被装入所选择的锁存器中，完成 DDS 模式、调制器、PLL 等设置。要发射的数据通过 TX-DATA 引脚进入 DDS 中，直接数字合成器将数字信号通过 11 位数/模转换器、正弦波形成器等电路转换成模拟信号。基准振荡器输入频率 f_{ref} 为 15～26MHz，可编程的 DDS 分配器比率 0～4194303 位，分辨率 $\Delta f = N \times f_{ref} \div 2^{24}$，FSK 调制器寄存器比率 0～1020 位，分辨率 $\Delta f = N \times f_{ref} \div 2^{22}$。时钟电路采用的是频率为 25.6～26MHz 的晶体振荡器所需的基准频率。本机振荡器来用锁相环（PLL）方式，由在 DDS 基础上的频率合成器、外接的无源回路滤波器和压控振荡器组成。压控振荡器由片内的振荡电路、外接的变容二极管和 LC 谐振回路组成，频率范围为 850～950MHz。RF 功率放大器具有高达+5dB 输出功率。

接收电路中，低噪声放大器具有 13dB 增益和 3.3dB 的噪声系数，具有两种工作模式：在低 RF 输入电平时，为了得到最大的灵密度选择标准模式；在高 RF 输入电平时，选择低增益模式。混频器采用常规的双重平衡式结构，混频器的输出阻抗（MIX-OUT 引脚）是 330Ω，这阻抗允许一个 330Ω 的陶瓷滤波器直接连接到 MIX-OUT 引脚。第一级中频放大器具有大约 7dB 的放大增益，用来放大从混频器中输出的波形。第二级中频放大器和限幅器具有大约 80dB 的放大器增益和 330Ω 的输入阻抗，中频频率范围是 10～21.4MHz，限幅器的输出连接到 FM/FSK 解调器。由于频率范围为 10～21.4MHz，所以接收信号强度指示器的斜率是 19mV/dB。FM/FSK 解调电路完成 FM 或 FSK 信号的解调。解调器输出带宽为 0.3MHz（IF=10.7MHz）。

TRF6900 射频收发器芯片典型应用电路如图 9.5 和图 9.6 所示。图 9.5 给出 TRF6900 与 MPS430 的可编程数字 I/O 端相连，TRF6900 芯片可在 MPS430 的控制下完成所选择的操作。

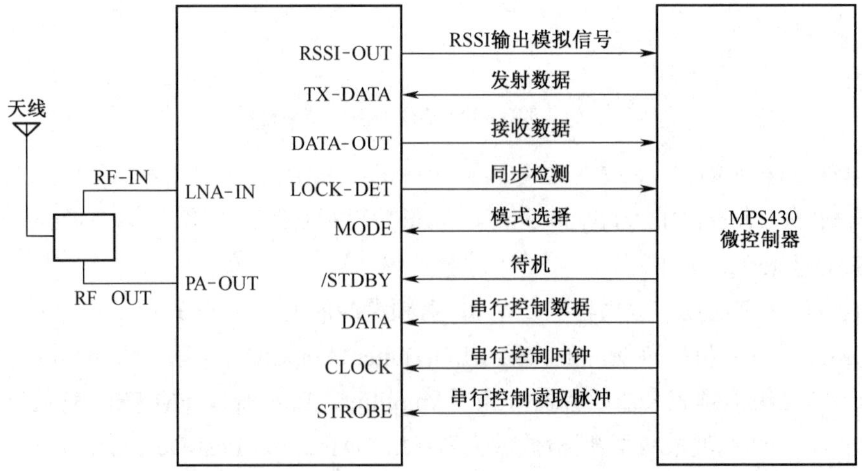

图 9.5 TRF6900 与 MPS430 微控制器连接示意图

图 9.6 给出 TRF6900 工作在 902～928MHz 频段的实际应用电路及元器件参数。

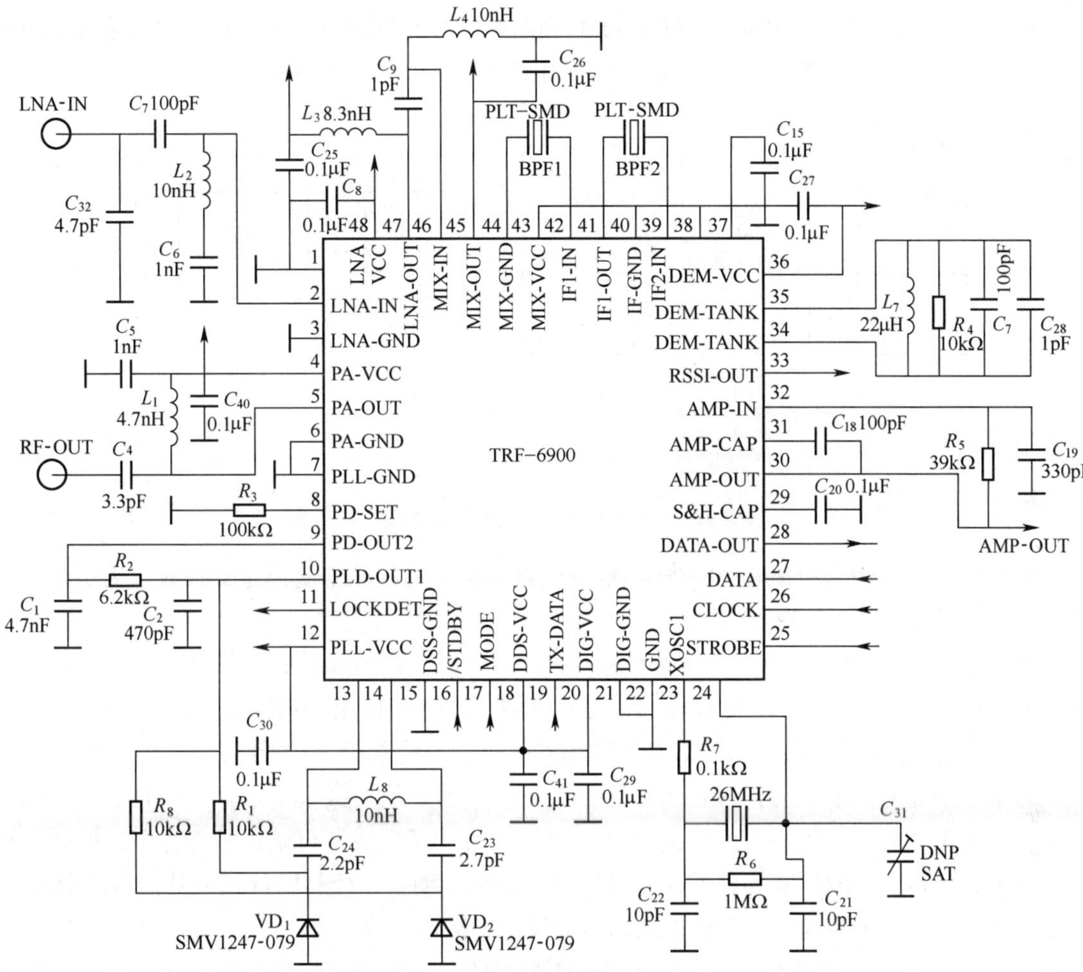

图 9.6　TRF6900 工作在 902～928MHz 频段的实际应用电路图

9.2　蓝牙无线电收发器

9.2.1　蓝牙无线电收发器 PBA31301

蓝牙无线电收发器 PBA31301 芯片的频率范围为 2.4～2.5GHz，调制方式是 GFSK 调制解调技术，具有 79 个传输通道，射频输出功率为 4.5dBm，接收灵敏度为–76dBm，数据传输速率为 1Mb/s，电源电压为 2.8V，接收时电源电流为 40mA，发射时电源电流为 35mA。PBA31301 芯片的内部结构框图如图 9.7 所示，蓝牙以无线电 ASIC 为核心，使用 BGA 和分立元件安装在多层 LTCC 基片上。接收器采用中频 3.0MHz 和镜像抑制混频器的外差式结构，通道选择滤波器采用调谐到 1MHz 的带通滤波器（BPF），AISC 中的鉴频器和比特限制器发送所要求的比特流到蓝牙基带。合成器（Syntheseizer）产生所需要的无线电频率。在接收模式中产生本机振荡信号，在发射模式中产生调制载波。在信道选择和接收模式期间，合成器使用一个锁相环（LOPLL）。在发生模式（引脚 21 PHD-OFF 为高电平时）时，锁相环开路，调制是直接加到压控振荡器（VCO）振荡回路上，载波频率由回路滤波器中的电压决定。

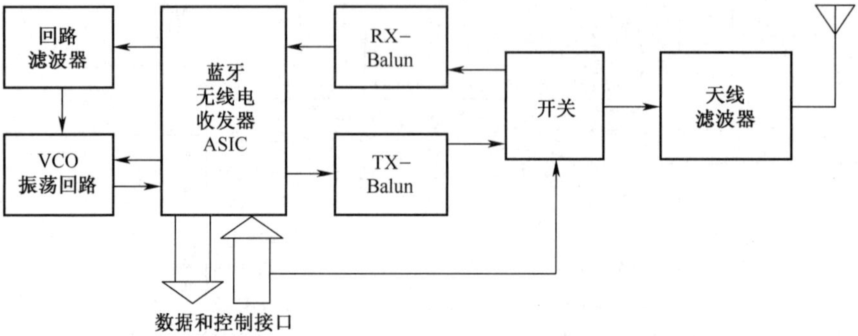

图 9.7 PBA31301 芯片的内部结构框图

平衡-不平衡变换器（TX Balun RX Balun）将来自开关的不平衡信号变换成平衡信号，并发射/接收到发射器/接收器中。

无线滤波器在接收模式时，阻塞不需要的频带信号和在发射模式中频带相位噪声。天线滤波器使被 TX-ON（引脚 3）信号控制，在发射期间（TX-ON 引脚为高电平），发射功率放大器发射 RF 功率信号到天线滤波器。在接收模式时，无线输入信号从天线滤波器到接收器。

对于一个完整的蓝牙通信操作，蓝牙无线电收发器必须连接到蓝牙基带控制器或者能够模拟蓝牙基带功能的器件。在蓝牙无线电 ASIC 芯片中还集成了可编程的寄存器、控制逻辑电路和串行接口。可编程寄存器用来完成频率、调谐、调制、控制的位置。基带可读/写这些可编程寄存器。基带和收发器之间的通信将通过串行接口完成。

蓝牙无线电收发器的输入/输出控制、数据接收/发射都在蓝牙基带控制器的控制下完成。组件内还集成有晶体振荡器、上电复位等电路。

PBA31301 芯片采用 34 脚 BGA 封装，尺寸为 10.2mm×14.0mm×1.6mm。引脚按功能可分为电源、输入/输出控制、数据接口、串行接口等几个部分。该芯片采用两路电源供电，VCC-VCO（引脚 20）供给敏感的 VCO 电路，VCC（引脚 11）供给剩余的电路。接地端有 11 个引脚（分别是引脚 1、6、10、12～16、23 和 28）。

晶振输入端 XO-N（引脚 8）和 XO-P（引脚 7）外界晶振。如果采用外接时钟输入方式，外接时钟通过 XO-N 端交流耦合输入，XO-P 端空置。ANT 端（引脚 17）连接到 50Ω 天线接口，外接天线。7 个引脚与输入控制有关，有 5 个引脚（分别是 PX-ON、SYNT-ON、RX-ON、TX-ON 和 PHT-OFF）可以去控制 PBA31301 芯片的无线电特征。

PX-ON 端（引脚 32）数据包组开关导通控制，高电平有效。PX-ON 端用来控制接收器的自动频率补偿。当 PX-ON 端有效时，“慢”模式（时间常数 < 50μs ）被使用，当 PX-ON 端无效时，“快”模式（时间常数 < 2μs ）被使用。

SYNT-ON 端（引脚 24）为合成器导通控制，高电平有效，在发射和接收模式中使用。当 SYNT-ON 端有效时 PBA31301 芯片的 VCO 部分电源接通。

RX-ON 端（引脚 5）为接收导通控制，高电平有效，当 RX-ON 端信号有效时，在 RX-DATA 端（引脚 4）上的蓝牙数据可以被接收。如果数据被接收，则要求发射导通控制 TX-ON 端（引脚 3）必须无效和合成器导通控制 SYNT-ON 端有效。

TX-ON 端（引脚 3）发射导通控制，高电平有效，该信号有效时允许无线电信号输出在天线端（ANT）。当 PHD-OFF 端（引脚 21）有效时，在 DATA 端（引脚 27）上的输入数据能被正确的传输。如果数据被发射，要求 RX-ON 端必须是低电平状态。

PHD-OFF 端（引脚 21）相位检波器关断控制，高电平有效，在发射模式中，这个信号将打开在 VCO 部分中的锁相环，载波被 TX-DATA 端的数字输入信号调制。一般是在启动 SYNT-ON 端和 TX-ON 端信号后再使 PHD-OFF 端有效。

POR-EXT 端（引脚 9）外接电源导通复位，高电平有效，该信号将复位无线电控制器和它的寄存器。复位将发生在 POR-EXT 信号的正沿。

SYS-CLK-REQ 端（引脚 33）时钟需求控制，高电平有效，使用这个信号去关断睡眠模式，唤醒基准时钟电路和对应的 13MHz 和 1MHz 输出通道。

有四个引脚与输出控制有关，四个输出控制信号用于基带电路控制。

POR 端（引脚 30）电源导通复位数字输出信号，在电源导通（即已加在蓝牙无线电收发器上）或在 POR-EXT 端信号正沿之后，POR 端信号有效，该信号被传送到基带芯片上。

SYS-CLK 端（引脚 34）13MHz 系统时钟信号数字输出，当 POR-EXT 端和 SYS-CLK-REQ 端为高电平时，13MHz 系统时钟数字信号输出，可供基带电路使用。在启动时，SYS-CLK 端也将是可利用的，与 SYS-CLK-REQ 端状态无关。

TX-CLK 端（引脚 2）1MHz 发射失踪数字输出信号。当 POR-EXT 端和 SYS-CLK-REQ 端为高电平时，1MHz 发射时钟数字信号输出，可供基带电路使用。TX-CLK 端在 SYS-CLK 的上升沿改变状态。

LPO-CLK 端（引脚 31）3.2MHz 的振荡器时钟数字输出信号。加上电源同时 POR-EXT 端为高电平时，时钟信号输出。LPO-CLK 端时钟信号对唤醒基带电路是必须的。

有两个引脚与数据接口有关，分别是 TX-DATA 端和 RX-DATA 端。TX-DATA 端（引脚 22）发射数据数字控制信号，高电平有效。当 PHD-OFF 端有效时，馈送蓝牙数据（1Mb/s）到调制器，从 TX-DATA 端到 ANT 端全部延迟为 0.5μs 。

RX-DATA 端（引脚 4）接收数据数字输出，高电平有效，当 RX-ON 端有效，在 SYS-CLK 端的下降沿，所接收的蓝牙数据（1Mb/s）锁定在 RX-DATA 端上。从 ANT 端接收到数据锁定在 RX-DATA 端上全部延时为 2.5μs 。

有四个引脚与串行接口有关。四个引脚分别是：SI-CDI 端（引脚 27）控制数据输入，SI-CMS 端（引脚 26）控制模式选择，SI-CLK 端（引脚 25）控制时钟，SI-CDO 端（引脚 29）控制数据输出。

PBA31301 芯片的典型应用电路如图 9.8 所示。

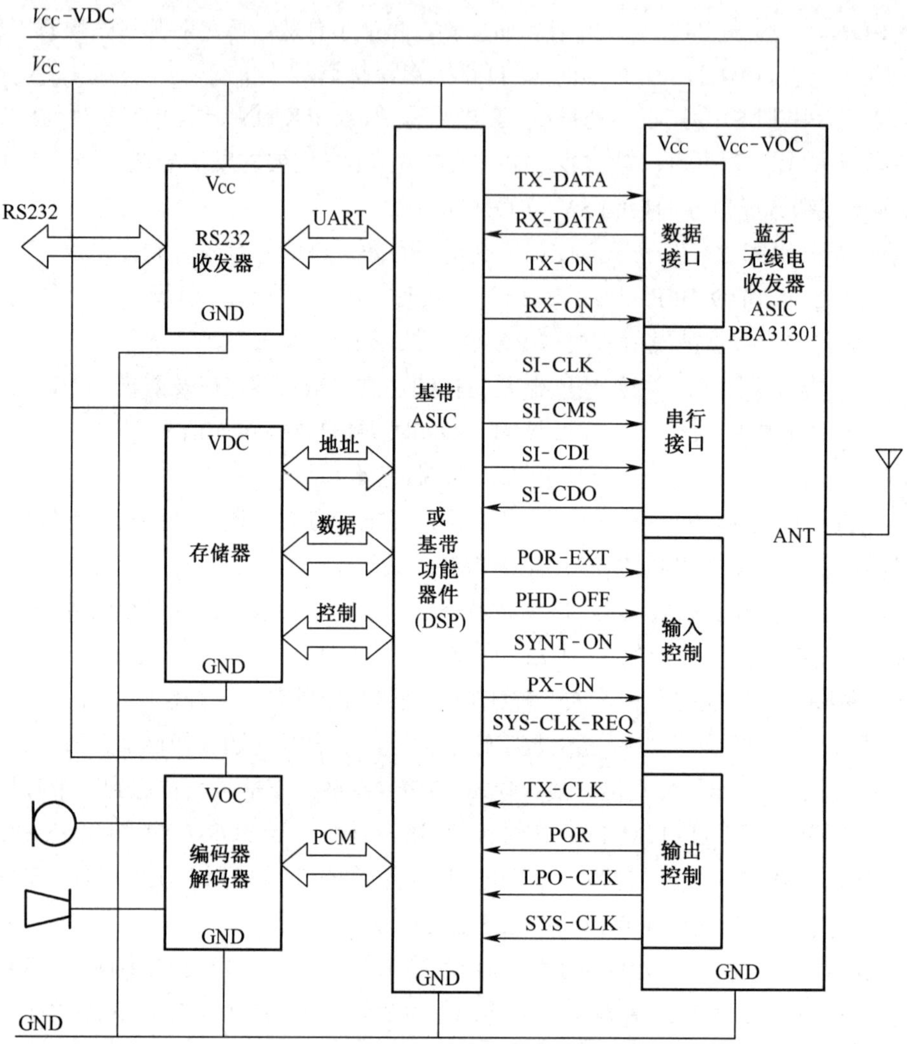

图 9.8 PBA31301 芯片的典型应用电路

9.2.2 蓝牙无线电收发器芯片 RF2968

蓝牙无线电收发器芯片 RF2968 是为低成本的蓝牙应用而设计的单片收发器集成电路，RF 的频率范围为 2400～2500MHz，RF 有 79 个信道，步长为 1Mb/s，数据传输速率为 1Mb/s，频偏为 140～175kHz，输出功率为 4dBm，接收灵敏度为–85dBm，电源电压为 3V，发射消耗电流为 59mA，接收消耗电流为 49mA，休眠模式消耗电流为 250μA。芯片提供给全功能的 FSK 收发功能，芯片的中频和解调部分不需要滤波器或鉴频器，并具有镜像抑制前端、集成振荡器电路、可高度编程的合成器等电路。自动校准的接收和发射 IF 电路能优化连接的性能，并消除人为的变化。电路采用 32 脚的塑料 LCC 形式封装。

RF2968 芯片是专为蓝牙的应用而设计、工作在 2.4GHz 频段的收发机。符合蓝牙无线电规范 1.1 版本功率等级 2（+4dBm）或等级 3（0dBm）的要求。对功率等级 1（+20dBm）的应用，RF2968 芯片可以和功率放大器搭配使用如 RF2172 芯片。RF2968 芯片的内部框图如图 9.9

所示。芯片内包含有发射器、接收器、VCO、时钟、数据总线、芯片控制逻辑等电路。

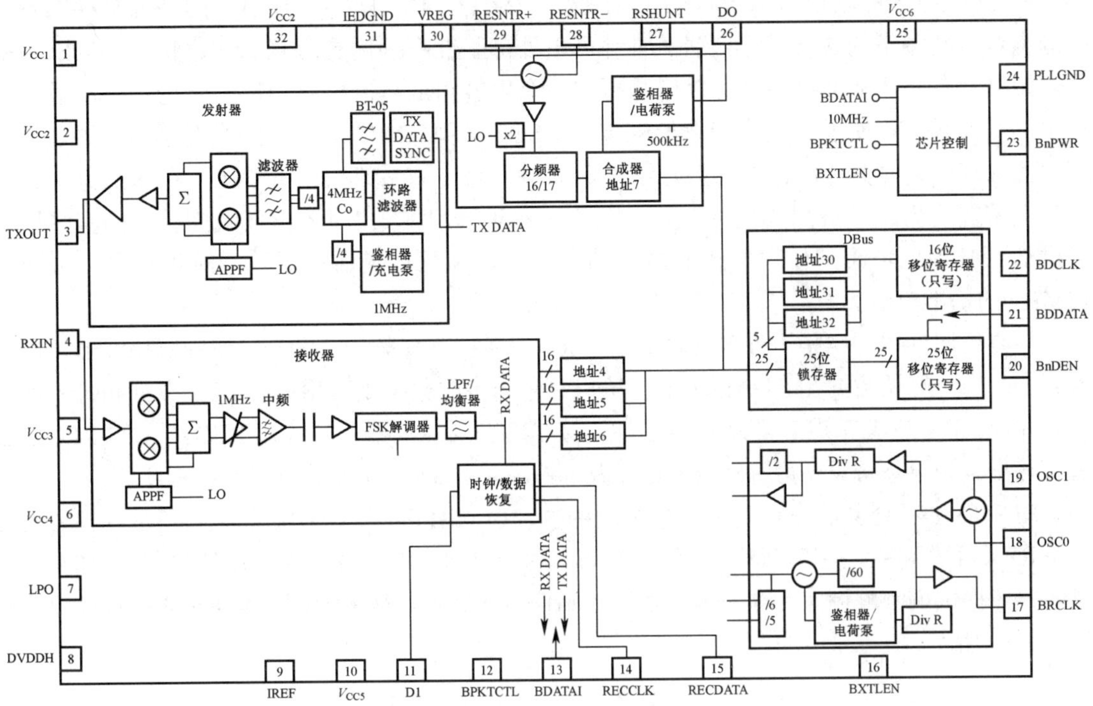

图 9.9　RF2968 芯片的内部框图

由于芯片内集成了中频滤波器，RF2968 芯片只需最少的外部器件，避免外接如中频 SAW 滤波器和对称－不对称变换器等器件。接收机输入和发射机输出的高阻状态可省去外部接收机/发射机转换开关。RF2968 芯片和天线、RF 带通滤波器、基带控制器连接，可以实现完整的蓝牙解决方案。除 RF 信号处理外，RF2968 芯片同样具有数据调制的基带控制、直流补偿、数据和时钟恢复功能。

RF2968 芯片发射机输出在内部匹配到 50Ω，需要一个 AC 耦合电容。接收机的低噪声放大器输入在内部匹配 50Ω 阻抗到前端滤波器。接收机和发射机在 TX-OUT 和 RX-IN 间连接一个耦合电容，共用一个前端滤波器。此外，发射通道可通过外部的放大器放大到+20dBm，接通 RF2968 芯片的发射增益控制和接收信号强度指示，可使蓝牙工作在功率等级 1。RSSI 数据经串联端口输入，当超过–20～80dBm 的功率范围时提供 1dB 的分辨率。发射增益控制在 4dB 步进内调制，可经串联端口设置。

基带数据经 BDATA1 端送到发射机。BDATA1 脚是双向传输引脚，在发射模式时，其作为输入端，在接收模式时，作为输出端。RF2968 芯片实现基带数据的高斯滤波、FSK 调制中频电流控制的晶体振荡器（ICO）和中频 IF 上变频到 RF 信道频率。

片内压控振荡器（VCO）产生的频率为本振（LO）频率的一半，再通过倍频到精确的本振频率。在 RESNRT+和 RESNTR-间的两个外部回路电感决定 VCO 的调节范围，电压从片内调节器输出给 VCO，调节器通过一个滤波网络连接在两个回路电感的中间。由于蓝牙快速调频的需要，环路滤波器（连接到 D0 端和 RSHUNT 端）特别重要，它们决定 VCO 的跳变和设置时间。所以极力推荐使用应用电路图中提供的元件值。

RF2968 芯片可以使用 10MHz、11MHz、12MHz、13MHz 或 20MHz 的基准时钟频率，并能支持这些频率的 2 倍基准时钟。时钟可由外部基准时钟通过隔直电容直接送到 OSC1 引脚。如果没有外部基准时钟，可以用晶振和两个电容组成基准振荡电路。无论是外部或内部产生的基准频率，使用一个连接在 OSC1 和 OSC2 引脚之间的电阻来提供合适的偏置。基准频率的频率公差须为 20×10^{-6} 或更好，以保证最大允许的系数频率偏差保持在 RF2968 芯片的解调带宽之内。LPO 引脚用 3.2kHz 或 32kHz 的低功率方式时钟给休眠模式下的基带设备提供低频时钟。考虑到休眠模式的最小功率消耗，并且可灵活选择基准时钟频率，可选用 12MHz 的基准时钟。

接收机用低中频结构，外部元件最少。RF 信号向下变频到 1MHz，使中频滤波器可以植入到芯片中。解调数据在 BDATA1 引脚输出，进一步的数据处理用基带 PLL 数据和时钟恢复电力完成。D1 是基带 PLL 环路滤波器的连接引脚。同步数据和时钟在 REDATA 和 RECCLK 引脚输出。如果基带设备用 RF2968 芯片做时钟恢复，D1 环路滤波器可以略去不用。

RF2968 芯片射频收发机作为蓝牙系统的物理层（PHY），支持在物理层和基带设备之间的 Blue RF（蓝牙射频）接口。该芯片和基带间有两个接口。串行接口提供控制数据交换的通道，双向接口提供调制解调、定时和芯片功率控制信号的通道。基带控制器与 RF2968 芯片的接口如图 9.10 所示。

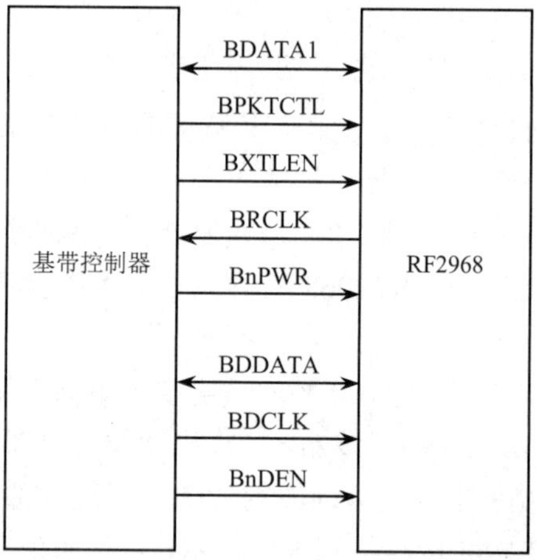

图 9.10 基带控制器与 RF2968 芯片的接口

控制数据通过 DBUS 串行接口协议的方式在 RF2968 芯片和基带之间交换。BDCLK、BDDATA 和 BnDEN 都是符合串行接口的信号，基带是主控设备，它启动所有到 RF2968 芯片的寄存器存取操作。RF2968 芯片的数据寄存器可被编程，或者根据具体命令格式和地址被检索，数据包首先传送 MSB。

在读取操作中，基带控制器发出设备地址、READ 位（R/W=1）和寄存器地址给 RF2968 芯片，再跟一个持续半个时钟周期的翻转位。在允许 RF2968 芯片在 BDCLK 方向的上升沿通过 BDDATA 端驱动它的请求信号之后，基带控制器驱动 BnDEN 端为高电平，在第一个 BDCLK 端脉冲的下降沿到来时重新控制 BDDATA 端。

寄存器地址可寻址 32 个寄存器，RF2968 芯片仅提供 3～7 和 30～31 的寄存器地址。通过设置寄存器的数据可实现不同的功能。

双向接口完成数据交换、定时和状态机控制。所有双向同步（定时）来自 BRCLK 端 RF2968 芯片使用 BRCLK 的下降沿。

RF2968 的芯片控制电路控制芯片内其他电路的掉电和复位状态，把设备设置为所需要的发射，接收或功率节省模式。芯片的控制输入经双向接口从基带控制器（BNPWR、BXTLEN、BPKTCTL、BDATA1）输入，也可从 DBUS 模块（RXEN、TXEN）输出端的寄存器输入。基带控制器和 RF2968 芯片内的状态机维持在控制双向数据线方向的状态，基带控制器控制 RF2968 芯片内的状态机，并保证数据争用不会在复位和正常工作期间发生。

9.3　单片射频芯片应用案例

9.3.1　基于 nRF905 芯片的电力故障监控系统

电力故障监控系统采用以 PC 机为控制中心，监控各个指示器的运行状态，系统结构如图 9.11 所示。每一个监测点设置一个通信终端和 A、B、C 相三个故障指示器。三个故障指示器与通信终端之间通过 nRF905 芯片的无线射频进行通信；通信终端与服务器之间通过 GPRS 进行通信。故障指示器实时检测线路电流及运行状态，并通过 nRF905 芯片的无线射频模块将线路电流和运行状态发送至通信终端，通信终端通过 GPRS 模块将测量参数传至监控中心，便于实现集中监控。通信终端按照 101 规约与服务器进行通信，上报各指示器的电流数据和指示器的运行状态，解析服务器发送过来的指令并按协议格式回复相应数据。

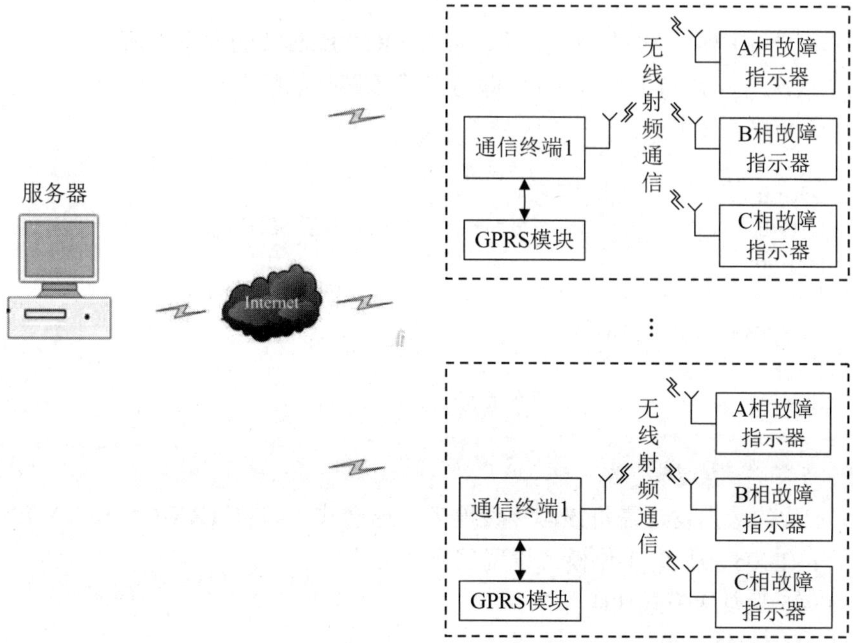

图 9.11　系统结构图

用 nRF905 芯片实现故障指示器与通信终端之间的无线通信是基于以下因素考虑：GPRS 模块较贵，还需要用 SIM 卡，且数据流量使用要收费，而 nRF905 芯片的无线模块则便宜很多，不需要流量费，通信距离从几十米到几百米，若把指示器分别安装在 A、B、C 3 个相线路上，通信终端安装在铁塔中部，则这个通信距离正好合适。这样采用 nRF905+GPRS 的方案，每一套设备可以省去两个 GPRS 模块，且服务器数据量减少将近三分之二。此外，GPRS 模块功耗比 nRF905 模块功耗大得多，用 nRF905 芯片实现指示器与通信终端通信可以减少指示器的整体功耗，指示器无需用太阳能板充电，可直接用电池供电，成本低且安装、使用方便。

9.3.2 nRF905 芯片的数据无线收、发的实现

1. nRF905 芯片寄存器的配置

配置 nRF905 芯片寄存器是指通过 SPI 传输一个值，放入 nRF905 芯片的寄存器中，这个值可以让 nRF905 芯片在传输数据时，产生各种你想要的效果，类似于用配置耳机的寄存器调节耳机音量。

如下面这个程序段：

```
unsigned char idata RFConf[11]=
{
    0x00,                       //配置命令
    0x4c,                       //CH-NO，配置频段在 430MHz
    0x0c,                       //输出功率为 10dB，不重发，节电为正常模式
    0x44,                       //地址宽度设置为 4 个字节
    0x20,0x20,                  //接收发送有效数据长度为 32 个字节
    0xCC,0xCC,0xCC,0xCC,        //接收地址
    0x58,                       //中断外部时钟信号
};
```

具体每个配置字中每个位的含义，可以参考 nRF905 芯片的数据手册。

将配置字依次写入到 nRF905 芯片中即可完成该芯片的配置：

```
void Config905(void)
{
    uchar i;
    CSN=0;                      //写入一个 SPI 指令激活 SPI
    for (i=0;i<11;i++)          //写配置字
    {
        SpiWrite(RFConf[i]);
    }
    CSN=1;                      //终止 SPI
}
```

2. nRF905 芯片的数据发送

nRF905 芯片的数据发送需将该芯片设置为发送模式，即将 TRX-CE 和 TX-EN 引脚设置为工作模式，nRF905 芯片的工作模式设置见表 9.3。

设置 nRF905 为发送模式代码如下：

```
void SetTxMode(void)
{
```

```
        TRX_CE=0;
        TX_EN=1;
        Delay(1);                           //改变模式的延迟（≥650μs）
    }
```

表 9.3　nRF905 芯片的工作模式

PWR-UP	TRX-CE	TX-EN	操作模式
0	X	X	断电和 SPI 编程
1	0	X	待机和 SPI 编程
1	1	0	射频接收模式
1	1	1	射频发送模式

设置成发送模式后，需将待发送数据打包发送，代码如下：

```
    void TxPacket(uchar *TxRxBuf)
    {
        uchar i;
        CSN=0;
        SpiWrite(WTP);                      //写入 payload 指令
        for (i=0;i<4;i++)
        {
            SpiWrite(TxRxBuf[i]);           //写入 32 字节的 Tx 数据
        }                                   //写入一个 SPI 指令激活 SPI
        CSN=1;
        Delay(1);                           //终止 SPI
        CSN=0;                              //写入一个 SPI 指令激活 SPI
        SpiWrite(WTA);                      //写入地址指令
        for (i=0;i<4;i++)                   //Write 4 bytes address
        {
            SpiWrite(TxAddress[i]);
        }
        CSN=1;                              //终止 SPI
        TRX_CE=1;                           //将 TRX_CE 设置为高电平，开始传输 Tx 数据
        Delay(1);                           //当 DR 不等于 1 时
        TRX_CE=0;                           //将 TRX_CE 设置为低电平
    }
```

在程序中，被 main 函数调用了之后，出现的效果是将 txrxbuf 数组中的数无线传输出去。也就是说这段程序看懂了，nRF905 就能发送数据了。

需要注意的是 void SetTxMode(void)其中有两个引脚的电平为：TRX-CE=0; TX-EN=1;（PWR-UP 引脚默认为高电平）。根据表 9.3，TRX-CE 和 TX-EN 引脚全为 1 是发送状态，但是在 void SetTxMode(void)中，TRX-CE=0；所以他不属于发送也不属于接收状态，但只要 TRX-CE=1；也就是全为 1，那么就实现了发送状态，数据就被发送了。在程序 void TxPacket(uchar *TxRxBuf)中加入了一行代码 TRX-CE=1，从而启动数据发射。

3. nRF905 芯片的数据接收

在 nRF905 芯片的进行数据接收时应将其设置为接收模式，代码如下：

```
void SetRxMode(void)
{
    TXEN=0;
    TRX_CE=1;
    Delay(1);                          //改变模式的延迟（≥650μs）
}
```

nRF905 芯片的接收程序也是一样，先要有相关命令、相关地址，并且用 SPI 总线传输相关命令，用 SPI 读取接收到的数据，跟发送类似，代码如下：

```
void RxPacket(void)
{
    uchar i;
    Delay(1);
    Delay(100);
    TRX_CE=0;
    CSN=0;                             //写入一条 SPI 指令激活 SPI
    Delay(1);
    SpiWrite(RRP);
    for (i = 0 ;i < 4 ;i++)
    {
        TxRxBuf[i]=SpiRead();          //读取数据并保存到 buffer
    }
    CSN=1;
    Delay(10);
    TRX_CE=1;
}
```

当接收到数据后，nRF905 芯片的 DR 引脚会产生电平变化。所以当 DR 引脚产生变化的时候我们就开始提取数据，有以下这个函数：

```
void RX(void)
{
    SetRxMode();                       //将 nRF905 设置为 Rx 模式
    while (CheckDR()==0);
    Delay(10);
    RxPacket();
}
```

9.3.3 nRF905 芯片的低功耗实现方式

以基于 nRF905 芯片的电力故障监控系统为例，来说明 nRF905 芯片的低功耗方式的实现。

根据 nRF905 芯片的数据手册，nRF905 芯片的功耗非常低，以–10dBm 的输出功率发射时电流只有 11mA，工作于接收模式时的电流为 12.5mA。但是 mA 级电流对于用电池供电的电子产品（如该系统中的电力故障指示器）来说太大了，如用一个 19Ah 的大容量的电池供电，若 nRF905 芯片一直处于接收模式，则该电池能够供其持续工作时间为：19×1000/12.5=1520 小时=63.3 天，显然这样的设置不合理，指示器寿命太短了，必须想办法降低指示器的功耗。

电力故障指示器是主动发送数据的，如出现故障时或定时时间到了上传电流时，因此，其通过 nRF905 芯片发送数据时间比较短，每次发送时间大概是 100ms 左右，发送功耗不是主要因素。而接收是处于被动状态，不知道什么时候接收数据，所以要一直处于接收状态，而接收状态功耗较高，有 12.5mA。因此主要功耗是在于指示器长期处于 nRF905 芯片的接收模式所引起的，而在电力故障监控系统中，指示器接收来自服务器的指令后执行相应操作不一定是实时的，比如：服务器发送一个让指示器翻牌的指令，指示器不一定要立即翻牌，可以延时一段时间后再翻牌，这样就可以采用如下方式来降低指示器的功耗：平时 nRF905 芯片处于断电状态（PWR-UP=0），整个指示器的功耗只有约 60μA，发送是处于主动方式，且发送数据的频次很低，所以发送数据功耗可以忽略；接收数据时，可以定时 10s 开启一次接收，PWR-UP =1，给 nRF905 芯片上电，并进入接收模式，此时功耗约 12.5mA，但是时间较短，只有 100ms 左右，接收完一次数据后，令 PWR-UP =0，nRF905 继续进入断电状态，指示器功耗回到 60μA 左右。但是这样就有一个问题，就是如何保证指示器在开启 nRF905 芯片接收的 100ms 左右的时间能正确接收到数据呢？这就要在通信终端中程序中做改动，由于通信终端有大功率的太阳能板充电，不需要太考虑其功耗，所以可以在通信终端程序中，每次发送 nRF905 芯片的数据至通信终端时，循环发送数据且循环时间超过 10s，这样就能确保指示器一定能收到来自终端的 nRF905 数据。同样以 19Ah 的电池供电，指示器的工作时间大约为 19×1000×10/(12.5×0.1+0.06×9.9)= 103036 小时=4293 天=11 年。由此可见，功耗大大降低了。

项目十　虚拟仿真软件介绍及典型电路仿真分析

教学目标

在熟悉了通信电子线路的知识后，针对调频通信系统信号发射和接收电路设计方案，利用仿真软件来实现各单元电路和整机电路的级联、调试。

教学要求

1. 掌握 Multisim 软件的基本操作;
2. 能够利用 Multisim 软件进行一般的电路仿真，会使用 Multisim 软件自带的仪器仪表对仿真电路进行测量与观测;
3. 理解基于 Multisim 软件的调频通信系统各子电路原理，能够分析各子电路仿真结果。

10.1　Multisim 软件简介

Multisim 软件的前身是 EWB（Electronic WorkBench）软件，目前被美国国家仪器（NI）有限公司收购。作为一款电路仿真软件，Multisim 软件具有丰富的虚拟仪表，如万用表、示波器、网络分析仪、逻辑分析仪、频谱仪等；更重要的是，Multisim 软件支持仿现实的器件，例如电阻会有误差，电容效应等，而 Multisim 软件中的集成虚拟器件相当丰富，包括很多公司生产器件，如 ADI、Linear、Farechild、Motorola 等大公司。Multisim 软件界面友好，操作简单，只需简单的鼠标操作就可以搭建自己的电路，电路仿真十分方便。

10.2　Multisim 软件的基本操作

目前，Multisim 软件使用最为普遍的版本是 Multisim 10，其工作界面如图 10.1 所示。该工作界面包括菜单栏、工具栏、元器件栏、状态栏、仪器仪表栏、电路工作区等部分。

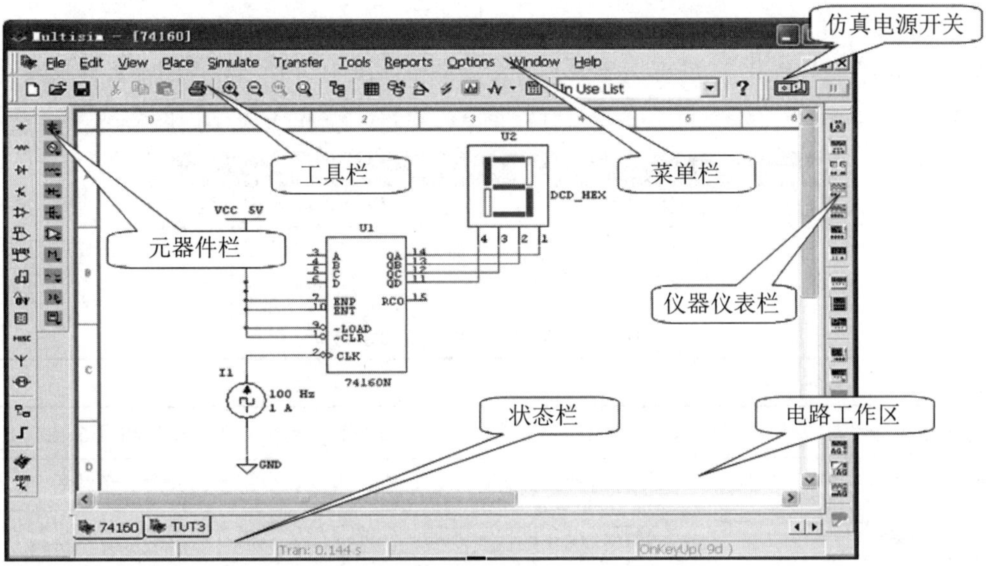

图 10.1　Multisim 10 的工作界面

10.2.1　文件基本操作

Multisim 10 软件中文件的基本操作有：New（新建文件）、Open（打开文件）、Save（保存文件）、Save As（另存文件）、Print（打印文件）、Print Setup（打印设置）和 Exit（退出）等相关的文件操作。

以上这些操作都可以在菜单栏 File 命令的子菜单下选择，也可以应用快捷键或工具栏的图标进行快捷操作。

1. Multisim 10 菜单栏

Multisim 10 软件的 11 个菜单栏包括了所有的操作命令，如图 10.2 所示。从左至右分别为 File（文件）、Edit（编辑）、View（视图）、Place（放置）、Simulate（仿真）、Transfer（文件输出）、Tools（工具）、Reports（报告）、Options（选项）、Window（窗口）和 Help（帮助）。

图 10.2　菜单栏

2. Multisim 10 工具栏

Multisim 10 软件的工具栏是浮动窗口，如图 10.3 所示，从左到右的命令依次是：新建、打开、保存、打印、打印预览、剪切、复制、粘贴、撤销、重做、满屏形式、放大、缩小、选择放大和 100%显示。

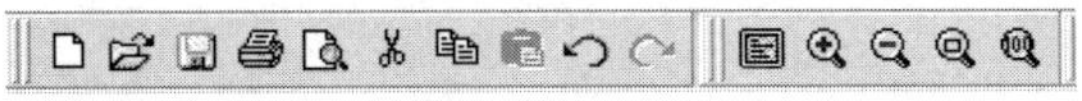

图 10.3　工具栏

3. Multisim 10 元器件栏

Multisim 10 软件提供了 13 个元器件库，元器件栏如图 10.4 所示，各图标名称及其功能见表 10.1。

图 10.4 元器件栏

表 10.1 元件栏各图标名称及其功能

图标	名称	功能
	Source	信号源库：含接地、直流信号源、交流信号源、受控源等 6 类
	Basic	基本元器件库：含电阻、电容、电感、变压器、开关、负载等 18 类
	Diode	二极管库：含虚拟、普通、发光、稳压二极管、桥堆、可控硅等 9 类
	Transistor	晶体管库：含双极型管、场效应管、复合管、功率管等 16 类
	Analog	模拟集成电路库：含虚拟、纯性、特殊运放和比较器等 6 类
	TTL	TTL 数字集成电路库：含 74××和 74LS××两大系列
	CMOS	CMOS 数字集成电路库：含 74HC××和 CMOS 器件的 6 个系列
	Miscellaneous Digital	数字器件库：含虚拟 TTL、VHDL、Verilog HDL 器件等 3 个系列
	Mixed	混合器件库：含 ADC/DAC、555 定时器、模拟开关等 4 类
	Indicator	指示器件库：电压表、电流表、指示灯、数码管等 8 类
	Miscellaneous	其他器件库：含晶振、集成稳压器、电子管、保险丝等 14 类
	RF	射频器件库：含射频 NPN、射频 PNP、射频 FET 等 7 类
	Electromechanical	电机类器件库：含各种开关、继电器、电机等 8 类

4. 元器件基本操作

常用的元器件编辑功能有：90 Clockwise（顺时针旋转 90°）、90 CounterCW（逆时针旋转 90°）、Flip Horizontal（水平翻转）、Flip Vertical（垂直翻转）、Component Properties（元件属性）。这些操作可以在 Edit 菜单的子菜单下选择命令，也可以应用快键操作，操作后的效果图如图 10.5 所示。

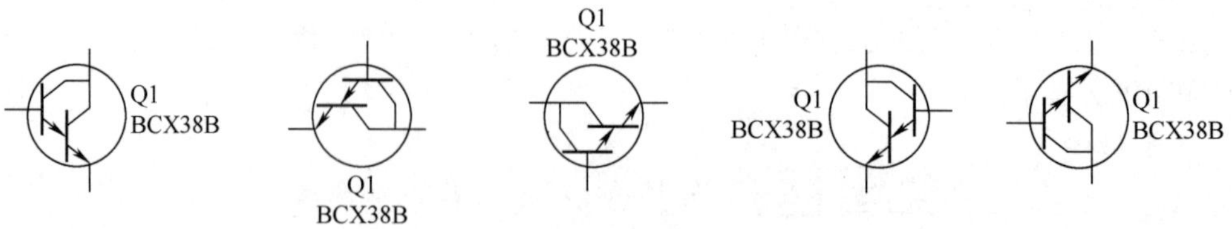

（a）原始图像 （b）顺时针旋转90° （c）逆时针旋转90° （d）水平翻转 （e）垂直翻转

图 10.5 元器件基本操作效果

5. 文本基本编辑

对文字注释方式有两种，一种是直接在电路工作区输入文字，另一种是在文本描述框中输入文字，这两种操作方式有所不同。

（1）在电路工作区输入文字。单击 Place/Text 命令或使用 Ctrl+T 快捷键进行操作，然后用鼠标单击需要输入文字的位置，输入需要的文字。用鼠标右击文字块，在弹出的菜单中选择 Color 命令，选择需要的颜色。双击文字块，可以修改输入的文字。

（2）在文本描述框输入文字。利用文本描述框输入文字可以对电路的功能、实用说明等进行详细的描述，可以根据需要修改字体和文字的大小。单击 View/Circuit Description Box 命令或使用 Ctrl+D 快捷键进行操作，打开文本描述框，在其中输入需要说明的文字，也可以保存和打印输入的文本，文本描述框如图 10.6 所示。

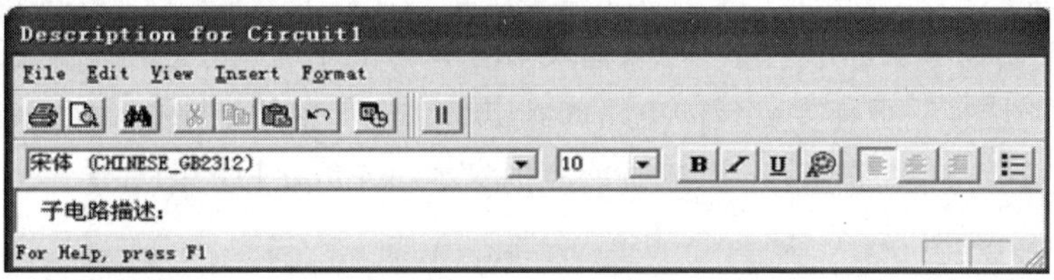

图 10.6　文本描述框

6. 图纸标题栏编辑

单击 Place/Title Block 命令，在打开对话框的查找范围处指向 Multisim/Titleblocks 目录，在该目录下选择一个*.tb7 图纸标题栏文件，放在电路工作区。用鼠标右击文字块，在弹出的菜单中选择 Properties 命令，图纸标题栏如图 10.7 所示。

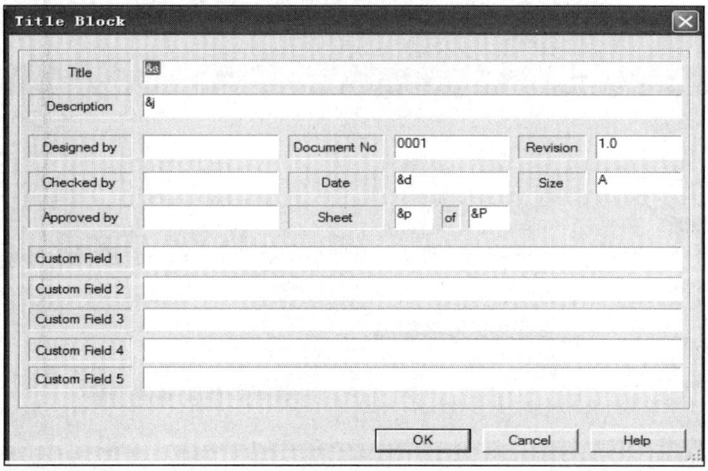

图 10.7　图纸标题栏

10.2.2　子电路创建

子电路是用户自己建立的一种单元电路。将创建的子电路存放在用户器件库中，可以反复调用该子电路。利用子电路可使复杂系统的设计模块化、层次化，也可增加设计电路的可读性、提高设计效率、缩短电路创建周期。创建子电路的工作有创建、调用、修改、添加输入/输出和选择这 5 个步骤。

（1）子电路创建：单击 Place/Replace by Subcircuit 命令，在 Subcircuit Name 对话框中输入子电路名称 sub1，单击 OK 按钮，选择电路复制到用户器件库，同时给出子电路图标，完成子电路的创建。

（2）子电路调用：单击 Place/Subcircuit 命令或使用 Ctrl+B 快捷键进行操作，输入已创建的子电路名称 sub1，即可调用该子电路。

（3）子电路修改：双击子电路模块，在出现的对话框中单击 Edit Subcircuit 命令，屏幕显示子电路的电路图，直接修改该电路图。

（4）添加输入/输出：为了能对子电路进行外部连接，需要对子电路添加输入/输出。单击 Place/HB/SB Connecter 命令或使用 Ctrl+I 快捷键进行操作，屏幕上出现输入/输出符号。将其与子电路的输入/输出信号端进行连接，带有输入/输出符号的子电路才能与外电路进行连接。

（5）子电路选择：把需要创建的电路放到电子工作平台的电路窗口上，按住鼠标左键，拖动选定电路。被选择电路的部分由周围的方框表示，完成子电路的选择。

10.2.3 电路创建

电路创建包括元器件创建和电路图创建。

1. 元器件创建

（1）选择元器件。在元器件栏中单击要选择的元器件库图标，打开该元器件库。在屏幕出现的元器件库对话框中选择所需的元器件，如图 10.8 所示，常用元器件库有 13 个：信号源库、基本元件库、二极管库、晶体管库、模拟器件库、TTL 数字集成电路库、CMOS 数字集成电路库、其他数字器件库、混合器件库、指示器件库、其他器件库、射频器件库、机电器件库。

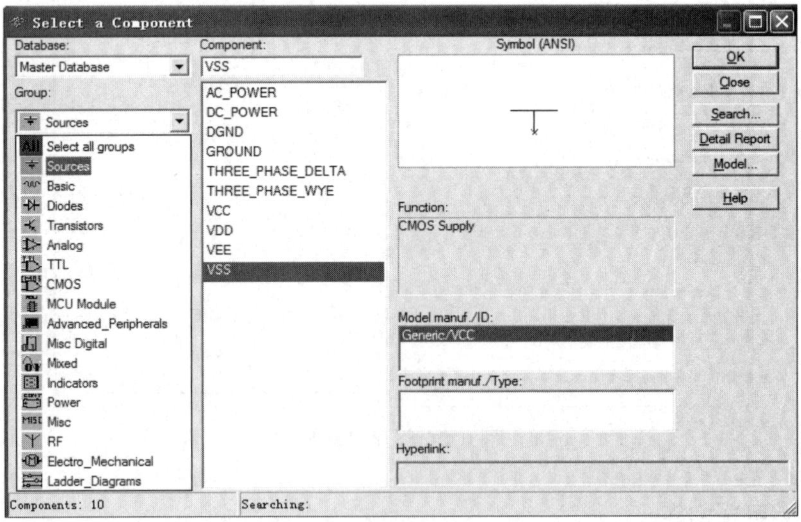

图 10.8 元件库

（2）选中元器件。鼠标单击元器件，可选中该元器件。

（3）元器件操作。选中元器件，单击鼠标右键，在菜单中出现图 10.9 所示操作命令。

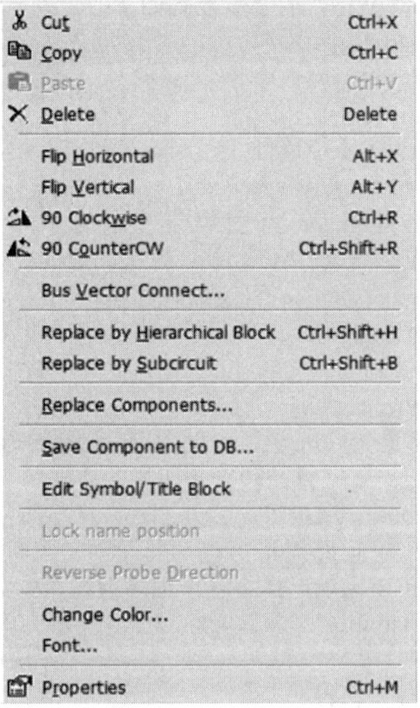

Cut：剪切
Copy：复制
Flip Horizontal：选中元器件的水平翻转；
Flip Vertical：选中元器件的垂直翻转；
90 Clockwise：选中元器件的顺时针旋转 90°；
90 CounterCW：选中元器件的逆时针旋转 90°；
Color：设置器件颜色
Edit Symbol：设置器件参数
Help：帮助信息

图 10.9　元件操作菜单

（4）元器件特性参数。双击该元器件，在弹出的元器件特性对话框中，可以设置或编辑元器件的各种特性参数。元器件不同，每个选项下将对应不用的参数。例如：NPN 三极管的元器件特性参数设定如图 10.10 所示。

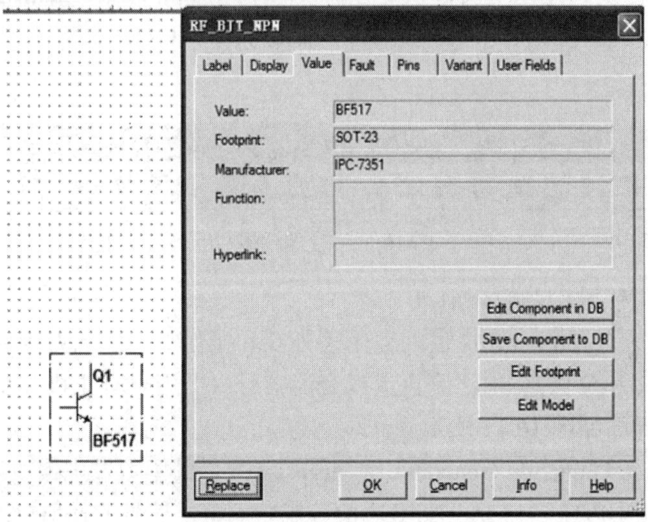

图 10.10　元器件特性参数设定

2. 电路图

选择 Options 菜单下的 Sheet Properties 命令，出现如图 10.11 所示的对话框，每个选项下又有各自不同的对话内容，用于设置与电路显示方式相关的选项。

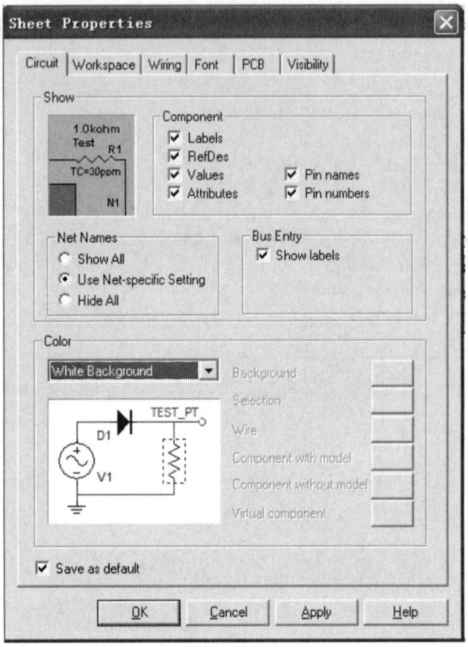

1. Circuit 选项
   Show 栏目的显示控制如下：
   Labels 标签
   RefDes 元件序号
   Values 值
   Attributes 属性
   Pin names 管脚名字
   Pin numbers 管脚数目
2. Workspace 环境
   Sheet size 栏目实现图纸大小和方向的设置；Zoom level 栏目实现电路工作区显示比例的控制。
3. Wring 连线
   Wire width 栏目设置连接线的线宽；Autowire 栏目控制自动连线的方式。
4. Font 字体
5. PCB 电路板
   PCB 选项选择与制作电路板相关的命令 。
6. Visibility 可视选项

图 10.11 电路图属性对话框

10.2.4 Multisim 仪器仪表

Multisim 在仪器仪表栏下提供了 21 个常用仪器仪表，依次为数字万用表、函数发生器、瓦特表、双通道示波器、四通道示波器、波特图仪、频率计、数字信号发生器、逻辑分析仪、逻辑转换器、IV 分析仪、失真度仪、频谱分析仪、网络分析仪、Agilent 信号发生器、Agilent 万用表、Agilent 示波器、Tektronix 示波器、电流检测器、LABVIEW 仪器、动态测量器，如图 10.12 所示。

图 10.12 仪器仪表栏

以下是部分常用仪器仪表的介绍。

（1）数字万用表。Multisim 提供的万用表外观和操作与实际的万用表相似，可以测电流 A、电压 V、电阻 Ω 和分贝值 dB，测直流或交流信号。万用表有正极和负极两个引线端，数字万用表及其设置界面如图 10.13 所示。

（2）函数发生器（Function Generator）。Multisim 提供的函数发生器可以产生正弦波、三角波和矩形波，信号频率可在 1Hz 到 999MHz 的范围内调整。信号的幅值以及占空比等参数也可以根据需要进行调节。信号发生器有三个引线端口：负极、正极和公共端，如图 10.14 所示。

（3）瓦特表（Wattmeter）。Multisim 提供的瓦特表用来测量电路的交流或者直流功率，瓦特表有四个引线端口：电压正极和负极、电流正极和负极，如图 10.15 所示。

（4）双通道示波器（Oscilloscope）。Multisim 提供的双通道示波器与实际示波器的外观和基本操作基本相同，该示波器可以观察一路或两路信号波形的形状，分析被测周期信号的幅值和频率，时间基准可在纳秒到秒的范围内调节。示波器图标有四个连接点：A 通道输入、B 通道输入、外触发端 T 和接地端 G，如图 10.16 所示。

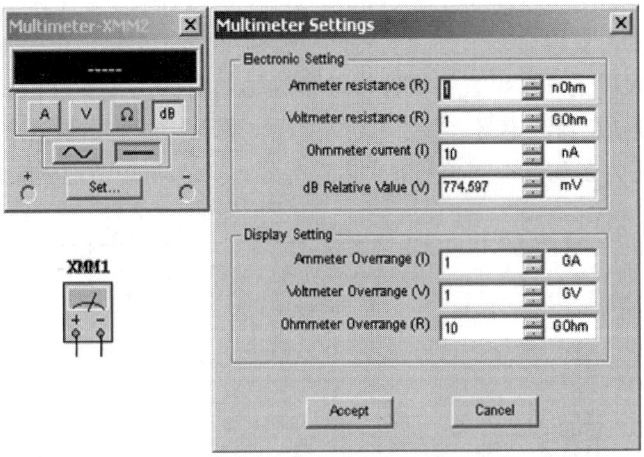

图 10.13　数字万用表及其设置界面

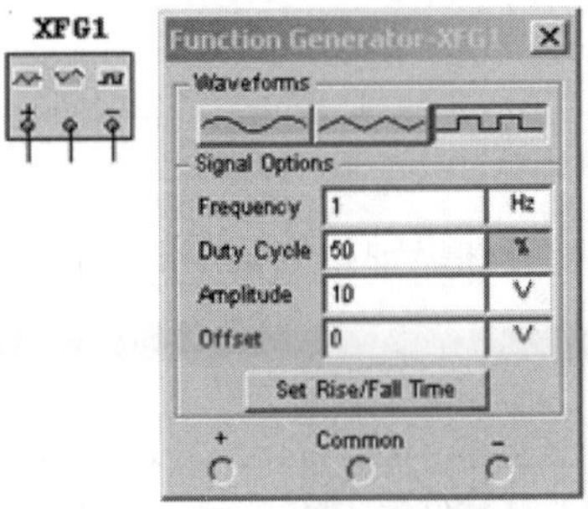

图 10.14　函数发生器

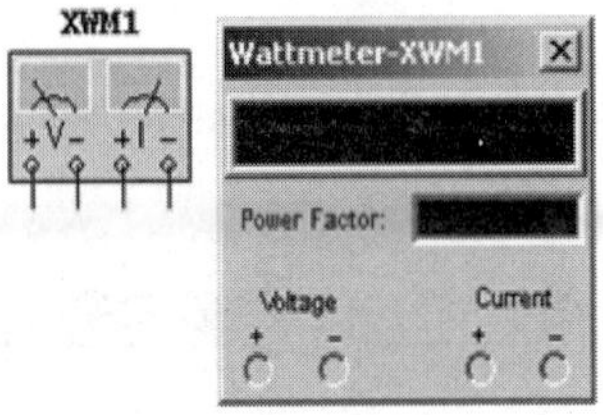

图 10.15　瓦特表

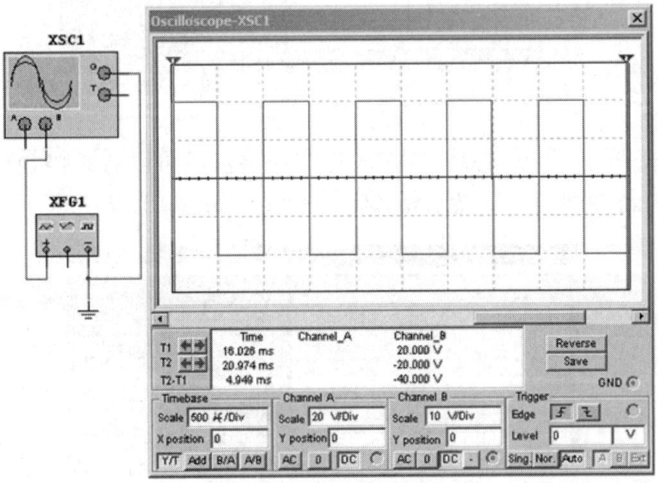

图 10.16　双通道示波器

（5）波特图仪（Bode Plotter）。利用波特图仪可以方便地测量和显示电路的频率响应，波特图仪适合于分析滤波电路或电路的频率特性，特别易于观察截止频率。需要连接两路信号，一路是电路输入信号，另一路是电路输出信号，需要在电路的输入端接交流信号。

波特图仪控制面板分为Magnitude（幅值）或Phase（相位）的选择、Horizontal（横轴）设置、Vertical（纵轴）设置、显示方式的其他控制信号，面板中的F指的是终值，I指的是初值。在波特图仪的面板上，可以直接设置横轴和纵轴的坐标及其参数。

例如，构造一阶*RC*滤波电路，如图10.17所示，输入端加入正弦波信号源，电路输出端与示波器相连，目的是为了观察不同频率的输入信号经过*RC*滤波电路后输出信号的变化情况。

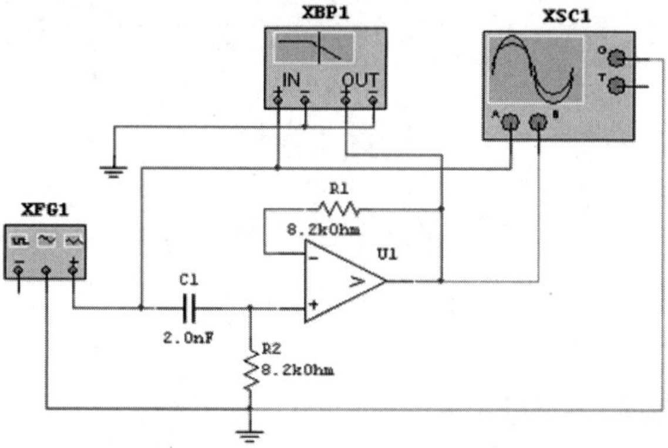

图10.17　一阶*RC*滤波电路

调整纵轴幅值测试范围的初值I和终值F，调整相频特性纵轴相位范围的初值I和终值F，如图10.18所示。

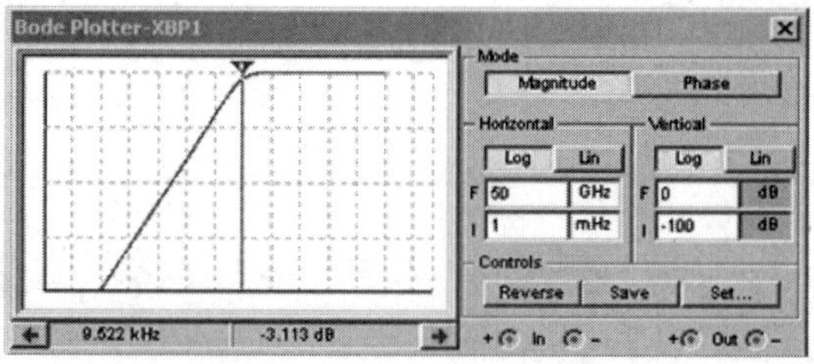

图10.18　初值和终值调整

打开仿真开关，单击“幅频特性”在波特图观察窗口可以看到幅频特性曲线；单击“相频特性”，可以在波特图观察窗口显示相频特性曲线，如图10.19所示。

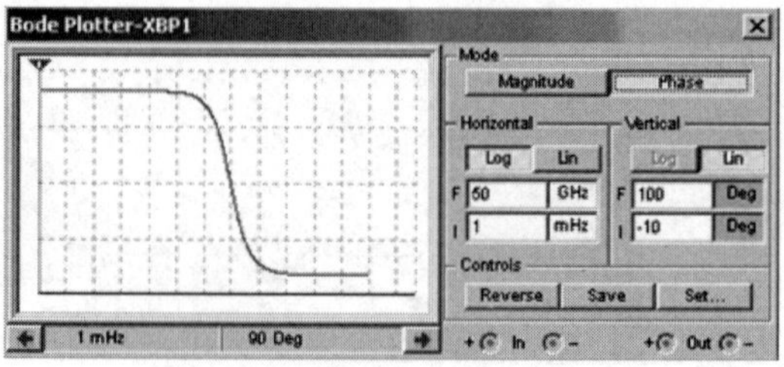

图10.19　观察幅频特性和相频特性

（6）频率计（Frequecy couter）。频率计主要用来测量信号的频率、周期、相位，脉冲信号的上升沿和下降沿，频率计的图标、面板以及使用如图 10.20 所示。使用过程中应注意根据输入信号的幅值调整频率计的 Sensitivity（灵敏度）和 Trigger Level（触发电平）。

（7）字信号发生器（Word Generator）。数字信号发生器是一个通用的数字激励源编辑器，可以用多种方式产生 32 位的字符串，在数字电路的测试中应用非常灵活。数字信号发生器的左侧是控制面板，右侧是字符窗口。控制面板分为 Controls（控制方式）、Display（显示方式）、Trigger（触发）、Frequency（频率）等几个部分，如图 10.21 所示。

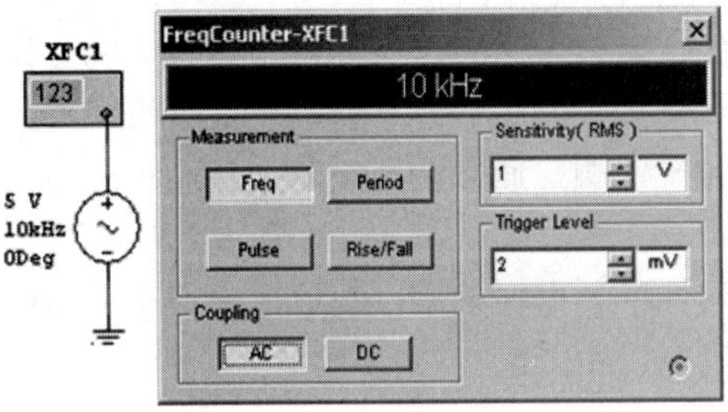

图 10.20　频率计

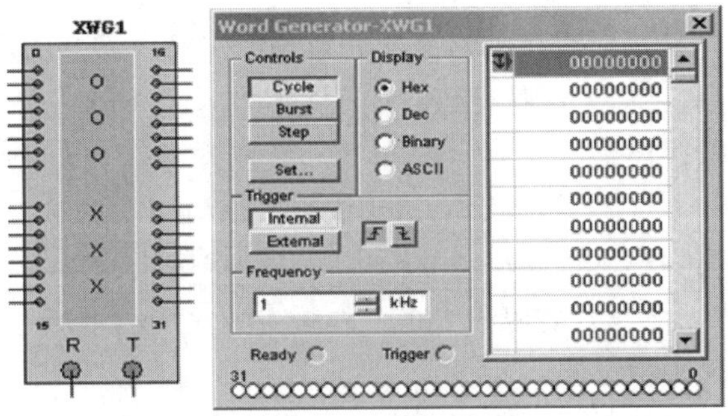

图 10.21　数字信号发生器

（8）逻辑分析仪（Logic Analyzer）。逻辑分析仪的面板分上下两个部分，上半部分是显示窗口，下半部分是逻辑分析仪的控制窗口，控制窗口有：Stop（停止）、Reset（复位）、Reverse（反相显示）、Clock（时钟）设置和 Trigger（触发）设置等功能，提供了 16 路的逻辑分析仪，用于数字信号的高速采集和时序分析。逻辑分析仪图标如图 10.22 所示，它的连接端口有：16 路信号输入端、外接时钟端 C、时钟限制 Q 以及触发限制 T。

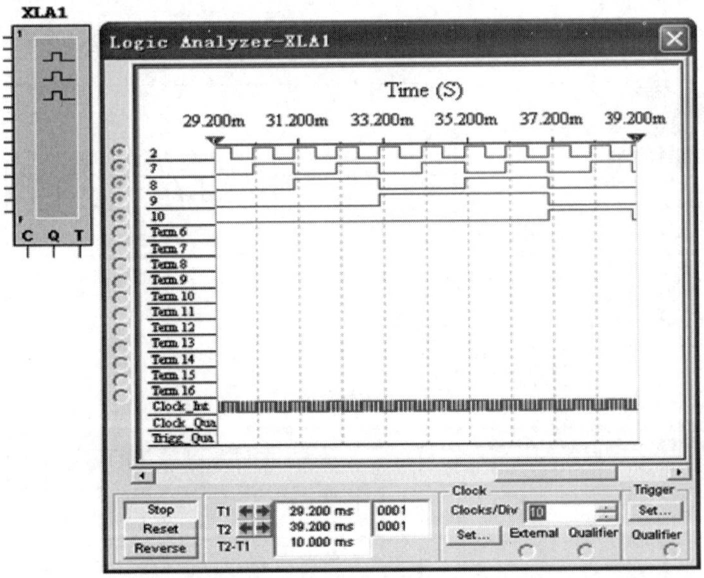

图 10.22　逻辑分析仪

10.3 基于 Multisim 软件的调频通信系统仿真

调频，全称为“频率调制”，是载波频率随调制信号在一定范围内变化的调制方式，其幅值则是一个常数。

调频技术主要应用于调频收音机、调频广播等方面；最前沿的用途主要是在军事上的电子对抗，情报部门的干扰和反干扰等领域。

1. 系统的总体设计

发射系统电路设计分为频振荡级、缓冲级和功放输出级三个部分。

（1）频振荡级。由于通信的中心频率是固定的，可以考虑采用频率稳定度较高的克拉泼振荡电路。

（2）缓冲级。为避免频振荡级和功放输出级相互影响，通常在中间添加缓冲隔离级，将其隔离，以减小功放输出级对频振荡级的影响。

（3）功放输出级。为获得较大的功率增益和较高的集电极效率，功放输出级可采用丙类功率放大器。

接收机电路的基本内容应该包括以下 6 个。

1）高频小信号放大电路。

2）振荡器电路。

3）混频电路。

4）中频放大电路。

5）鉴频电路。

6）低频放大电路。

2. 发射系统电路仿真

（1）频振荡级电路仿真。变容二极管调频电路仿真，如图 10.23 所示。

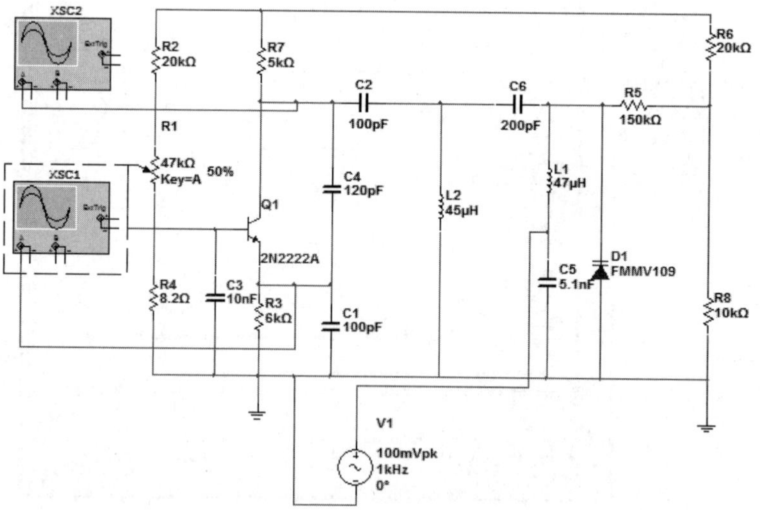

图 10.23 变容二极管调频电路

克拉波振荡器波形如图 10.24 所示。

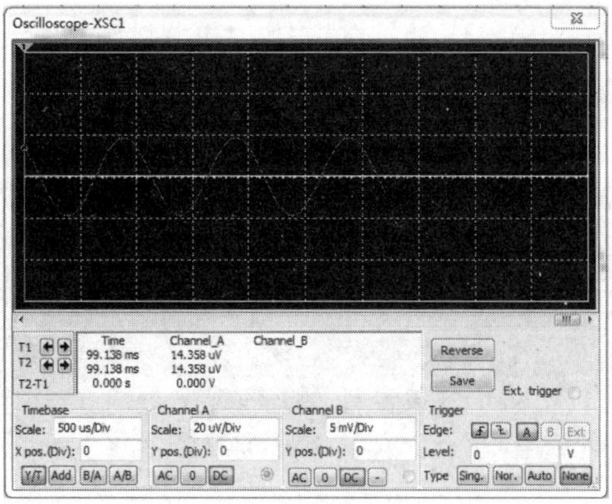

图 10.24　克拉波振荡器波形

变容二极管调频电路波形如图 10.25 所示。

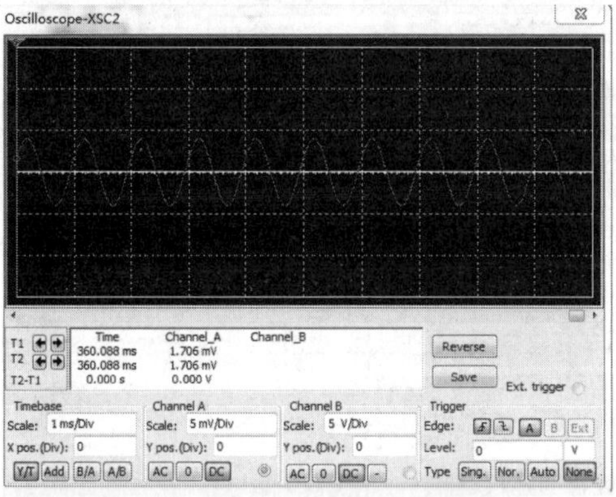

图 10.25　变容二极管调频电路波形

（2）缓冲级电路仿真。缓冲级电路的设计与仿真，如图 10.26 所示。

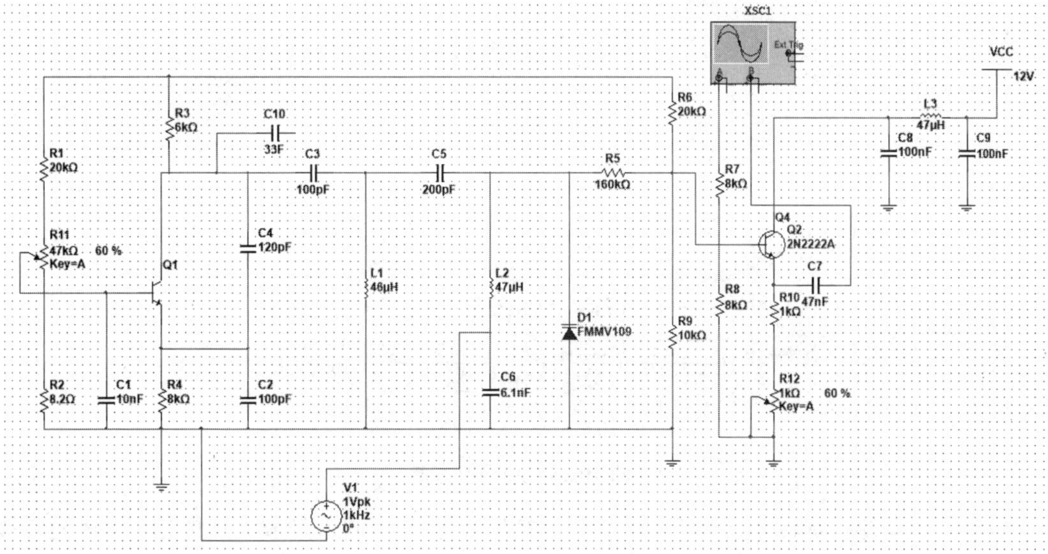

图 10.26　缓冲级电路

将振荡器调频电路接好，输入信号到缓冲级，并调试输入合适的信号，仿真出缓冲器前后波形，缓冲器输出波形如图 10.27 所示。

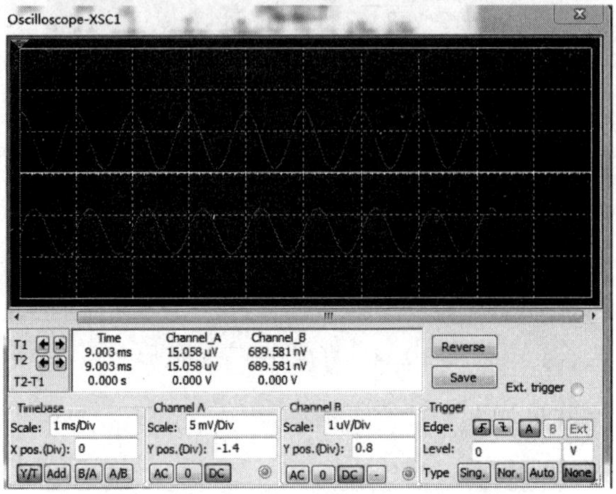

图 10.27 缓冲器输出波形

（3）功率放大器。从缓冲器出来的信号接入 C1，功率放大器设计电路如图 10.28 所示。

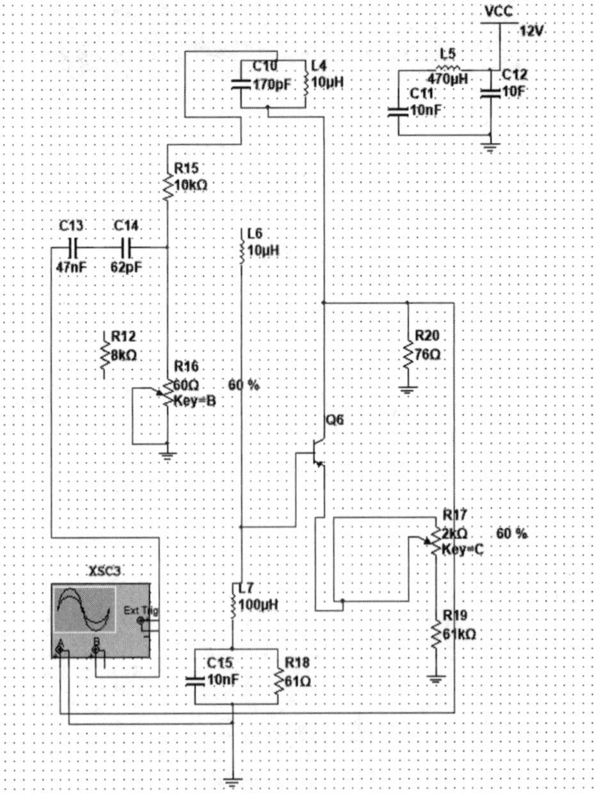

图 10.28 功率放大器

功率放大器输出如图 10.29 所示。示波器接法如图示 A 通道是放大后的信号。B 通道接缓冲器出来的信号。

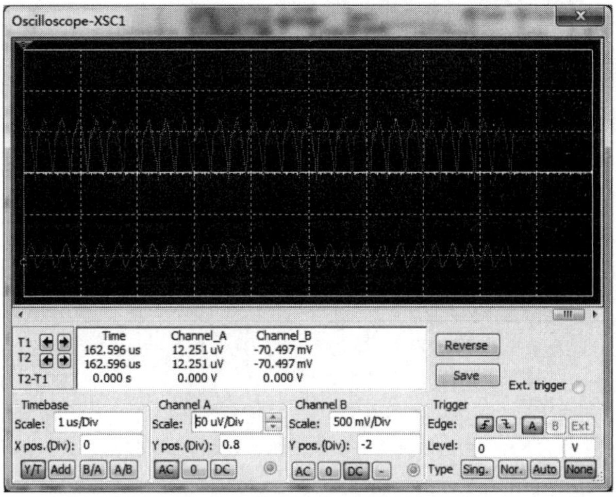

图 10.29　功率放大器输出

（4）发射系统总电路图。发射系统总电路图设计，如图 10.30 所示。

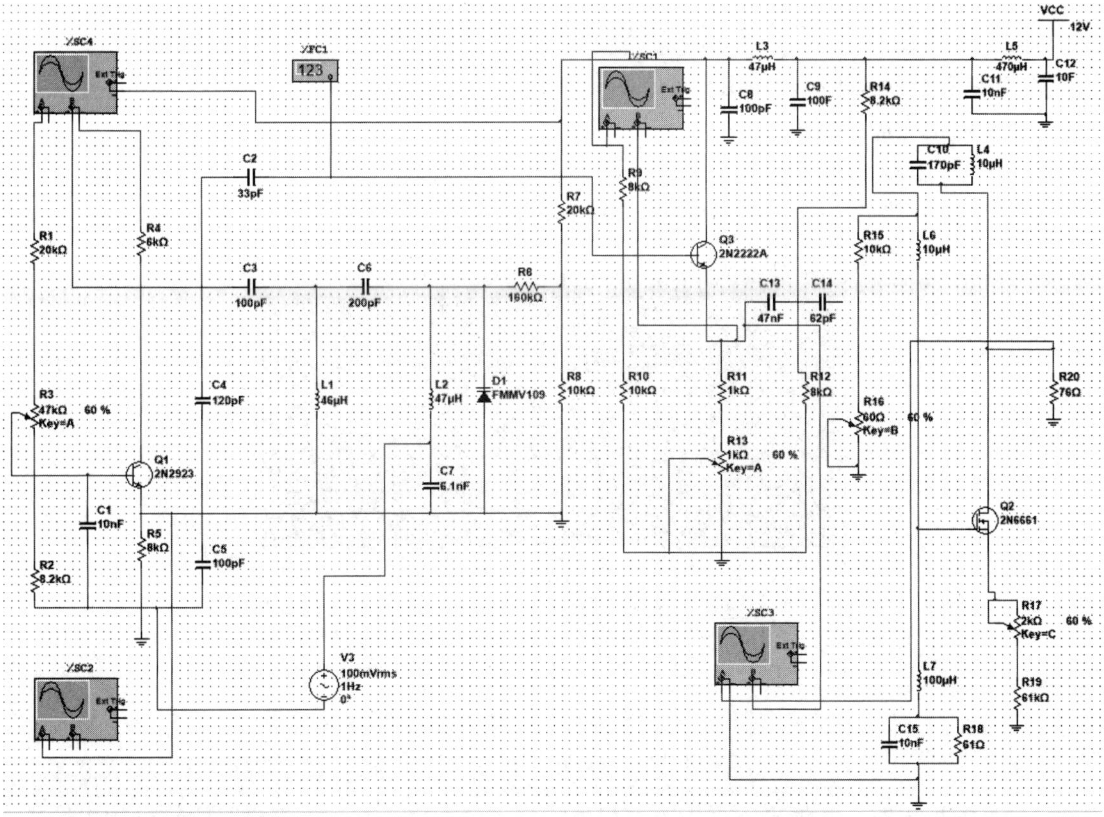

图 10.30　发射系统总电路图

3. 接收系统电路仿真

（1）高频小信号放大电路设计。高频放大器是用来放大高频小信号的器件，在接收机中，高频放大器所放大的对象是已调信号，高频小信号放大电路如图 10.31 所示。

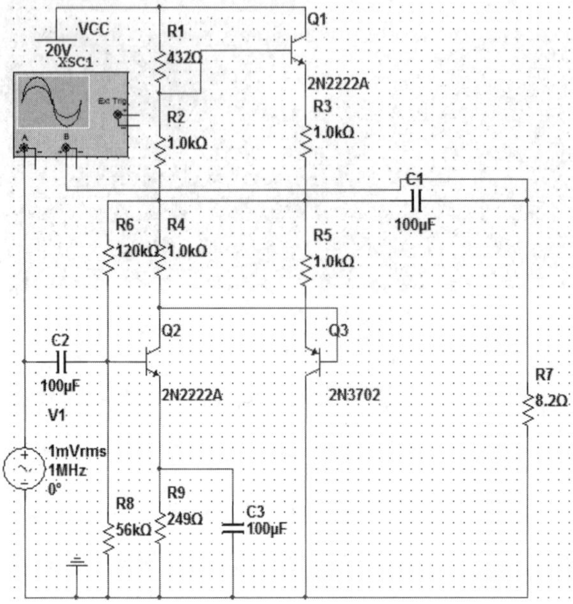

图 10.31 高频小信号放大电路

高频小信号放大电路的作用有如下两个方面。

1）回路谐振能抑制干扰。

2）并联回路谐振时，阻抗很大，从而输出的信号很大。

高频小信号放大电路仿真波形如图 10.32 所示。

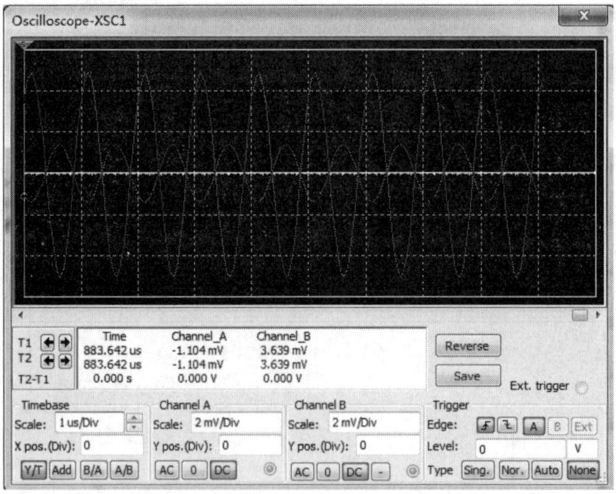

图 10.32 高频小信号放大电路仿真

（2）本振电路。本振电路采用改进型电容三点式振荡电路，本振电路的输出频率信号要与高频放大电路的输出信号进行混频，得到一个中频信号。要求本振电路输出频率必须稳定，如果本振电路的输出信号不太稳定，将引起混频器输出信号大小的改变，振荡频率的漂移也会使中频信号改变。本振电路的电路图如图 10.33 所示。

本振电路的仿真结果如图 10.34 所示。

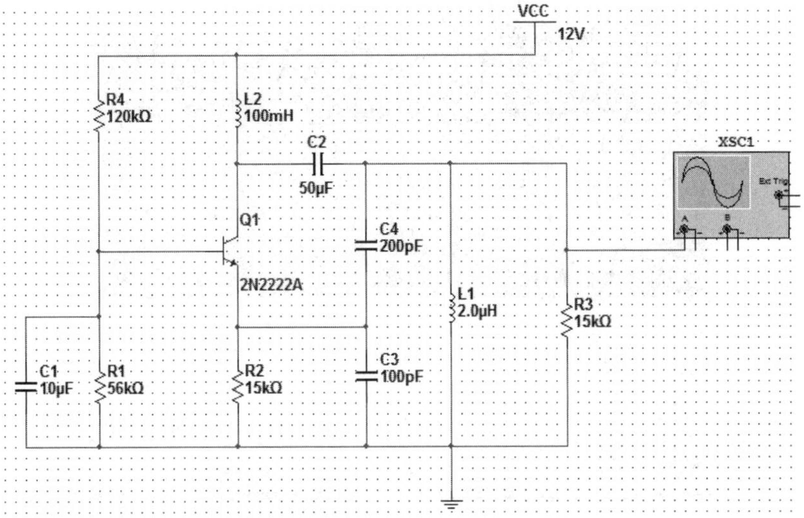

图 10.33　本振电路电路图

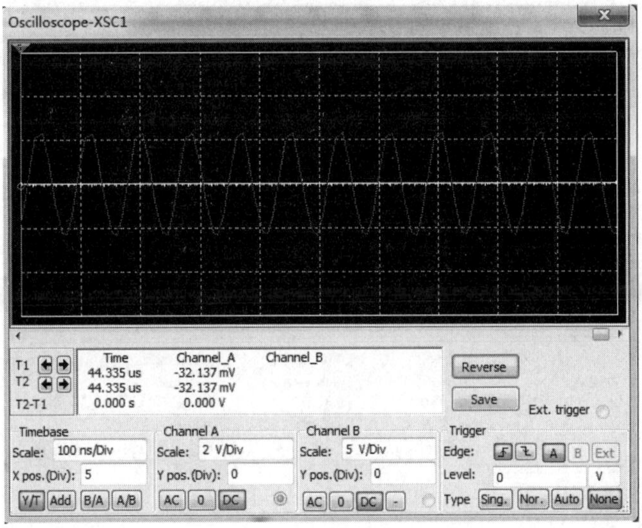

图 10.34　本振电路仿真结果

（3）混频器。混频器采用二极管环形混频器，如图 10.35 所示，当 V2 为正半周时，则 D1、D4 管上电压为正值，D1、D4 管导通，而 D2、D3 管上电压为负值，D2、D3 管截止。同理，当 V2 在负半周时，D2、D3 管导通，D1、D4 管截止。经过变频器混频之后输出的波形如图 10.36 所示。

（4）中频放大电路。中频放大电路有两个作用：

1）提高增益，因中频信号频率低，晶体管的参数及回路谐振电阻较大，因此易于获得较高的增益。另外，超外差接收机检波前的总增益主要取决于中频放大电路。

2）抑制邻近频道干扰。信号接收系统对中放的主要要求是：工作稳定、失真小、增益高、选择性好、有足够宽的通频带。中频放大电路如图 10.37 所示。中频放大电路的仿真结果如图 10.38 所示。

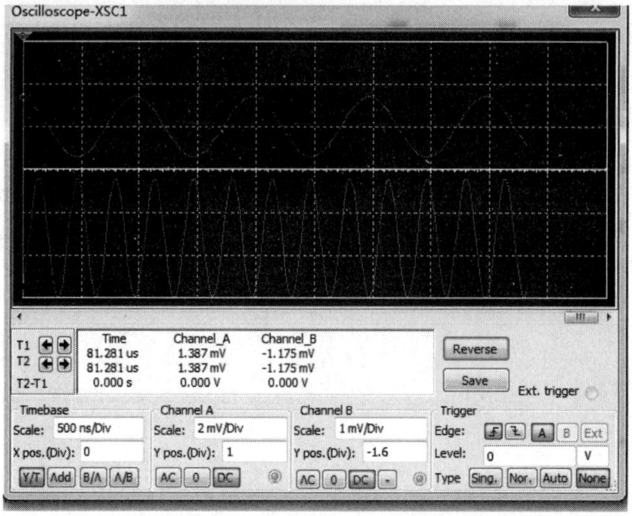

图 10.35　混频之前高频放大以及本地振荡波形

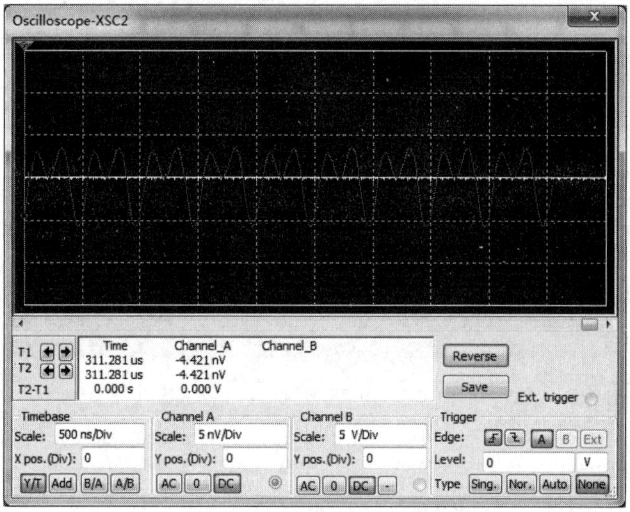

图 10.36　经过变频器混频之后输出的波形

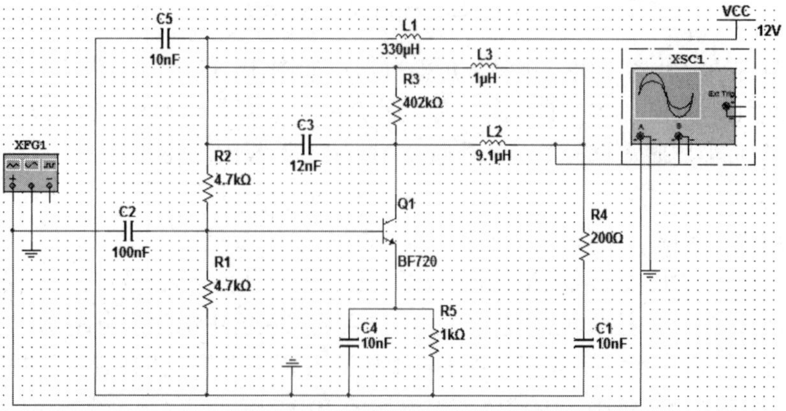

图 10.37　中频放大电路

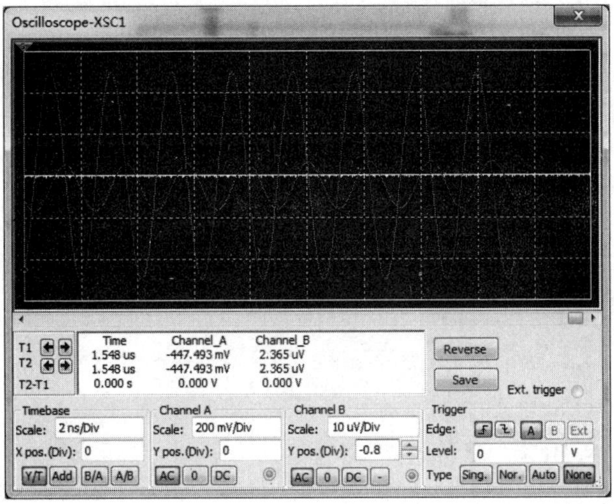

图 10.38　中频放大电路仿真结果

（5）鉴频和低频放大电路。二极管峰值包络检波器电路图如图 10.39 所示，包络检波器仿真结果如图 10.40 所示。

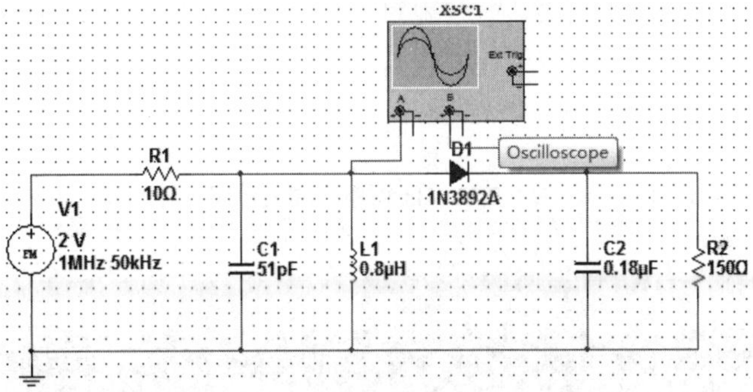

图 10.39　二极管峰值包络检波器电路图

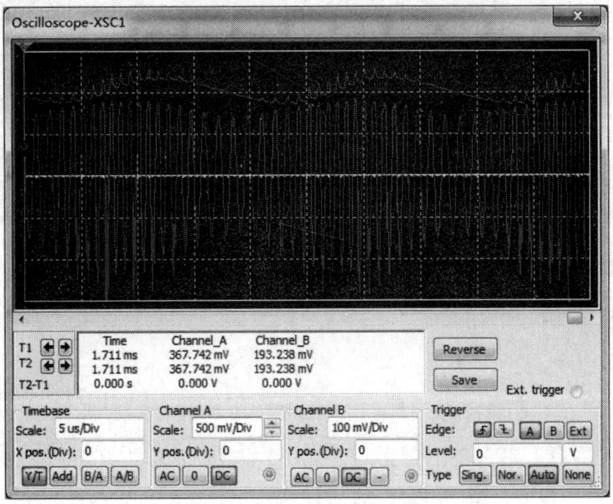

图 10.40　包络检波器仿真结果

鉴频器输出的信号一般很小，所以在输出极一般都采用低频功率放大器，把信号放大到所需要的程度，然后再输出。低频功率放大电路如图 10.41 所示，鉴频器输出经低频功率放大后的信号如图 10.42 所示。

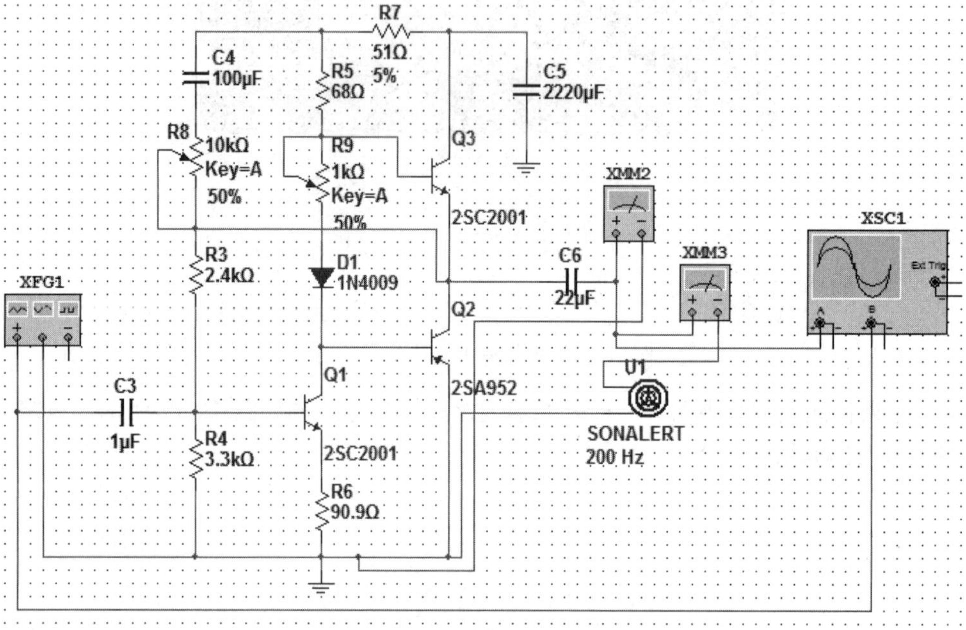

图 10.41 低频功率放大电路

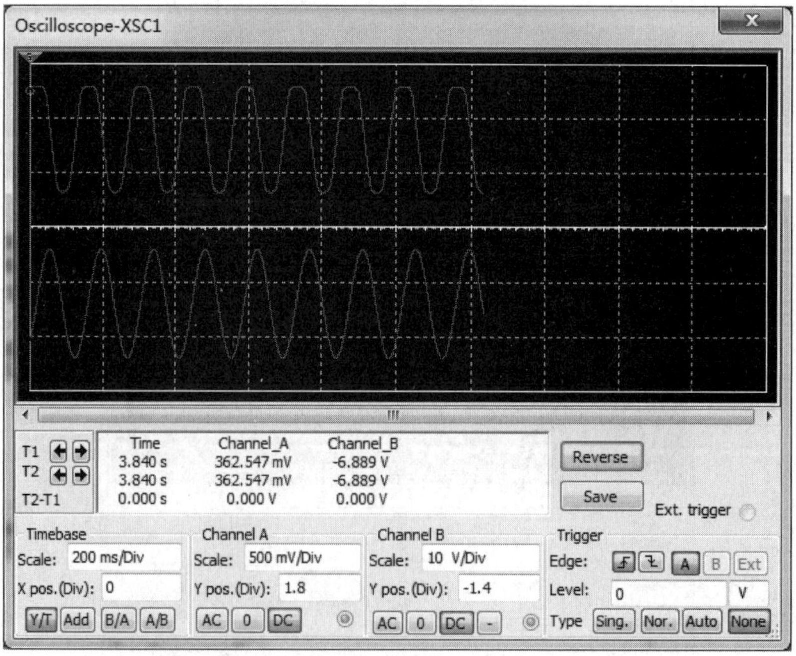

图 10.42 鉴频器输出经低频功率放大后的信号

（6）接收机总体电路图。接收机总体电路图如图 10.43 所示。

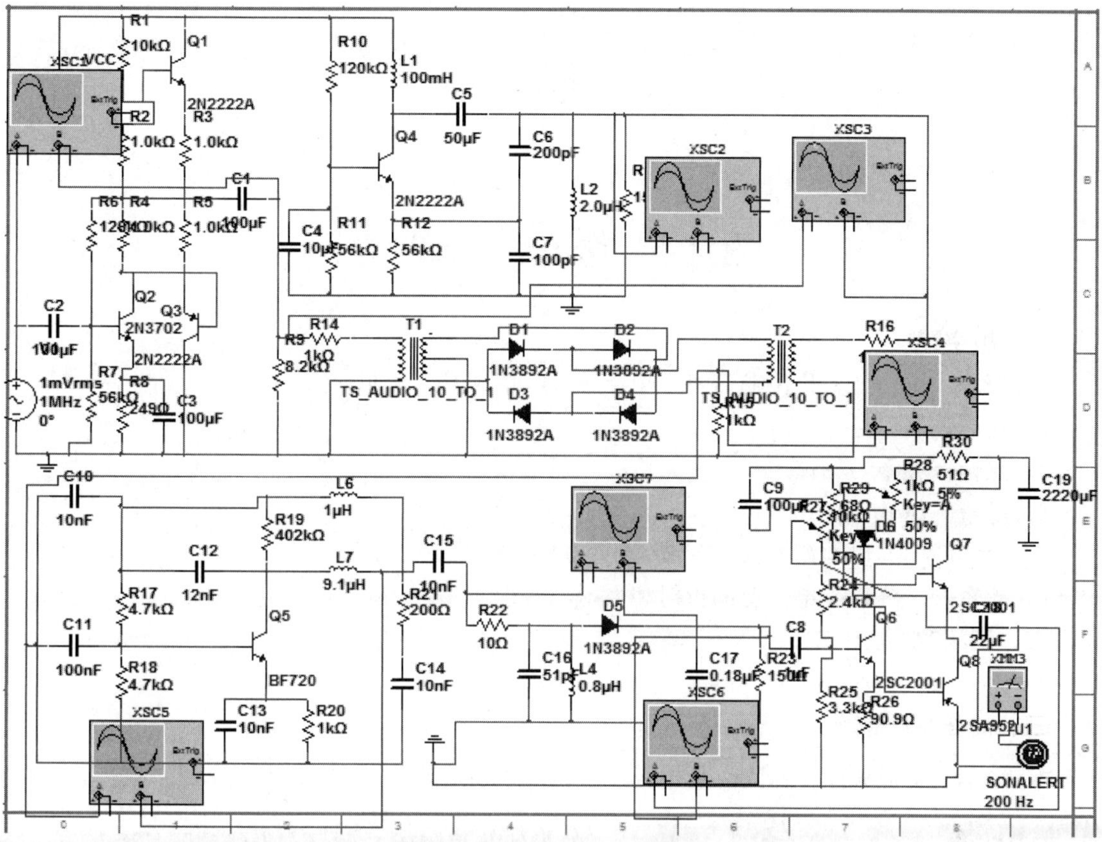

图 10.43　接收机总体电路图

练习题答案

项目一　绪论——入门砖

一、填空题

1．信源　发信装置　传输信道　噪声源　收信装置　信宿

2．还原调制信号

3．振幅　频率　相位

4．越短　越低

5．差　较大　以地波方式　天波

6．超短波　绕射　电离层的折射和反射　直射

二、判断题

1．×　2．√　3．√　4．×

三、简答及计算题

1．解：若信号频率为 1kHz，其相应波长为 300km，若采用 1/4 波长的天线，根据 $\lambda = \dfrac{c}{f}$，就可以算出天线长度需要 75km，制造这样的天线是很困难的。只有天线实际长度与电信号的波长相比拟时，电信号才能以电磁波形式有效地辐射，这就要求原始电信号必须有足够高的频率。

2．解：（1）混频器的作用是将输入调幅信号 $u_s(t)$ 与本振信号（高频等幅信号）$u_L(t)$ 同时加到混频器，经频率变换后通过滤波器，输出中调频信号 $u_I(t)$。混频器的框图如下图所示。

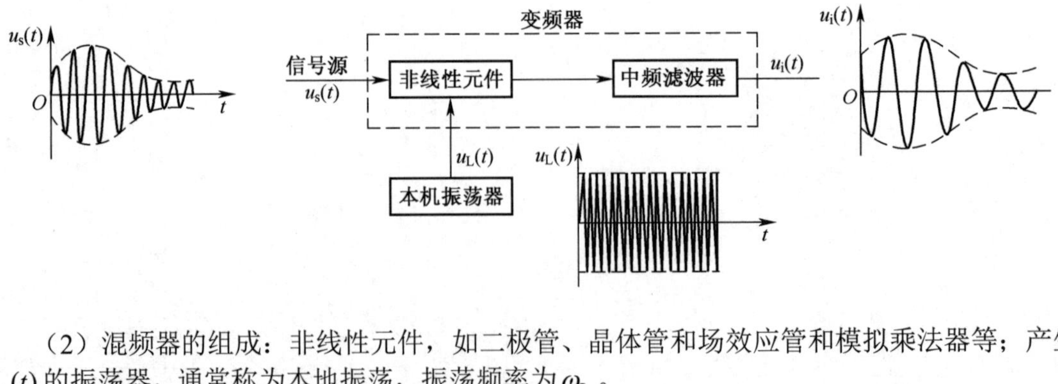

（2）混频器的组成：非线性元件，如二极管、晶体管和场效应管和模拟乘法器等；产生 $u_L(t)$ 的振荡器，通常称为本地振荡，振荡频率为 ω_L。

（3）混频波形图。$u_s(t)$ 与 $u_L(t)$ 载波振幅的包络形状完全相同，唯一的差别是信号载波频率 f_s 变换成中频频率 f_I，$u_L(t)$ 是本地振荡器波形，混频器输入波形图如上图所示。

3．解：

（1）确定中波广播波段的频宽 $\frac{c}{187}-\frac{c}{560}$=1078kHz。

（2）由于两个相邻电台的载频至少要相差 10kHz，所以此波段中最多能容纳 107 个电台同时广播。

提示：根据波长 λ、频率 f 和电磁波传播速度 c 的关系 $\lambda=\frac{c}{f}$，可以求得中波广播波段的频宽（电磁波传播速度 $c=3\times10^5\,\text{km/s}$）。

项目二　高频放大器之小信号调谐放大器

一、选择题

1．B　2．B　3．C　B　A

二、填空题

1．电压　$I_0=\frac{U_s}{r}$　$V_{L0}=Q_0U_s$　$V_{C0}=Q_0U_s$　电流

2．抽头接入　p^2　减小

3．选频阻抗变换

4．LC 谐振回路

5．1.414

6．选频　放大

7．窄　好

8．放大倍数　选择性

9．略高于　略低于

10．$Q=\frac{R_0}{\omega_0 L}$

11．电流　电压

三、判断题

1．×　2．√

四、简答及计算题

1．解：因为丙类放大器输出电流为余弦脉冲，为了保证输出电压为不失真的完整正弦信号，所以一定要用调谐回路作为集电极负载。回路谐振则信号不失真且效率最高，若回路失谐则晶体管功耗加大，且易烧坏晶体管。

2．解：晶体管内部存在着反向输入导纳 y_{re}。考虑 y_{re} 后，放大器输入导纳和输出导纳的数值会对放大器的调试及放大器的工作稳定性有很大的影响。欲解决该问题，有以下两个途径。（1）从晶体管本身想办法，使反向传输导纳减小。因为 y_{re} 主要取决于集电极和基极间的电容 $C_{b'c}$，设计晶体管时应使 $C_{b'c}$ 尽量减小。由于晶体管制造工艺的进步，这个问题已得到较好的解决。

（2）在电路上想办法，把 y_{re} 的作用抵消或减小。即从电路上设法消除晶体管的反向作用，这就是晶体管的单向化问题。单向化常用的方法之一为中和法，由前文可知，晶体管的反向输入导纳 y_{re} 主要取决于集电极和基极间的电容 $C_{b'c}$，晶体管在低频工作时，结电容 $C_{b'c}$ 的影响是很小的，可以忽略不计，而在高频工作时，$C_{b'c}$ 的影响就不能忽略不计了。

3. 解：影响调谐放大器稳定性的因素是晶体管存在着内部反馈即反向传输导纳 y_{re} 的作用。

反向传输导纳或称反馈导纳 y_{re}，其物理意义是输入端交流短路时输入电流和输出电压之比，它代表晶体管输出电压对输入端的反向作用。

4．解：四级总增益为

$$A_{uo\Sigma} = A_{u01}^4 = 40^4 = 256\times10^4$$

四级总带宽为

$$B_{\omega\Sigma} = B_{\omega1}\sqrt{2^{\frac{1}{4}}-1} = 60\times0.43 = 25.8\text{kHz}$$

为保持总带宽为 60kHz，则单级同频带必须增加，单级同频带应为

$$B'_{\omega1} = \frac{B'_{\omega\Sigma}}{\sqrt{2^{\frac{1}{4}}-1}} = \frac{60}{0.43} = 139.5\text{kHz}$$

因为放大器的增益带宽积基本保持不变，则此时单级放大器的增益应为

$$A'_{uo1} = \frac{B_{\omega1}A_{uo1}}{B'_{\omega1}} = \frac{60\times40}{139.5} = 17.2$$

5．解：（1）求 L，B

$$R'_s = \frac{1}{n_1^2}R_s = \frac{1}{0.4^2}\times2.5 = 15.63\text{k}\Omega$$

$$C'_s = n_1^2C_s = 0.4^2\times9 = 1.44\text{pF}$$

$$R'_L = \frac{1}{n_2^2}R_L = \frac{1}{0.23^2}\times830 = 15.7\text{k}\Omega$$

$$C'_L = n_2^2C_L = 023^2\times12 = 0.63\text{pF}$$

$$C_\Sigma = C'_s + C'_L + C = 22.1\text{pF}$$

则有 $L = \dfrac{1}{(2\pi f_0)^2C_\Sigma} = 1.27\mu\text{H}$，

$$R_0 = Q_0\omega_0L = 14.4\text{k}\Omega$$

$$R_\Sigma = R'_s // R_0 // R_1 // R'_L = 3.36\text{k}\Omega$$

$$Q_L = R_\Sigma / \omega_0L = 14$$

或

$$Q_L = \frac{Q_0}{1+\dfrac{R_0}{R'_s}+\dfrac{R_0}{R'_L}+\dfrac{R_0}{R_1}} = 14$$

则通频带 $B = \dfrac{f_0}{Q_L} = 2.14\text{MHz}$

（2）若把 R_1 去掉，但仍保持 B 不变，即 Q_L 不变、R_Σ 不变，则 $R_\Sigma = R_s'' // R_0 // R_L'' = 3.36\text{k}\Omega$，所以 $R_s'' < R_s'$，$R_L'' < R_L'$，即 $n_1' > n_1$，$n_2' > n_2$，匝比 n_1、n_2 应加大，另一方面，匝比 n_1、n_2 加大，$C_s'' > C_s'$，$C_L'' > C_L'$，而 $C_\Sigma = C_s'' + C_L'' + C$，所以 C 可以减小。但 C 减小得太小时，晶体管的输入电容 C_s 和负载电容 C_L 的变化对总电容影响就大，这样对稳频不利。所以这样改不如接入 R_1 更合适。

6．解：由已知条件得

$$L = \frac{1}{(2\pi f_0)^2 C} = \frac{1}{(2\times 3.14\times 1.5\times 10^6)^2\times 100\times 10^{-12}} = 112.69\mu\text{H}$$

$$Q_0 = \frac{1}{R\omega_0 C} = 212，\quad I_0 = \frac{U_s}{R} = \frac{1}{5} = 0.2\text{mA}$$

$$U_{L0} = Q_0 U_s = 212\times 1 = 212\text{mV}，\quad U_{C0} = Q_0 U_s = 212\times 1 = 212\text{mV}$$

7．解：由已知条件得

$$L = \frac{1}{(2\pi f_0)^2 C} \approx 253\mu\text{H}$$

由 $U_C = Q_0 U_s$，可得

$$Q_0 = \frac{U_C}{U_s} = \frac{10}{0.1} = 100$$

串接阻抗 $Z_x = R_x + \text{j}X_x$ 后，由 $U_C = Q_L U_s$，可得

$$Q_L = \frac{U_C}{U_s} = \frac{2\times 2.5}{0.1} = 50$$

而 $Q_L = \dfrac{\omega_0 L}{R + R_x}$，因此 $R_x = \dfrac{\omega_0 L}{Q_L} - \dfrac{\omega_0 L}{Q_0} = 15.9\Omega$。

由于 C=100pF，$C' = 200\text{pF}$，$\dfrac{1}{C} = \dfrac{1}{C'} + \dfrac{1}{C_x}$，可得 $C_x = 200\text{pF}$。

因此 $Z_x = R_x + \text{j}X_x = R_x - \text{j}\dfrac{1}{\omega_0 C_x} = (15.9 - \text{j}796)\Omega$。

8．解：由已知条件得

$$R_L' = \frac{1}{n^2} R_L = \left(\frac{C_1 + C_2}{C_1}\right)^2 R_L = 4R_L = 20\text{k}\Omega$$

$$C_L' = n^2 C_L = \left(\frac{C_1}{C_1 + C_2}\right)^2 C_L = \frac{1}{4} C_L = 5\text{pF}$$

$$C_\Sigma = C_s + C_L' + \frac{C_1 C_2}{C_1 + C_2} = 5 + 5 + 10 = 20\text{pF}$$

则谐振频率 $f_0 = \dfrac{1}{2\pi\sqrt{LC_\Sigma}} = 39.8\text{MHz}$ 或 $\omega_0 = \dfrac{1}{\sqrt{LC_\Sigma}} = 250\times 10^6\,\text{rad/s}$，

则谐振电阻为

$$R_0 = Q_0 \omega_0 L = 20\text{k}\Omega$$

有载品质因数为

$$Q_{\mathrm{L}}=\frac{Q_0}{1+\dfrac{R_0}{R_{\mathrm{s}}}+\dfrac{R_0}{R'_{\mathrm{L}}}}=\frac{100}{1+\dfrac{20}{10}+\dfrac{20}{20}}=25$$

通频带为

$$B=\frac{f_0}{Q_L}=\frac{39.8}{25}=1.59\mathrm{MHz}$$

9．解：由已知条件得

$$R_0=Q_0/\omega_0 C=171\mathrm{k\Omega}$$

$$R_{\Sigma}=\frac{1}{n_1^2}R_{\mathrm{s}}\,//\,R_0\,//\,\frac{1}{n_2^2}R_{\mathrm{L}}=\frac{1}{\dfrac{1}{41.3}+\dfrac{1}{171}+\dfrac{1}{281}}\approx 30\mathrm{k\Omega}$$

$$Q_{\mathrm{L}}=R_{\Sigma}\omega_0 C=30\times10^3\times2\times3.14\times465\times10^3\times200\times10^{-12}=17.5$$

$$B=\frac{f_0}{Q_{\mathrm{L}}}=\frac{465}{17.5}=26.57\mathrm{kHz}$$

$$L=\frac{1}{\omega_0^2 C}=586\mathrm{\mu H}$$

10．解：（1）$f_0=\dfrac{1}{2\pi\sqrt{LC_{\Sigma}}}$，其中 $C=\dfrac{C_1C_2}{C_1+C_2}$，当回路空载时，$B=\dfrac{f_0}{Q_L}$；回路有载时，不考虑信号源，只考虑负载，并设负载 R_{L} 对回路的接入系数为 n_2，则有

$$n_2=\frac{1/\omega C_2}{1/\omega C}=\frac{C}{C_2}=\frac{C_1}{C_1+C_2}$$

$$R'_{\mathrm{L}}=\frac{1}{n_2^2}R_{\mathrm{L}}=\left(\frac{C_1+C_2}{C_1}\right)^2R_{\mathrm{L}}，\quad R_0=Q_0\omega_0 L$$

回路总负载为

$$R_{\Sigma}=R_0\,//\,R'_{\mathrm{L}}=\frac{Q_0\omega_0 LR_{\mathrm{L}}}{n_2^2\left(Q_0\omega_0 L+\dfrac{R_{\mathrm{L}}}{n_2^2}\right)}$$

则回路有载 Q 值为

$$Q_{\mathrm{L}}=R_{\Sigma}/\omega_0 L=\frac{Q_0 R_{\mathrm{L}}}{n_2^2\left(Q_0\omega_0 L+\dfrac{R_{\mathrm{L}}}{n_2^2}\right)}$$

因此得 $B=\dfrac{f_0}{Q_{\mathrm{L}}}$。

若考虑信号源，也可求得考虑 R_{s} 影响后的回路带宽。

（2）假设信号源对回路的接入系数为 n_1，则总负载折合到信号源处为

$$R'_{\Sigma}=n_1^2R_{\Sigma}=n_1^2(R_0\,//\,R'_{\mathrm{L}})$$

若使总负载与信号源匹配，需满足

$$R_s = R'_{\Sigma} = n_1^2 R_{\Sigma}$$

由于 R_L、L、Q_0、f_0 不变，则只有调整接入系数 n_1 和 n_2 来实现。调整 n_1 就是调整电感抽头位置，调整 n_2 就是调整两个电容 C_1 和 C_2 的大小，但要注意保持总电容 C 不变。

11．解：由已知条件得 $L = \dfrac{1}{\omega_0^2 C} = 586\mu H$，由 $B = \dfrac{f_0}{Q_L}$，可得

$$B = \frac{f_0}{Q_L} = \frac{465}{8} = 58.13\,\text{kHz}, \quad R_{\Sigma} = R_0 // R_x$$

即

$$Q_L \omega_0 L = Q_0 \omega_0 L // R_x, \quad R_x = 237.58\text{k}\Omega$$

12．解：$C = \dfrac{C_1 C_2}{C_1 + C_2} = 127\text{pF}$，则

$$f_0 = \frac{1}{2\pi\sqrt{LC}} = 1.0 \times 10^6\,\text{Hz}$$

又 $p = \dfrac{C_1}{C_1 + C_2} = \dfrac{1}{11}$，$R'_g = \dfrac{1}{p^2} R_g = 605\text{k}\Omega$，$R_p = \dfrac{L}{Cr} = 197\text{k}\Omega$，$g_{\Sigma} = \dfrac{1}{R'_g} + \dfrac{1}{R_p} + \dfrac{1}{R_L} = 1.67 \times 10^{-5}\text{S}$，$Q_L = \dfrac{1}{w_0 L g_{\Sigma}} = 48$，则

$$B = \frac{f_0}{Q_L} = 21\text{kHz}$$

13．解：$C = \dfrac{C_1 C_2}{C_1 + C_2}$，则

$$f_0 = \frac{1}{2\pi\sqrt{LC}}$$

由题意知：$p_2 = \dfrac{1/\omega C_2}{1/\omega C} = \dfrac{C}{C_2} = \dfrac{C_1}{C_1 + C_2}$，把 R_L、R_g 分别折合到回路两端，变为 R'_L、R'_g，则

$$R'_L = \frac{R_L}{p_2^2}, \quad R'_g = \frac{R_g}{p_1^2}$$

回路本身的并联谐振电阻 $R_0 = Q_0 \omega_0 L$，它与 R'_L、R'_g 并联，构成总的回路负载 R'_0，即

$$R'_0 = R_0 // R'_L // R'_g = \frac{Q_0 \omega_0 L R_L R_g}{p_1^2 p_2^2 Q_0 \omega_0 L \left(\dfrac{R_g}{p_1^2} + \dfrac{R_L}{p_2^2} \right) + R_g R_L}$$

因此，有载 Q 值为

$$Q_L = \frac{R'_0}{\omega_0 L} = \frac{Q_0 R_L R_g}{p_1^2 p_2^2 Q_0 \omega_0 L \left(\dfrac{R_g}{p_1^2} + \dfrac{R_L}{p_2^2} \right) + R_g R_L}$$

$$B_{0.707}(\text{有载}) = \frac{f_0}{Q_L}$$

14．解：（1）$L=\dfrac{1}{\omega_0^2 C}=12.77\mu\text{H}$，因为$B=\dfrac{f_0}{Q_0}$，所以

$$Q_0=\frac{f_0}{B}=\frac{6500}{150}=43.33$$

（2）当$f=6\text{MHz}$时，回路的相对失谐为$\dfrac{f}{f_0}-\dfrac{f_0}{f}=-0.16$。

（3）当$B'=2B=\dfrac{f_0}{Q_\text{L}}$时，则$Q_\text{L}=\dfrac{f_0}{2B}=\dfrac{6500}{2\times150}=21.66$，$R_0=Q_0/\omega_0 C=22.58\text{k}\Omega$，由$R_\Sigma=Q_\text{L}/\omega_0 C$，得

$$R_\Sigma=\frac{1}{2}R_0=11.29\text{k}\Omega$$

由$R_\Sigma=R_0 // R_x$，解得$R_x=22.58\text{k}\Omega$，所以回路需并联22.58kΩ的电阻

15．解：由$f_0=\dfrac{1}{2\pi\sqrt{LC_\Sigma}}$，其中$C=\dfrac{C_1C_2}{C_1+C_2}$，可得$L=\dfrac{1}{(2\pi f_0)C}=29.53\mu\text{H}$，谐振电阻为

$$R_0=Q_0/\omega_0 C=198.42\text{k}\Omega$$

$$R'_\text{L}=\left(\frac{C_1+C_2}{C_1}\right)^2 R_\text{L}=400\text{k}\Omega$$

$$R_\Sigma=R_\text{s} // R_0 // R'_\text{L}=24.47\text{k}\Omega$$

$$Q_\text{L}=R_\Sigma/\omega_0 L=12.32$$

所以$B=\dfrac{f_0}{Q_L}=\dfrac{10.7}{12.32}=0.87\text{MHz}$。

16．解：$P_1=\dfrac{N_{12}}{N_{23}}=\dfrac{5}{5+2}=\dfrac{5}{7}$，$P_2=\dfrac{N_{45}}{N_{13}}=\dfrac{3}{7}$，$B=\dfrac{f_0}{Q_\text{L}}$，$Q_\text{L}=\dfrac{f_0}{B}=\dfrac{34.75\times10^6}{6.5\times10^6}=5.35$，而

$$C_\Sigma=C+P_1^2C_\text{oe}+P_2^2C_\text{ie}$$

$$\omega C_\Sigma=2\pi\times34.75\times10^6\times18\times10^{-12}+\left(\frac{5}{7}\right)^2\times0.8\times10^{-3}+\left(\frac{3}{7}\right)^2\times4.3\times10^{-3}=5.13\text{mS}$$

$$g_\text{p}=\frac{\omega_0 C_\Sigma}{Q_0}=\frac{5.13\times10^{-3}}{60}=85.5\mu\text{S}$$

所以

$$g_\Sigma=\frac{1}{R}+P_1^2g_{oe}+P_2^2g_{ie}+g_\mu=\frac{1}{R}+\left(\frac{5}{7}\right)^2\times0.4\times10^{-3}+\left(\frac{3}{7}\right)^2\times1.2\times10^{-3}+85.5=0.96\times10^{-3}$$

$R=43\text{k}\Omega$

因此为保证$B\geqslant6.5\text{MHz}$，需并联电阻$R=4.3\text{k}\Omega$，此时第一级谐振电压增益为

$$A_\text{vo}=\frac{P_1P_2|\gamma_\text{fe}|}{g_\Sigma}=\frac{\frac{7}{5}\times\frac{3}{5}\times49\times10^{-3}}{0.96\times10^{-3}}=42.9$$

项目三　高频放大器之调谐功率放大器

一、选择题

1．C　2．B　3．D　4．B

二、填空题

1．欠压　过压　临界　临界　过压

2．减小

3．临界　欠压

4．欠压

5．欠压　弱过压（临界）

6．临界　功率　效率

7．过压　欠压

8．欠压

9．下降　$f_\beta < f_T < f_\alpha$

三、判断题

1．×　2．×　3．×　4．√　5．×

四、简答计算题

1．解：低频功率放大器因其信号的频率覆盖系数大，不能采用谐振回路作负载，因此一般工作在甲类工作状态；采用推挽电路时可以工作在乙类工作状态。高频功率放大器因其信号的频率覆盖系数小，可以采用谐振回路作负载，故通常工作在丙类工作状态。

2．解：采用谐振回路作为集电极负载，通过谐振回路的选频功能，可以滤除放大器的集电极电流中的谐波成分，选出基波分量，从而基本消除了非线性失真，能得到正弦电压输出。但是谐振回路的 Q 值要足够大。

3．解：放大器工作在临界状态输出功率最大，效率也较高。因此，放大器工作在临界状态的等效电阻，就是放大器阻抗匹配所需的最佳负载电阻，以 R_{cp} 表示，$R_{cp}=\dfrac{U_{cm}^2}{2P_0}$，其中 U_{cm} 为临界状态槽路抽头部分的电压幅值 $U_{cm}=E_c-U_{ces}$，U_{ces} 可按 1V 估算，更精确的数值可根据晶体管特性曲线确定。

4．解：对于变化的负载，假如设计为负载电阻高的情况下工作在临界状态，那么在低电阻时为在欠压状态下工作，就会造成输出功率 P 减小而管耗增大，所以选晶体管时功率 P_{cm} 一定要充分留有余量。反之，假如设计为负载电阻低的情况下工作在临界状态，那么在高电阻时为在过压状态下工作。过压时，谐波含量增大，采用基极自给偏压，使过压深度减轻。

5．解：当天线突然短路时，R_c 近似为 0，根据放大器外部特性曲线，可知：

（1）R_c 变小，U_{cm} 也减小，而 I_{c1m} 和 I_{c0} 可达到最高值，即 $R_c=0$ 时，基波槽路电压降为 0，而此时基波的电流幅值达最大值，放大器进入欠压区工作。

（2）当 $R_c=0$ 时，电源供给功率 P_E 达最大值，输出功率 P 由最大值变化为最小值 0，也由较大值变为最小值 0，此时晶体管损耗达最大值，晶体管很可能被毁坏。

6．解：由于E_c、U_c及U_{bemax}不变，即u_{cemin}、u_{bemax}不变，因此功率放大器的工作状态不变。

由于$\xi=\frac{U_c}{E_c}$，所以ξ不变，而$\eta=\frac{1}{2}\xi\gamma$，故效率的提高是由于$\gamma$的增加，这是通过减小$\theta$实现的。要减小$\theta$，有两个途径，一是减小输入信号振幅$U_b$，另一是减小$E_b$，但要求$u_{bemax}$不变，故只能减小$E_b$，同时增大输入信号振幅$U_b$。由于输出功率下降，但$U_c$不变，故只能是增加负载阻抗。

7．解：（1）电压利用系数$U_{cm}/E_c=1$，则$U_{cm}=E_c=24\text{V}$，又$P_0=\frac{1}{2}U_{cm}I_{c1m}$，故

$$I_{c1m}=\frac{2P_0}{U_{cm}}=\frac{10}{24}=416\text{mA}$$

（2）$\eta_c=\frac{1}{2}\frac{I_{c1m}}{I_{c0}}\frac{U_{cm}}{E_c}=\frac{1}{2}\times\frac{416}{250}\times\frac{24}{24}=83.2\%$。

（3）$P_E=E_cI_{c0}=24\times0.25=6\text{W}$，则$P_c=P_s-P_0=6-5=1\text{W}$。

（4）$R_c=\frac{U_{cm}^2}{2P_0}=\frac{576}{10}=57.6\Omega$。

可知$I_{c1m}=416\text{mA}$，η_c为 83.2%，P_c为 1W，R_c为57.6Ω。

8．解：（1）$P_E=E_cI_{c0}=E_cI_{cmax}\alpha_0(70°)=2.2\times0.253\times24=13.36\text{W}$。

（2）$U_{ces}=I_{cmax}/g_{cr}$，$U_{cm}=E_c-U_{ces}=24-\frac{2.2}{0.8}=21.25\text{V}$，则

$$P_o=\frac{1}{2}U_{cm}I_{c1m}=\frac{1}{2}U_{cm}I_{cmax}\alpha_0(70°)=\frac{1}{2}\times21.25\times2.2\times0.436=10.19\text{W}$$

（3）$\eta_c=P_o/P_E=0.76$

（4）$R_{cp}=\frac{U_{cm}^2}{2P_o}=22.16\Omega$

可知P_o为 10.19W，P_E为 13.36W，η_c为 0.76，R_{cp}为22.16Ω。

9．解：$\eta_T=\frac{Q_0-Q_L}{Q_0}=1-\frac{4}{20}=0.8$

$$U_{cm}=E_c-U_{ces}=12-1=11\text{V}$$

$$\eta_c=\frac{1}{2}\frac{a_1}{a_0}\frac{U_{cm}}{E_c}=\frac{1}{2}\frac{0.39}{0.21}\frac{11}{12}=0.85$$

$$\eta_T=\frac{P_L}{P_0},P_0=\frac{P_L}{\eta_T}=\frac{0.2}{0.8}=0.25\text{W}$$

$$I_{c1m}=\frac{2P_0}{U_{cm}}=\frac{2\times0.25}{11}=0.045\text{A}$$

$$I_{cmax}=\frac{I_{c1m}}{\alpha_1(60°)}=\frac{0.045}{0.39}=115\text{mA}$$

$$P_c = \frac{P_L}{\eta_T}\left(\frac{1}{\eta_c}-1\right) = 0.044\text{W}\text{，}$$

$$I_{CM} > I_{cmax} = 115\text{mA}$$

$$P_{CM} > P_C = 0.044\text{W}$$

$$f_T = (3\sim5)f_0$$

现取 $f_0 = 10\text{MHz} = 10\text{MHz}$，则 $f_T > 10\text{MHz}$，可知

$$BV_{ceo} \geqslant 2E_c = 24\text{V}$$

根据 $BV_{ceo} \geqslant 2E_c = 24\text{V}$，$I_{CM} > I_{cmax} = 115\text{mA}$，$P_{cm} > P_c = 0.044\text{W}$，$f_T > 10\text{MHz}$ 选择晶体管。

10．解：$\eta_{c1} = \dfrac{1}{2}\dfrac{\alpha_1(100°)}{\alpha_0(100°)}\dfrac{U_{cm}}{E_c} = \dfrac{1}{2}\times1.5\times\dfrac{U_{cm}}{E_c}$

$$\eta_{c2} = \frac{1}{2}\frac{\alpha_1(60°)}{\alpha_0(60°)}\frac{U_{cm}}{E_c} = \frac{1}{2}\times1.8\times\frac{U_{cm}}{E_c}$$

$$\frac{\Delta\eta_c}{\eta_c} = \frac{\eta_{c2}-\eta_{c1}}{\eta_{c1}} = 20\%$$

集电极电压 U_{cm} 和负载电阻 R_L 保持不变，因此 $I_{c1m} = \dfrac{U_{cm}}{E_c}$ 不变。

$$I_{c1max} = \frac{I_{c1m}}{\alpha_1(100°)} = \frac{I_{c1m}}{0.52}\text{，}\quad I_{c2max} = \frac{I_{c1m}}{\alpha_1(60°)} = \frac{I_{c1m}}{0.39}$$

$$\frac{\Delta I_{cmax}}{I_{cmax}} = \frac{I_{c2max}-I_{c1max}}{I_{c1max}} = \frac{0.52}{0.39}-1 = 33\%$$

可知效率 η_c 提高了 20%，相应地集电极电流脉冲幅值变化了 33%。

11．解：（1）根据 $\cos\theta_c = \dfrac{V_{BB}+U_{on}}{U_{bm}}$ 求得 U_{bm}。由于 $\theta_c = 70°$，$\cos70° = 0.34$，则 $U_{bm} = \dfrac{1.5+0.6}{0.342} = 6.18\text{V}$。根据图 3.33 可求得转移特性的斜率为

$$G = \frac{i_c}{u_{be}-U_{on}} = \frac{1}{2.6-0.6} = 0.5\text{A/V}$$

故求得

$$i_{cmax} = GU_{bm}(1-\cos\theta) = 0.5\times6.18\times(1-0.342) = 2.04\text{A}$$

$$i_{c1} = i_{cmax}\alpha_1(70°) = 2.04\times0.436 = 0.87\text{A}$$

$$i_{c0} = i_{cmax}\alpha_0(70°) = 2.04\times0.253 = 0.51\text{A}$$

由 $\zeta = \dfrac{U_{cm}}{V_{cc}}$ 得 $U_{cm} = V_{cc}\times\zeta = 24\times0.9 = 21.6\text{V}$，则

$$P_o = \frac{1}{2}U_{cm}\times i_{c1} = \frac{1}{2}\times21.6\times0.872 = 9.612\text{W}$$

（2）由于此时功放工作于临界状态，则当负载电阻增加时，功放进入过压工作状态。

12．解：（1）根据 $\cos\theta_c = \dfrac{V_{BB}+U_{on}}{U_{bm}}$ 求得 U_{bm}。由于 $\theta_c = 70°$，$\cos70° = 0.34$，则

$U_{\mathrm{bm}}=\dfrac{1+0.6}{0.342}=4.678\mathrm{V}$。由$\zeta=\dfrac{U_{\mathrm{cm}}}{V_{\mathrm{cc}}}$得$U_{\mathrm{cm}}=V_{\mathrm{cc}}\times\zeta=24\times0.9=21.6\mathrm{V}$，则

$$i_{\mathrm{c\,max}}=GU_{\mathrm{bm}}(1-\cos\theta)=0.5\times4.678\times(1-0.342)=2.62\mathrm{A}$$

$$i_{\mathrm{c1}}=i_{\mathrm{c\,max}}\alpha_1(70°)=2.62\times0.436=1.14\mathrm{A}$$

$$i_{\mathrm{c0}}=i_{\mathrm{c\,max}}\alpha_0(70°)=2.62\times0.253=0.66\mathrm{A}$$

$$P_{\mathrm{o}}=\frac{1}{2}U_{\mathrm{cm}}\times i_{\mathrm{c1}}=\frac{1}{2}\times21.6\times1.14=12.31\mathrm{W}$$

（2）由于此时功放工作于临界状态，则当负载电阻增加时，功放进入过压工作状态。

13．解：（1）由图可知该功率放大器工作在临界状态。

（2）$E_{\mathrm{b}}=-0.5\mathrm{V}$，$U_{\mathrm{be}}=3.5\mathrm{V}$，$U_{\mathrm{c1}}=18-3=15\mathrm{V}$，$i_{\mathrm{cmax}}=2.0\mathrm{A}$，$E_{\mathrm{c}}=18\mathrm{V}$，由于$\cos\theta=\dfrac{1.1}{3.5}=0.314$，则

$$\theta\approx72°$$

$$P_{\mathrm{o}}=\frac{1}{2}i_{\mathrm{cmax}}\alpha_1(\theta)\cdot U_{\mathrm{c1}}=0.444\times15=6.66\mathrm{W}$$

$$P_{\mathrm{E}}=E_{\mathrm{c}}\cdot i_{\mathrm{cmax}}\alpha_0(\theta)=18\times2\times0.259=9.324\mathrm{W}$$

$$P_{\mathrm{c}}=P_{\mathrm{E}}-P_{\mathrm{o}}=2.664\mathrm{W}$$

$$R_{\mathrm{Lcr}}=\frac{U_{\mathrm{c1}}}{i_{\mathrm{cmax}}\alpha_1(\theta)}=\frac{15}{2\times0.444}=16.89\Omega$$

（3）要使η增大，则应增大E_{b}，同时减小U_{be}。

14．解：（1）根据临界状态电压利用系数计算公式有

$$\xi_{\mathrm{cr}}=\frac{1}{2}+\sqrt{\frac{1}{4}-\frac{2P_1}{S_{\mathrm{c}}E_{\mathrm{c}}^2\alpha_1(\theta)}}=\frac{1}{2}+\sqrt{\frac{1}{4}-\frac{2\times15}{1.5\times24^2\times0.436}}\approx0.91$$

所以

$$U_{\mathrm{c}}=E_{\mathrm{c}}\xi_{\mathrm{cr}}=24\times0.91\approx21.84\mathrm{V}$$

$$I_{\mathrm{c1}}=\frac{2P_{\mathrm{o}}}{U_{\mathrm{c}}}=\frac{2\times15}{21.84}\approx1.37\mathrm{A}$$

$$I_{\mathrm{c0}}=\frac{I_{\mathrm{c1}}}{\alpha_1(\theta)}\alpha_0(\theta)=\frac{1.37}{0.436}\times0.253\approx0.79\mathrm{A}$$

$$P_{\mathrm{E}}=E_{\mathrm{c}}I_{\mathrm{c0}}=24\times0.79=18.96\mathrm{W}$$

$$P_{\mathrm{c}}=P_{\mathrm{E}}-P_{\mathrm{o}}=18.96-15=3.96\mathrm{W}$$

$$\eta_{\mathrm{c}}=\frac{P_{\mathrm{o}}}{P_{\mathrm{E}}}=\frac{15}{18.96}\approx79\%$$

$$R_{\mathrm{Lcr}}=\frac{U_{\mathrm{c}}}{I_{\mathrm{c1}}}=\frac{21.84}{1.37}\approx15.94\Omega$$

（2）若输入信号振幅增加一倍，根据功放的振幅特性，放大器将工作到过压状态，此时输出功率基本不变。

（3）若负载电阻增加一倍，根据功放的负载特性，放大器将工作到过压状态，此时输出功率约为原来一半。

（4）若回路失谐，功率放大器将工作到欠压状态，此时集电极损耗将增加，有可能烧坏晶体管。用U_c指示调谐最明显，U_c最大时即谐振。

15．解：$P_E = E_c I_{c0} = 24 \times 0.3 = 7.2W$

$$P_c = P_E - P_o = 7.2 - 6 = 1.2W$$

$$\eta_c = \frac{P_o}{P_E} = \frac{6}{7.2} = 83.3\%$$

$$\gamma = \frac{2\eta_c}{\xi} = \frac{2 \times 0.833}{0.95} = 1.75$$

$$I_{c1} = I_{c0}\gamma = 300 \times 1.75 = 525mA$$

$$R_{Lcr} = \frac{2P_o}{I_{c1}^2} = \frac{2 \times 6}{0.525^2} = 43.5\Omega$$

16．解：$i_{cmax} = \dfrac{I_{c0}}{\alpha_0(\theta)} = \dfrac{100}{0.253} = 395.3mA$

$$I_{c1} = i_{cmax}\alpha_1(\theta) = 395.3 \times 0.436 = 172.3mA$$

$$P_o = \frac{1}{2} I_{c1}^2 R_L = 0.5 \times 0.1723^2 \times 200 = 2.96W$$

$$P_E = I_{c0} E_c = 0.1 \times 36 = 3.6W$$

$$\eta_c = \frac{P_o}{P_E} = \frac{2.96}{3.6} = 72.2\%$$

项目四　正弦波振荡器

一、选择题

1．D　2．A　3．B　4．A　5．B

二、填空题

1．$AF = 1$　$\varphi_A + \varphi_F = \pm 2n\pi$　射同它异

2．$A_0 F > 1$　$AF = 1$　$\left.\dfrac{\partial A}{\partial u}\right|_{u_{oQ}} < 0$

3．电感　短路

4．$2 \times 10^8 rad/s$　$2.5k\Omega$　$2 \times 10^6 rad/s$

5．电感　选频短路线

6．27MHz　等效电感

7．品质因数高

8．纯阻　感　容

9．并联谐振　电感

三、判断题

1．×　2．√　3．×　4．×

四、简答及计算题

1．解：（1）求 f_0。

$$C_1' = C_1 + C_o = 36 + 4.3 \approx 40\text{pF}$$

$$C_2' = C_2 + C_i = 680 + 41 \approx 720\text{pF}$$

$$C = \frac{C_1'C_2'}{C_1' + C_2'} \approx 38\text{pF}$$

$$f_0 \approx \frac{1}{2\pi\sqrt{LC}} = \frac{1}{2\pi\sqrt{2.5\times 38\times 10^{-18}}} \approx 16.3\text{MHz}$$

（2）$F = \dfrac{C_1'}{C_2'} = \dfrac{400}{720} = \dfrac{1}{18}$。

（3）先求出 R_0 和 n，有

$$R_0 = Q_0\sqrt{\frac{L}{C}} = 100\sqrt{\frac{2.5}{38}\times 10^6} = 25\text{k}\Omega\text{，}\quad n = \frac{C_2'}{C_1' + C_2'} \approx 1$$

根据起振条件可得

$$\beta > \frac{R_i}{F}\left(\frac{1}{R_s} + \frac{1}{n^2 R_0}\right) + F = 2\times 18\times\left(\frac{1}{10} + \frac{1}{25}\right) + \frac{1}{18} \approx 5$$

2．解：判断一个三点式 LC 振荡电路是否满足自激所需相位条件，根本方法是考察 c、b、e 3 个电极间电抗的符号关系，X_{ce} 与 X_{be} 应同号，它们和 X_{ce} 反号，射同基（集）反。如果每两个电极之间只是一种性质的电抗，能否满足自激所需相位条件，只有两种可能：要么满足，要么不满足。如果两电极之间不止一种性质的电抗，则两种电抗在一定数值条件下，电路满足自激所需相位条件。

所以图 4.33（a）（e）（h）有可能满足相位平衡条件的判断准则——射同基（集）反，故有可能振荡。图 4.33（a）中的 X_{cb} 必须是容性；图 4.33（e）中的 X_{cb} 必须是感性；图 4.33（h）是场效应管振荡器，对于场效应管振荡器，将发射极对应场效应管的源极即可，图中的 X_{GD} 必须是感性。

图 4.33（b）（c）（d）不可能振荡，因为不满足相位平衡条件的判断准则——射同基（集）反。当 $L_2C_2<L_3C_3$ 时，图 4.33（f）有可能振荡。当振荡器输入电容时，图 4.33（g）有可能振荡。

3．解：本题用 3 个并联谐振回路代替了基本回路中的 3 个电抗元件，判断时应注意以下两点。

（1）同样应满足射同基（集）反的原则，要使得电路可能振荡，根据三点式振荡器的组成原则有：L_1、C_1 回路与 L_2、C_2 回路在振荡时呈现的电抗性质相同，L_3、C_3 回路与它们的电抗性质不同。

（2）由于 3 个回路都是并联谐振回路，这就要通过回路的相频特性去判断。根据并联谐振回路的相频特性，该电路要能够振荡，3 个回路的谐振频率必须满足 $f_{03} > \max(f_{01}, f_{02})$ 或 $f_{03} < \min(f_{01}, f_{02})$。

1）若 $L_1C_1 > L_2C_2 > L_3C_3$，则 $f_{01} < f_{02} < f_{03}$，电路可能振荡。可能振荡的频率 f 为 $f_{02} < f < f_{03}$，等效为电容反馈的振荡器。

2）若 $L_1C_1 < L_2C_2 < L_3C_3$，则 $f_{01} > f_{02} > f_{03}$，故电路可能振荡。可能振荡的频率 f 为

$f_{02} > f > f_{03}$，等效为电感反馈的振荡器。

3）若 $L_1C_1 = L_2C_2 = L_3C_3$，则 $f_{01} = f_{02} = f_{03}$，故电路不可能振荡。

4）若 $L_1C_1 = L_2C_2 > L_3C_3$，则 $f_{01} = f_{02} < f_{03}$，电路可能振荡。可能振荡的频率 f 为 $f_{01} = f_{02} < f < f_{03}$，等效为电容反馈的振满器。

5）若 $L_1C_1 < L_2C_2 = L_3C_3$，同样分析可知电路不可能振荡。

6）若 $L_2C_2 < L_3C_3 < L_1C_1$，同样分析可知电路不可能振荡。

4．解：（1）图 4.35（a）的等效电路如下图（a）所示，下图（a）中 b、e 间为L_2，c、e 间为C_1，电抗性质不同，故不能振荡。

（2）图 4.35（b）的等效电路如下图（b）所示，下图（b）中 b、e 间为C_2，c、e 间为C_1，b、c 间为L、C_3串联，若$\omega L > \dfrac{1}{\omega C_3}$，为电容三点式振荡器。

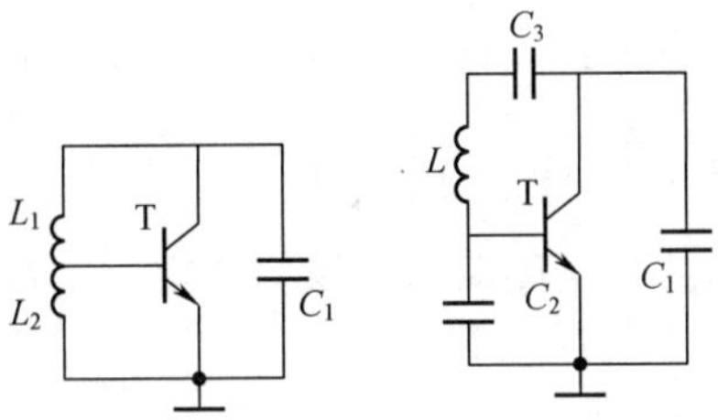

（a）　　（b）

5．解：改进型电容三点式振荡器的特点是把基本型的电容反馈三点线路集电极－基极支路的电感改用 LC 串联回路代替，这正是它的名称的由来——改进型电容三点式振荡器，又叫克拉泼振荡器。

这种振荡器的频率为$\omega_0 = \dfrac{1}{\sqrt{LC_\Sigma}}$，其中$C_\Sigma$由下式决定

$$\frac{1}{C_\Sigma} = \frac{1}{C} + \frac{1}{C_1 + C_o} + \frac{1}{C_2 + C_i}$$

当$C_1 \gg C$，$C_2 \gg C$时，$C_\Sigma \approx C$，振荡频率ω_0可近似写成$\omega_0 = \dfrac{1}{\sqrt{LC}}$。

这就使C_o和C_i几乎与ω_0值无关，它们的变动对振荡频率的稳定性就没有什么影响了，提高了频率稳定度。

6．解：$C_2 = \dfrac{C_1}{F} = \dfrac{600}{0.4} = 1500\text{pF}$，由于$C_3 << C_1$、$C_2$，则回路的总电容$C$为

$$C \approx C_3 + C_4 + C_5$$

$$f_{\min} = 1.2\times10^{-6} = \frac{1}{2\pi\sqrt{LC_{\max}}} = \frac{1}{2\times3.14\times\sqrt{L\times(20 + C_4 + 250)\times10^{-12}}}$$

$$f_{\max} = 1.2\times10^{-6} = \frac{1}{2\pi\sqrt{LC_{\min}}} = \frac{1}{2\times3.14\times\sqrt{L\times(20 + C_4 + 12)\times10^{-12}}}$$

因此$C_4 = 13.3\text{pF}$，$L = 62.2\mu\text{H}$。

7．解：（1）画出交流等效电路如下图所示。

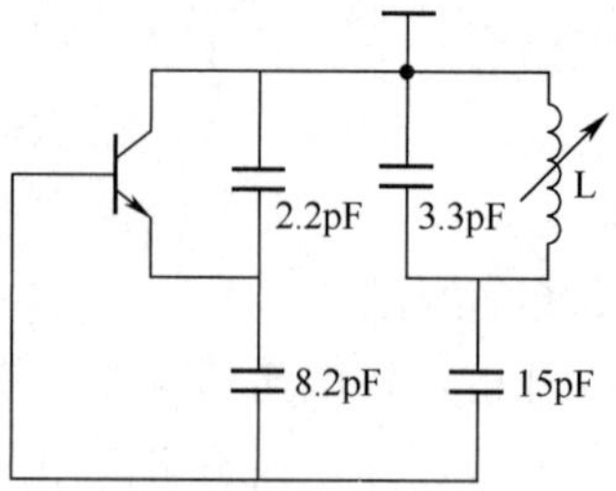

由等效电路可见，振荡器属电容三端电路。

（2）$f_0 = \dfrac{1}{2\pi\sqrt{LC}}$，$C_\Sigma = 3.3 + \dfrac{1}{\dfrac{1}{2.2}+\dfrac{1}{8.2}+\dfrac{1}{15}} = 4.9\text{pF}$，给定频率为 48.5MHz，可求出电感 L 为

$$L = \frac{1}{4\pi f_s^2 C} = \frac{1}{4\times(3.14)^2\times(48.5\times10^6)^2\times4.9\times10^{-12}} = 2.2\mu\text{H}$$

（3）反馈系数 $F = \dfrac{2.2}{8.2} = 0.268$。

8．解：（1）其交流等效电路如下图所示，该电路属于克拉泼振荡器。

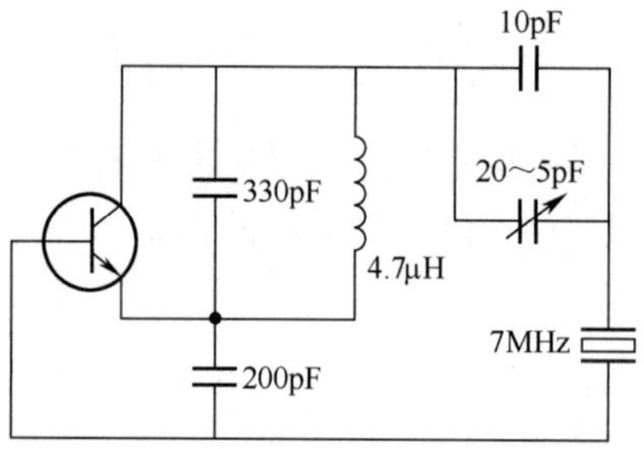

（2）要想电路起振，c、e 间必须呈现容性，4.7μH 电感和 330pF 电容并联回路的谐振频率为

$$f_0 = \frac{1}{2\pi\sqrt{LC}} = \frac{1}{2\pi\sqrt{4.7\times10^{-6}\times330\times10^{-12}}} = \frac{1}{6.28\times39.4}\times10^9$$
$$= 4.04\times10^6 = 4\text{MHz}$$

若换成标称频率为 1MHz 的晶体，由于 4MHz=f_0>1MHz，故回路对于 1MHz 呈现感性，不满足三点法则，所以换成标称频率为 1MHz 的晶体，该电路不能起振。

（3）振荡器的振荡频率即为晶体的标称频率 7MHz。

9．解：（1）交流等效电路如图 4.39（b）所示，由图可知，该电路是串联型晶体振荡器。

（2）其工作频率为晶体的标称频率，即 5MHz。

（3）在电路中，晶体起选频短路线的作用。

（4）该晶体振荡器的特点是频率稳定度很高。

10．解：（1）由于电感 L 与电容 C_1 构成回路，故其谐振频率为

$$f_{01} = \frac{1}{2\pi\sqrt{LC_1}} = \frac{1}{2\times3.14\times\sqrt{4.7\times10^{-6}\times330\times10^{-12}}} \approx 4\text{MHz}$$

而晶体的标称频率为 5MHz，电感 L 与电容 C_1 构成的回路在 5MHz 时呈现容性，故振荡器可以在 5MHz 工作。由此可见，这是一个并联型泛音晶体振荡器，晶体起等效电感的作用。

（2）该电路的交流等效电路如右图所示。

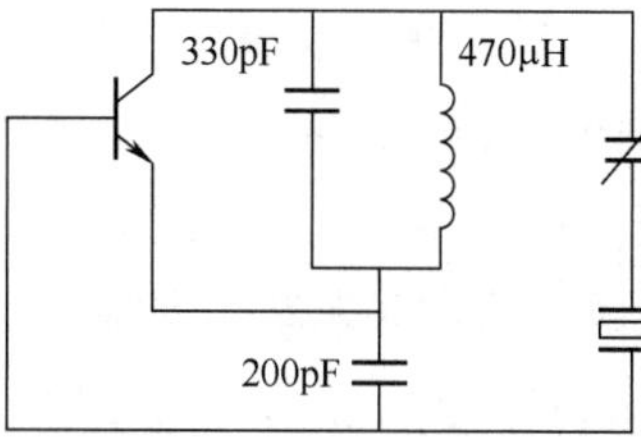

（3）如果晶体换成标称频率为 2MHz 的晶体，则 2MHz 时电感 L 与电容 C_1 构成的回路呈现感性，不满足三端式振荡器的组成原则，故电路不能正常工作。

11．解：画交流等效电路时要注意到 ZL 为高频扼流圈，对交流信号相当于开路，C_b 为基极耦合电容，C_e 为射极旁路电容，它们对高频信号相当于短路。求振荡频率时，回路的振荡频率应与回路的总电感和总电容有关，对于总电容，一定是等效到电感两端的总电容。

（1）交流等效电路见下图。

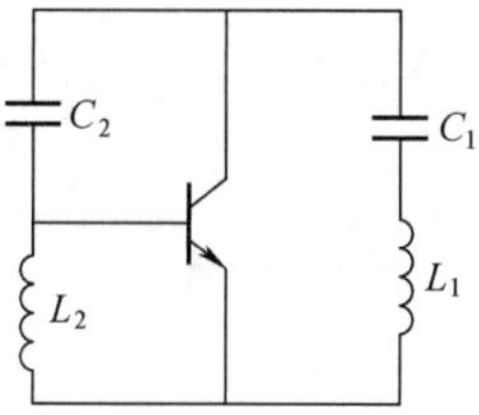

（2）$f_0=\dfrac{1}{2\pi\sqrt{(L_1+L_2)\dfrac{C_1C_2}{C_1+C_2}}}$，$F=\dfrac{\omega_0L_2}{\omega_0L_1-\dfrac{1}{\omega_0C_1}}$。

项目五　信号调制之振幅调制与解调

一、选择题

1．B　2．D　3．D　4．A　5．B　6．B　7．A　8．D　9．A

二、填空题

1．$\dfrac{5\sim10}{\omega_c}\leqslant R_LC\leqslant\dfrac{\sqrt{1-m_a^2}}{\Omega_{max}m_a}$　$U_c(1-m_a)\geqslant u_{R_L}=\dfrac{R_L}{R_L+r_{i2}}U_c$

2．1500W　500W　1245W　245W

3．AM　惰性　惰性、底部切削

4．2/3

5．高电平调幅　低电平调幅

6．能

7．40V　20V

三、判断题

1．√　2．×　3．√

四、简答及计算题

1．解：惰性失真是由于负载电阻 R 与负载电容 C 的时间常数 RC 太大所引起的。这时电容 C 上的电荷不能很快地随调幅波包络变化，则出现惰性失真。

检波器输出常用隔直流电容 C_c 与下级耦合，当 m_a 较大时，在调制信号包络线的负半周内，输入信号幅值可能小于 U_R，二极管截止。在一段时间内，输出信号不能跟随输入信号包络变化，于是出现了负峰切割失真现象。

2．解：若加大调制频率 Ω，则周期短，包络线下降快，将会产生对角线失真。因为加大调制频率 Ω 不满足 $m_a \leqslant \dfrac{1}{\sqrt{1+\Omega^2 C^2 R_L^2}}$，就可能产生对角线失真。

3．解：由 $P_c = 1000\text{W}$ 可求解如下：

（1）$m_a = 1$ 时，上、下边频功率均为 $P = \dfrac{1}{4} m_a^2 P_c = 250\text{W}$，总功率：$P_{总} = P_c + 2\times P = 1500\text{W}$。

（2）$m_a = 0.7$ 时，上、下边频功率均为 $P = \dfrac{1}{4} m_a^2 P_c = 122.5\text{W}$，总功率：$P_{总} = P_c + 2\times P = 1245\text{W}$。

可知，$m_a = 1$ 时，上、下边频功率均为 250W，总功率为 1500W；$m_a = 0.7$ 时，上、下边频功率均为 122.5W，总功率为 1245W。

4．解：由 $\theta = 60°$，可得 $\alpha_1(60°) = 0.39$，$\alpha_0(60°) = 0.21$

由 $I_{cmax} = 500\text{mA}$，可得

$$I_{c1m} = \alpha_1(60°) I_{cmax} = 0.39 \times 500 = 195\text{mA}$$

$$U_{cm} = E_c - U_{ces} = 12 - 1 = 11\text{V}$$

$$P_{omax} = 0.5 \times I_{c1m} U_{cm} = 0.5 \times 0.195 \times 11 = 1.072\text{W}$$

$$I_{co} = \alpha_1(60°) I_{cmax} = 0.21 \times 500 = 105\text{mA}$$

$$P_E = E_c I_{co} = 12 \times 0.105 = 1.26\text{W}$$

$$P_{cmax} = P_E - P_{omax} = 1.26 - 1.072 = 0.188\text{W}$$

$$\eta_{av} = \eta_c = \frac{1}{2}\frac{\alpha_1(60°) U_{cm}}{\alpha_0(60°) E_c} = \frac{1}{2} \times \frac{0.39}{0.21} \times \frac{11}{12} = 0.85$$

5．解：（1）分析 1 是否为已调波，写出它的数学表达式，计算 $P_{边}$、P 以及 B。

1）$u_1 = 2\cos 2000\pi t + 0.3\cos 1800\pi t + 0.3\cos 2200\pi t = 2(1+0.3\cos 200\pi t)\cos 2000\pi t$

对照普通调幅波的数学表达式 $u_{AM}(t) = U_{cm}(1 + m_a \cos \Omega t)\cos \omega_c t$，因此 u_1 是一个普通调幅波。

2）$P = P_c + P_{边}$，当 R 为单位电阻时，有 $P_c = \dfrac{1}{2}\dfrac{U_{cm}^2}{R} = \dfrac{1}{2} \times 2^2 = 2\text{W}$，$P_{边} = \dfrac{1}{2} m_a^2 P_c = \dfrac{1}{2} \times 0.3^2 \times 2 = 0.09\text{W}$，$P_{调} = P_c + P_{边} = 2.09\text{W}$。

3）频带宽度 $B_1 = 2F = 2 \times \dfrac{\Omega}{2\pi} = 2 \times \dfrac{200\pi}{2\pi} = 200\text{Hz}$。

（2）分析 u_2 是否为已调波，写出它的数学表达式，计算 $P_{边}$、P 以及 B。

1）$u_2 = 0.3\cos 1800\pi t + 0.3\cos 2200\pi t = 0.6\cos 200\pi t \cos 2000\pi t$

对照抑制载波双边带调幅波的数学表达式$u_{DSB}(t)=AU_{\Omega m}U_{cm}\cos\Omega t\cos\omega_c t$，因此$u_2$是一个抑制载波双边带调幅波。

2）总功率$P=P_{边}=0.09W=90mW$。

3）频带宽度$B_2=2F=2\times\frac{\Omega}{2\pi}=200Hz$。

u_1与u_2的频带宽度相等，可知u_1是一个普通调幅波。$P_{边}=0.09W$，总功率等于2.09W，B_1=200Hz；u_2是一个抑制载波双边带调幅波。总功率等于0.09W，B_2=200Hz。

6．解：（1）$u=2\cos100\pi t+0.1\cos90\pi t+0.1\cos110\pi t$（V）$=2(1+0.1\cos10\pi\tau)\cos100\pi\tau$（V），此为普通调幅波。

边频功率$P_{side}=2\times\frac{1}{2}\times(0.1)^2=0.01W$，载波功率$P_c=\frac{1}{2}\times2^2=2W$，总功率$P=0.01+2=2.01W$，频谱宽度：$B=10Hz$。

（2）$u=0.1\cos90\pi t+0.1\cos110\pi t=0.2\cos10\pi t\cos100\pi t$，此为抑制载波的双边带调幅波。

边频功率$P_{side}=2\times\frac{1}{2}\times(0.1)^2=0.01W$，总功率$P=P_{边}$，频谱宽度$B=10Hz$。

7．解：（1）乘法器的输出u_A为

$$u_A=u_su_r=U_{sm}\cos\Omega t\cdot\cos\omega_c t\cdot U_{rm}\cos(\omega_c t+\varphi)$$
$$=\frac{1}{2}U_{rm}U_{sm}\cos\Omega t[\cos\varphi+\cos(2\omega_c t+\varphi)]$$

经低通滤波器滤波，输出 $u_o=\frac{1}{2}U_{rm}U_{sm}\cos\varphi\cos\Omega t$。

与理想情况相比较，输出信号的相位增加了一个$\cos\varphi$因子，这实际上是一个衰减因子，使输出电压的幅度降低$\cos\varphi$，当$\varphi=\frac{\pi}{2}$时，$\cos\varphi=0$，则输出$u_o=0$。若φ是一个随时间变化的相位，即$\varphi=\varphi(t)$，则输出信号的振幅、相位产生失真。

（2）$u_A=u_su_r=U_{sm}U_{rm}\cos(\omega_c+\Omega)t\cdot\cos(\omega_c t+\varphi)$
$$=\frac{1}{2}U_{rm}U_{sm}[\cos(\Omega t-\varphi)+\cos(2\omega_c t+\Omega t+\varphi)]$$

通过滤波后，输出为$u_o=\frac{1}{2}U_{sm}U_{rm}\cos(\Omega t-\varphi)$

与理想情况比较，输出信号的相位增加了一个相位因子φ，将会导致相位失真。

8．解：（1）$m_a=0.7$时，边带功率为

$$P=\frac{1}{2}m_a^2P_c=\frac{1}{2}\times0.7^2\times5=1.225W$$

（2）电路为集电极调幅时，直流电源供给被调级的功率为

$$P_{E1}=\frac{1}{\eta_c}\left(1+\frac{1}{2}m_a^2\right)P_c=\frac{1}{0.5}\left(1+\frac{1}{2}\times0.7^2\right)\times5=12.45W$$

（3）电路为基极调幅时，直流电源供给被调级的功率为

$$P_{E2}=\frac{1}{\eta_c}P_c=\frac{1}{0.5}\times5=10W$$

可知边频功率为 1.225W；电路为集电极调幅时，直流电源供给被调级的功率为 12.45W；电路为基极调幅时，直流电源供给被调级的功率为 10W。

9．解：由频谱图知，$f_c=2000\text{kHz}$，$F=1\text{kHz}$，$U_{cm}=10\text{V}$，$\frac{1}{2}m_aU_{cm}=2\text{V}$，所以$m_a=0.4$。因此根据$U_{AM}(t)=U_{cm}(1+m_a\cos\Omega t)\cos\omega_c t$，写出该调幅波的电压表达式为

$$u_{AM}(t)=10(1+0.4\cos2\pi\times10^3 t)\cos4\pi\times10^6 t$$

由于$P_{调}=P_c+P_{边}$，当$R=1\Omega$时，则

$$P_{调}=P_c=\frac{1}{2}\times\frac{U_{cm}^2}{R}=50\text{W}$$

$$P_{边}=\frac{1}{2}m_a^2P_c=\frac{1}{2}\times0.4^2\times50=4\text{W}$$

$$P_{调}=P_c+P_{边}=50+4=54\text{W}$$

频带宽度 $B_1=2F=2\times1000=2\text{kHz}$

10．解：（1）该调幅波占据的频带宽度 $B=2F_{mx}=8\text{kHz}$。

（2）载波功率为 500kW，则

$$P_1=2\times\frac{1}{4}m_a^2P_c=\frac{1}{2}\times0.3^2\times500=22.5\text{kW}$$

$$P_2=2\times\frac{1}{4}m_a^2P_c=\frac{1}{2}\times1^2\times500=250\text{kW}$$

可知调幅波的调幅系数平均值为$m_a=0.3$时的平均功率 $P=500+22.5=522.5\text{kW}$；调幅波的调幅系数平均值为$m_a=1$时的平均功率 $P=500+250=750\text{kW}$。

11．解：

（1）$(P_o)_{av}=(P_o)_c\left(1+\frac{1}{2}m_a^2\right)=50\times\left(1+\frac{1}{2}\times0.5^2\right)=50\times1.12=56.25\text{W}$。

（2）$\eta_{av}=\frac{(P_o)_{av}}{(P_E)_{av}},(P_E)_{av}=\frac{(P_o)_{av}}{\eta_{av}}=\frac{56.25}{0.5}=112.5\text{W}$。

（3）$(P_c)_{av}=(P_E)_{av}-(P_o)_{av}=112.5-56.25=56.25\text{W}$，选晶体管时要满足 $P_{cm}\geqslant(P_c)_{av}=56.25\text{W}$。

可知集电极平均输出功率$(P_o)_{av}$为 56.25W，平均损耗功率$(P_c)_{av}$为 56.25W，选晶体管时要满足$P_{cm}\geqslant56.25\text{W}$。

12．解：各点的波形图如下图所示。

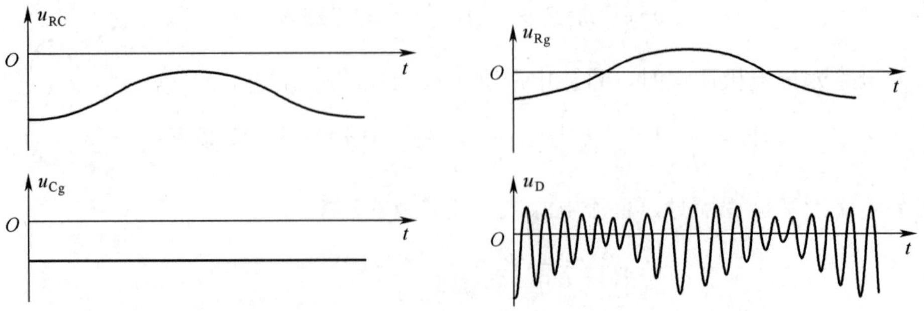

13．解：对于上支路，加在包络检波器的电压$u_{D1}=u_r+u_s$，则

$$\begin{aligned}u_{D1}&=u_r+u_s=U_r\cos\omega_c t+U_s\cos(\omega_c+\Omega)t=U_r\cos\omega_c t+U_s\cos\Omega t\cos\omega_c t-U_s\sin\Omega t\sin\omega_c t\\&=(U_r+U_s\cos\Omega t)\cos\omega_c t-U_c\sin\Omega t\sin\omega_c t\\&=U_{m1}(t)\cos[\omega_c t+\varphi_1(t)]\end{aligned}$$

上式中，$U_{m1}(t)$和$\varphi_1(t)$分别为合成信号u_{D1}的振幅和附加相位，其值分别为

$$U_{m1}(t)=\sqrt{(U_r+U_s\cos\Omega t)^2+(U_s\sin\Omega t)^2}$$

$$\varphi_1(t)=\arctan\frac{-U_s\sin\Omega t}{U_r+U_s\cos\Omega t}$$

由于是包络检波器，只对振幅有关，由此有

$$\begin{aligned}U_{m1}(t)&=\sqrt{(U_r+U_s\cos\Omega t)^2+(U_s\sin\Omega t)^2}\\&=\sqrt{U_r^2+2U_rU_s\cos\Omega t+U_s^2\cos^2\Omega t+U_s^2\sin^2\Omega t}\\&=\sqrt{U_r^2+U_s^2+2U_rU_s\cos\Omega t}\\&=U_r\sqrt{1+(U_s/U_r)^2+2(U_s/U_r)\cos\Omega t}\end{aligned}$$

由于$U_r\gg U_s$，故上式可近似为

$$U_{m1}(t)\approx U_r\sqrt{1+2(U_s/U_r)\cos\Omega t}\approx U_r\left(1+\frac{U_s}{U_r}\cos\Omega t\right)$$

上式用到了近似公式$\sqrt{1+x}\approx 1+x/2$，当$x<<1$时。上式表明，合成信号的振幅与调制信号 $\cos\Omega t$ 成线性关系。

对下支路，$u_{D2}=u_r-u_s$，按上面的分析思路，可得

$$U_{m2}(t)\approx U_r\left(1-\frac{U_s}{U_r}\cos\Omega t\right)$$

输出电压$u_o=u_{o1}-u_{o2}$，u_{o1}和u_{o2}为上、下支路包络检波器的输出，有

$$u_o=u_{o1}-u_{o2}=k_{d1}U_{m1}(t)-k_{d2}U_{m2}(t)=k_d[U_{m1}(t)-U_{m2}(t)]=2k_dU_s\cos\Omega t$$

14．解：下图为 AM 波在 m=0.5 和 m=1 的波形和 DSB 信号的波形。

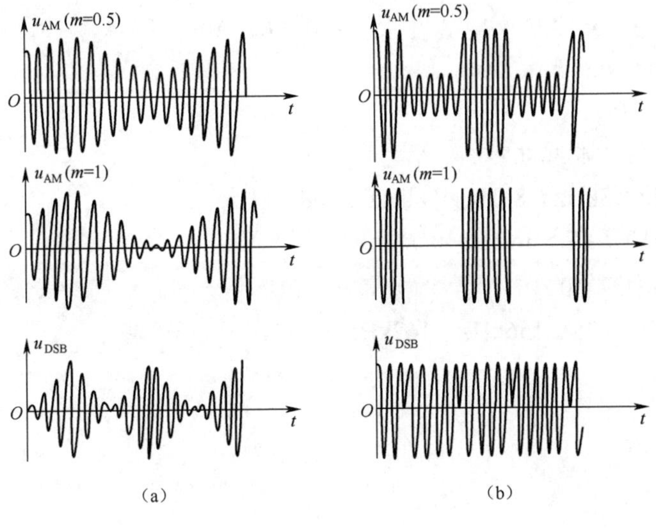

15．解：（1）由 $R_L C \gg T_c = \frac{1}{f_c}$，将 $f_c = 465\text{kHz}$ 及 $R_L = 10\text{k}\Omega$ 代入该式，解得 $C \gg 215\text{pF}$，又 $C < \frac{\sqrt{1-m_a^2}}{m_a} \times \frac{1}{\Omega R_L} = 0.15\mu\text{F}$，由此可得 $215\text{pF} \ll C < 0.15\mu\text{F}$，$R_{in} \approx \frac{1}{2} R_L = 5\text{k}\Omega$。

（4）同理将 $R_L = 10\text{k}\Omega$、$m_a = 0.3$、$f_c = 30\text{MHz}$ 及 F=0.3MHz 代入以上公式，解得

$$3.3\text{pF} \ll C < 169\text{pF}$$

16．解：（1）由不产生对角线失真的条件得 $R_L < \frac{\sqrt{1-m_a^2}}{m_a} \times \frac{1}{\Omega C} = 11.9\text{k}\Omega$。

（2）由不产生割底失真的条件得 $m_a \leqslant \frac{R_i}{R_i + R_L}$，将 $R_L = 11.9\text{k}\Omega$ 及 $m_a = 0.8$ 代入，解得 $R_i \geqslant 47.6\text{k}\Omega$

17．解：（1）由检波效率 $\eta_d = \frac{U_o}{U_i}$，将 $U_i = 1.2\text{V}$ 及 $\eta_d = 0.9$ 代入得输出电压，得

$$U_o = \eta_d U_i = 0.9 \times 1.2 = 1.08\text{V}$$

（2）检波器输入电阻

$$R_{in} \approx \frac{R_L}{2\eta_d} = \frac{R_1 + R_2}{2\eta_d} = 10.94\text{k}\Omega$$

18．解：只要满足 $m_a \sqrt{1 + \Omega^2 C^2 R_L^2} \leqslant 1 \left(\Omega C R_L < \frac{\sqrt{1-m_a^2}}{m_a} \right)$ 就可以避免对角线失真。

求得 $m_a \leqslant \frac{1}{\sqrt{1 + \Omega^2 C^2 R_L^2}} = 0.8$。

项目六　信号调制之角度调制与解调

一、选择题

1．D　2．D　3．A　4．A　5．C　6．A　7．A　8．A

二、填空题

1．20　$\sin 2\pi \times 10^3 t$

2．非线性　线性　非线性

3．2kHz　3kHz　3kHz　8kHz　58kHz　208　kHz

4．$U_c \cos(2\pi \times 10^7 t + 7.5 \sin 2\pi \times 10^4 t)$

5．22kHz　10kHz　10

6．3kHz　75kHz　25　156kHz　162kHz

7．2

8．相等

9．$B = 2(\Delta f + F)$

10．不变

三、判断题

1. × 2. × 3. × 4. √ 5. √ 6. × 7. √

四、简答及计算题

1．解：用调制信号直接控制振荡器的瞬时频率变化的方法称为直接调频法。如果受控振荡器是产生正弦波的 LC 振荡器，则振荡频率主要取决于谐振回路的电感和电容。将受到调制信号控制的可变电抗与谐振回路连接，就可以使振荡频率按调制信号的规律变化，实现直接调频。

直接调频法原理简单，频偏较大，但中心频率不易稳定。在正弦振荡器中，若使可控电抗器连接于晶体振荡器中，可以提高频率稳定度，但也会使频偏减小。

先将调制信号进行积分处理，然后用它控制载波的瞬时相位变化，从而实现间接控制载波的瞬时频率变化的方法，称为间接调频法。这种调频波突出的优点是载波中心频率的稳定性可以做得较高，但也可能会使得到的最大频偏较小。

2．解：由已知条件得

$$u_{\Omega}(t) = \cos 2\pi\times10^3 t + 2\cos 2\pi\times 500t$$

$$m_{f1} = \frac{\Delta\omega}{\Omega_1} = \frac{2\pi\times20000}{2\pi\times1000} = 20，$$

$$m_{f2} = \frac{\Delta\omega}{\Omega_2} = \frac{2\pi\times20000}{2\pi\times500} = 40$$

根据 $u(t) = U_{cm}\cos(\omega_c t + m_f \sin\Omega t)$ 得

$$u(t) = 5\cos(2\pi\times10^8 t + m_{f1}\sin\Omega_1 t + m_{f2}\sin\Omega_2 t)$$

$$= 5\cos(2\pi\times10^8 t + 20\sin 2\pi\times10^3 t + 40\sin 2\pi\times500t)$$

3．解：由题意可知

$$\Delta\omega(t) = 2\pi k_f u_{\Omega} = 2\pi\times6\times10^3\cos 2\pi\times10^3 t + 2\pi\times9\times10^3\cos 3\pi\times10^3 t$$

$$\Delta\phi(t) = \int_0^t \Delta\omega(t)\mathrm{d}t = 6\sin 2\pi\times10^6 t + 6\sin 3\pi\times10^3 t$$

$$\therefore \quad u_{FM} = 5\cos(2\pi\times10^7 t + 6\sin 2\pi\times10^3 t + 6\sin 3\pi\times10^3 t)$$

4．解：由频谱图可知该调制信号为调角波，由于 B=8kHz=2(m+1)F，而 $F = 10^3\text{Hz}$

所以 m=3

若为调频波，则 $u(t) = 5\cos(2\pi\times10^8 t + 3\sin 2\pi\times10^3 t)$

若为调相波，则 $u(t) = 5\cos(2\pi\times10^8 t + 3\cos 2\pi\times10^3 t)$

5．解：（1）由已知条件得 F_1=400Hz，$\Omega_1 = 400\times2\pi\text{rad/s}$

$$f_c = 25\text{MHz}，\ \omega_c = 2\pi\times25\times10^6，\ \Delta f = 10\text{kHz}，\ \Delta\omega = 2\pi\times10^4\text{rad/s}$$

$$m_{f1} = \frac{\Delta f}{F_1} = \frac{10000}{400} = 25，\ m_{p1} = \frac{\Delta f}{F_1} = \frac{10000}{400} = 25$$

调频波的数学表达式 $u(t) = 4\cos(2\pi\times25\times10^6 t + 25\sin400\times2\pi t)$

调相波的数学表达式 $u(t) = 4\cos(2\pi\times25\times10^6 t + 25\sin400\times2\pi t)$

（2）由已知条件得

$$F_2=2\text{kHz},\quad \Omega_2=2\pi\times2000\text{rad/s},\quad m_{f2}=\frac{\Delta f}{F_2}=\frac{10000}{2000}=5$$

由 $m_p=k_pu_{\Omega m}$ 知 m_p 不变，即 $m_{p1}=m_{p2}=25$

调频波的数学表达式　　$u(t)=4\cos(2\pi\times25\times10^6t+5\sin2\times10^3\times2\pi t)$

调相波的数学表达式　　$u(t)=4\cos(2\pi\times25\times10^6t+25\cos2\times10^3\times2\pi t)$

6．解：（1）已知 $f_c=10\text{MHz}$，$\Delta f=50\text{kHz}$，F=500kHz，则

$$m_f=\frac{\Delta f}{F}=\frac{50}{500}=0.1$$

由于 $m_f<1$，因此 $B_f\approx2F=2\times500=1\text{MHz}$

（2）已知 $f_c=10\text{MHz}$，$\Delta f=50\text{kHz}$，$F=500\text{Hz}$，则

$$m_f=\frac{\Delta f}{F}=\frac{50\times10^3}{500}=100$$

由于 $m_f>1$，因此 $B_f=2(m_f+1)F=2(100+1)\times500\text{Hz}=101\text{kHz}$

（3）已知 $f_c=10\text{MHz}$，$\Delta f=50\text{kHz}$，F=10kHz，则

$$m_f=\frac{\Delta f}{F}=\frac{50}{10}=5$$

由于 $m_f>1$，因此 $B_f=2(m_f+1)F=2(5+1)\times10=121\text{kHz}$

7．解：（1）调频指数。由 $m_{f1}=\dfrac{K_fU_{\Omega1}}{\Omega_1}$，$m_{f2}=\dfrac{K_fU_{\Omega2}}{\Omega_2}$，得

$$\frac{m_{f1}}{m_{f2}}=\frac{\Omega_2U_{\Omega1}}{\Omega_1U_{\Omega2}}=\frac{250\times2.4}{400\times3.2}=\frac{75}{160}$$

则 $m_{f2}=\dfrac{75}{160}\times60=128$

（2）调相指数。由 $m_{p1}=K_pU_{\Omega1}$，$m_{p2}=K_pU_{\Omega2}$ 得

$$\frac{m_{p1}}{m_{p2}}=\frac{U_{\Omega1}}{U_{\Omega2}}=\frac{2.4}{3.2}$$

则 $m_{p2}=\dfrac{2.4}{3.2}\times60=80$

8．解：已知调制信号为 $u_\Omega(t)=U_{\Omega m}\cos2\pi\times10^3t$，$F$=1kHz

对于 FM 信号，由于 $m_f=10$，因此

$$B=2(m_f+1)F=2(10+1)\times10^3=22\text{kHz}$$

对于 PM 信号，由于 $m_p=10$，此时

$$B=2(m_p+1)F=2(10+1)\times10^3=22\text{kHz}$$

（1）若 $U_{\Omega m}$ 不变，F 增大一倍，两种调制信号的带宽如下：

对于 FM 波，由于 $m_f\uparrow=\dfrac{\Delta f}{F\downarrow}$，若 $U_{\Omega m}$ 不变，F 增大一倍，则 Δf 不变，m_f 减半，即 $m_f=5$，因此

$$B=2(m_f+1)F=2(5+1)\times2\times10^3=24\text{kHz}$$

对于 PM 波，由于 m_p 只与调制信号强度成正比，而与调制信号频率无关，所以相当于 m_p 不变，而 $m_p = k_f U_\Omega$， m_p 不变。因此 $B = 2(10+1)\times 2\times 10^3 = 44\text{kHz}$

即调相频带宽度随调制信号频率成比例地加宽。

（2）F 不变，$U_{\Omega m}$ 增大一倍，两种调制信号的带宽如下：

对于 FM 波，m_f 增大一倍，即 $m_f = 2\times 10 = 20$，因此

$$B = 2(m_f + 1)F = 2(20+1)\times 10^3 = 42\text{kHz}$$

对于 PM 波，m_p 也增大一倍，即 $m_p = 2\times 10 = 20$，因此

$$B = 2(m_p + 1)F = 2(20+1)\times 10^3 = 42\text{kHz}$$

（3）F 和 $U_{\Omega m}$ 均增大一倍：

对于 FM 波，m_f 不变，则 $B = 2(m_f + 1)F = 2(20+1)\times 2\times 10^3 = 44\text{kHz}$

对于 PM 波，$m_p = k_p U_\Omega$，它与调制信号的振幅成正比，面与调制频率无关，当 $U_{\Omega m}$ 增大一倍时 m_p 也增大一倍，因此

$$B = 2(m_p + 1)F = 2(20+1)\times 2\times 10^3 = 84\text{kHz}$$

9．解：（1）由已知条件得 $\Delta f = 0.1\times 10^3 = 100\text{Hz}$，$F$=1000Hz

$$m_f = \frac{\Delta f}{F} = \frac{100}{1000} = 0.1 \text{（窄带调频）}$$

调幅波的频谱宽度　　$B_{AM} = 2F = 2\text{kHz}$

调频波的有效频谱宽度　　$B_{FM} = 2F = 2\text{kHz}$

（2）由已知条件得

$$\Delta f = 20\times 10^3 = 20000\text{Hz}，F\text{=1000Hz}$$

$$m_f = \frac{\Delta f}{F} = \frac{20000}{1000} = 20 \text{（宽带调频）}$$

调幅波的频谱宽度　　$B_{AM} = 2F = 2\text{kHz}$

调频波的有效频谱宽度　　$B_{FM} = 2(m_f + 1)F = 2(20+1) = 42\text{kHz}$

10．解：（1）调制频率为 $F = \dfrac{\Omega}{2\pi} = \dfrac{2000\pi}{2\pi} = 1000\text{Hz}$

最大频偏为 $\Delta f = m_f F = 10\times 1000 = 10\text{kHz}$

（2）信号在单位电阻上的功率（即平均功率）。因为调频前后平均功率没有发生变化，所以调制后的平均功率也等于调制前的载波功率，即调频只导致能量从载频向边频分量转移，而总能量未变，因此可得 $P = \dfrac{U_m^2}{2R} = 2\text{W}$

11．解：$\varphi(t) = 2\pi\times 10^6 t + 10\cos 2000\pi t = \omega_c t + \Delta\varphi_m \cos 2000\pi t = \omega_c t + \Delta\varphi(t)$

由式可知

（1）最大频偏

$$\Delta f(t) = \frac{1}{2\pi}\cdot\frac{\mathrm{d}\Delta\phi(t)}{\mathrm{d}t} = -20000\pi\cdot\frac{1}{2\pi}\cdot\sin 2000\pi t = -10^4 \sin 2000\pi t\text{Hz}$$

$\therefore$　　$\Delta f_m = 10^4\text{Hz}$

（2）最大相偏 $\Delta\varphi_{\mathrm{m}}=10\mathrm{rad}$

（3）信号带宽

$$F=1\mathrm{kHz}\text{，}\ m_{\mathrm{f}}=10$$

$$\therefore \quad B_{\mathrm{s}}=2(m_{\mathrm{f}}+1)F=2(10+1)\times10^{3}=22\mathrm{kHz}$$

（4）单位电阻上的信号功率。不论是 FM 还是 PM 信号，都是等幅信号，其功率与载波功率相等。

$$P=\frac{1}{2}\frac{U^2}{R}=\frac{1}{2}\times\frac{10^2}{1}=50\mathrm{W}$$

（5）由于不知调制信号形式，因此仅从表达式无法确定此信号 FM 波还是 PM 波。

12．解：在传输过程中，由于各种干扰的影响，将使调频信号产生寄生调幅。这种带有寄生调幅的调频信号通过鉴频器（比例鉴频器除外），使输出电压产生了不需要的幅度变化，因而造成失真，使通信质量降低。为了消除寄生调幅的影响，在鉴频器（比例鉴频器除外）前可加一级限幅器。

13．解：因为鉴频特性为正弦型，若 $u_{\mathrm{o}}=U_{\mathrm{m}}\sin K\Delta f$ ，则鉴频特性在 $K\Delta f=\frac{\pi}{2}$ 时输出最大，对应的 $\Delta f=\frac{B}{2}=100\mathrm{kHz}$ 。

因此有
$$K=\frac{\pi/2}{100}=\frac{\pi}{2}\times10^{-5}\,\mathrm{V/Hz}$$

可得
$$u_{\mathrm{o}}=U_{\mathrm{m}}\left(\sin\frac{\pi}{2}\times10^{-5}\Delta f\right)(\mathrm{V})$$

14．解：（1）$g_{\mathrm{d}}=\dfrac{U_{\mathrm{o}}}{\Delta f_{\mathrm{m}}}=-\dfrac{1}{100}=-0.01\mathrm{V/kHz}$

（2）$\Delta f(t)=\dfrac{u_{\mathrm{o}}(t)}{g_{\mathrm{d}}}=-100\cos4\pi\times10^4 t(\mathrm{V})$

因此，原调制信号 $u_{\Omega}(t)=-U_{\mathrm{m}}\cos4\pi\times10^4 t(\mathrm{V})$

由 $f(t)=f+\Delta f(t)$ 可得，输入信号 $u_{\mathrm{FM}}(t)$ 为：

$$\begin{aligned}u_{\mathrm{FM}}(t)&=U_{\mathrm{m}}\cos\left[2\pi f_{\mathrm{c}}t+2\pi\int_0^t\Delta f(t)\right]\mathrm{d}t\\&=U_{\mathrm{m}}\cos\left(2\pi f_{\mathrm{c}}t-\frac{\Delta f_{\mathrm{m}}}{F}\sin\Omega t\right)\\&=U_{\mathrm{m}}\cos(2\pi f_{\mathrm{c}}t-5\sin4\pi\times10^4 t)(\mathrm{V})\end{aligned}$$

15．解：失谐回路斜率鉴频器导致非线性失真的因素是失谐回路谐振曲线的幅频特性的非线性，减小的方法是用双失谐回路电路。

相位检波型相位鉴频器导致非线性失真的原因是频率相位变换网络和鉴相特性的非线性，减小的方法是使鉴频器的输入电压由正弦波变为方波。

两种鉴频器都可以用降低回路 Q 值的方法减小失真，但同时也会降低鉴频灵敏度。

项目七　变频器

一、选择题

A

二、填空题

1．组合频率干扰　副波道干扰　交叉调制干扰　相互调制干扰

2．副波道

三、简答计算题

1．解：

（1）采用变频的原因如下：

1）变频器将信号频率变换成中频，在中频上放大信号，放大器的增益可做得很高而不自激，电路工作稳定（有利于放大）。

2）接收机在频率很宽的范围内选择性好是有困难的，而对于某一固定频率选择性可以做得很好（有利于选频）。

3）由于变频后所得的中频频率是固定的，这样可以使电路结构简化。

4）由于设计和制作工作频率较原载频低的固定中频放大器比较容易，增益高，选择性好，所以采用变频器后，接收机的性能将得到提高。

（2）变频的作用是将信号频率自高频搬移到中频，也是信号频率搬移过程。经过变频后将原来输入的高频调幅信号，在输出端变换为中频调幅信号，两者相比较只是把调幅信号的频率从高频位置移到了中频位置，而各频谱分量的相对大小和相互间距离保持一致。值得注意的是高频调幅信号的上边频变成中频调幅信号的下边频，而高频调幅信号的下边频变成中频调幅信号的上边频。

2．解：变频器通过非线性元件产生变频作用。由于变频器工作在非线性状态，在输出端可获得所需的中频信号。

变频与检波的相同点：都是由非线性元件和滤波器组成。

变频与检波的不同点：检波用低通滤波器，变频用带通滤波器。

3．解：振荡信号可以由完成变频作用的非线性器件（如三极管）产生，也可以由单设振荡器产生。前者叫变频器（或称自激式变频器），后者叫混频器（或称他激式变频器）。两种电路中，前一种简单，但统调困难。因此一般工作频率较高的接收机采用混频器。

4．解：

（1）$f_L = f_s + f_I = 700 + 465 = 1165\text{kHz}$

在$m = n = 1$时，$f_{n1} = f_L + f_I = 1165 + 465 = 1630\text{kHz}$，这是镜像干扰

（2）在$m = 1, n = 2$时，$f_{n2} = \dfrac{1}{n}(mf_L + f_I) = \dfrac{1}{2}(1165 + 465) = 815\text{kHz}$

在$m = 1, n = 2$时，$f_{n2} = \dfrac{1}{n}(mf_L - f_I) = \dfrac{1}{2}(1165 - 465) = 350\text{kHz}$

这是三阶副波道干扰，$m = 1, n = 2$。

5．解：（1）$f_c = 550\text{kHz}$，当 $p = q = 1$ 时，

$$f_n = f_r + f_I = f_c + 2f_r = 550 + 2\times 465 = 1480\text{kHz}$$

所以 1480kHz 的干扰信号为镜象干扰。

（2）$f_c = 1480\text{kHz}$，当 $p = 1$，$q = 2$ 时，

$$f_r = f_c + f_I = 1480 + 465 = 1945\text{kHz}$$

$$f_n = \frac{1}{2}(f_r - f_I) = \frac{1}{2}\times(1495 - 465) = 740\text{kHz}$$

所以 740kHz 为副波道干扰。

（3）$f_c = 931\text{kHz}$，$f_I = 465\text{kHz}$，$f_r = f_I + f_c = 1396\text{kHz}$，但信号频率的二倍频 $2f_c = 1862\text{kHz}$，与本振频率的差拍频率为 $f_n = 2f_s - \frac{1}{2}f_r = 1862 - 1396 = 466\text{kHz}$，故有 $466 - 465 = 1\text{kHz}$ 的低频通过低放产生哨声，属于组合频率干扰。

6．解：（1）接收信号 1090kHz，则 $f_s = 1090\text{kHz}$，那么收听到的 1323kHz 的信号就一定是干扰信号，因此 $f_n = 1323\text{kHz}$，可以判断这是副波道干扰。由于 $f_s = 1090\text{kHz}$，收音机中频 $f_I = 465\text{kHz}$，则 $f_L = f_I + f_s = 1555\text{kHz}$。又由于 $2f_L - 2f_n = 2\times 1555 - 2\times 1323 = 3110 - 2646 = 464\text{kHz} \approx f_I$，因此，这种副波道干扰是一种四阶干扰，$m$=2，$n$=2。

（2）接收 1080kHz 信号，听到 540kHz 信号，因此，$f_s = 1080\text{kHz}$，$f_n = 540\text{kHz}$，$f_L = f_I + f_s = 1545\text{kHz}$，这是副波道干扰。

由于 $f_L - 2f_n = 1545 - 2\times 540 = 1545 - 1080 = 465\text{kHz} = f_I$，因此这是三阶副波道干扰，$m$=1，$n$=2。

（3）接收 930kHz 信号，同时收到 690kHz 和 810kHz 信号，但又不能单独收到其中的一个台。这里 930kHz 信号是有用信号的频率，即 $f_s = 930\text{kHz}$；690kHz 和 810kHz 信号应为两个干扰信号，即 $f_{n1} = 690\text{kHz}$，$f_{n2} = 810\text{kHz}$。有两个干扰信号同时存在，可能性最大的是互调干扰。考查两个干扰频率与信号频率之间的关系，很明显，互调干扰是两个或多个干扰电压加到接收机高放级或变频级的输入端，由于晶体管的非线性作用，相互混频。如果混频后产生的频率接近所接收的信号频率 ω_S（对变频级来说，即为 ω_I），就会形成干扰，这就是互调干扰。

由 $\pm mf_{n1} \pm nf_{n2} = f_s$

取 m=1，n=2，则

$$-1\times f_{n1} + 2\times f_{n2} = -1\times 690 + 2\times 810 = 930\text{kHz}$$

即 $f_s = 930\text{kHz}$，所以这是三阶互调干扰引起的现象。

7．解：（1）为镜像干扰

$$f_M = \frac{p}{q}f_c + \frac{p\pm q}{q}f_I$$

当 p=1、q=1，可求得

$$f_M = f_c + 2f_I = 580 + 2\times 465 = 1510\text{kHz}$$

（2）为寄生通道干扰

$$f_M = \frac{p}{q}f_c + \frac{p\pm q}{q}f_I$$

当 p=1，q=2

$$f_M = \frac{1}{2}f_c + f_I = \frac{1}{2}\times 1165 + 465 = 1047.5\text{kHz}$$

可知在调谐到 1165kHz 时，可听到 1047.5kHz 的电台干扰声。

（3）为干扰哨声

$$f_c = 930.5\text{kHz}\text{，}\quad f_I = 465\text{kHz}$$

$$\therefore \qquad f_L = 930.5 + 465 = 1395.5\text{kHz}$$

当 p=1，q=2 时，组合频率分量的频率

$$f_I' = 2f_C - f_L = (2\times 930.5 - 1395.5)\text{kHz} = 465.5\text{kHz}$$

f_I' 与 f_I 产生的差派频率

$$F = f_I' - f_I = 465.5 - 465 = 0.5\text{kHz}$$

在输出端会产生干扰哨声。

项目八　反馈控制电路

一、填空题

AGC　AFC　APC　相位

二、判断题

1．×　2．√

三、简答题

1．解：常用的滤波器有以下三种，如下图所示。

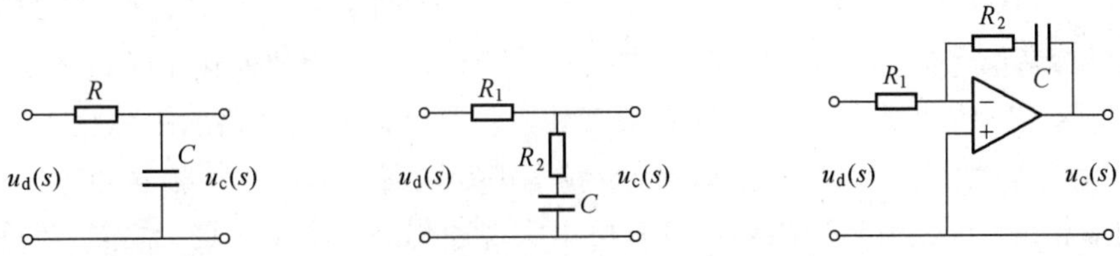

（a）*RC* 积分滤波器　（b）无源比例积分滤波器　（c）有源比例积分滤波器

（1）RC 积分滤波器。

$$H(j\omega) = \frac{u_c(j\omega)}{u_d(j\omega)} = \frac{\frac{1}{j\omega C}}{R + \frac{1}{j\omega C}} = \frac{\frac{1}{RC}}{j\omega + \frac{1}{RC}}$$

改为拉氏变换形式，用 s 代替 $j\omega$，得

$$H(s) = \frac{\frac{1}{RC}}{s + \frac{1}{RC}} = \frac{\frac{1}{\tau}}{s + \frac{1}{\tau}} = \frac{1}{s\tau + 1}$$

式中，$\tau = RC$ 为滤波器时间常数。

（2）无源比例积分滤波器。其传递函数为

$$H(s)=\frac{u_{\mathrm{c}}(s)}{u_{\mathrm{d}}(s)}=\frac{R_2+\frac{1}{sC}}{R_1+R_2+\frac{1}{sC}}=\frac{s\tau_2+1}{s(\tau_1+\tau_2)+1}$$

式中，$\tau_1=R_1C$，$\tau_2=R_2C$

（3）有源比例积分滤波器。在运算放大器的输入电阻和开环增益趋于无穷大的条件下，其传递函数为

$$H(s)=\frac{u_{\mathrm{c}}(s)}{u_{\mathrm{d}}(s)}=\frac{R_2+\frac{1}{sC}}{R_1}=\frac{s\tau_2+1}{s\tau_1}$$

式中，$\tau_1=R_1C$，$\tau_2=R_2C$

2．解：通常在环路开始动作时，鉴相器输出的是一个差拍频率为$\Delta\omega_{\mathrm{o}}$的差拍电压波$A_{\mathrm{cp}}\sin\Delta\omega_{\mathrm{o}}t$。若固有频差的值$\Delta\omega_{\mathrm{o}}$很大，则差拍信号的拍频也很高，不容易通过环路滤波器形成控制电压$u_{\mathrm{e}}(t)$。因此，控制频差建立不起来，环路的瞬时频差始终等于固有频差。鉴相器输出仍然是一个上下对称的正弦差拍波，环路未起控制作用。环路处于“失锁”状态。

反之，假定固有频差的值$\Delta\omega_{\mathrm{o}}$很小，则差拍信号的拍频就很低，差拍信号容易通过环路滤波器加到压控振荡器上，使压控振荡器的瞬时频率ω_{o}围绕着ω_{o0}在一定范围内来回摆动，也就是说，环路在差拍电压作用下，产生了控制频差。由于$\Delta\omega_{\mathrm{o}}$很小，$\omega_{\mathrm{r}}$接近于$\omega_{\mathrm{o}}$，所以有可能使$\omega_{\mathrm{o}}$摆动到$\omega_{\mathrm{r}}$上，当满足一定条件时就会在这个频率上稳定下来。稳定后ω_{o}等于ω_{r}，控制频差等于固有频差，环路瞬时频差等于零，相位差不再随时间变化。此时，鉴相器只输出一个数值较小的直流误差电压，环路就进入了“同步”或“锁定”状态。

当环路已处于锁定状态时，如果参考信号的频率和相位稍有变化，立即会在两个信号的相位差$\varphi_{\mathrm{e}}(t)$上反映出来，鉴相器输出也随之改变，并驱动压控振荡器的频率和相位发生相应的变化。如果参考信号的频率和相位以一定的规律变化，只要相位变化不超过一定的范围，压控振荡器的频率和相位也会以同样规律跟着变化，这种状态就是环路的跟踪状态。

3．解：锁定特性——环路对输入的固定频率锁定以后，两信号的频差为零，只有一个很小的稳态剩余相差。正是由于锁相环路具有可以实现理想的频率锁定这一特性，使它在自动频率控制与频率合成技术等方面获得了广泛的应用。

4．解：将鉴相器、滤波器与压控振荡器的数学模型代换到基本锁相环中，便可得出锁相环路的数学模型，如下图所示。

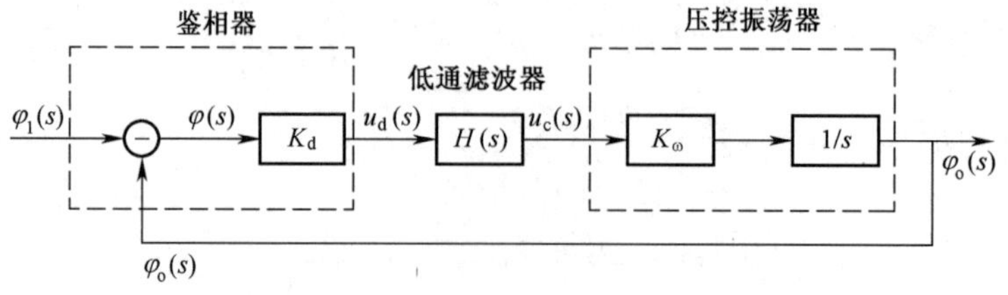

根据该图，即可得出锁相环路的基本方程式为

$$\varphi_{\mathrm{o}}(s)=[\varphi_{\mathrm{i}}(s)-\varphi_{\mathrm{o}}(s)]K_{\mathrm{d}}H(s)K_{\omega}\frac{1}{s}$$

或写成

$$F(s)=\frac{\varphi_o(s)}{\varphi_i(s)}=\frac{K_d H(s) K_\omega}{s+K_d H(s) K_\omega}$$

式中，$F(s)$ 表示整个锁相环路的闭环传输函数。它表示在闭环条件下，输入信号的相角 $\varphi_i(s)$ 与 VCO 输出信号相角 $\varphi_o(s)$ 之间的关系。相角 $\varphi(s)=\varphi_i(s)-\varphi_o(s)$ 表示误差。

5．解：在普通的直接调频电路中，振荡器的中心频率稳定度较差，而采用晶体振荡器的调频电路，其调频范围又太窄。采用锁相环的调频器可以解决这个矛盾，其锁相环路调频原理框图如下图所示。

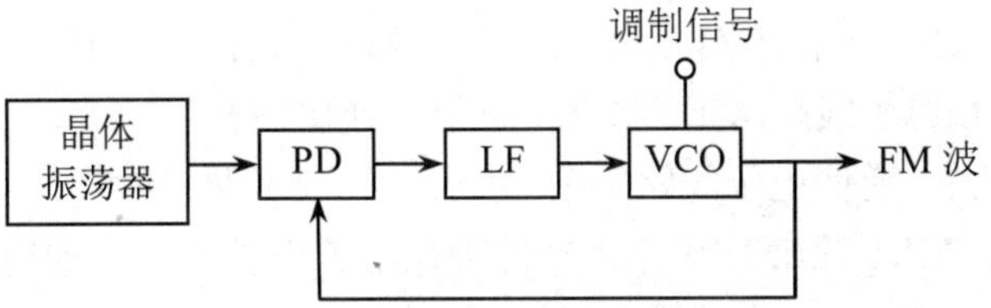

实现锁相调频的条件是调制信号的频谱要处于低通滤波器通带之外，使压控振荡器的中心频率锁定在稳定度很高的晶振频率上，而随着输入调制信号的变化，振荡频率可以发生很大偏移。这种锁相环路称载波跟踪型 PLL。

6．解：如果将环路的频带设计得足够宽，则压控振荡器的振荡频率跟随输入信号的频率而变。若压控振荡器的电压频率变换特性是线性的，则加到压控振荡器的电压，即环路滤波器输出电压的变化规律必定与调制信号的规律相同。故从环路滤波器的输出端，可得到解调信号。用锁相环进行已调频波解调是利用锁相环的跟踪特性，这种电路称调制解调型 PLL。锁相环解调电路原理框图如下图所示。

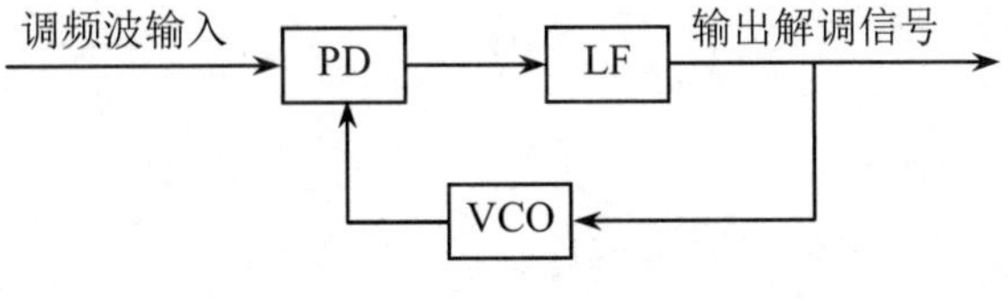

参考文献

[1] 于洪珍．通信电子电路[M]．北京：清华大学出版社，2005．

[2] 于洪珍．通信电子电路[M]．北京：电子工业出版社，2002．

[3] 于洪珍．通信电子电路教学参考书[M]．北京：清华大学出版社，2006．

[4] 于洪珍．通信电子电路名师大课堂[M]．北京：科学出版社，2007．

[5] 张肃文．高频电子线路[M]．北京：高等教育出版社，2009．

[6] 高吉祥．高频电子线路[M]．北京：电子工业出版社，2003．

[7] 刘雪亭，韩鹏．通信电子线路[M]．北京：机械工业出版社，2015．

[8] 聂典，丁伟．MULTISIM 10 计算机仿真在电子电路设计中的应用[M]．北京：电子工业出版社，2009．

[9] 宋雪松，李冬明，崔长胜．手把手教你学 51 单片机（C 语言版）[M]．北京：清华大学出版社，2014．